区域环境气象系列丛书

丛书主编：许小峰

丛书副主编：丁一汇　郝吉明　王体健　柴发合

广西
环境气象研究与应用

主编：廖国莲

副主编：黄海洪　郑凤琴

气象出版社
China Meteorological Press

内 容 简 介

本书总结了十几年来广西环境气象方面的研究及应用成果，详细阐述了广西大气污染的天气学分型、广西霾天气的形成机理、酸雨的客观预报方法及海雾的监测预测研究，深入分析了广西北部湾经济区大气污染物演变特征及空气质量的影响，同时还介绍了遥感技术在广西环境气象业务中的应用和广西环境气象业务建设情况。

本书可供气象和生态环境研究工作者参考，对相关从业者了解广西地区环境气象特征有一定帮助。

图书在版编目（CIP）数据

广西环境气象研究与应用 / 廖国莲主编. -- 北京 : 气象出版社, 2021.7

（区域环境气象系列丛书 / 许小峰主编）

ISBN 978-7-5029-7493-0

Ⅰ. ①广… Ⅱ. ①廖… Ⅲ. ①环境气象学—研究—广西 Ⅳ. ①X16

中国版本图书馆CIP数据核字(2021)第132155号

广西环境气象研究与应用

GUANGXI HUANJING QIXIANG YANJIU YU YINGYONG

出版发行： 气象出版社

地　　址： 北京市海淀区中关村南大街46号　**邮政编码：** 100081

电　　话： 010-68407112（总编室）　010-68408042（发行部）

网　　址： http：//www.qxcbs.com　**E-mail：** qxcbs@cma.gov.cn

责任编辑： 黄红丽　**终　　审：** 吴晓鹏

特邀编辑： 周黎明

责任校对： 张硕杰　**责任技编：** 赵相宁

封面设计： 博雅锦

印　　刷： 北京建宏印刷有限公司

开　　本： 787 mm×1092 mm　1/16　**印　　张：** 16

字　　数： 416千字

版　　次： 2021年7月第1版　**印　　次：** 2021年7月第1次印刷

定　　价： 160.00元

广西环境气象研究与应用

丛书前言

打赢蓝天保卫战是全面建成小康社会、满足人民对高质量美好生活的需求、社会经济高质量发展和建设美丽中国的必然要求。当前，我国京津冀及周边、长三角、珠三角、汾渭平原、成渝地区等重点区域环境治理工作仍处于关键期，大范围持续性雾/霾天气仍时有发生，区域性复合型大气污染问题依然严重，解决大气污染问题任务十分艰巨。对区域环境气象预报预测和应急联动等热点科学问题进行全面研究，总结气象及相关部门参与大气污染治理气象保障服务的经验教训，支持国家环境气象业务服务能力和水平的提升，可为重点区域大气污染防控与治理提供重要科技支撑，为各级政府和相关部门统筹决策、适时适地对污染物排放实行总量控制，助推国家生态文明建设具有重要的现实意义。

面对这一重大科技需求，气象出版社组织策划了"区域环境气象系列丛书"（以下简称"丛书"）的编写。丛书着重阐述了重点区域大气污染防治的最新环境气象研究成果，系统阐释了区域环境气象预报新理论、新技术和新方法；揭示了区域重污染天气过程的天气气候成因；详细介绍了环境气象预报预测预警最新方法、精细化数值预报技术、预报模式模型系统构建、预报结果检验和评估成果、重污染天气预报预警典型实例及联防联动重大服务等代表性成果。整体内容兼顾了学科发展的前沿性和业务服务领域的实用性，不仅能为相关科技、业务人员理论学习提供有益的参考，也可为气象、环保等专业部门认识和防治大气污染提供有效的技术方法，为政府相关部门统筹兼顾、系统谋划、精准施策提供科学依据，解决环境治理面临的突出问题，从而推进绿色、环保和可持续发展，助力国家生态文明建设。

丛书内容系统全面、覆盖面广，主要涵盖京津冀及周边、长三角、珠三角区域以及东北、西北、中部和西南地区大气环境治理问题。丛书编写工作是在相关省（自治区、直辖市）气象局和环境部门科技人员及相关院所的全力支持下，在气象出版社的协调组织下，以及各分册编委会精心组织落实下完成的，凝聚了各方面的辛勤付出和智慧奉献。

丛书邀请中国工程院丁一汇院士（国家气候中心）和郝吉明院士（清华大学）、知名大气污染防治专家王体健教授（南京大学）和柴发合研究员（中国环境科学研究院）作为副主编，他们都是在气象和环境领域造诣很高的专家，为保证丛书的学术价值和严谨性做出了重要贡献；分册编写团队集合了环境气象预报、科研、业务一线专家约 260 人，涵盖各区域环境气象科技创新团队带头人和环境气象首席预报员，体现了较高的学术和实践水平。

丛书得到中国工程院院士徐祥德（中国气象科学研究院）和中国科学院院士张人禾（复旦大学）的推荐，第一期（8册）已正式列入2020年国家出版基金资助项目，这是对丛书出版价值和科学价值的极大肯定。丛书的组织策划得到中国气象局领导的关心指导和气象出版社领导多方协调，多位环境气象专家为丛书的内容出谋划策。丛书编辑团队在组织策划、框架搭建、基金申报和编辑出版方面贡献了力量。在此，一并表示衷心感谢！

丛书编写出版涉及的基础资料数据量和统计汇集量都很大，参与编写人员众多，组织协调工作有相当难度，是一项复杂的系统工程，加上协调管理经验不足，书中难免存在一些缺陷，衷心希望广大读者批评指正。

许小峰

2020年6月

许小峰，正高级工程师，博士生导师，中国气象局原副局长，现任中国气象事业发展咨询委员会常务副主任。

本书前言

环境气象学是环境科学与应用气象学相结合的一门交叉科学，是研究气象因素与受人类影响的环境之间相互作用规律及其机理的科学，既是环境科学的一个分支，也是应用气象学的分支。随着国民经济快速发展和人民生活水平显著提高，广大城乡居民对生活质量的需求日益增长，对气象服务已不再满足于“阴晴风雨，干湿冷暖”这类常规天气预报服务，也渴望得到“气象与健康”“气象与环境”“气象与生活”等这类与人们的生活密切相关的环境气象预报服务。2018 年 6 月公布的《中共中央　国务院关于全面加强生态环境保护 坚决打好污染防治攻坚战的意见》，对全面加强生态环境保护、坚决打好污染防治攻坚战作出部署安排。针对重点领域，抓住薄弱环节，打好三大保卫战和七大标志性战役。三大保卫战：蓝天、碧水、净土保卫战 。七大标志性战役：打赢蓝天保卫战，打好柴油货车污染治理、水源地保护、黑臭水体治理、长江保护修复、渤海综合治理、农业农村污染治理攻坚战。上述强有力的举措，表明了以习近平同志为核心的党中央对生态环境治理的决心。中国气象局对标国家战略，出台了《中国气象局关于加强生态文明建设气象保障服务工作的意见》，对生态环境的气象保障服务工作进行了全面的部署。广西壮族自治区气象局依照中国气象局对环境气象工作的相关部署，在环境气象观测、预报服务、科学研究等方面做了大量的工作，取得了一定的成效：建立了酸雨、负氧离子、大气污染等有特色和更趋科学的环境气象观测体系；建立了环境气象预报服务综合工作平台，该平台集资料收集、产品制作、包装服务及质量评估于一体；在酸雨机理研究、广西霾天气研究等方面取得丰富成果，已呈现出较强劲的发展势头。本书从气象因素诱发的各类环境灾害的监测、时空特征、影响机理、预报方法及决策参考等多个方面，比较系统地总结了近年来广西环境气象学的研究及应用成果。

本书共分为 7 章，由廖国莲和黄海洪、郑凤琴总体负责章节结构设计、编写组织和文稿技术把关。参加编写的主要人员如下（按章节顺序）：前言和第 1 章由黄海洪、廖国莲编写，第 2 章由廖国莲、潘润西、莫雨淳、曾鹏、黄思琦、张达标、王义耕编写，第 3 章由廖国莲、陈燕丽、曾鹏、黄思琦编写，第 4 章由何立、林奕桐、黄永璘、卢远、高玲编写，第 5 章由郑凤琴、黄海洪、廖国莲编写，第 6 章由郑凤琴、廖国莲、黄海洪编写，第 7 章由莫雨淳、陶伟、黄海洪、廖国莲、汤耀国、程鹏编写。由廖国莲、黄海洪、郑凤琴完成全书的统稿和校对。

本书自始至终得到广西壮族自治区气象局钟国平局长的高度重视和大力支持，对书的整体框架结构进行技术把关，并参与了部分章节的编改工作，谨表示衷心感谢。

广西壮族自治区气象台、气候中心和气象科学研究所等直属单位给予了大力的支持。

在本书撰写过程中，参考了许多科研成果，除了参考文献中所列正式刊登的论文论著外，还有部分资料摘自讲座、会议材料等。对未正式发表的内容，不一一列出作者和出处，恳请有关作者谅解，在此深表谢意。

由于环境气象学技术涉及面广，演变规律复杂，加之本书编写人员水平有限，编写时间仓促，错漏之处在所难免，恳请读者批评指正。

作者

2021 年 1 月

目录

第1章 广西自然地理及气候特征

1.1 广西自然地理特征

广西壮族自治区，简称“桂”，地处祖国南部，位于北纬 20°54′—26°23′与东经 104°28′—112°04′，北回归线横贯中部，是我国4个北回归线贯穿的省（区）之一，属低纬度地区。广西境内东西跨度约800 km，南北相距约600 km，总面积为23.76万 km^2。广西南临南海北部湾，与海南省隔海相望，东连广东，东北接湖南，西北靠云贵高原，西南与越南毗邻，陆地海岸线1628.6 km，管辖北部湾海域面积约4万 km^2，是中国西部地区唯一具有沿海、沿江、沿边优势的省（区）。

1.1.1 地形地貌

广西位于全国地势第二阶梯中的云贵高原东南边缘，地处两广丘陵西部，南临北部湾海面。整个地势自西北向东南倾斜，山岭连绵、山体庞大、岭谷相间，四周多被山地、高原环绕，呈盆地状。按全国地形分类，广西属云贵高原向东南沿海丘陵过渡地带，具有周高中低、形似盆地，山地多、平原少，岩溶广布的地形地貌特点。

（1）周高中低、形似盆地

广西四周多为海拔1000 m以上的山地，中部地势较低，海拔多在200 m以下，形成周高中低的盆地形状，地学界称为“广西盆地”。

广西西北部和北部属云贵高原边缘，地势高峻，盘踞着金钟山、岑王老山、青龙山、东风岭、凤凰山、九万大山和元宝山等山脉，山体大都呈西北—东南走向，平均海拔1000～1500 m，其中元宝山和岑王老山分别达2082 m和2062 m。东北部属南岭山地西段，海拔多为1500～2000 m，山体大都呈东北—西南走向，沟谷相间，平行排列，中间形成东北至西南向的通道。猫儿山、越城岭、海洋山、都庞岭、萌渚岭分布其间。海拔2141 m的猫儿山和2123 m的真宝顶是广西的第一、第二高峰。猫儿山—越城岭和海洋山之间的湘桂走廊，自古以来就是南北交通要塞，是中国三大走廊之一。湘桂走廊也是南北气流运行的通道，是冷空气入桂的主要途径，使桂东降温比桂西明显。广西东部、南部和西南部为大桂山、云开大山、大容山、六万大山、十万大山、大青山和六韶山所包绕，山体平均海拔在1000 m以下。广西中部的驾桥岭、大瑶山、莲花山、镇龙山、白花山、大明山和都阳山构成著名的弧形山脉（此列亦称广西弧）。弧形山脉内缘，是以柳州为中心的桂中盆地；弧形山脉外缘，沿着右江、郁江和浔江分布着右江盆地、南宁盆地、郁江平原和浔江平原，这些地方光热资源丰富，冬季温暖，除右江盆地外，降水丰沛。

（2）山地多、平原少

广西山岭连绵，山区面积大，是一个山地多，平原少的省（区）。据广西自然资源厅统计，海拔 400 m 以上的山地占全区总面积的 39.7%，海拔 200～400 m 的丘陵占 10.3%，石山占 19.7%，海拔 200 m 以下的平原、台地占 26.9%，水面占 3.4%。丘陵山地面积共占 69.7%，构成广西土地的主体。广西平原主要有河流冲积平原和溶蚀平原两类。较大平原有浔江平原、郁江平原、宾阳平原和南流江三角洲等。其中浔江平原最大，面积达 630 km^2。

（3）岩溶广布，山水秀丽

据广西地质矿产勘查开发局调查，广西裸露岩溶面积为 72185.05 km^2，占广西土地面积的 30.50%，第四纪掩盖部分为 7924.47 km^2，占广西土地面积的 3.35%。按水文条件及其形态结构，岩溶地貌分峰丛洼地、峰林谷地和残峰平原三种类型。就全区而论，大体以湘桂铁路为界，桂西北岩峰高大密集，多属峰丛洼地类型；桂东南岩峰矮小分散，多属峰林谷地和残峰平原。岩溶面积以河池市最大，占该市土地面积的 66%；柳州、来宾两市次之，占 63%；南宁、崇左两市居三，占 58%；钦州市最小，仅占 2.4%。岩溶地区石多土少，往往是九分石头一分土，耕地分散，易旱易涝。

（4）海岸曲折，多港湾滩涂

广西海岸线东起与广东接壤的英罗港，西至中越边界的北仑河口，全长 1628 km，沿海有大小岛屿 697 多个，其中涠洲岛和斜阳岛是广西最大的两个古火山残堆体岛屿。广西浅海滩涂面积广阔，浅海面积为 6500 km^2，滩涂面积 1005 km^2，利于海水养殖业的发展。广西海岸除合浦县的营盘至北海为堆积型海岸，南流江口、钦江口为三角洲型海岸外，其余均为侵蚀型海岸。岸线曲折，多溺谷、港湾，形成了众多的良港，主要有防城港、钦州港、北海港和铁山港等。

1.1.2 水域分布

广西水域面积约占陆地总面积的 3.4%，以河流、水库、水塘和水田等为主。其中集雨面积在 50 km^2 以上的河流有 986 条，集雨面积在 1000 km^2 以上的河流有 69 条；大中小水库 4367 座，塘坝 70552 座。另外还有海域面积 12.93 万 km^2。

广西境内河流众多。河流大多沿着地势呈倾斜面，从西北流向东南，形成了以红水河—西江为主干流的横贯广西中部以及支流分布于两侧的树枝状水系。其中集雨面积在 50 km^2 以上的河流有 986 条，总长度有 3.4 万 km，水域面积约 4700 km^2，占土地总面积的 1.9%，河网密度 0.144 km/km^2。分属珠江、长江、桂南独流入海、百都河等四大水系。珠江水系是广西最大水系，流域面积占广西总面积的 85.2%，集雨面积 50 km^2 以上的河流有 833 条，主干流南盘江—红水河—黔江—浔江—西江自西北折东横贯全境，全长 1239 km，出梧州流向广东入南海。长江水系分布处于桂东北，流域面积占广西总面积 3.5%，集雨面积 50 km^2 以上的河流有 30 条，主要河段有湘江、资江，属洞庭湖水系上游，经湖南汇入长江。其中湘江在兴安县附近通过秦代开凿的灵渠，沟通了长江和珠江两大水系。独流入海水系主要分布于桂南，流域面积占广西总面积的10.7%，较大河流有南流江、钦江、北仑河等，均注入北部湾。经越南入北部湾的百都河水系流域面积占广西总面积的0.6%。喀斯特地下河众多，有433条，其中长度超过10 km的有248条，坡心河、地苏河等均独自形成地下河水系。

广西湖泊分布面积少，不到广西土地面积的千分之二。湖泊又分为天然湖和人工湖。天然湖泊有隆安经萝湖、贵港东湖和靖西连镜湖等。人工湖有南宁市南湖、桂林市榕湖等。天然湖泊有的分布于峰林谷地或残峰平地周围，形成喀斯特湖泊，如经萝湖；有的与地下水连通，形成积水湖，如连镜湖和灵水。

至2006年，广西建成水库4382座，其中面积在1 km^2以上的有1000多座，大化的岩滩水库是广西最大的水库，集雨面积和总库容量均占居全区第一。广西大型水库主要分布于东部和南部，西部和北部水库分布相对较少。

广西海域主要是北部湾，北部湾属于南海，面积约12.93万km^2，东起雷州半岛、琼州海峡，东南为海南岛，北至广西，西迄越南。湾内海底平坦，由东北向西南逐渐倾斜，水深一般20～50 m，最深不超过90 m。

1.1.3　地形对广西天气气候的影响

1.1.3.1　地理位置的影响

广西属中、南亚热带季风气候区，北回归线从东到西横贯中部。因此，广西有三分之一以上的地区在北回归线以南，由于这些地区纬度低，每年夏至前后有两次太阳经过天顶，因此地面所获得的太阳总辐射量较多。广西地域辽阔，南北跨5.5个纬度，直线距离约600 km；东西跨7.6个经度，直线距离约800 km。南北之间的纬度差异和东西之间的经度差异，使广西气候的地域差异明显。

南北气候的差异，主要表现在温度上：北部夏热冬冷，四季分明，气候特征与黔南、湘南、粤北类似，属中亚热带；南部夏长冬短或全年无冬，气候特征与粤西南、闽南相似，属南亚热带。

东西差异主要表现在降水上：①东部降水量和雨日均比西部多。东部年降水量为1500～2000 mm，降水日数160～181 d；西部年降水量多在1200～1500 mm，降水日数140～160 d。②雨季开始期东部早，西部晚，降水量峰值月有别。

春季冷空气南下受南岭山地影响，常在桂东北地区滞留成静止锋，锋前的暖湿气流受南岭山地抬升作用，易成云致雨，使桂东地区雨季来得早，降水量峰值出现在5月或6月，春季和夏季降水量较多，分别占年降水量的30%～40%和32%～49%。桂西处在云贵高原东南部，冷空气南下受高原屏障作用而减弱，下沉增温，水汽蒸发，阴雨天气少，加上春季冷空气南下路径偏东，华南静止锋偏东、偏北，雨季来得较迟，降水量峰值出现在6—8月；桂南沿海由于位置偏南，来自北方的冷空气，经过长途跋涉，强度大为减弱，到达沿海已经是强弩之末，不易成云致雨，只有热带气旋影响才能带来丰沛的雨水，因此沿海雨季也来得较迟，降水量峰值出现在7月或8月。桂西和沿海春季降水量较少，只占年降水量的15%～25%，夏季降水量最多，占年降水量的50%～61%（表1.1）。

表 1.1　四季降水量占年降水量的百分比（%）

地　区	春　季（3—5 月）	夏　季（6—8 月）	秋　季（9—11 月）	冬　季（12 月—次年 2 月）
桂　东	30～40	32～49	11～16	9～14
桂　西	19～25	50～61	15～21	3～8
沿　海	15～19	50～60	17～23	5～8

1.1.3.2　地形的影响

广西复杂的地形对气温和降水量等要素都有明显的影响。

（1）对气温的影响

① 气温随海拔高度的增加而降低。一般情况下，气温随着海拔高度的增加而减少，海拔每升高 100 m，气温约下降 0.6 ℃。在纬度基本相同的情况下，山区的年平均气温比河谷的低 2～4 ℃。

② 地形对气流的屏障作用。由于云贵高原对南下冷空气具有阻滞作用，同纬度同海拔高度相比，桂西气温要比桂东高，如地处东部的梧州年平均气温比西部的田东低 1.0 ℃。值得一提的是，也是由于屏障作用，西北部山区冬、春季相当温暖，如海拔 672 m 的隆林 1、4 月平均气温分别为 10.4 ℃、21.2 ℃，而同纬度，海拔高度仅有 193 m 的富川 1、4 月平均气温只有 8.6 ℃、19.6 ℃，1、4 月隆林分别比富川高 1.8 ℃、1.6 ℃。

③ 地形对气流的引导作用。“广西盆地”边缘缺口甚多，最主要的是桂东北的湘桂走廊，它是冷空气入侵广西的主要通道，使得 1 月的平均气温桂东比桂西低，而且 1 月平均气温的等值线沿着湘桂铁路从全州—黎塘出现一个冷舌，表明铁路沿线地区的温度比两侧低。冷空气到达黎塘，主要分为两路，一路沿东南的黎湛铁路走，另一路沿西南的黎南铁路方向走。由于黎塘西面有白花山、南面有镇龙山阻挡，因此，大部分冷空气分流到东南方向，造成黎湛铁路沿线的贵港、玉林等地的 1 月平均气温比同纬度的西部地区偏低，如贵港 1 月平均气温比隆安偏低 0.8 ℃，玉林比横县偏低 1.1 ℃。

（2）对降水量的影响

地形对降水量的影响主要表现在降水地域分布不均。由于地形和大气环流的影响，广西降水量的地域分布不均，具有东多西少，迎风坡多，背风坡少，丘陵山区多，河谷平原少，沿海多，海岛少等特点。具体而言，主要有三个多雨区和三个少雨区。三个多雨区都位于迎风坡，分别是十万大山南侧、大瑶山东侧和越城岭至元宝山东南侧，气流沿山坡抬升冷却，易成云致雨，故降水较多。三个少雨区均处于山脉的背风坡，分别是右江河谷，明江和左江河谷至邕宁一带，以及黔江河谷，气流翻越山体时，有下沉增温作用，云雨易蒸发，故降水量较少。

1.1.4　行政区域

2020 年广西壮族自治区行政区划为 14 个地级市，41 个市辖区、9 个县级市，49 个县，12 个民族自治县，全区辖 132 个街道，806 个镇，253 个乡（含 59 个民族乡），合计 1250 个乡级区划（图 1.1）。首府为南宁市。

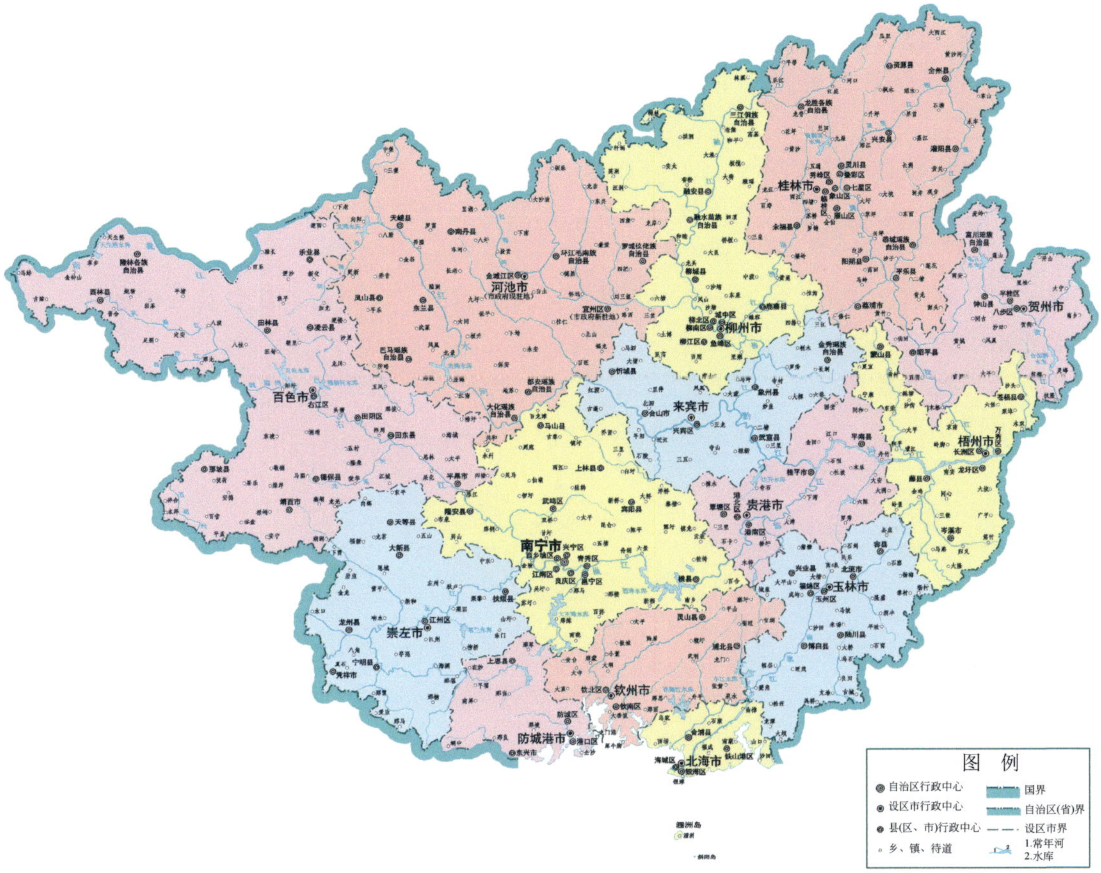

图 1.1　广西壮族自治区行政区划图

14 个地级市所辖县（市、区）分别是：

南宁市，所辖县（市、区）12 个，即兴宁区、青秀区、西乡塘区、江南区、良庆区、邕宁区、武鸣区、横州市、宾阳县、上林县、隆安县、马山县。

柳州市，所辖县（区）10 个，即城中区、鱼峰区、柳南区、柳北区、柳江区、柳城县、鹿寨县、融安县、三江侗族自治县、融水苗族自治县。

桂林市，所辖县（市、区）17 个，即秀峰区、叠彩区、象山区、七星区、雁山区、临桂区、荔浦市、阳朔县、灵川县、全州县、兴安县、永福县、灌阳县、龙胜各族自治县、资源县、平乐县、恭城瑶族自治县。

梧州市，所辖县（市、区）7 个，即万秀区、龙圩区、长洲区、岑溪市、苍梧县、藤县、蒙山县。

北海市，所辖县（区）4 个，即海城区、银海区、铁山港区、合浦县。

防城港市，所辖县（市、区）4 个，即港口区、防城区、东兴市、上思县。

钦州市，所辖县（区）4 个，即钦南区、钦北区、灵山县、浦北县。

贵港市，所辖县（市、区）5 个，即港北区、港南区、覃塘区、桂平市、平南县。

玉林市，所辖县（市、区）7 个，即玉州区、福绵区、北流市、容县、陆川县、博白县、兴业县。

百色市，所辖县（市、区）12 个，即右江区、田阳区、平果市、靖西市、田东县、德保县、那坡县、凌云县、乐业县、田林县、西林县、隆林各族自治县。

贺州市，所辖县（区）5 个，即八步区、平桂区、昭平县、钟山县、富川瑶族自治县。

河池市，所辖县（区）11 个，即宜州区、金城江区、南丹县、天峨县、凤山县、东兰县、罗城仫佬族自治县、环江毛南族自治县、巴马瑶族自治县、都安瑶族自治县、大化瑶族自治县。

来宾市，所辖县（市、区）6 个，即兴宾区、合山市、象州县、武宣县、忻城县、金秀瑶族自治县。

崇左市，所辖县（市、区）7 个，即江州区、凭祥市、扶绥县、大新县、天等县、宁明县、龙州县。

1.2 广西气候特征

1.2.1 气候概况

1.2.1.1 气候特征

广西的地理位置决定了广西属中、南亚热带季风气候，是中国季风最明显的地区之一，冬季受东北季风影响，夏季受东南季风和西南季风影响。在太阳辐射、大气环流和地理环境的共同作用下，具有气候温暖、热量丰富，降水丰沛、干湿分明，日照适中、冬少夏多，灾害频繁、旱涝突出等气候特点。

（1）气候温暖、热量丰富

广西气候温暖，热量丰富，气温由南向北递减，由河谷平原向丘陵山区递减。全区约65%的地区年平均气温在 20.0 ℃以上，其中右江河谷、左江河谷、沿海地区在 22.0 ℃以上。桂林市东北部以及海拔较高的乐业、南丹、金秀等地年平均气温低于 18.0 ℃，其中乐业、资源只有 16.8 ℃。

日平均气温≥10 ℃的积温（简称≥10 ℃积温）表示喜温作物生长期可利用的热量资源。广西各地≥10 ℃积温在 5000～8300 ℃·d，是全国积温最高的省区之一，具有自北向南，由丘陵山区向河谷平原递增的特点。如此丰富多样的热量资源，对广西因地制宜发展多熟制和多种多样经济作物种植非常有利。

（2）降水丰沛、干湿分明

广西是全国降水量最丰富的省区之一，降水量分布具有东部多，西部少；丘陵山区多，河谷平原少；夏季迎风坡多，背风坡少等特点。全区有三个多雨区，分别是十万大山南侧的东兴至钦州一带，大瑶山东侧以昭平为中心的金秀、蒙山一带，越城岭至元宝山东南侧以永福为中心的兴安、灵川、桂林、临桂、融安等地。另有三个少雨区，即以田阳为中心的右江河谷及其上游的田林、隆林、西林一带，以宁明为中心的明江河谷和左江河谷至邕宁一带，以武宣为中心的黔江河谷。

由于受冬夏季风交替影响，广西降水量季节分配不均，干湿季分明。4—9月为雨季，总降水量占全年降水量的70%～85%，强降水天气过程较频繁，容易发生洪涝灾害；10月—次年3月是干季，总降水量仅占全年降水量的15%～30%，干旱少雨，易引发森林火灾。

（3）日照适中、冬少夏多

广西各地年日照时数比相邻的湘、黔、川等省偏多，比云南大部地区偏少，与广东相当。其地域分布特点是：南部多，北部少；河谷平原多，丘陵山区少。

广西日照时数的季节变化特点是夏季最多，冬季最少；除百色市北部山区春季多于秋季外，其余地区秋季多于春季。夏季各地日照时数为334～714 h，占全年日照时数的30%～40%；冬季各地日照时数只有176～376 h，仅占全年日照时数的14%～21%。

（4）灾害频繁、旱涝突出

广西气象灾害相当频繁，经常受到干旱、洪涝、低温冷害、霜冻、大风、冰雹、雷暴和热带气旋的危害，其中以旱涝最突出（庞庭颐 等，1998）。

按干旱发生的季节划分，广西有春旱、夏旱、秋旱和冬旱。危害广西的旱灾主要是春旱和秋旱。干旱发生频率的地域差异较大，春旱以桂西地区居多，而秋旱多出现在桂东地区。广西大范围的春旱一般4～5 a一遇，但百色、崇左两市、防城港市北部、北海和南宁两市南部、河池市西部等地发生春旱的频率达70%～90%。广西大范围的秋旱一般2～3 a一遇，但桂东北大部、桂中盆地及其邻近地区等地发生秋旱的频率达70%～90%。

广西暴雨洪涝灾害频繁。在汛期，强降水天气常造成山洪暴发、河水上涨，冲毁、淹没农作物、道路、街道、房屋，冲毁水库、桥梁、电站等设施，引发山体滑坡、泥石流等地质灾害。广西洪涝发生频率大的地区有两类：一是降水量多、暴雨多的地区，例如柳州市北部、桂林市中部、沿海地区和玉林市南部，以及马山、都安、凌云等地；二是广西大、中河流沿岸各市、县，特别是地处江河中、下游及交叉口海拔较低的河谷平原地带，例如柳州盆地，郁江、浔江、西江沿岸等地（吴兴国，2000；何慧 等，2009）。

1.2.1.2 气候区划

根据气候的不同类型，按一定的气候指标将全球或某一地区划分为若干区域，成为气候区划。气候分区中划分的区域可以按气候类型命名，也可以按地理区域命名，以方便应用。广西南北气候差异主要表现在热量特征方面。以稳定通过10 ℃期间的积温6900 ℃·d等值线为界，6900 ℃·d等值线以北为中亚热带，以南为南亚热带。这样，广西自北向南分为中亚热带、南亚热带2个气候带。南亚热带北界经梧州北部、平南、武宣、宾阳、上林、马山、都安、巴马至田林一线，界线位于大桂山、大瑶山、都阳山、青龙山南侧，金钟山东侧。其中靖西、那坡、德保因海拔较高（636～795 m）积温低于6900 ℃·d，考虑气候带的带状分布和连片性，划入南亚热带，视为南亚热带高原山地气候。积温6900 ℃·d等值线与广西荔枝、龙眼、香蕉、芒果、菠萝、菠萝蜜及八角、肉桂等南亚热带、热带水果和经济作物的经济生产北界大致相同（广西大百科全书编纂委员会，2008）。

广西气候的东西差异主要表现在降水特征上，2—4月是广西的春种、春播、春插期，这个时期降水量的多少，不仅对农业生产有直接的影响，而且也与其他降水特征例如雨季早晚、降水的季节分布等有关。以2—4月降水量300 mm、200 mm等值线为界，将广西中亚热带和南亚热带划分为东部、中部、西部 3 大区：东部为融水、鹿寨、桂平、博白等地及以东地区，大部地区 2—4 月降水量≥300 mm；西部为天峨、东兰、邕宁、上思一带及其以西地区，2—4 月降水量≤200 mm；其余地区为中部，2—4 月降水量为 200～300 mm（况雪源 等，2007）。

根据以上气候指标划分，广西分为 2 个气候带，6 个气候区（图 1.2）。即桂东北气候区、桂中北部气候区、桂西北气候区、桂东南气候区、桂中南部气候区和桂西南气候区。

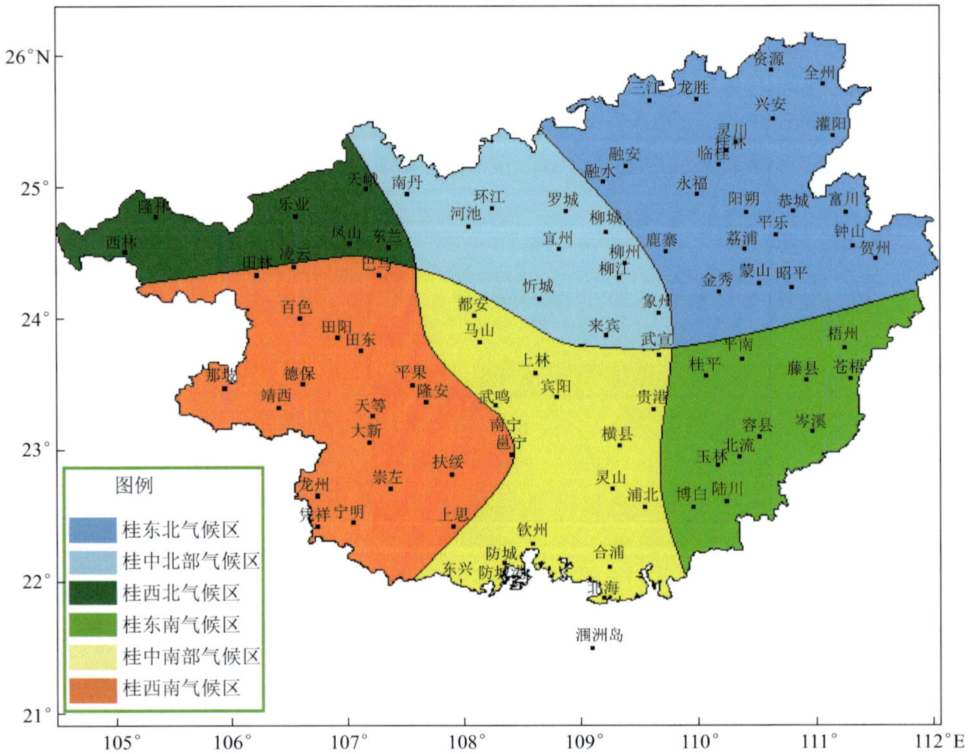

图 1.2　广西气候分区

桂东北气候区，广西东北部地区，包括桂林市、贺州市、柳州市的北部和东部、梧州市的北部、来宾市的金秀县等。境内山地、丘陵和河谷相间，山高谷深，立体气候显著，湘桂走廊等谷地是冷空气入侵广西的主要通道。主要气候特点：气候温暖湿润，季风气候明显，春夏雨多、秋冬干燥。主要气象灾害有暴雨、大风和冰雹、霜、雪和雨凇、低温冷害、秋旱和冬旱。

桂中北部气候区，广西中部偏北地区，包括来宾市大部、河池市的东部、柳州市的南部。主要气候特点：气候温暖，夏湿冬干，属中亚热带季风气候。主要气象灾害有暴雨、冰雹、霜、雪、低温冷害和干旱等。

桂西北气候区，广西西北部地区，包括河池市的西部、百色市的北部。地处云贵高原的东侧边缘，山岭连绵，峰高谷深。主要气候特点：气候温暖，春季回暖快，无霜期较长，夏湿冬干。主要气象灾害有暴雨、冰雹、霜、雪、低温冷害和春旱等。

桂东南气候区，广西东南部地区，包括玉林市、梧州市的南部、贵港市的东部。主要气候特点：气候暖热，雨量充沛，无霜期较长，夏湿冬干。主要气象灾害有暴雨、热带气旋、大风、霜、雾和干旱等。

桂中南部气候区，广西南部的中部地区，包括南宁市的东部、贵港市的西部、沿海三市、来宾市的武宣县、防城港市的上思县、河池市的都安、大化县。主要气候特点：气候暖热，雨量充沛、时空不均，光照丰富。主要气象灾害有暴雨、热带气旋、大风、霜、雾和干旱等。

桂西南气候区，广西西南部地区，包括崇左市、南宁市的西部、百色市的南部、防城港市的上思县和河池市的巴马县等。主要气候特点：大部地区气候暖热，雨量较充沛、夏湿冬春干，光照丰富。主要气象灾害有暴雨、热带气旋、大风、冰雹、霜、干旱和高温天气等。

1.2.1.3　山地气候特征

广西山区地形复杂，峰峦叠嶂，连绵起伏，高差悬殊，导致气候要素的空间分布很复杂。同一山体不同海拔高度气候要素相差悬殊，就是同一山体，相同海拔高度、不同坡向的差异也很明显。

（1）山区气温的分布特征

① 山区气温的垂直分布特征

山区气温随海拔高度的增加而降低。气温随高度递减率因季节、天气、地区、海拔、地形地貌不同而有差别。广西多数山地气温随高度递减率夏季大，每上升 100 m 降低 0.5～0.7 ℃，冬季小，大部地区降低 0.3～0.5 ℃。可见山区气温有冬偏暖夏偏凉的特征。

② 山区气温的地域分布特征

（a）桂西气温高于桂东：由于云贵高原位于广西的西部和西北部，对南下的冷空气有明显的阻滞和减弱作用，冷空气影响时，西部山区降温小于东部，气温较高。而东部山区易受南下冷空气影响，降温明显，致使广西山区气温的地域分布具有西高东低的特征。纬度相近、海拔高度相差不大的天峨与永福的年平均气温分别为 20.6 ℃和 19.1 ℃，西部测站比东部偏高 1.5 ℃，可见广西山区气温具有西高东低的分布特征。

（b）桂西早春升温快，回暖早：冬末春初，北方冷空气南下的势力已减弱，加上云贵高原的屏障作用，侵桂冷空气影响桂西的势力已明显减弱。与此同时，桂西山区春季常受来自南亚次大陆的干暖气团和西南热低压的外围影响，所以桂西山区早春气温回升快于桂东山区。如隆林 2 月平均气温的上升值为 2.4 ℃，而与纬度相近的富川升温值为 2.0 ℃；3 月隆林的升温值为 3.8 ℃，而富川为 3.4 ℃。由于桂西山区早春升温快，回暖早，桂西山区 3 月的平均气温比同纬度的桂东山区偏高，如田林站 3 月平均气温为 18.0 ℃，比纬度相近位于桂东的蒙山站偏高 3.1 ℃，与比其纬度偏低的玉林、北流、容县等站相当。

（c）桂西高温在春季，桂东高温在盛夏：桂西山区毗邻黔、滇两省，春季常受到源于南亚次大陆的干暖气团和西南热低压影响，易出现干暖的晴好天气，隆林、西林、乐业、田林等站 51%～78%的年份的极端最高气温出现在 3—5 月。桂东地区春末多阴雨天气，盛夏常受副热带高压脊控制，所以年极端最高气温多出现夏季。

（d）冬暖夏凉，年较差小：广西山区气温随季节变化的一个明显特征是冬暖夏凉。冬季，由于云贵高原的屏障作用，桂西和桂西北山区冬季各月平均气温都在 10.0 ℃以上。如靖西、那坡等站海拔虽已为 740～800 m，但冬季最冷月平均气温都≥11.0 ℃，冬季相当温暖。而桂东的资源 1 月平均气温 5.7 ℃，是广西冬季气温最低的测站。广西地处低纬，夏季太阳直射辐射较强，平原、谷地增温强烈，气温较高，但山顶和山坡吸收的太阳辐射热易与自由大气交换，增温值小于谷地和平地，使山区气温直减率增大，导致山顶、坡地与谷地、平原的温差加大，故山区出现夏凉气候。广西海拔 600～1000 m 山区，7 月平均气温只有 23.0～25.7 ℃，1000～1500 m 山区只有 20～23 ℃。最高气温≥35 ℃的酷热日数，除隆林、西林为 10～12 d 外（主要出现在 4—5 月），其余的山区站都小于 5 d。乐业、金秀自建站以来未出现过≥35 ℃的高温日数，靖西、那坡、南丹、德保等站亦很少出现，年平均不到 1 d，夏季很温凉。广西山区气温变化也相当和缓，气温年较差小（最热月与最冷月平均气温之差），与沿海的东兴、北海等地相差不大，其中靖西、那坡的年较差比北海还小。可见，桂西南和桂西山区冬暖夏凉，气温变化和缓，一年之中平均气温多在 10～25 ℃。

（2）山区降水量的分布特征

① 山区降水量的垂直分布特征

海拔较高的山麓降水量随海拔高度的增加而增多，到一定高度后转为随高度升高而减少。山地降水量存在最大降水高度。根据已有资料，广西大部地区山地降水量和降水日数随海拔的增加而增多，迎风坡雨量多于背风坡，南坡多于北坡，东坡多于西坡，且差异明显，山地地形也影响降水的变化和分布。

② 山区降水量的地域分布特征

（a）桂东山区多，桂西山区少。广西四周多山，中间为盆地，东北部的越城岭和驾桥岭—大瑶山—莲花山—镇龙山形成的弧形山脉的外缘为夏季风的迎风坡，所以桂东山区降水丰富，年降水量大部分山区多达 1600～2400 mm。而桂西山区位于云贵高原东南部，东南季风经过山脉的层层阻挡，到达桂西时已大为减弱。桂西山区虽也受西南季风影响，但西南季风爬过云贵高原来到海拔相对较低的桂西山区，产生下沉增温，水分易蒸发，云层变薄，降水量亦不多。所以，桂西山区的降水量远少于桂东山区，比如地处桂西的大新县年降水量为 1260 mm，比纬度相近而位于桂东的容县年降水量（1571 mm）偏少 311 mm。

（b）南坡多，北坡少；东坡多，西坡少。同一山体，不同坡向的降水分布状况是不同的。由于气流遇山后，有部分向上爬升，气温降低，水汽易凝结成云致雨。因此，山脉的迎风坡降水量增加。反之，在背风坡，气流越山后，下沉增温，水分易蒸发，降水量较少。广西地处东亚季风区域，夏半年主要受东南季风影响，东坡和南坡为迎风坡，降水丰沛；北坡和西坡为背风坡，降水较少。如位于桂东北猫儿山南侧的灵川县年降水量为 1986 mm，而位于西坡的龙胜县只有 1551 mm。位于大瑶山东南侧的平南县年降水量为 1557 mm，而位于其西侧的象州县只有 1368 mm。

（c）东部山区春雨多、雨季早，西部山区春雨少、雨季迟。春季，冷空气南下势力已减弱，受南岭山地和桂东丘陵山地的影响，常与开始活跃起来的南方暖湿气流在广西中、北部交汇，形成静止锋。锋前的暖湿气流受山地抬升，易成云致雨，致使春季桂东北和桂东的降水量较多。比如位于东部的永福县春季降水量为 679 mm，比位于西部的天峨县（春季降水量为 341 mm）偏多 338 mm。由于东部山区春雨较多，雨季亦早，雨季开始于 3 月上旬至下旬；桂西山区春雨较少，雨季亦较迟，出现在 4 月下旬—5 月上旬，比东部山区偏迟一个多月。东部山区由于雨季早、春雨多，很少有春旱出现，对春种作物的适时播种很有利；而西部山区由于春季降水少，雨季偏迟，春旱常见，是重春旱区。

1.2.2　气象要素特征

1.2.2.1　气温

（1）年平均气温

气温是表征大气冷热程度的一个物理量，通常以摄氏度（℃）表示。广西地处中、南亚热带季风区，气候温暖，1981—2010 年各地年平均气温在 16.8～23.3 ℃。除少数山区测站外，等温线基本上呈纬向分布，气温由南向北递减，由河谷平原向丘陵山区递减。沿海地区和左江河谷在 22.0 ℃以上，涠洲岛高达 23.3 ℃，是全区年平均气温最高的地方。桂林市东北部各县以及海拔较高的乐业、南丹、金秀等地年平均气温小于 18.0 ℃，其中乐业、资源的年平均气温为 16.8 ℃，是全区年平均气温最低的县（市）（图 1.3）。

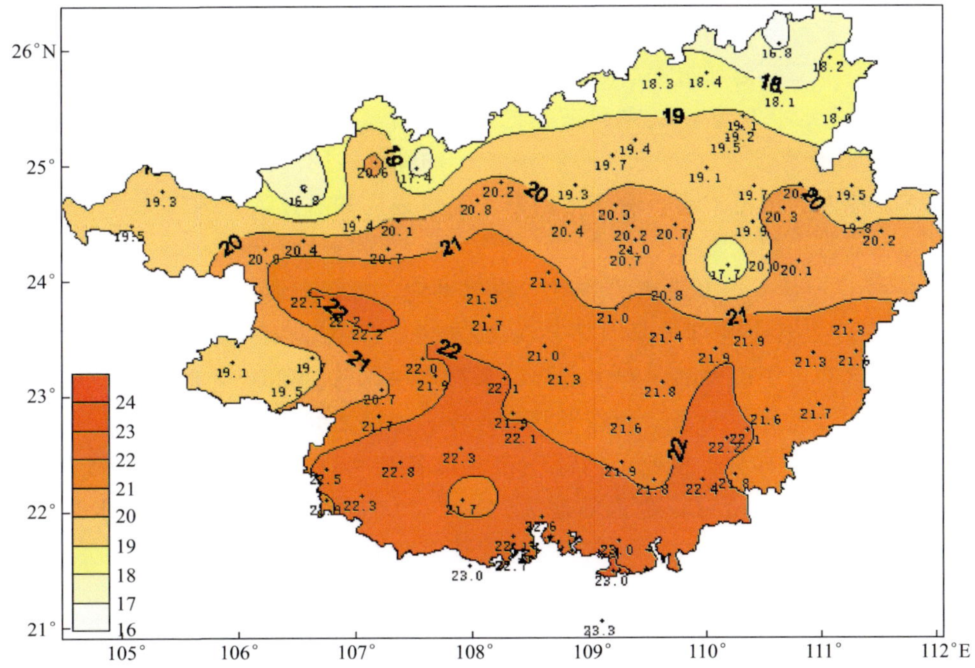

图 1.3　广西年平均气温分布（单位：℃）

1960—2010 年广西年平均气温序列的趋势变化率为 0.0141 ℃/a，即平均每 10 a 增加约 0.1 ℃，年平均气温与年份的相关系数达到 0.4923（n=51 a），达到 0.001 的信度水平，因此年平均气温随年代的上升是显著的，其趋势变化与全球变暖基本同步（图 1.4）。

（2）各季平均气温

冬季（12 月—次年 2 月）是一年中最冷的月份。各地季节平均气温在 7.0～16.5 ℃，南高北低，南北相差约 10 ℃。地域分布特点与年平均气温相似。桂林市，贺州、柳州、河池三市北部及金秀为 7.0～10.0 ℃；崇左、玉林二市，南宁市西部，沿海地区和右江河谷地区为 14.0～16.5 ℃；其余大部地区为 10.0～14.0 ℃。同纬度、同海拔高度相比，桂西冬季平均气温高于桂东。

春季（3—5 月），广西各地气温迅速回升，各地季节平均气温在 16.7～23.2 ℃，西南

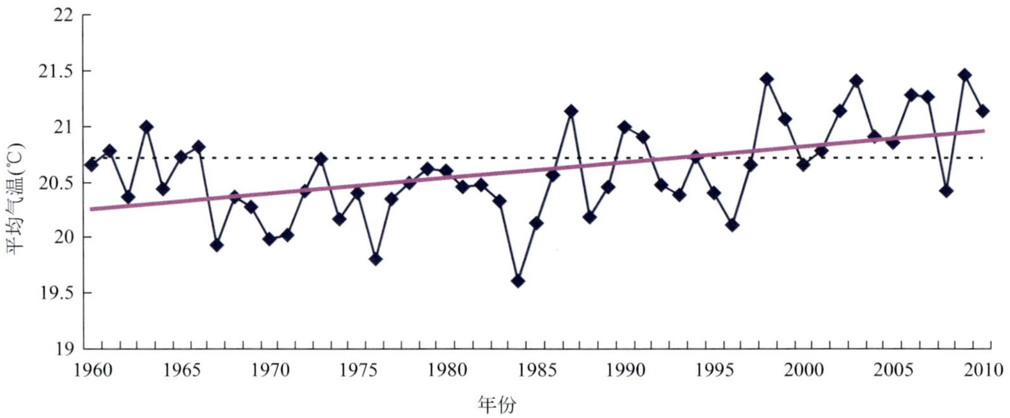

图 1.4　广西年平均气温变化曲线

（实线为 1960—2010 年逐年平均气温；虚线为 1981—2010 年平均气温；粗线为年平均气温线性变线趋势线）

高东北低，相差约 7 ℃。地域分布特点与年平均气温相似。桂林市，贺州、柳州、河池三市北部及金秀为 16.7～19.0 ℃；崇左、玉林二市，南宁市西部，沿海地区和右江河谷地区 22.0～23.2 ℃；其余大部地区为 19.0～22.0 ℃。同纬度、同海拔高度相比，桂西春季平均气温高于桂东。崇左、玉林二市，南宁市西部，沿海地区和右江河谷地区 4 月中旬入夏，其余县（市）则在 5 月中旬入夏。

夏季（6—8 月）是一年中最热的季节。季节平均气温除桂西、桂北山区和金秀等地为 23.2～26.0 ℃以外，其余大部分县（市）为 26.0～29.0 ℃。其中钦州市、北海市、贵港市、左江河谷地区和南宁市大部、柳州南部、来宾市中部等为 28.0～29.0 ℃。夏季南北气温仅差 1.0 ℃左右，差异不明显。河谷平原与丘陵、山区之间差异显著。

秋季（9—11 月），桂林、柳州、河池三市北部各县和百色市南、北山区各县及金秀在 20.0 ℃以下，其中乐业、资源、金秀等地为 17.5～19.0 ℃；沿海地区、玉林市、贵港市、南宁和崇左两市大部县（区）在 23.0 ℃以上，其中北海市、防城区和涠洲岛高于 24.0 ℃（图 1.5）。

1960—2010 年间，广西各季平均气温序列均呈上升趋势，其中冬季和秋季上升趋势比较显著。

（3）逐月平均气温分布特征

11 月—次年 4 月为桂东北平均气温低，桂南沿海高，等温线呈纬向分布，从北向南逐渐升高，但桂北的气温梯度较大，而桂南气温梯度较小。广西一年中气温最低的 1 月，累年平均气温相差最大的两个气象测站达 10 ℃。这是由于广西冬半年受东亚冬季风的影响，气候寒冷，而桂南临近海洋，冷气团容易变性，使得气温较快升高。

5—10 月，除桂北高寒山区气温较低外，其余大部地区累年月平均气温分布均匀，如 5 月 80%以上测站累年平均气温在 23～26 ℃，6 月为 25～28 ℃，9 月为 24～26 ℃。在 5 月东亚夏季风爆发后，广西受夏季风环流影响，为高温多雨的气候。当副热带高压主体控制华南区域，或受热带气旋西侧偏北气流影响，广西易出现高温天气。

广西全区月平均气温的月际变化和北半球大部分地区一样，冬冷夏热。1 月广西为隆冬季节，是广西一年中气温最低的月份，全区平均气温 11.3 ℃，2 月次低 13.1 ℃；7 月是广

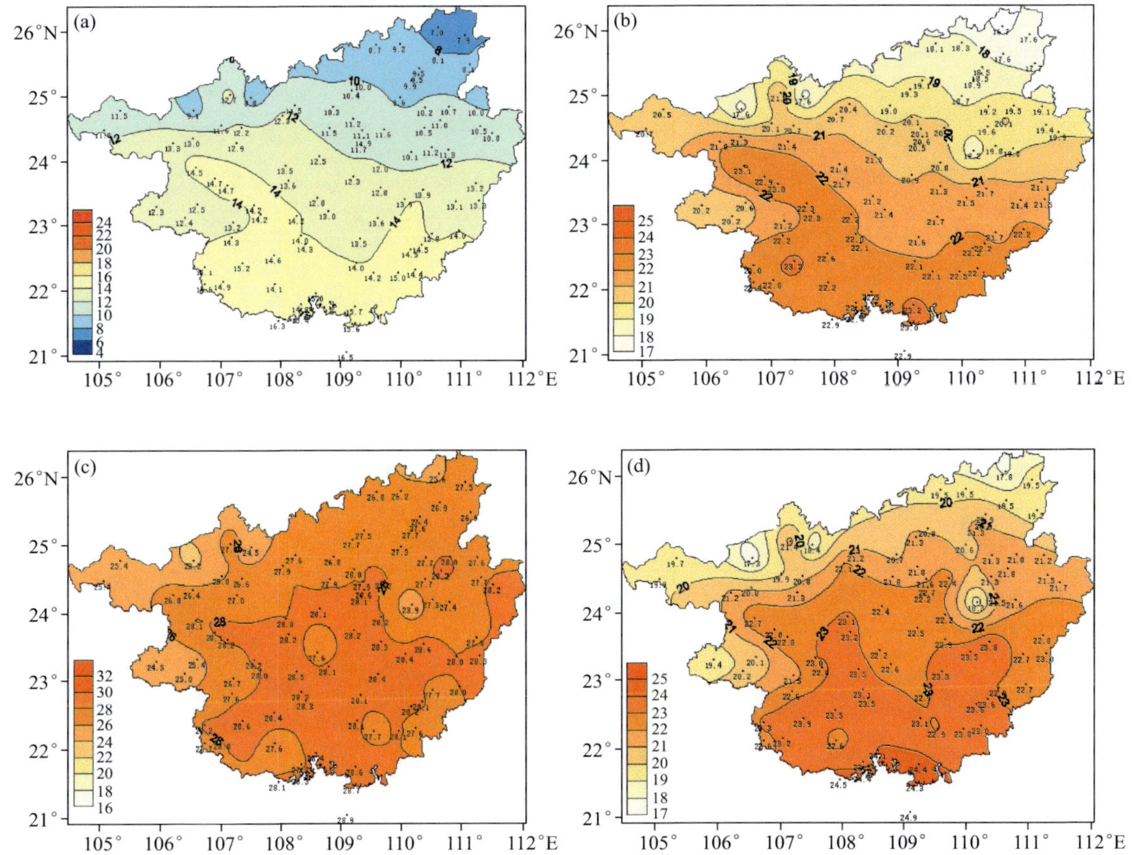

图 1.5　广西各季节平均气温（单位：℃）

（a）冬季；（b）春季；（c）夏季；（d）秋季

西一年中气温最高的月份，全区平均气温 27.9 ℃，8 月次高 27.7 ℃。1—7 月，平均气温逐渐上升，其中 4 月升幅最大，比 3 月上升 5.0 ℃；7—12 月，全区平均气温逐渐下降，其中 11 月降幅最大，比 10 月下降 4.7 ℃（图 1.6）。

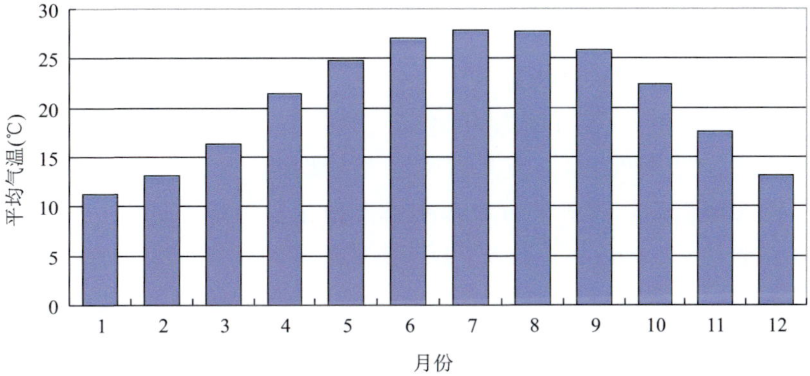

图 1.6　广西全区月平均气温的月际分布

（4）极端最高气温

从气象站建站—2010 年期间，广西各地年极端最高气温以百色市城区最高，为

42.5 ℃，金秀最低为 33.7 ℃。左右江河谷地区为 40.0～42.5 ℃，桂西北的乐业、南丹、凤山，桂西南的德保、靖西、那坡、天等以及北海市为 34.0～38.0 ℃，其余大部地区为 38.0～40.0 ℃（图 1.7a）。百色市和天等、凤山等地年极端最高气温多出现在 4—5 月，其余大部县（市）多出现在 7—8 月。各地 1981—2010 年平均日最高气温≥35.0 ℃的酷热天气，除沿海县（市）和桂北山区各县外，大部县（市）在 15 d 以上，地处右江河谷的百色市城区和左江河谷的崇左市城区分别达 48 d 和 45 d，为全区之冠。

（5）极端最低气温

从气象站建站—2010 年期间，广西各地年极端最低气温以资源最低，为−8.4 ℃，次低值出现在全州县，为−6.6 ℃；桂林、柳州二市大部，贺州、河池二市北部，来宾市东部和百色市的乐业、西林、那坡等地为−4.0～−6.0 ℃；北海、防城港二市大部 0.0～2.9 ℃，其余大部地区为−4.0～0 ℃（图 1.7b）。年极端最低气温多出现在 1 月。日最低气温≤0.0 ℃的寒冷天气日数，以资源最多，1981—2010 年平均每年有 15 d；桂林市北部各县和南丹、乐业、金秀等地为 2～7 d，其余县（市）不超过 2 d。

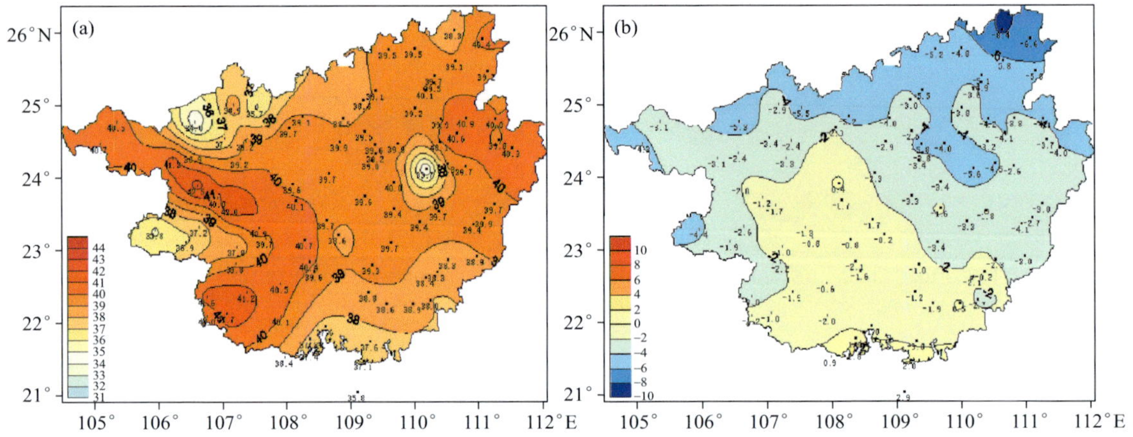

图 1.7 广西极端最高气温（a）和极端最低气温（b）分布图（单位：℃）

1.2.2.2 降水

（1）年总降水量

广西是全国年降水量最丰富的地区之一，各县（市）年降水量为 1062～2658 mm（1981—2010 年标准气候值）。由于地理环境和大气环流的影响，其地域分布具有东部多，西部少；丘陵山区多，河谷平原少；夏季迎风坡多，背风坡少等特点。主要有三个多雨区和三个少雨区。三个多雨区是：①玉林市南部和沿海地区，年降水量 1700～2658 mm，其中十万大山南侧的东兴达 2658 mm，是广西年降水量最多的地方；②大瑶山东侧以昭平为中心的昭平、蒙山一带，年降水量达 1700～1992 mm；③越城岭至元宝山东南侧以永福为中心的兴安、灵川、桂林、临桂和融安等地，年降水量达 1700～1986 mm。三个少雨区是：①以百色为中心的右江河谷及其上游的田林、隆林、西林一带，年降水量仅有 1062～1200 mm，其中西林为 1062 mm，是广西年降水量最少的地方；②以宁明为中心的明江河谷和左江河谷至邕宁一带，年降水量为 1157～1300 mm；③以武宣为中心的黔江河谷，年降水量 1200～1300 mm。广西其余县（市）的年降水量为 1300～1700 mm（图 1.8）。

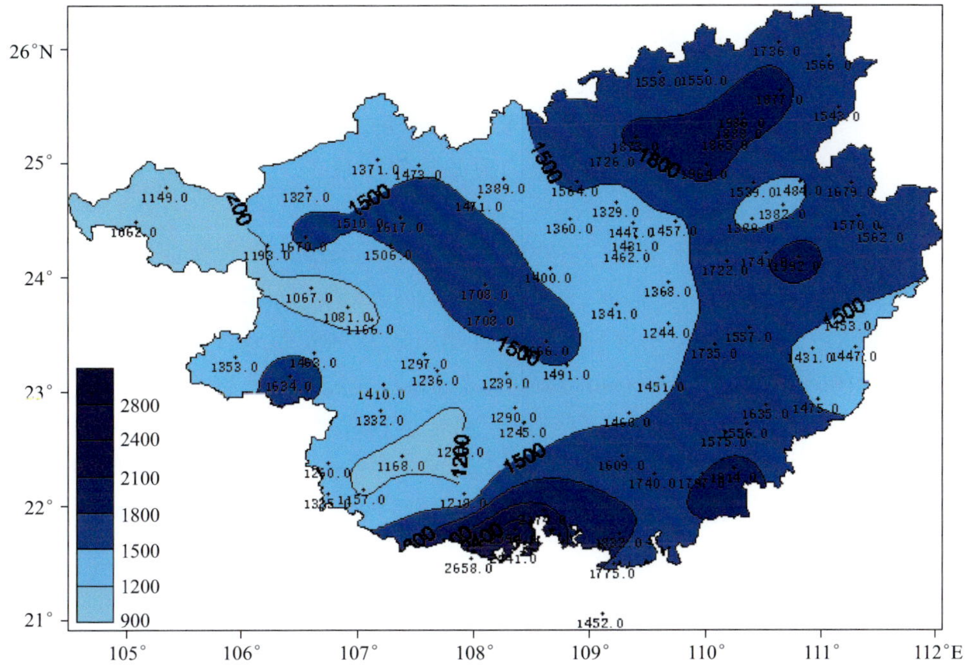

图 1.8 广西年降水量分布（单位：mm）

1960—2010 年，广西年降水量序列平均值为 1538.3 mm，最多是 1994 年 2039.3 mm，最少是 1963 年 1145.9 mm，最多年是最少年的 1.78 倍。年降水量序列的趋势变化率为 1.14 mm/a，即平均每 10 a 降水量增加约 11 mm。1960—2010 年广西年降水量序列可分为 2 个偏多期和 3 个偏少期。1960—1966 年，1984—1992 年和 2003—2010 年为 3 个年降水量偏少期，1967—1983 年为年降水量偏多期，1993—2002 年为年降水量明显偏多期，年降水量最多的 4 a 都出现在 1993—2002 年间，最大值出现在 1994 年（图 1.9）。

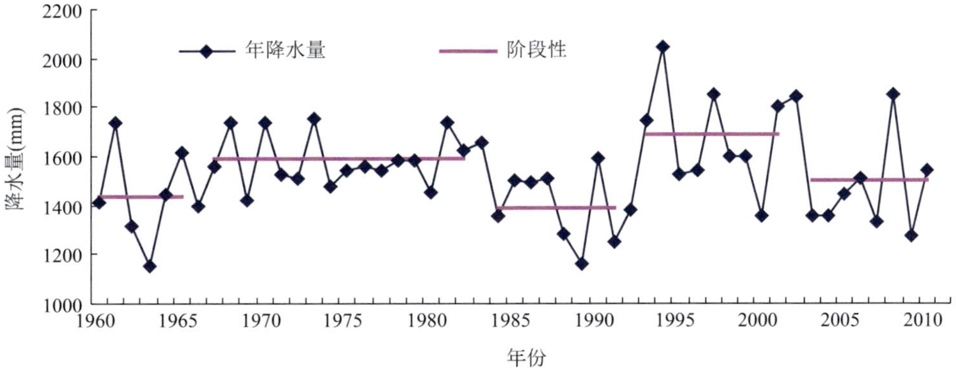

图 1.9 广西年降水量变化图（粗实线为阶段平均值）

（2）各季降水量

广西地处东亚季风区域，受冬、夏季风交替影响，各地的降水量季节分配不均，以夏季最多，冬季最少，春季略多于秋季。

冬季（12 月—次年 2 月）降水量最少，只有 58.4～257.3 mm，仅占全年降水量的

3.8%～15.5%。地域分布特点是由东向西减少。桂林市北部和富川、贺州、昭平等县（市）冬季降水量为200～250 mm，其中兴安多达257.3 mm，是广西冬季降水最多的地方；玉林、梧州二市，柳州市北部，桂林市南部，贵港、来宾二市东部以及上林、宾阳等地冬季降水量为150～200 mm；百色、崇左二市，南宁、河池二市南部以及上思县冬季降水量为50～100 mm，其中西林仅有58.4 mm，是广西冬季降水最少的地方。其余县（市）冬季降水量为100～150 mm。

春季（3—5月），广西自北向南、自东向西先后进入雨季，降水量明显增多，降水量为218.1～728.1 mm，占全年降水量的15.0%～40.0%。地域分布特点是北多南少，东多西少，由西南向东北增加。桂林市中部和北部、贺州市以及融安等地春季降水量为600～728.1 mm，其中兴安和昭平分别达728.1 mm和709.7 mm，为广西春季降水量之冠，形成兴安和昭平两个多雨中心。百色、崇左、北海三市，河池、南宁二市西部春季降水量为218.1～400 mm，其中田阳、上思分别只有232.1 mm和237.4 mm，为广西春季降水量的两个少雨中心，涠洲岛只有218.1 mm，是广西春季降水量最少的地方。其余县（市）春季降水量为400～600 mm。

夏季（6—8月），广西以锋面降水和台风降水为主，降水量可达494.6～1587.0 mm，占全年降水量的30.4%～62.9%。其地域分布特点是：南北多，中间少。玉林市南部和沿海地区，凌云和河池市西南部，融安、永福、靖西等地降水量较多，达800～1587 mm，其中沿海地区达1000 mm以上，防城港市南部达1500 mm以上，防城区为1587.0 mm，是广西夏季降水量最多的地方，形成沿海多雨区。桂林、梧州二市南部和全州、灌阳、富川、贺州、西林、百色、田阳、宁明、武鸣、武宣、象州等地夏季降水量较少，只有494.6～600 mm。其余县（市）为600～800 mm。

秋季（9—11月），台风对广西的影响逐渐减少，常出现秋高气爽、晴朗暖和的天气，各地降水量开始锐减，降水量为159.0～509.5 mm，占全年降水量的10.7%～23.9%。其地域分布特点：南多北少，西多东少。玉林市南部和沿海地区降水量较多，达300～509.5 mm，其中位于十万大山南侧迎风面的东兴多达509.5 mm，为广西秋季降水量之最；来宾、贺州二市，柳州市南部，以及恭城、平乐、荔浦、苍梧等地秋季降水量较少，仅有159～200 mm，其余县（市）200～300 mm（图1.10）。

（3）降水量的月际变化

由于受冬、夏季风交替影响，广西各地干湿季分明，夏半年（4—9月）为雨季，其降水量占全年降水总量的70%～85%，大雨以上降水天气过程出现频繁，容易发生洪涝灾害。冬半年（10月—次年3月）为干季，降水量仅占年降水量的15%～30%，干旱少雨，易引发森林火灾。

从1981—2010年广西全区88站降水量累年平均值的月际分布（图1.11）可以看到：①12月降水量是一年中最少的，全区多年平均只有31.0 mm，次少月是1月，平均只有49.5 mm；广西夏季月降水量远比冬季多，6月是一年中降水量最多的月份，全区多年平均降水量达到282.1 mm，是12月平均降水量的9.1倍，月平均降水量达到200 mm的月份全年有4个，即5—8月各月。②月降水量从81.4 mm增到226.5 mm，其中4月降水量比3月增加45.2 mm，而5月降水量比4月增加99.9 mm。降水量减幅最大的是从夏季转换到秋季的9月，从8月的200.6 mm迅速减少到9月113.7 mm。③汛期4—9月是广西降水偏

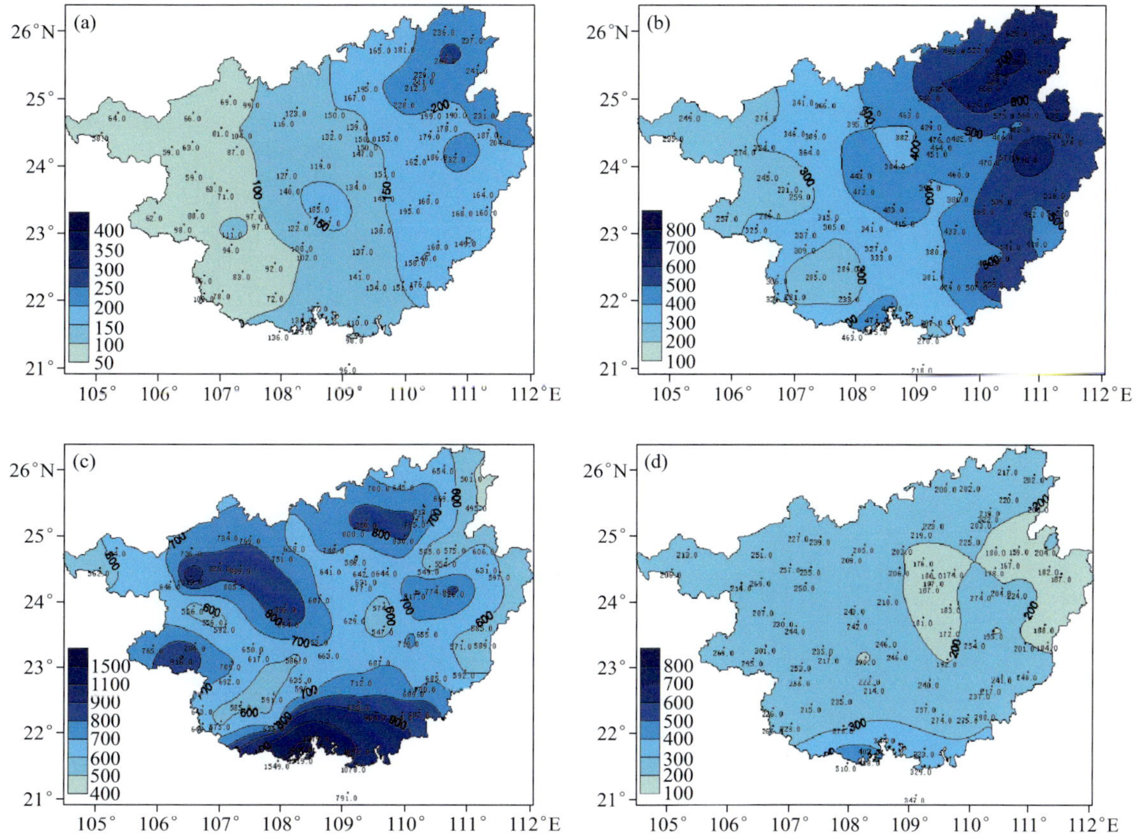

图 1.10　广西各季节降水量（单位：mm）

（a）冬季；（b）春季；（c）夏季；（d）秋季

多期，总降水量占全年的 77.9%；而 5—8 月又是降水集中期，总降水量占全年的 62.3%，常由于降水量过于集中而出现洪涝。

从全区范围上看，1981—2010 年平均各月降水量 11 月—次年 5 月是以桂东北为多雨中心，逐渐向桂西减少的分布型，7—10 月是以桂南沿海为多雨中心，逐渐表现为向桂北减少的分布型，6 月则有三个多雨中心。桂东北降水量主要集中在 3—7 月，由冷空气和西风槽造成；桂西南和沿海的降水量则主要集中在 6—8 月，由热带气旋、热带辐合带等热带系统带来。

由广西各地降水量的逐月变化曲线（图 1.11）可以看出，14 个地级市都呈单峰型，其中桂林、柳州和梧州等地峰值出现在 5—6 月，属锋面型降水；来宾、贵港、河池和玉林等地峰值出现在 5—7 月，属锋面型降水；百色、南宁、崇左和沿海地区等地峰值出现在 6—8 月，锋面型和热带气旋降水兼而有之。

广西各地月降水量的增减期有不同。桂东北春雨来得早，雨量多，3 月降水量已明显增加，平均月降水量已超过 100 mm，4 月超过 200 mm。桂南及沿海地区通常到 4 月，百色市和崇左市到 5 月降水量才超过 100 mm。雨季开始早的地方雨季结束也较早，桂林、贺州、柳州、来宾四市，河池、贵港两市东部，梧州市中北部 9 月降水量已小于 100 mm；其余大部县（市）到 10 月降水量才小于 100 mm，其中钦州、防城港两市城区及东兴等地到 11 月降水量才小于 100 mm。

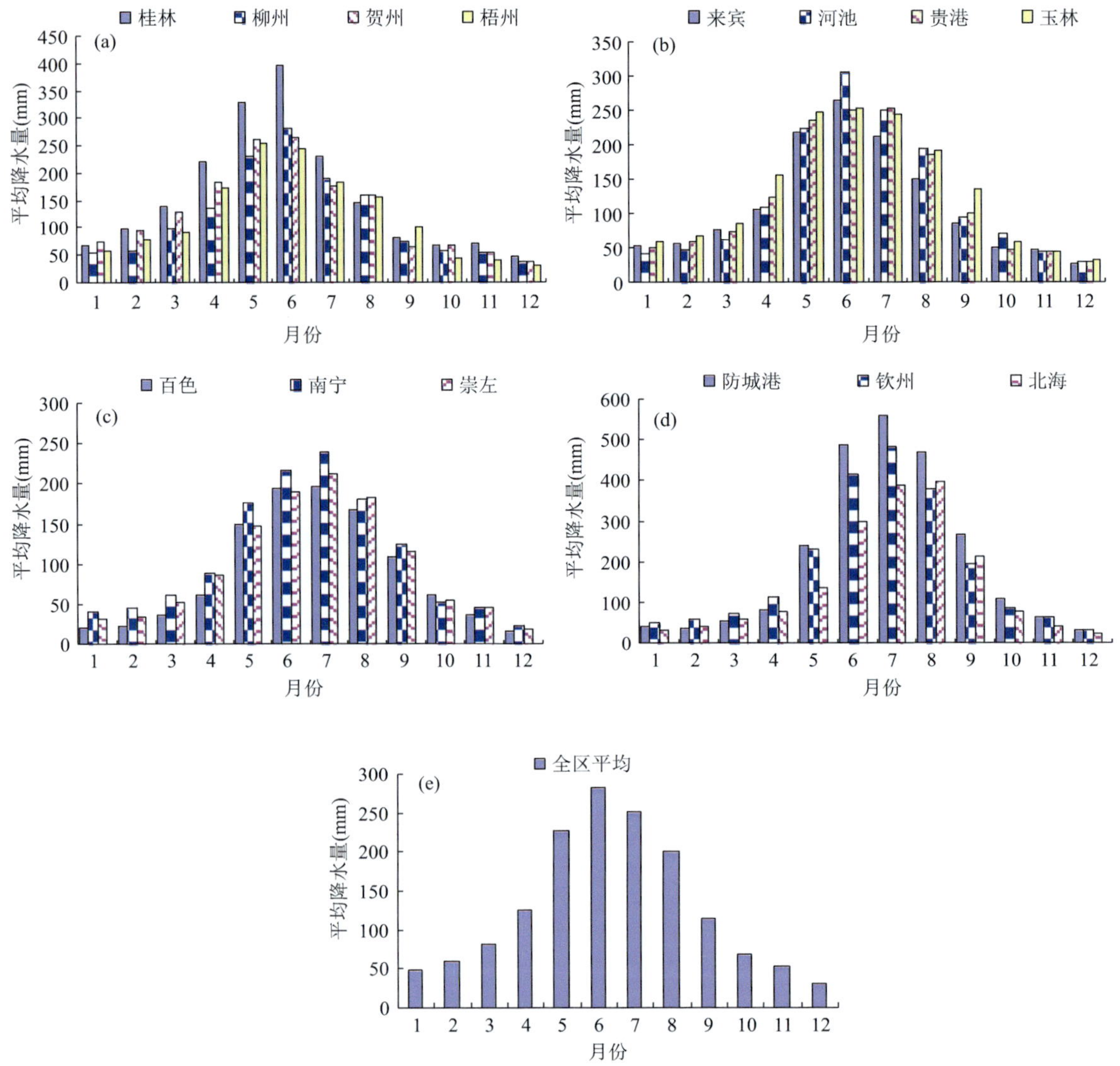

图 1.11　广西 14 个地市和全区平均降水量多年平均值的月际分布

（a）桂林、柳州、贺州、梧州；（b）来宾、河池、贵港、玉林；（c）百色、南宁、崇左；（d）防城港、钦州、北海；（e）全区平均

（4）降水日数

广西各地全年日降水量≥0.1 mm 的日数为 115～181 d。年降水日数较多的地区是桂林、柳州两市北部，贺州市北部和东部，以及蒙山、金秀、上林、南丹、靖西和东兴等地，其中资源和金秀最多，分别为 181 d 和 177 d；年降水日数较少的是右江河谷、北海市、南宁市西南部、崇左市大部、象州、武宣和上思等地，其中最少的涠洲岛和田阳，分别为 115 d 和 121 d（图 1.12）。

广西各地季降水日数以春、夏两季最多，秋季最少。其中桂林、柳州、贺州三市是春季降水日数多于夏季；来宾、梧州、贵港三市是春夏两季相当；其余各市是夏季多于春季。

冬季降水日数以桂林、贺州两市，柳州市北部和河池市东部较多，达 35 d 以上，其中

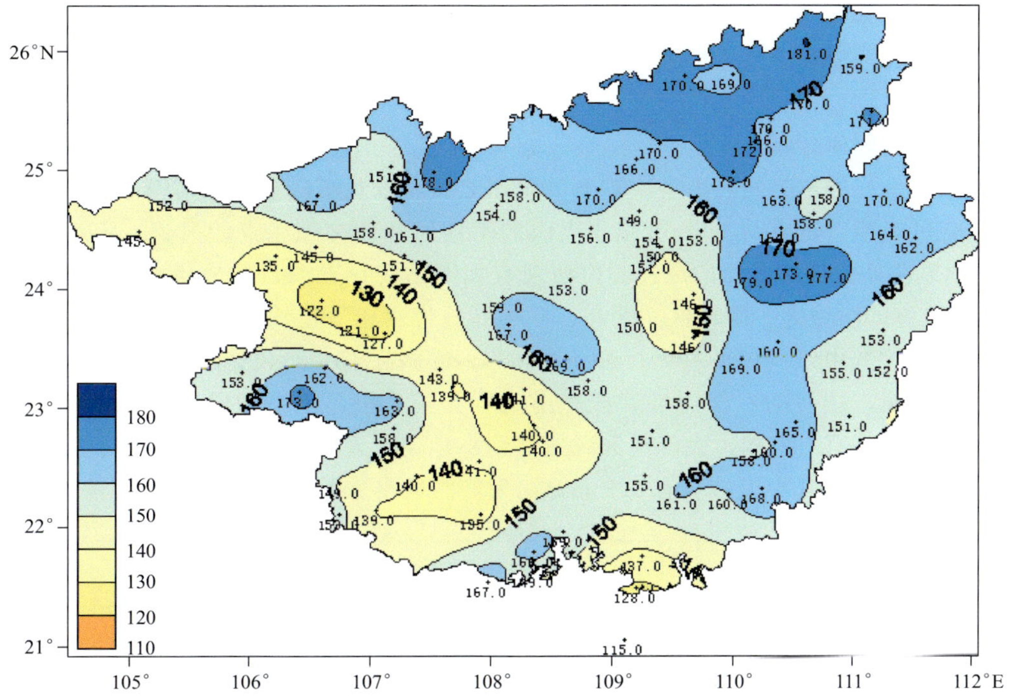

图 1.12　广西年降水日数分布图（单位：d）

兴安和灌阳、资源等地多达 40 d，为全区冬雨日数之冠。左、右江河谷，以及巴马、上思、北海等地小于 30 d，其中右江河谷小于 25 d。其余地区为 30～35 d。

春季降水日数以桂林、贺州两市，柳州市北部和贵港市东部较多，达 55 d 以上，其中昭平多达 60 d。百色、崇左、北海、钦州、防城港五市小于 45 d，其中右江河谷各县（市）小于 35 d。其余各地为 45～55 d。

夏季降水日数以河池市西北部、百色市东北部、玉林市南部、防城港市大部和浦北等地较多，达 55 d 以上，其中东兴、防城区多达 60～61 d。左、右江河谷小于 50 d，其余各地为 50～55 d。

秋季降水日数以百色市南北山区各县和河池市的南丹最多，达 30 d 以上，其中乐业多达 35 d，为全区秋季雨日之冠。贺州、梧州、贵港、来宾等市和桂林市南部、柳州市南部、右江河谷等地小于 25 d，其余大部地区为 25～30 d。

1.2.2.3　风

(1) 盛行风向

风是空气的水平运动。它是一个矢量，既有大小又有方向，包括风速和风向两项。一个地区在某一时段（日、月、季、年）出现频数最多的风向，也称最多风向。广西属季风气候区，风向有明显的季节变化。冬季受蒙古冷高压控制，冷空气活动频繁，大部地区盛行偏北风；夏季受来自太平洋的东南季风和印度洋的西南季风影响，盛行偏南风；春、秋转换季节，风向多变，但全年大部地区仍以偏北风为主。由于广西地形复杂，境内有丘陵山地、河谷平原、沿海滩涂，盛行风向除受大的环流背景影响，还受地形影响，因此盛行风向同时具有局地性特点。桂西的山区和左江、右江、明江等河谷因山脉和河流多是东西走向和东南—西北走向，故年盛行风向多为偏东风（E—SE 方向）；桂东的北部多南北走向的河流和山谷、桂东的南部河流和山谷多是东北—西南走向，因此桂东年盛行风向为偏北风（NE—N 方向）。

（2）年平均风速分布

平均风速是在规定时间段内各次观测的风速之和除以观测次数的平均值。在气象观测规范中，自记风观测以正点前 10 min 至正点内的平均风速作为该正点的风速，定时观测风以 2 min 平均风速作为该次观测的风速。广西现有观测站资料表明，各地年平均风速为 0.7～4.3 m/s，沿海的防城港、防城区、北海、涠洲岛一带由于下垫面平坦开阔，平均风速高达 3.1～4.3 m/s，其中以涠洲岛最大，为 4.3 m/s。广西还有 3 个风速较大的地方，分别是：桂北的湘桂走廊，桂西的右江河谷，桂东南的容县、陆川，年平均风速为 2.3～3.1 m/s。西部由于受云贵高原的阻挡，大部地区风速都偏小，其中天峨、凤山和凭祥为平均风速小值区，在 1 m/s 以下，其中天峨只有 0.7 m/s，为广西最小（图 1.13）。

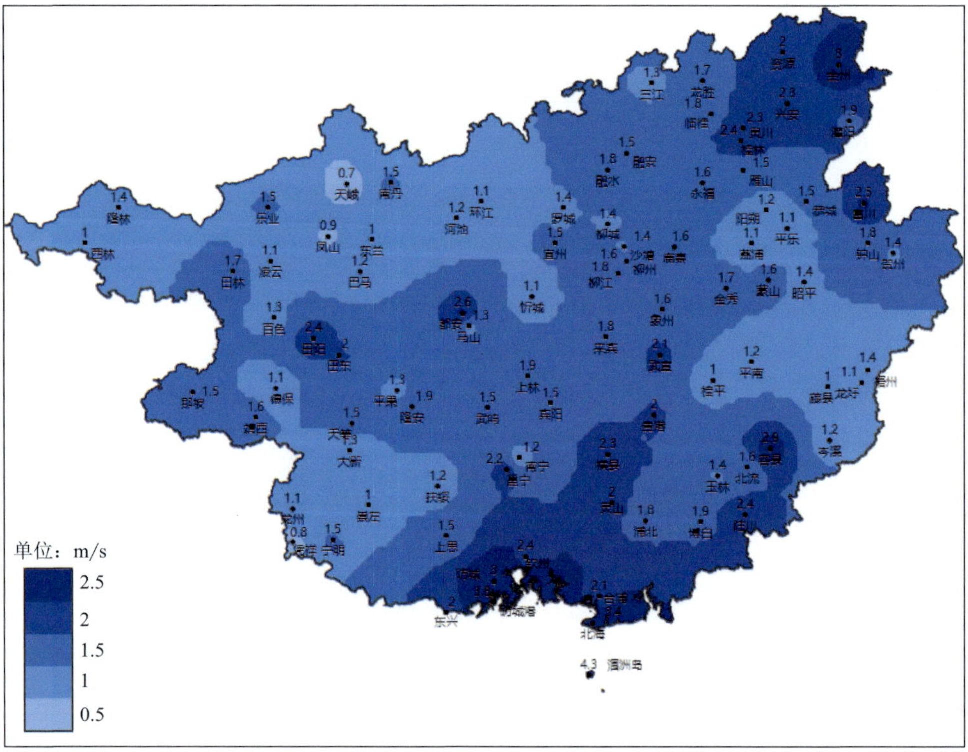

图 1.13　广西年平均风速分布（单位：m/s）

从平均风速的季节变化看，一般以冬、春季较大，夏、秋季较小，大部分站点的月均最大值都出现在 1—3 月，月均最小值多出现在 5—8 月，最大值与最小值之差为 0.5～2.0 m/s。

（3）大风日数

气象上规定，凡达到和超过 8 级（风速≥17 m/s）的风统称为大风。广西境内每年都受到大风袭击，使农业生产和人民生命财产遭受不同程度的损失。

广西的大风大体上有三种类型：一是冬、春季强冷空气南下产生的大风，通常称为寒潮大风；二是热带气旋环流产生的大风；三是春、夏季热对流旺盛发展产生的短时雷雨大风。

大风日数的地域分布有显著的地区性特征。河谷多于平原、盆地和开阔地；冷空气入侵的通道多于闭塞山谷和背风坡的河谷与盆地；热带气旋活动频繁的沿海多于内陆。

据1981—2010年资料统计，广西全区平均大风日数夏季占全年的38.5%，春季占31.5%，秋季占16.1%，冬季占13.9%。但地区之间有所差异，如桂林、百色等市春季多于夏季，冬季多于秋季，北海市夏、秋、冬季相差不大，而春季最少。

1.2.3　主要气象灾害

广西是我国气象灾害最严重的省区之一，气象灾害种类多、分布广、活动频繁、危害严重。广西常见的气象灾害有干旱、洪涝、热带气旋、冰雹、大风、雷暴、低温冷害和霜冻等。据不完全统计，20世纪90年代以来气象灾害给广西造成的损失平均每年有近100亿元，是制约广西经济社会可持续发展的重要因素之一。

1.2.3.1　干旱

新中国成立以来，广西几乎年年有干旱，全区多年平均受旱面积58万hm^2。最严重的干旱年是1963年，4月上旬—9月上旬，全区大部分地区降水量为360～800 mm，比常年同期偏少3～6.5成，发生了严重的春、夏、秋连旱。全区受旱总面积达155.2万hm^2，全区3000多条中小河流有2200多条断流；蓄水100万km^3以上的414个水库中有311个干涸，水库蓄水量仅有1.9亿km^3。受灾人口达1000万人，约占当时广西总人口的50%。

20世纪80年代末以来是广西干旱频发的时期，特大干旱灾害有：1998/1999年秋冬春连旱、2003/2004年夏秋冬春连旱、2004/2005年秋冬春连旱，2009/2010年夏秋冬春连旱，其中2003年9月下旬—2004年6月下旬，广西各地降水量为282～1246 mm，大部地区降水量比常年同期偏少1～4成，局部地区偏少5～6成，广西发生夏秋冬春连旱，受灾面积达135.2万hm^2，2004年1月有844座中小型水库低于死水位或干涸，干旱严重程度仅次于1963年。

1.2.3.2　洪涝

20世纪80年代以来，广西发生的暴雨洪涝灾害也较频繁，其中如1994年6月及7月、1996年7月、1998年6月、2001年7月、2005年6月等发生了特大洪涝灾害，给工农业生产和人民生命财产造成重大损失。

1994年是新中国成立以来广西暴雨洪涝灾害最严重的一年。1994年5—8月，广西共发生18次大到暴雨天气过程，特别是6月12—18日、7月13—24日出现两次罕见的特大暴雨洪涝灾害。6月12—17日，受静止锋、高空槽和低涡切变线的共同影响，广西出现大范围暴雨天气过程，有68站次降暴雨、58站次降大暴雨，过程降水量最多的是融安，为602.2 mm。1994年7月13—24日，受高空切变线、低涡、地面北部湾低压、热带辐合线和西南季风云团等天气系统的共同影响，广西出现大范围持续性暴雨天气过程，有83站次降暴雨、44站次降大暴雨、3站降特大暴雨（博白7月24日降雨量311.7 mm、防城港7月19日降雨量272.7 mm、防城7月20日降雨量254.1 mm），过程降水量最多的是东兴，为1173.2 mm。桂江、柳江、黔江、浔江、西江等主要江河洪水泛滥，有86个县（市）2753

万人受灾，死亡 477 人，造成直接经济损失约 362.6 亿元。

1998 年 6 月 16—27 日，受高空槽和低空急流、静止锋影响，广西出现大范围持续性暴雨天气过程，其中暴雨 123 站次、大暴雨 43 站次、特大暴雨 2 站（融安 6 月 22 日降雨量 281.5 mm、马山 6 月 24 日降雨量 252.8 mm），过程降水量最多的是永福，为 975.3 mm。持续性暴雨导致漓江、洛清江、融江、柳江、红水河、黔江、浔江及西江洪水暴涨，造成严重洪涝灾害。据不完全统计，全区有 62 个县（市）1231 万人受灾，因灾死亡 81 人，直接经济损失 109 亿元。

2005 年 6 月 19—23 日，受强盛的西南暖湿气流和弱冷空气影响，广西出现大范围持续性的暴雨天气过程，其中暴雨 56 站次、大暴雨 21 站次、特大暴雨 1 站（象州 6 月 21 日降雨量 326.1 mm，打破了当地建站以来最大日降雨量的历史记录），过程降水量最多的是象州，为 624.8 mm。持续性暴雨致使桂江、柳江、黔江、浔江、西江等主要江河洪水暴涨，西江梧州 6 月 23 日 10 时（北京时，以下未标注世界时的均为北京时）出现 26.75 m 的洪峰水位，超过警戒水位 9.45 m，为百年一遇特大洪水。全区共有 78 个县（市）771.6 万人受灾，死亡 54 人、失踪 23 人，造成直接经济损失 70.7 亿元。

1.2.3.3 热带气旋

热带气旋是指发生在热带洋面上的低压涡旋，热带气旋所经之地，往往会出现狂风、暴雨，造成风灾和洪涝灾害。1951—2007 年，影响广西的热带气旋平均每年有 5 个，最多的年份（1952、1974、1994 年）达 9 个，最少的年份（2004 年）0 个。从多年情况来看，4—12 月都有热带气旋影响广西，影响集中期是 7—9 月（李艳兰 等，2009）。2000 年以来对广西影响大，暴雨、洪涝、大风范围广强度大、灾害严重的热带气旋主要有：2001 年第 3、4 台风“榴莲”“尤特”、2003 年第 7 号台风“伊布都”、2006 年第 6 号台风“派比安”、2002 年第 14 号强热带风暴“黄蜂”、2006 年第 4 号强热带风暴“碧利斯”，特别是 2001 年 7 月上旬，受台风“榴莲”和“尤特”的先后叠加影响，广西有 58 站次降暴雨、35 站次降大暴雨、1 站降特大暴雨（防城 7 月 3 日降雨量 256.2 mm），25 站次出现 8 级以上的大风，北海阵风达 12 级（33.5 m/s）。台风引发的暴雨导致左江、右江、邕江、郁江、浔江江水暴涨，洪水泛滥，百色市遭遇了百年不遇的洪涝，南宁市发生了 1913 年以来最大的洪涝，贵港市出现了有水文记录以来最大的洪涝，广西因灾死亡 24 人，直接经济损失 159.03 亿元以上，其中南宁市损失 12 亿元。

1.2.3.4 寒冻害

广西水热资源丰富，具有发展热带、亚热带作物的优越气候条件，但是冬季低温，常给农业生产带来不同程度的损失。当强冷空气入侵时，极端最低气温桂北可低达－5 ℃以下，桂中－5～－2 ℃，桂南大部－2～－1 ℃，大部地区都有可能出现霜冻或冰冻，对蔬菜水果种植、水产养殖造成不利影响。例如：1999 年 12 月下旬，广西 86 个县（市）出现霜冻或冰冻，各地霜（冰）冻日数：桂北及百色市南部山区 5～8 d，沿海及玉林市南部 2～4 d，其余地区 4～6 d。过程极端最低气温：桂东北、桂西北山区及那坡等地－6.8～－2 ℃，其余地区－2～4 ℃。全区共有 53 个县（市）过程最低气温在 0 ℃以下，其中有 25 个县（市）12 月极端最低气温为建站以来最低值，临桂、荔浦、武宣、苍梧、北流、灵山为建站以来冬季气温最低值。该过程导致广西农作物受灾面积达 133.33 万 hm^2，损失淡水、海水养殖品 540 t 以上，直接经济损失超过 200 亿元。2008 年 1 月 12 日—2 月 20 日，广西遭受持续性低温雨雪冰冻灾害天气过程袭击，全区有 63 个站先后达到寒潮标准，各地最低气温：桂北−3 ℃～0 ℃，桂中 0～2 ℃，桂南和右江河谷 2～5 ℃，全区所有台站的最低日平均气温均为建站以来同期最低，全区平均气温连续 30 d 低于 8 ℃、连续 39 d 低于 12 ℃。桂东北出现较大范围的雨夹雪和冻雨、冰冻天气。该过程持续时间长、强度大、影响范围广，给人民生产生活及电力、交通、农业、林业等行业造成严重影响和重大损失，全区直接经济损失达 321.75 亿元。

1.2.3.5　强对流天气

强对流天气（冰雹、大风、雷暴、龙卷、飑线等）是广西的主要气象灾害之一，其中以冰雹、大风和雷暴造成的危害较大。冰雹虽然影响范围小、时间短，但因来势猛，造成损失严重。广西冰雹的分布特点是：桂西多于桂东，山区多于平原，桂西北是广西的多雹区域。冰雹主要出现在 2—5 月，其中又以 3、4 月最多。广西大风多由台风、寒潮和热对流引起，沿海地区受大风影响最频繁，涠洲岛年大风日数达 31 d。2019 年 3 月 21 日 21 时开始，桂林临桂区受超级单体风暴影响，最大阵风达 60.3 m/s，为有气象记录以来的广西之最。广西是我国雷暴日数最多的省区之一，尤其在 4—9 月雷暴活动最频繁。各地的雷暴日数有明显的地域性分布特征，主要是南部多，北部少。地处十万大山南坡的东兴市是广西雷暴最多的地方；雷暴最少的地方是天峨、南丹两县。强对流天气往往来势凶猛，破坏力强，损失严重。

1.3
广西社会经济发展情况

广西常住总人口近五千万人，大陆海岸线长 1500 多千米，陆地边境线 1020 km，是中国华南经济圈、西南经济圈和东盟经济圈的结合部，背靠国内广阔腹地，面向东盟十国，是中国西南地区最便捷的出海通道，是中国唯一与东盟既有陆地接壤又有海上通道的省区，区位优势明显，战略地位突出。

广西幅员辽阔，资源丰富，具有丰富的水能、矿产、农林、海洋、生物和旅游等资源。可开发水能蕴藏量 1900 多万千瓦，已发现矿种 115 种，已探明储量 89 种，其中储量居全国前十位的有 53 种，居首位的有 14 种，是著名的“有色金属之乡”。广西资源开发前景广阔，有海洋鱼类 500 多种，10 m 深以内可供养殖面积 600 多万亩①，是著名的“南珠”产地。以桂林山水、滨海风光、边关和民族风情为主要内容的旅游资源优势突出，各具特色。

广西深化改革、扩大开放，主动服务和融入“一带一路”建设，对外开放的层次和水平不断提高。特别是在中央和国家有关方面大力支持下，广西连续成功承办了十七届中国东盟博览会和商务与投资峰会，推动一大批中国—东盟合作项目落户广西，形成了中国—东盟合作的“南宁渠道”，开创了中国—马来西亚“两国双园”等国际合作新模式，连接东盟的陆

① 1 亩≈666.7 m^2，下同。

海贸易新通道也在“一带一路”建设的框架下加快推进。党的十八大以来，按照党中央部署，广西不断深化重点领域改革。其中，北部湾经济区同城化、商事制度改革、沿边金融综合改革等走在全国前列；农村金融改革“田东模式”获得习近平总书记充分肯定，成为全国先进典型。

2017 年，广西城镇和农村居民人均可支配收入分别突破了 3 万元和 1 万元，是 1978 年的 105 倍和 94 倍。特别是按照中央的部署，全面推进脱贫攻坚，农村贫困人口从 1980 年的 1920 万人减少到 2017 年的 267 万人，全区的贫困发生率下降到了 5.7%。2017 年，财政的民生支出占比也达到了 81.3%，全区各族群众实现了“幼有所育、学有所教、病有所医、老有所养、住有所居、弱有所扶”。

2017 年，广西全区经济总量达到了 2 万亿元，是 1958 年的 832 倍，财政总收入从 1958 年的 4.66 亿元增长到 2017 年的 2600 亿元，年均增长 11.3%。过去产业基本是空白，现在已经拥有超过千亿元的工业产业，达到了 10 个，经济实力大幅度提升。

固定资产投资达到了 2 万多亿元，比 1958 年翻了 12.5 倍，高铁、动车通达全国 15 个省会城市，广西内部有 12 个设区市通达了高铁。还有 89%的县通了高速公路，城乡面貌发生了历史性剧变，城镇化率达到了 49.2%，还实现了村村通硬化路、通电、通水、通广播电视、通网络信号，基础设施得到了跨越式发展。

广西生态环境的总体优良并位居全国前列，森林覆盖率超过了 62%，排在全国前列，生态环境保护成效非常显著。1958 年广西壮族自治区成立以来，特别是党的十八大以来，广西经济社会发展取得了历史性成就。

1.4 本章小结

本章介绍了广西自然地理特征、气候特征以及社会经济发展的基本情况。

（1）广西位于全国地势第二阶梯中的云贵高原东南边缘，地处两广丘陵西部，南临北部湾海面。具有周高中低、形似盆地，山地多、平原少，岩溶广布，海岸曲折的地形地貌特点。

（2）广西属中、南亚热带季风气候区，是中国季风最明显的地区之一，冬季受东北季风影响，夏季受东南季风和西南季风影响，具有气候温暖、热量丰富，降水丰沛、干湿分明，日照适中、冬少夏多，灾害频繁、旱涝突出等气候特点。

（3）2017 年，广西全区经济总量达到了 2 万亿元，广西城镇和农村居民人均可支配收入分别突破了 3 万元和 1 万元，广西经济实力已大幅度提升，基础设施得到了跨越式发展，生态环境保护成效非常显著。

第2章 广西空气质量研究与应用

2.1 广西空气质量概况

2015—2019 年广西环境空气质量优良天数比例分别为 88.5%、93.5%、88.5%、91.6%和 91.7%，在全国 31 个省市中分别排第 8、第 5、第 9、第 8 和第 7 名，综合指数分别为 4.06、3.75、3.88、3.74 和 3.43，在全国 31 个省市中分别排第 7、第 8、第 9、第 9 和第 8 名，环境空气质量总体良好。

如图 2.1 所示，2015—2019 年，广西环境空气质量 6 项污染物中，除 O_3 质量浓度呈上升趋势外，其余 5 项污染物质量浓度均呈逐年下降趋势。各项污染与全国各省市的变化趋势相同，广西 O_3 质量浓度上升明显，特别是 2017—2019 年，O_3 超标天数明显增加，分别达到 105 d、117 d 和 226 d，比 2015 年分别上升 30%、44%和 180%。

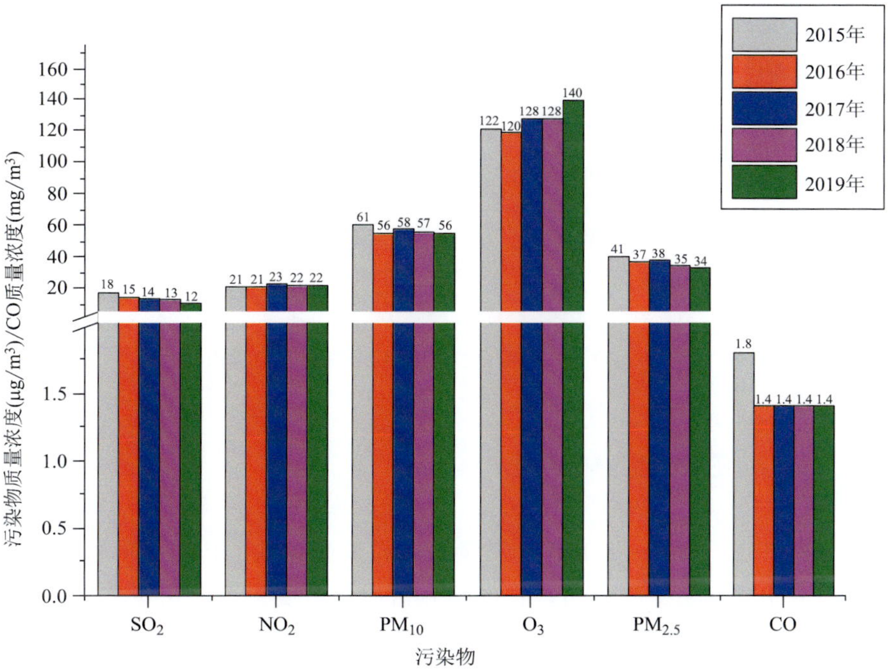

图 2.1　2015—2019 年广西 6 项污染物质量浓度

2018 年广西首次实现全区环境空气质量达标，超额完成生态环境部下达的环境空气质量优良天数比率和未达标城市 $PM_{2.5}$ 质量浓度这两项年环保约束性指标计划。

图 2.2 为 2015—2019 年广西污染天首要污染物占比图。由图可知，污染天首要污染物为 $PM_{2.5}$、O_3、PM_{10}、NO_2 和 SO_2，其中 $PM_{2.5}$ 和 O_3 为主要首要污染物，是影响广西优良天数比率的重要因子。2015—2017 年期间引发污染天气的主要首要污染物为 $PM_{2.5}$，其引发污染天占全年污染天的比重分别为 86.00%、86.40%和 85.21%，以 O_3 为首要污染物的污染天占比相对较小，占比分别为 13.00%、12.99%和 14.31%。2018—2019 年以 $PM_{2.5}$ 为首要污染物的污染天占比逐渐减小，占比分别为 69.40%和 45.60%，以 O_3 为首要污染物的污染天占比逐渐增大，占比分别为 28.40%和 53.90%，2019 年以 O_3 为首要污染物的污染天比重超过了 $PM_{2.5}$ 的比重，为 2015—2019 年首次超越。近年来广西对大气污染防治高度重视并采取各项措施，以 $PM_{2.5}$ 为首要污染物的重污染天气的频次不断减少，颗粒物防治成效较为显著，但以 O_3 为首要污染物的复合型污染日益凸显。

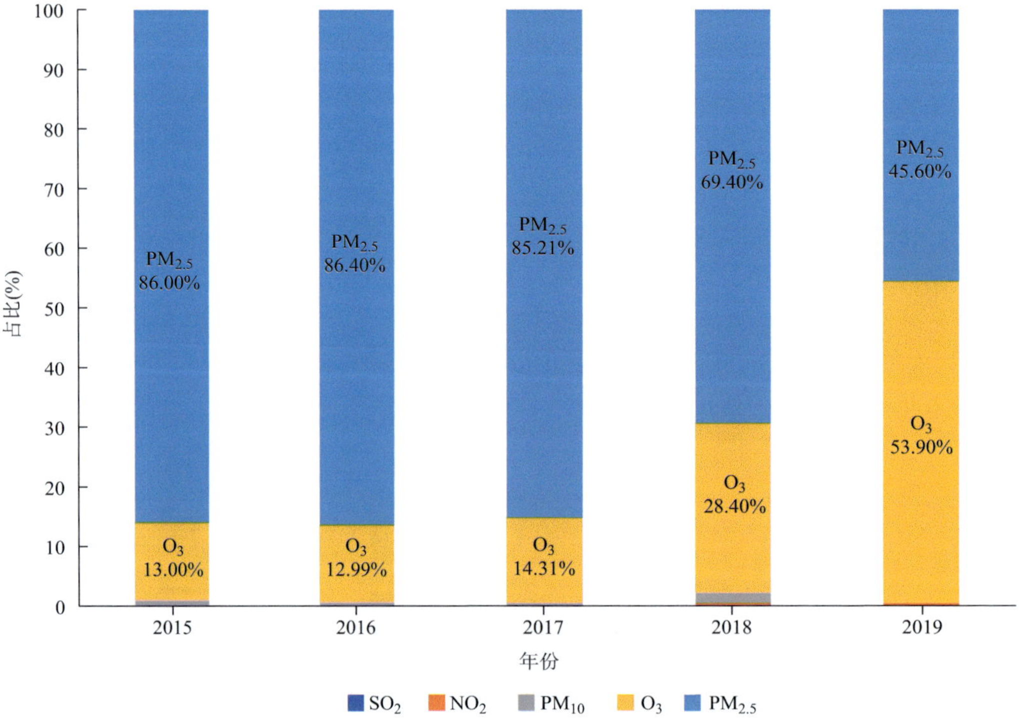

图 2.2　2015—2019 年广西污染天首要污染物占比

2.1.1　广西 $PM_{2.5}$ 的时空变化特征

图 2.3 为广西 2015—2019 年 $PM_{2.5}$ 质量浓度日变化曲线。$PM_{2.5}$ 质量浓度日变化呈双峰变化，峰值分别出现在上午和夜间，且夜间峰值质量浓度更高。由于受“早高峰”影响，机动车排放污染物不断累积和二次转化生成，于上午 10 时左右达到峰值，随后质量浓度逐渐下降至下午 16 时。受“晚高峰”影响，18 时左右质量浓度不断升高，至 22 时左右 $PM_{2.5}$ 质量浓度达到夜间峰值。由此可见，早晚高峰对 $PM_{2.5}$ 的质量浓度变化存在一定影响，但由于 $PM_{2.5}$ 来源广泛、复杂，同时受气象因素影响，因此早晚高峰不是影响其质量浓度的唯一原因。

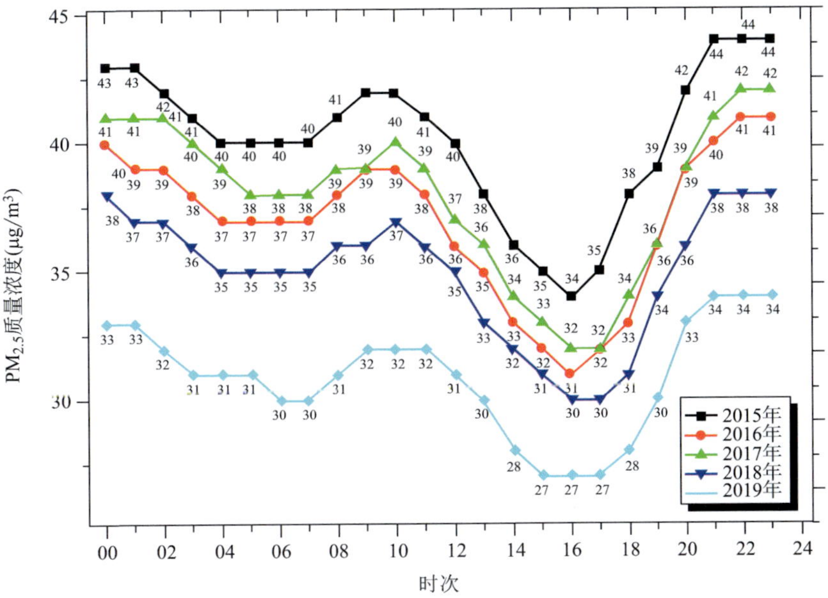

图 2.3　广西 2015—2019 年 $PM_{2.5}$ 质量浓度日变化曲线

图 2.4 为广西 2015—2019 年 $PM_{2.5}$ 质量浓度月际变化图。由图可以看出，$PM_{2.5}$ 质量浓度月际波动大，呈波动中缓慢改善趋势。$PM_{2.5}$ 质量浓度变化具有明显的时间规律性，每年 1—2 月或 12 月最高，6—8 月最低；冬季质量浓度最高，夏季最低，季节变化明显。

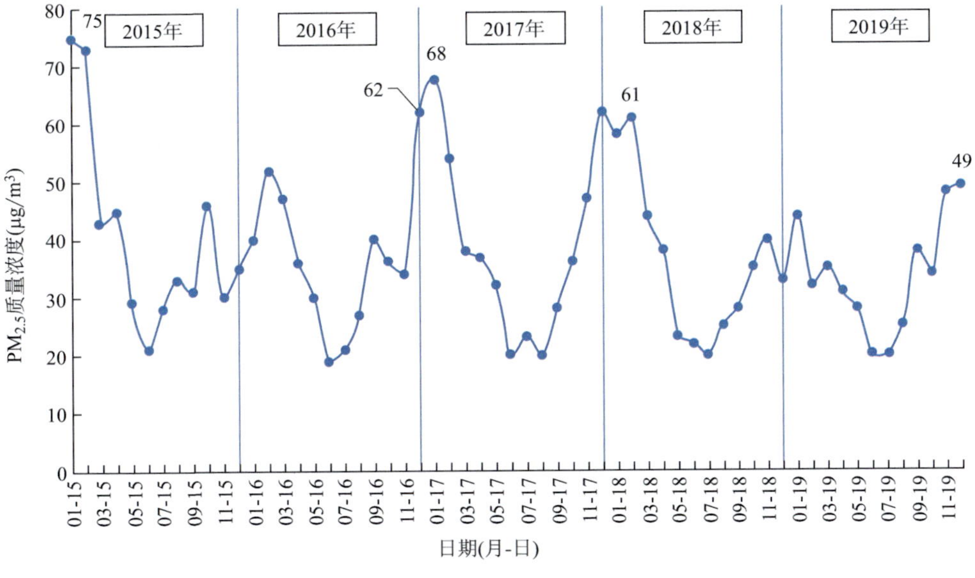

图 2.4　2015—2019 年广西 $PM_{2.5}$ 质量浓度月际变化

图 2.5 为 2015—2019 年广西 $PM_{2.5}$ 质量浓度年均分布图。从图中可以看到，2015 年广西 $PM_{2.5}$ 质量浓度高值区主要分布在桂林、柳州、来宾和河池，2016 年质量浓度高值区稍微降低，出现在桂林和柳州，2017 年高值区出现在来宾、柳州和桂林，2018 年和 2019 年广西 $PM_{2.5}$ 质量浓度明显降低。2015—2019 年北部湾区域的北海、防城港、钦州等沿海城市

的 $PM_{2.5}$ 持续处于较低质量浓度水平。整体上看，广西 $PM_{2.5}$ 质量浓度桂北高桂南低，除 2017 年有所反弹外，其余年份总体均呈下降趋势。

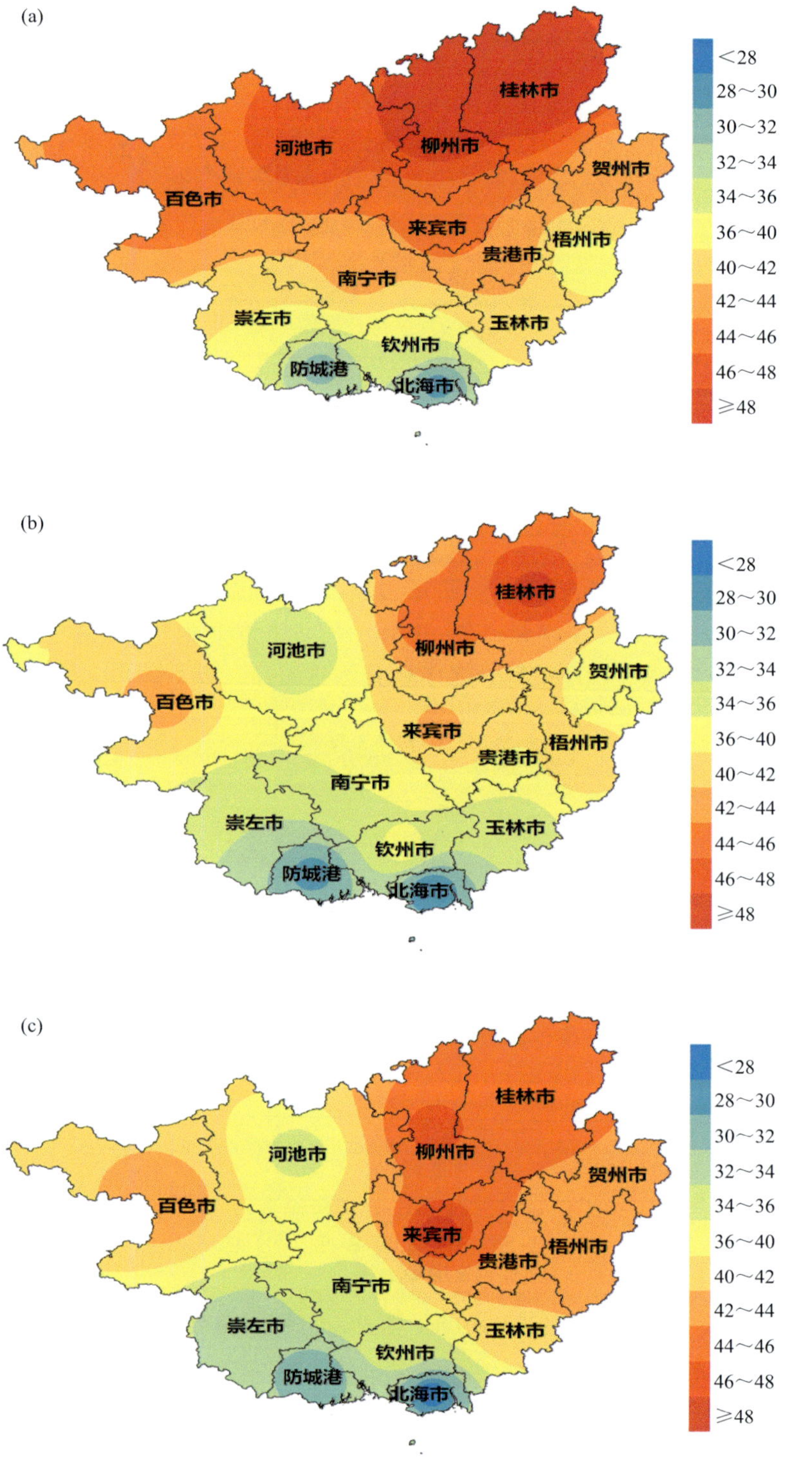

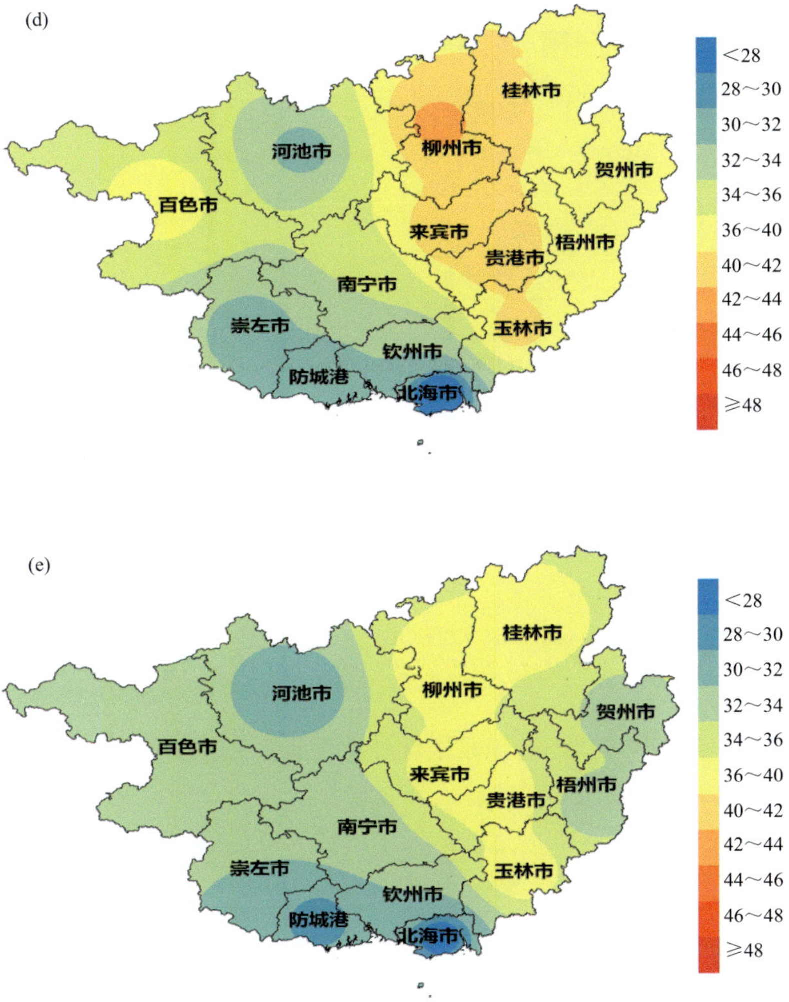

图 2.5　2015—2019 年广西 $PM_{2.5}$ 质量浓度年均分布图（单位：μg/m³）

（a）2015 年；（b）2016 年；（c）2017 年；（d）2018 年；（e）2019 年

2.1.2　广西 O_3 的时空变化特征

近年来，我国 O_3 质量浓度整体上升。2018 年，京津冀、长三角和珠三角区域 O_3 质量浓度分别同比上升 19.8%、9.1%和 5.1%，影响区域范围不断扩大，O_3 污染问题逐步显现。广西 O_3 污染虽低于全国和三大重点区域，但也呈同步加重趋势。

如图 2.6 所示，从 2015—2018 年逐月 O_3 超标率来看，几乎每个月均会出现 O_3 超标，大部分超标以轻度污染为主。广西 O_3 超标出现时间主要在每年的 4—5 月和 7—11 月，个别月份 O_3 质量浓度出现激增特征，如 2017 年 10 月 O_3 质量浓度在全国排名第三，2018 年 3 月 O_3 质量浓度同比涨幅全国排名第一。广西 O_3 的污染具有明显的时间区域特征规律，一般是春夏季受西南暖低压影响，污染区域主要以桂西南和沿海为主，5—6 月以桂东南和沿海为主，9—11 月是以桂北、沿海和桂中为主，桂西 O_3 质量浓度也会上升，

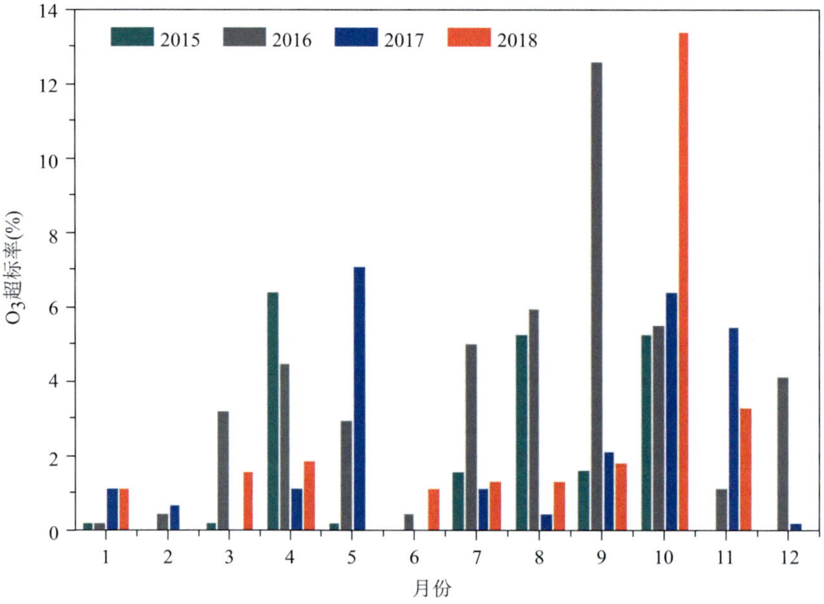

图 2.6　广西 O_3 超标逐月分布

但是超标并不严重。

图 2.7 为 2015—2019 年广西 O_3 质量浓度日变化曲线。由图可知，广西 O_3 质量浓度日变化呈现单峰型变化特征，白天质量浓度大于夜晚，历年变化规律基本一致。O_3 质量浓度值 08 时最低，09 时开始升高，15 时达到一天中的最大值后逐渐回落；O_3 峰值质量浓度逐年上升，2019 年的 O_3 逐小时峰值质量浓度最高。

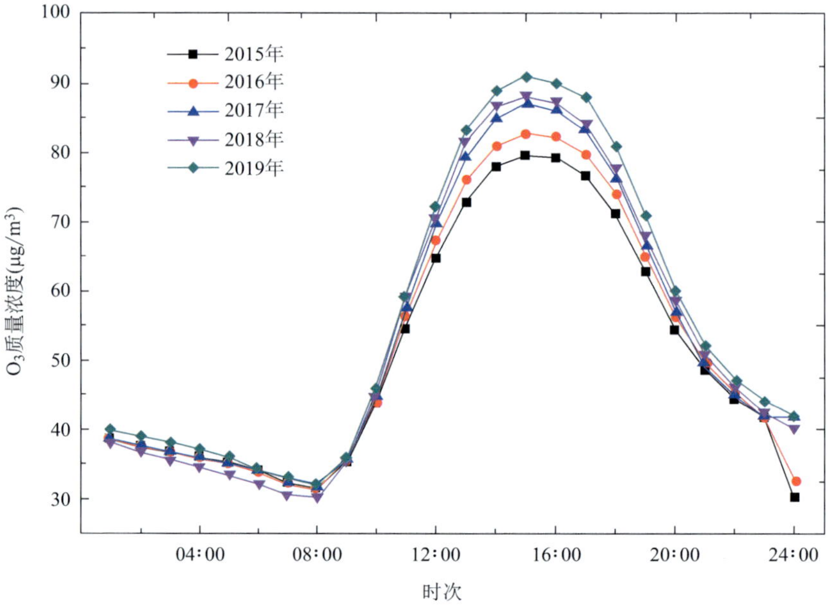

图 2.7　2015—2019 年广西 O_3 质量浓度日变化曲线

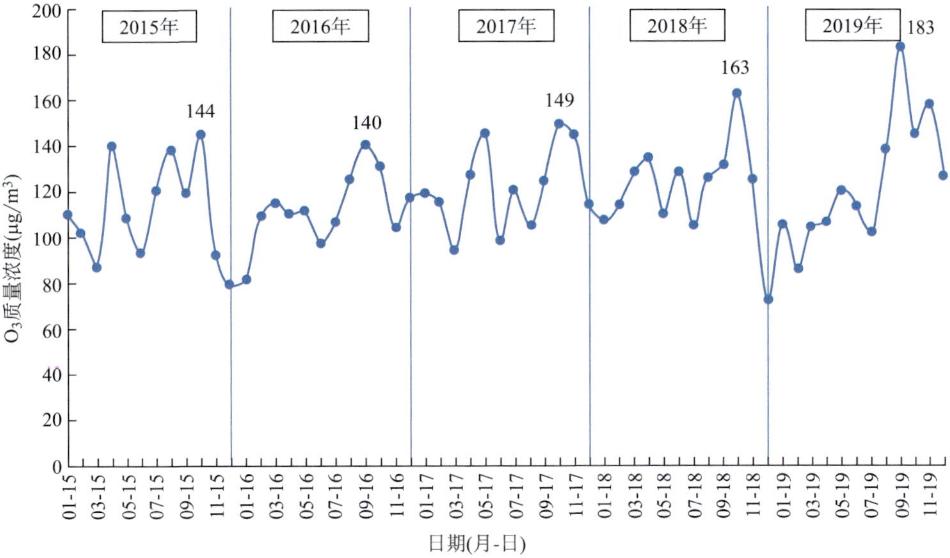

图 2.8　2015—2019 年广西 O_3 质量浓度月际变化

图 2.8 为 2015—2019 年广西 O_3 质量浓度月际变化图。由图可知，O_3 质量浓度月际变化大，9—10 月相对较高，12 月—次年 2 月相对较低，呈波动中缓慢上升趋势。2015—2019 年广西 O_3 质量浓度最高的月份均出现在 10 月或 9 月，其中，2019 年 9 月 O_3 质量浓度高达 183 μg/m^3，为 2015—2019 年月均质量浓度最高值。

2015—2019 年广西 O_3 年均质量浓度分布情况详见图 2.9，由图可知，自 2017 年开始，广西 O_3 污染出现连片式、区域性污染，污染区域主要分布在桂北、桂中和桂南地区，至 2019 年 O_3 质量浓度高值区范围逐渐扩大至广西大部地区，其中贵港、桂林、北海、玉林和来宾 O_3 质量浓度相对较高，O_3 污染已经成为影响广西城市夏秋季环境空气质量的重要因素。

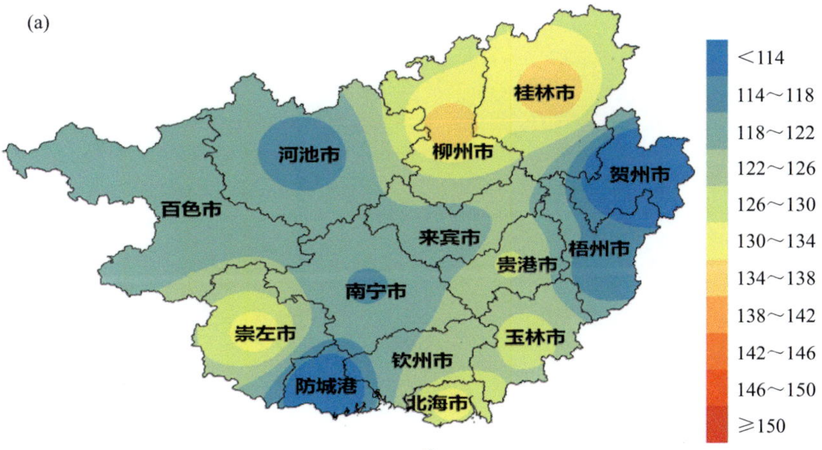

(b)

桂林市
河池市
柳州市
贺州市
百色市
来宾市
梧州市
贵港市
南宁市
崇左市
玉林市
钦州市
防城港
北海市
＜114
114～118
118～122
122～126
126～130
130～134
134～138
138～142
142～146
146～150
≥150

(c)

桂林市
河池市
柳州市
贺州市
百色市
来宾市
梧州市
贵港市
南宁市
崇左市
玉林市
钦州市
防城港
北海市
＜114
114～118
118～122
122～126
126～130
130～134
134～138
138～142
142～146
146～150
≥150

(d)

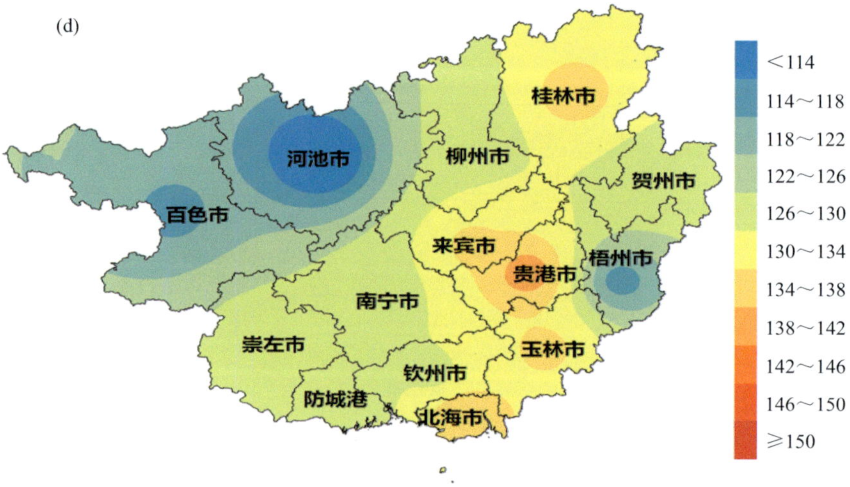
桂林市
河池市
柳州市
贺州市
百色市
来宾市
梧州市
贵港市
南宁市
崇左市
玉林市
钦州市
防城港
北海市
＜114
114～118
118～122
122～126
126～130
130～134
134～138
138～142
142～146
146～150
≥150

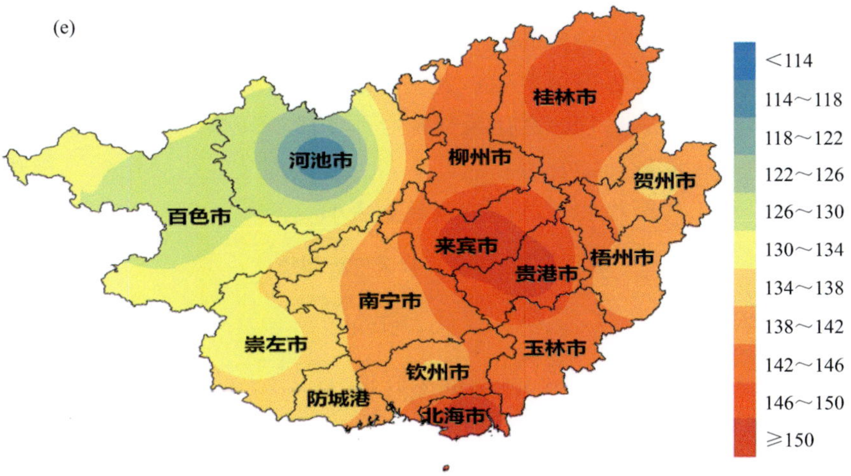

图 2.9　广西 2015—2019 年 O_3 质量浓度年均分布图（单位：μg/m³）
（a）2015 年；（b）2016 年；（c）2017 年；（d）2018 年；（e）2019 年

2.2 广西大气污染的天气学分型研究

天气形势是高低空大气扩散和稳定程度的综合反映，对地面天气形势及高低空的气象要素特征进行综合分析，有利于了解大气污染和霾形成的外部条件。已有研究表明，不同天气形势下，大气污染物浓度可能差异几倍，甚至几十倍。

2.2.1　广西 $PM_{2.5}$ 的天气学概念模型

$PM_{2.5}$ 区域性重污染过程集中发生在 12 月—次年 2 月，具有持续时间长、范围广的特点，天气形势的演变特征都是冷高压逐渐变性，东移出海，广西处于高压后部控制，西南暖湿气流高空输入，西南弱低压生成发展，广西地面风速小，不利于污染物的水平扩散，同时湿度大有利于 $PM_{2.5}$ 的二次生成，最后由于冷空气过境或者是受偏南急流影响南风加大，大气扩散条件得到改善，污染过程结束。

2015—2018 年，影响广西区域性大气污染的天气类型主要有 10 种（表 2.1），其中污染天气类型中占比较大的是弱冷高压脊型（24.4%）、均压场型（20.2%）、高压后部型（16.1%）和高压后部配合西南暖低压型（8.5%），是导致广西发生大范围空气污染的典型天气类型（潘润西 等，2018），天气形势示意图见图 2.10，其他天气类型引发的大气污染程度较轻，范围相对较小。

弱冷高压脊型是发生在上一次冷空气结束后，下次冷空气来临前，一般天气晴朗，气压梯度较弱，天气静稳，逆温现象比较明显，污染物不利扩散，夜间污染物易积聚迅速上升，午后随着边界层抬升，污染物质量浓度有所下降。均压场型是指区域内无气压梯度线，大气几乎处于一种静稳状态，无明显的下沉气流，亦无明显的上升气流，同样不利于大气污染物的扩散。高压后部型一般中低层受弱的暖湿性偏南气流影响，地面风速小，湿度大，细颗粒物易吸湿性增长，总体天气形势稳定少变，大气扩散条件差，是典型的本地污染物累积和细颗粒物二次生成相叠加的污染过程。高压后部配合西南暖低压型是高压后部型的演变，高压后部逐渐减弱后，西南暖低压开始发展生成，广西处于西南暖低压的外围，气温回升，地面风速小，湿度大，不利于污染物的扩散。监测数据表明，暖低压越弱，空气质量越差。

表 2.1　区域性污染天气类型统计

序号	污染天气类型	所占比例(%)	序号	污染天气类型	所占比例(%)
1	弱冷高压脊	24.4	6	台风外围	7.3
2	均压场	20.2	7	高压中心内	6.0
3	高压后部	16.1	8	冷高压前	6.0
4	高压后部＋西南暖低压	8.5	9	西南暖低压＋冷高压前	3.6
5	暖低压	7.3	10	西南暖低压＋静止锋	0.6

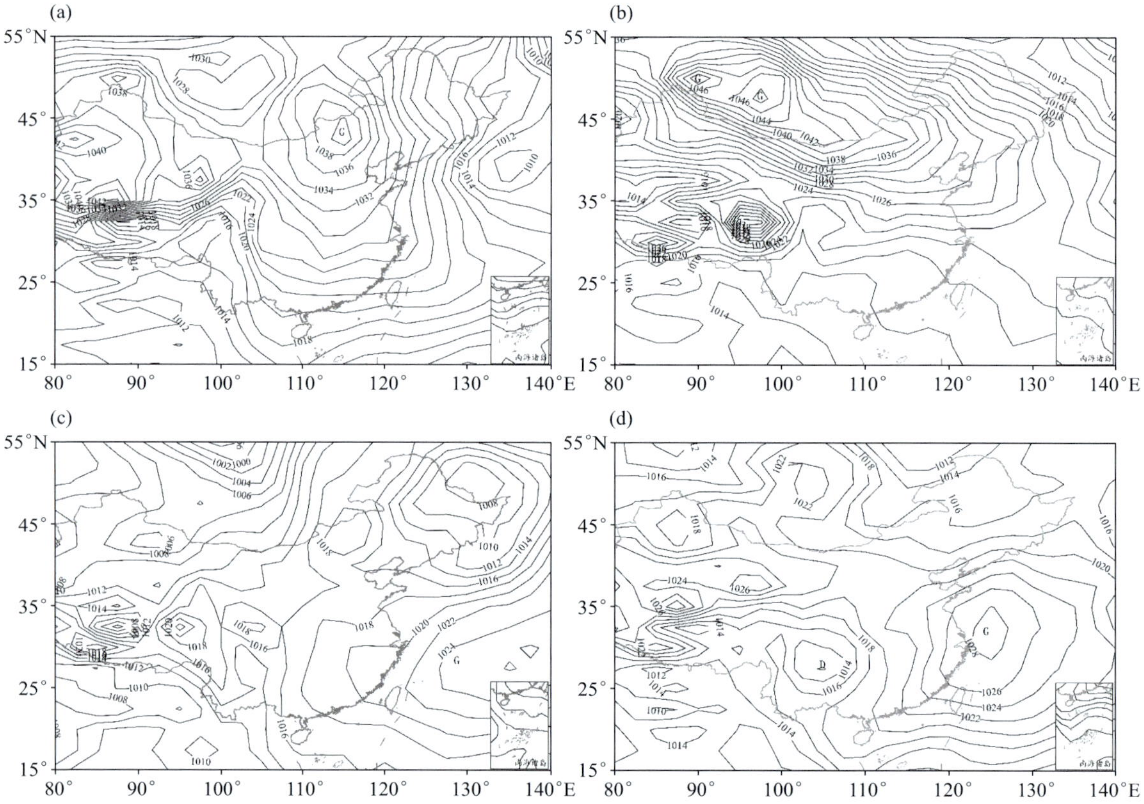

图 2.10　广西区域污染典型天气类型（单位：hPa）

（a）弱冷高压脊型；（b）均压场型；（c）高压后部型；（d）高压后部配合西南暖低压型

2.2.2　广西 O_3 的天气学概念模型

2015—2019 年，广西发生 O_3 轻度及以上污染 200 d，主要以轻度污染为主。通过对相应的历史地面天气图进行统计分析，归纳出影响广西 O_3 污染天气类型主要有 3 种，分别是热带气旋外围型、副热带高压控制型和冷高压脊控制型。

2.2.2.1　热带气旋外围型

热带气旋路径的不同对广西 O_3 污染的影响不同，经统计，热带气旋外围影响广西 O_3 污染的路径总体是偏东偏北，路径途经菲律宾以北，台湾周边后北上，当热带气旋中心位于 120°～130°E，17°～27°N，此时广西处于热带气旋外围下沉气流影响，晴朗少云，高温低湿，为 O_3 提供了较好的生成和积累条件，且还可能受到高空 O_3 沉降输送影响，容易造成 O_3 污染。

2017 年 7 月 27—29 日，受台风“纳沙”外围下沉气流影响，广西大部地区出现超过 35 ℃的高温天气。图 2.11—2.12 为 2017 年 7 月 29 日海平面气压场和广西 O_3 质量浓度分布图，来宾、贵港、南宁和玉林出现了 O_3 超标。

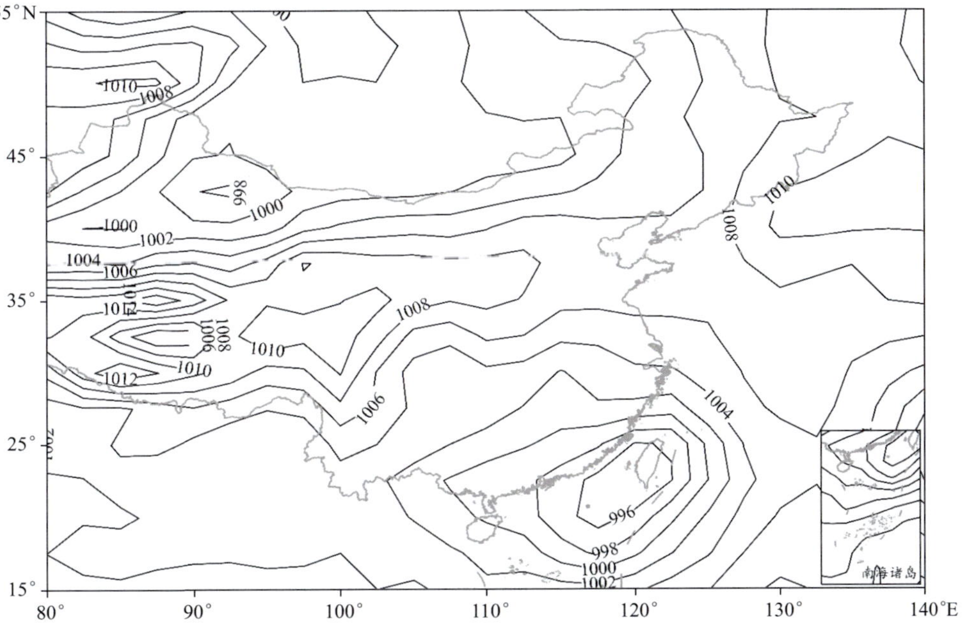

图 2.11　2017 年 7 月 29 日 20 时（世界时）海平面气压场（单位：hPa）

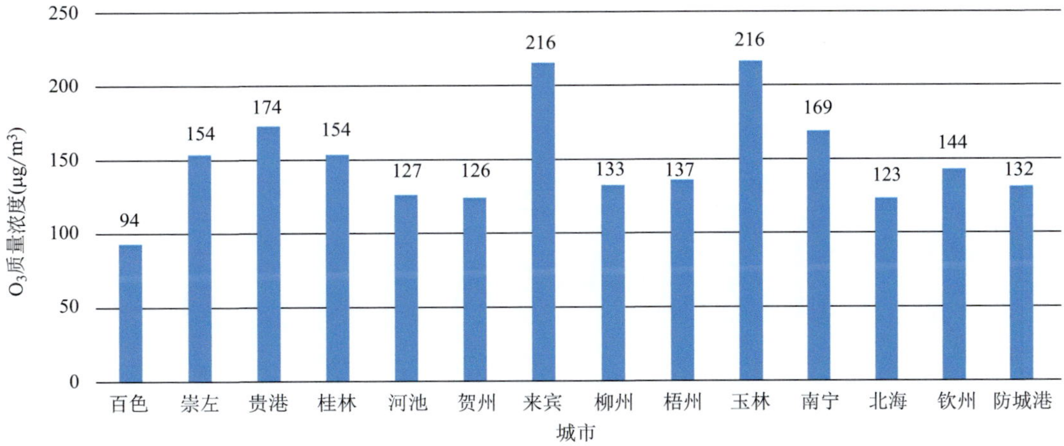

图 2.12　2017 年 7 月 29 日广西各地市 O_3 质量浓度

2.2.2.2 副热带高压控制型

当副热带高压控制广西时，容易形成晴热、高温、低湿等有利于 O_3 生成的天气，并伴随小风、下沉气流等有利于 O_3 积累聚集的气象条件。副热带高压（简称“副高”）是影响广西高温最主要的天气系统之一，但夏季广西降水较频繁，由于降水的湿沉降作用，O_3 质量浓度不会太高。该类型天气系统引起广西高质量浓度 O_3 主要出现在两个时间：一个是春末夏初，副高北抬影响广西，形成晴热干旱天气；一个是秋季，副高撤回 20°～25°N，广西“秋老虎”现象明显，昼夜温差大，相对湿度低，这种天气可以持续影响至 11 月，高温少雨，导致 O_3 质量浓度居高不下（庞业 等，2019）。

图 2.13 和图 2.14 分别为 2017 年 5 月 30 日 500 hPa 高度场和广西各地市 O_3 质量浓度图。受副热带高压影响，百色、河池、柳州、贺州和梧州五个城市出现了 O_3 轻度污染。

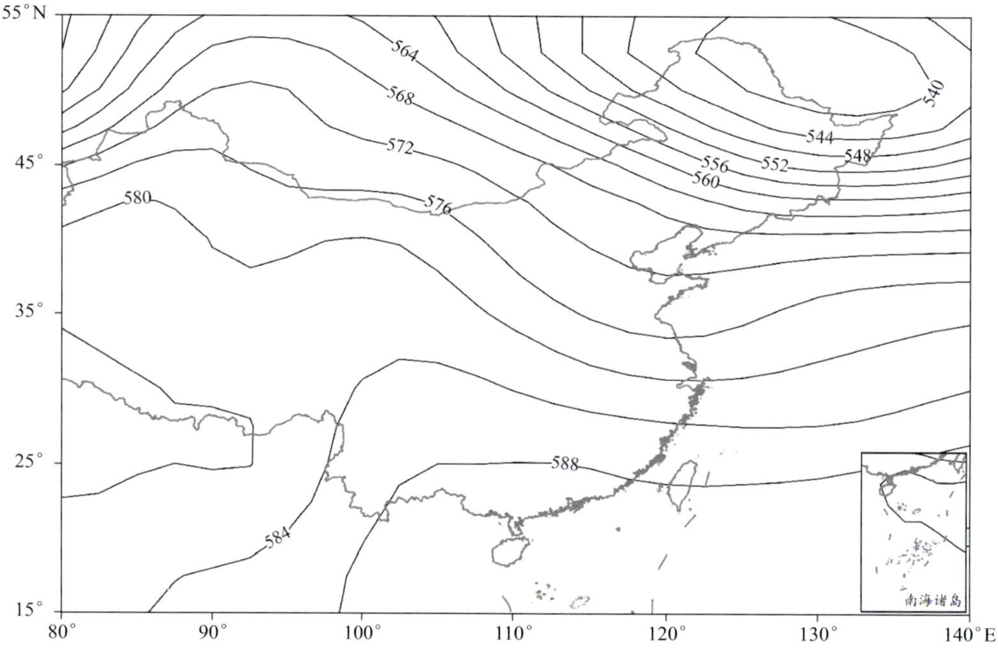

图 2.13 2017 年 5 月 30 日 20 时（世界时） 500 hPa 高度场（单位：dagpm）

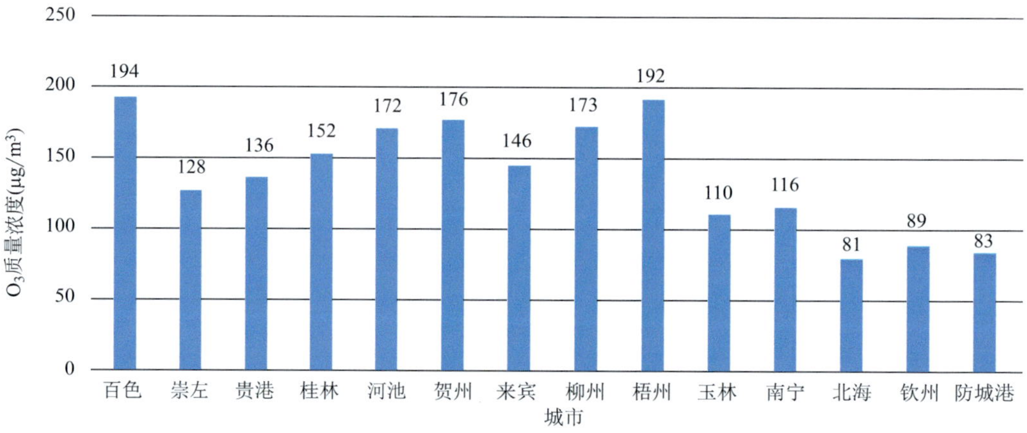

图 2.14 2017 年 5 月 30 日广西各地市 O_3 质量浓度

2.2.2.3　冷高压脊控制型

当广西受冷高压脊控制时，一般天气晴好，湿度较低，受高压下沉气流影响，气压梯度力和风速较小，不利于大气污染物水平及垂直方向的扩散，累积的 O_3 生成前体物在此类气象条件下快速发生光化学反应，导致 O_3 质量浓度显著升高。

2017 年 10 月 25—26 日，广西受冷高压脊控制，全区天气晴好，气温较高，大部分城市均出现了 O_3 超标，桂南及沿海地区 O_3 污染较严重，其中 10 月 25 日，北海和防城港出现了中度污染，钦州、玉林、贵港出现了轻度污染，海平面气压场及 O_3 质量浓度分布如图 2.15 和图 2.16 所示。

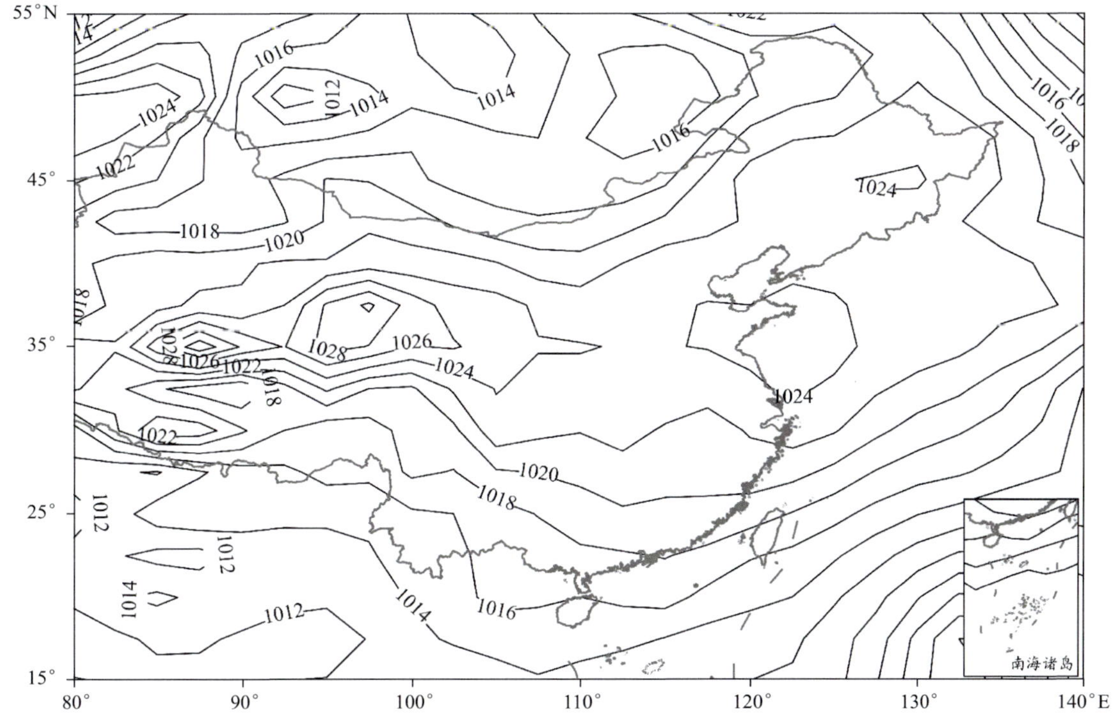

图 2.15　2017 年 10 月 25 日 20 时（世界时）海平面气压场（单位：hPa）

图 2.16　2017 年 10 月 25 日广西各地市 O_3 质量浓度

2.3 广西典型大气污染过程

2.3.1 广西 $PM_{2.5}$ 典型污染过程

2.3.1.1 广西 $PM_{2.5}$ 典型污染过程个例一

（1）污染概况

2016 年 12 月 28 日—2017 年 1 月 7 日，广西发生了一次影响范围广、持续时间较长的 $PM_{2.5}$ 典型污染天气过程。本次污染过程的较重时段为 1 月 1—6 日，全区 PM_{10} 平均质量浓度为 136 μg/m³，是 2016 年年均值的 2.43 倍，$PM_{2.5}$ 平均质量浓度为 101 μg/m³，是 2016 年年均值的 2.73 倍。2016 年 12 月 28—29 日，广西所有城市空气质量等级均为良。30 日，$PM_{2.5}$ 质量浓度开始升高，桂林和来宾出现轻度污染（图 2.17—2.18）。31 日，广西各市的 $PM_{2.5}$ 质量浓度持续上升，广西 14 个城市中，有 9 个出现轻度污染级别，同时来宾上升至中度污染。2017 年 1 月 1 日，污染持续加重，广西所有城市达到轻度及以上级别污染，来宾更升至重度污染，柳州、桂林、百色为中度污染，全广西 $PM_{2.5}$ 日均质量浓度为 109 μg/m³。1 月 2—3 日，来宾维持重度污染，柳州、桂林、贵港、钦州为中度污染，达到中度污染以上级别的区域接近一半。1 月 4—6 日，广西北部污染加重，桂林、柳州、来宾均不同程度出现重度污染，但南部沿海地区 $PM_{2.5}$ 开始下降，南宁、钦州、北海、防城港变为良好。1 月 7 日，各地 $PM_{2.5}$ 质量浓度大幅降低，一半以上城市空气质量优良，少数城市处于良至轻度污染的临界边缘，污染过程趋于结束。

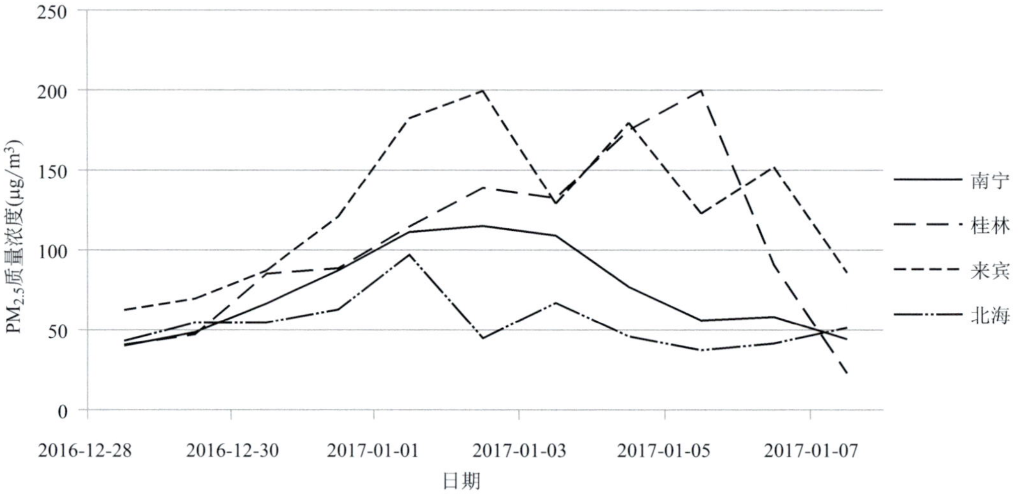

图 2.17 广西重污染过程期间部分城市日平均 $PM_{2.5}$ 质量浓度变化

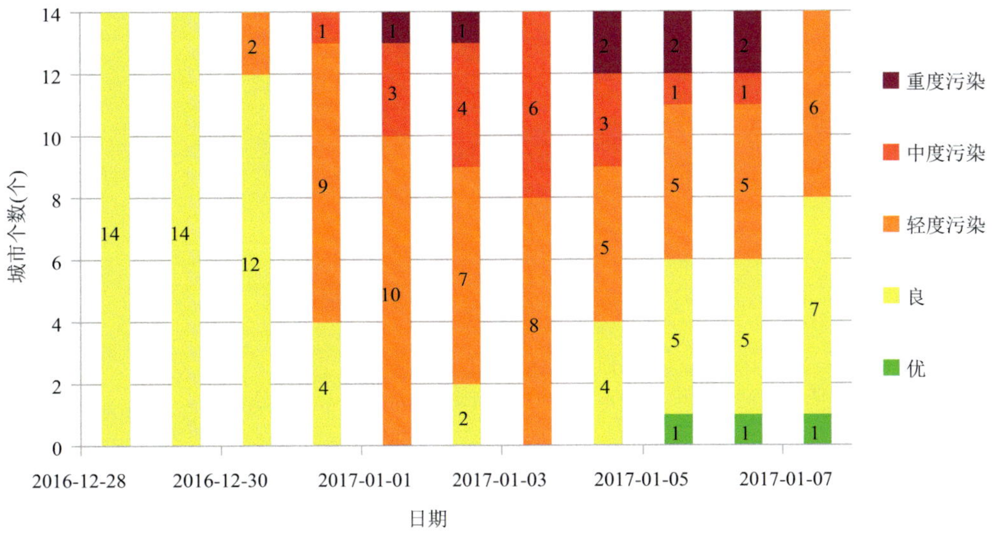

图 2.18 广西重污染过程期间各空气质量级别的城市个数

（2）天气形势

2016 年 12 月 28—30 日，全区晴天，天气形势稳定；因前期降雨的湿沉降作用，全区污染物质量浓度从较低值开始升高，各市空气质量等级逐步从“良”向“轻度污染”临界值接近。12 月 31 日，地面高压中心东移出海（图 2.19），气压梯度变小，全区低层转弱偏东气流，湿度增加，气温回升，扩散条件转差。2017 年 1 月 1 日，受高压后部和 500 hPa 南支槽前影响（图 2.20），广西由高到低各层逐步转为弱的暖湿性偏南气流，天气迅速回暖，近地面出现逆温层，不利于污染物的扩散，同时风速减小，湿度增大，并无明显降水。以来宾地区为主的本土污染源逐渐累积并扩散，此后污染物质量浓度由广西中部开始迅速升高。1 月 3—4 日，天气形势稳定少变，风速小，大气扩散条件不利，同时广西上游的华中地区出现重污染状态，受前期本地污染物积累和吸湿性增长影响，伴随外来污染物的传输，广西全区呈现较重的污染状态。1 月 5—6 日，在高空槽引导的西南气流影响下，沿海地区偏南气流加强，风速加大，广西从南至北污染物质量浓度开始逐步下降。但桂北部分地区受外地污染物传输影响，仍维持重污染状态。1 月 7 日，受冷空气南下影响，全区大范围出现降水，污染物质量浓度大幅降低（莫雨淳 等，2017）。

（3）温度

广西各地从 2016 年 12 月 28 日起均出现明显的多层逆温。以南宁市为例，12 月 31 日 08 时南宁市近地层出现贴地逆温，逆温层厚度约 250 m，同时在 700 hPa 附近也存在逆温（图 2.21a）。由于近地层逆温较厚，大气的垂直运动较弱，层结稳定，使得 $PM_{2.5}$ 在底层不断积聚。经过 12 月 28 日—31 日 4 d 的不利扩散天气，各地污染急剧恶化，级别从良好变为中度甚至重度污染。2017 年 1 月 1 日转暖湿偏南气流后，地面温度升高，从广西南部沿海开始，各市逆温逐渐减弱，逆温层升高，$PM_{2.5}$ 质量浓度增长速度放缓，沿海城市污染略微下降。过程期间出现逆温时间最长为桂林市，贴地逆温一直持续到 5 日才消失。逆温层的变化基本符合 $PM_{2.5}$ 质量浓度的变化曲线，有着较好的相关性。

（4）湿度

此次污染过程中，广西各地湿度变化为前干后湿。2016 年 12 月 28 日—2017 年 1 月 1

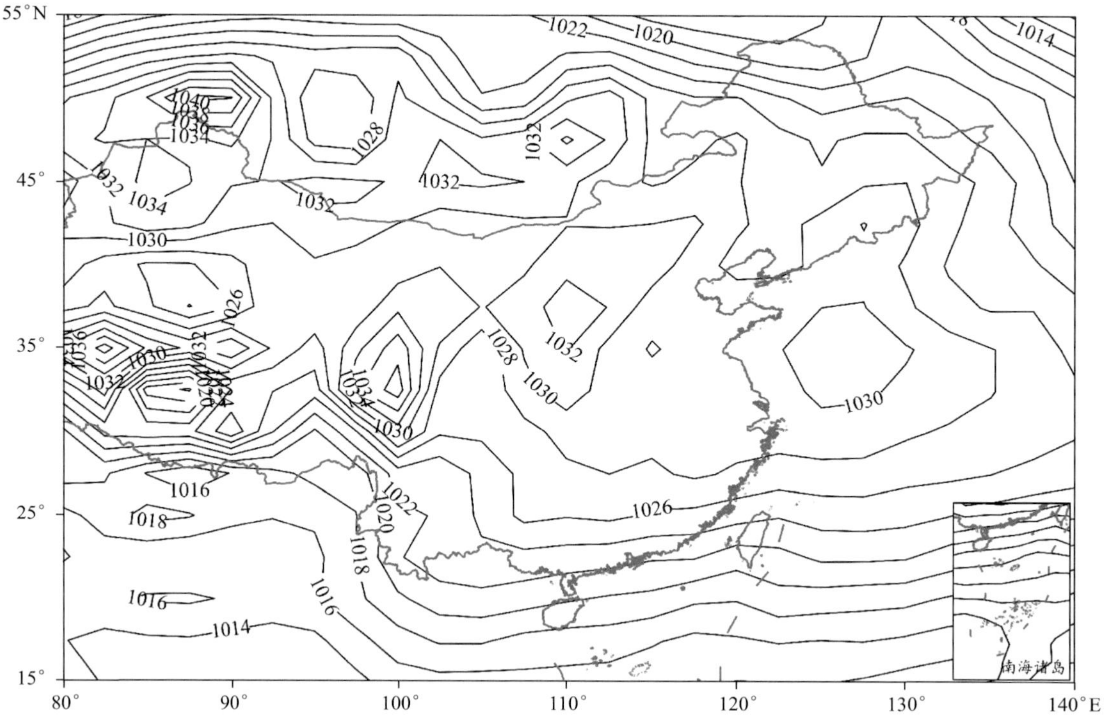

图 2.19　2016 年 12 月 31 日 08 时（世界时）海平面气压场（单位：hPa）

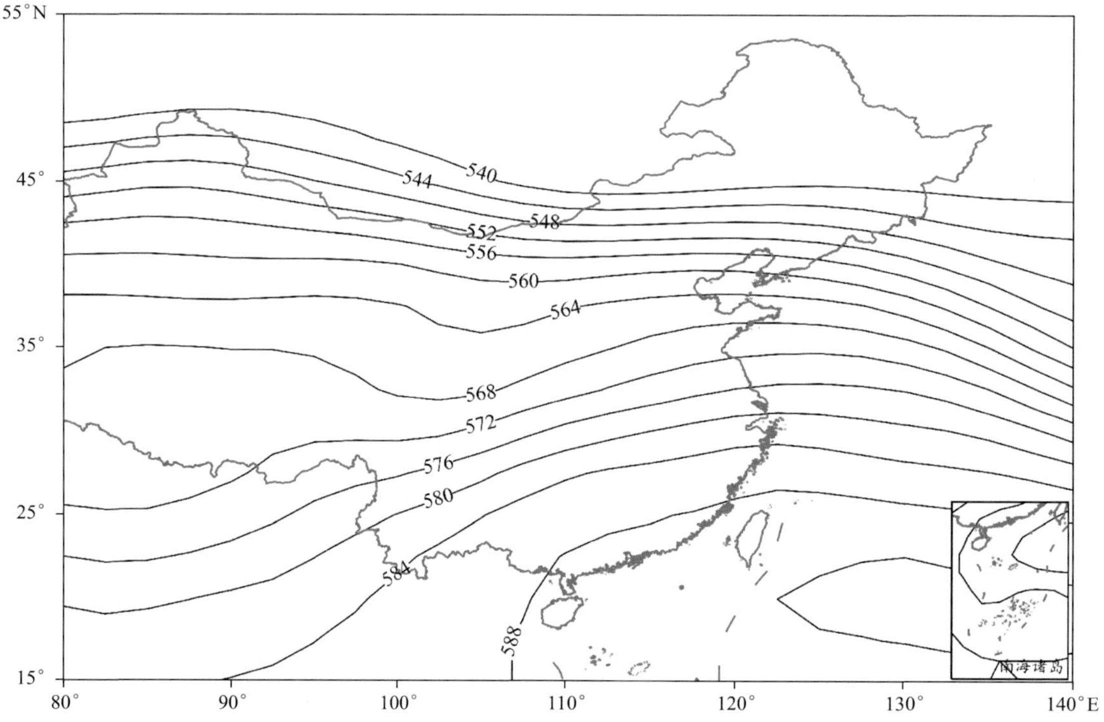

图 2.20　2017 年 1 月 1 日 08 时（世界时） 500 hPa 高度场（单位：dagpm）

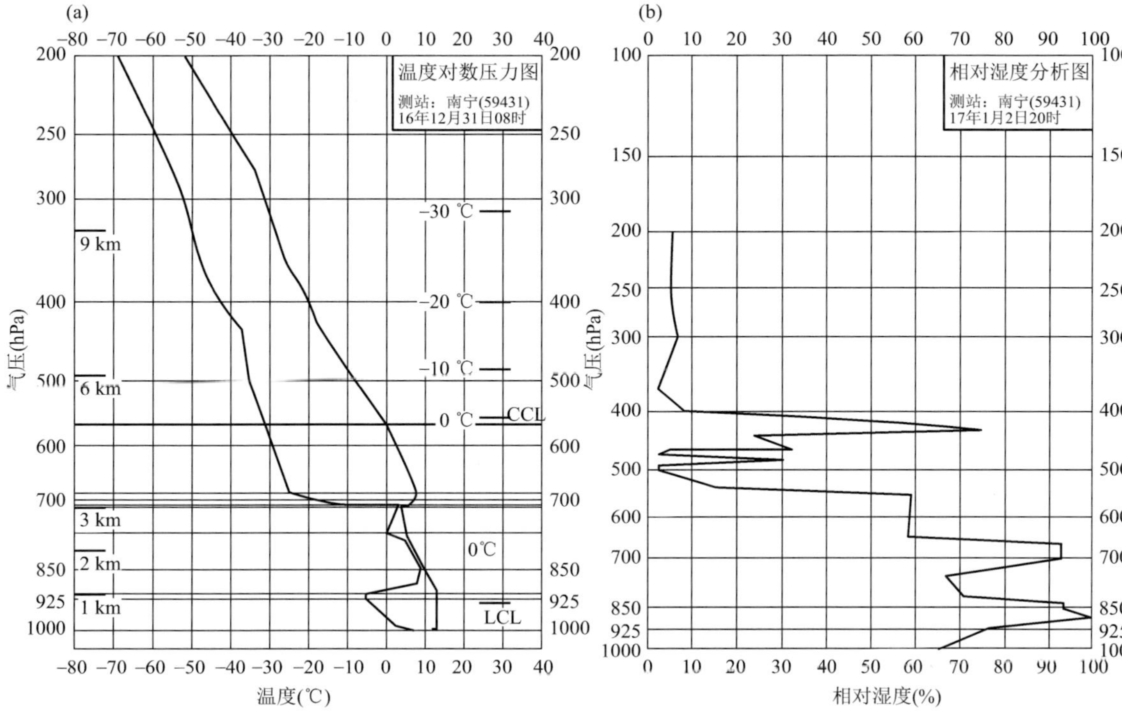

图 2.21 过程期间南宁探空的温度对数压力图与相对湿度图

(a) 2016 年 12 月 31 日 08 时南宁温度对数压力图；(b) 2017 年 1 月 2 日 20 时南宁相对湿度图

日，广西全区天气晴朗，地面相对湿度处于 30%～50%。由于垂直扩散能力差，$PM_{2.5}$ 不断在近地层累积。在偏南气流影响下，1 月 2 日开始地面湿度大幅增加，同时 1000 m 高空的湿度更是接近饱和（图 2.21b），呈现出明显的上湿下干现象，层结稳定。湿度的增加，导致 $PM_{2.5}$ 吸湿性增长，原本污染物累积较多的城市空气质量等级进一步恶化。1 月 5 日后，地面偏南气流加强，地面湿度增加到 90%左右，高空湿度开始降低，变成上干下湿的状态，扩散条件略为好转。

（5）风

多项研究表明，近地层的风对污染物浓度的影响非常明显。以南宁为例，从近地层看，850 hPa 以下的风速大部分在 4 m/s 以下，1000 hPa 的贴地层风速在 2 m/s 以下，上下层的风向和风速切变不强，污染物的垂直输送和水平输送能力都很弱，导致了污染物的积累和升高（图 2.22）。从地面风速的影响上看，过程期间广西的地面风速较小，特别是地处广西中部盆地的南宁，大部分时间风速均处于 2 m/s 以下（图 2.23），对污染物的扩散极为不利。对比 $PM_{2.5}$ 质量浓度变化，地面风表现的相关性非常明显。12 月 28、29 日大部分城市地面风速在 2 m/s 以上，$PM_{2.5}$ 的质量浓度均在 50 $\mu g/m^3$ 以下。12 月 30 日开始，桂林风速大幅降低，$PM_{2.5}$ 质量浓度明显升高，桂林从 47 $\mu g/m^3$ 升到了 85 $\mu g/m^3$，涨幅接近一倍。1 月 3 日广西南部城市地面风速开始上升，南宁和北海的 $PM_{2.5}$ 质量浓度不断降低。但桂林等北部城市风速仍在减小，1 月 4、5 日桂林地面风速不足 1 m/s，桂林的 $PM_{2.5}$ 质量浓度也相应升到 199 $\mu g/m^3$ 的重污染状态。

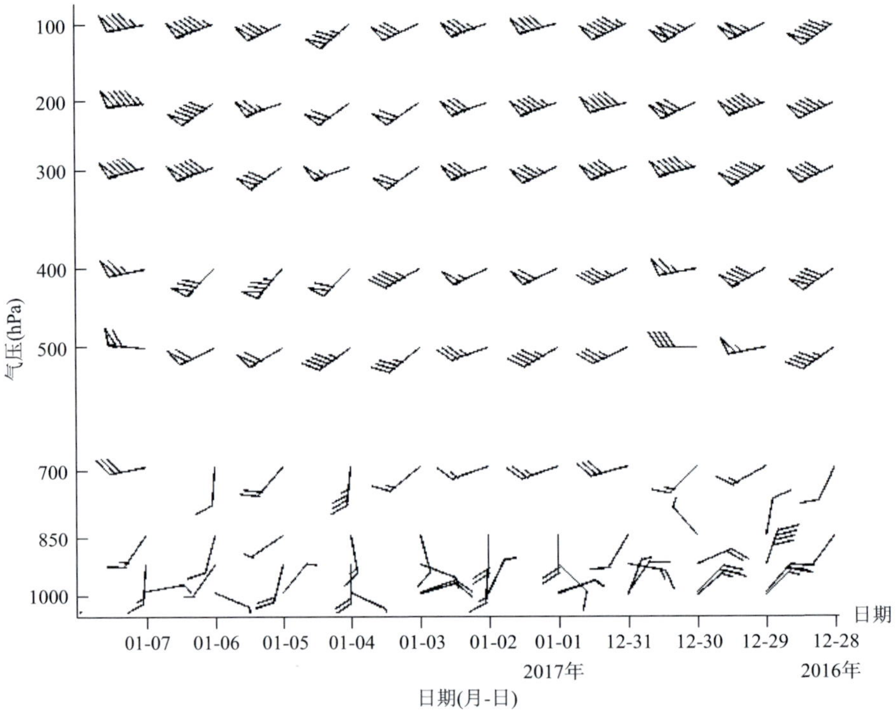

图 2.22 过程期间南宁高空风时间剖面图

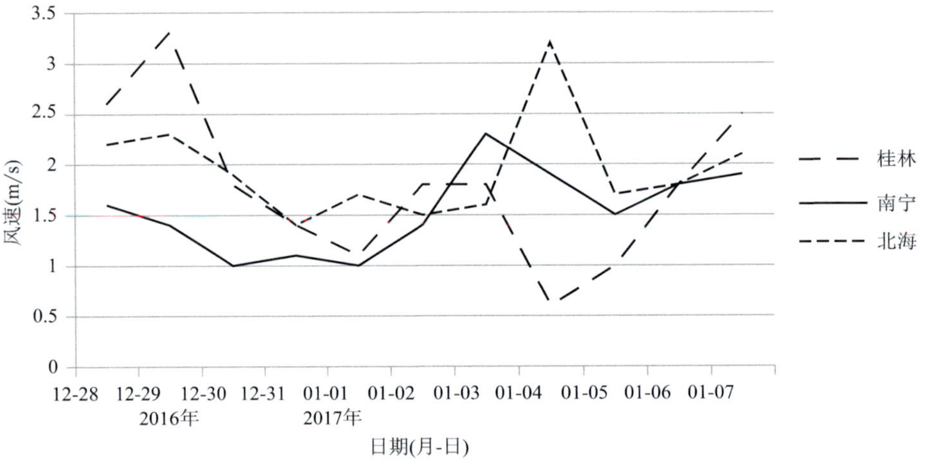

图 2.23 过程期间桂林、南宁、北海地面日均风速图

2.3.1.2 广西 $PM_{2.5}$ 典型污染过程个例二

（1）污染概况

2018 年 1 月 18—24 日南宁市出现一次 $PM_{2.5}$ 污染过程，19—23 日连续 5 d 出现污染天气，其中 21 日达重度污染（AQI 为 240），23 日达中度污染（AQI 为 189）。从 2018 年 1 月 18—24 日污染物质量浓度变化曲线图（图 2.24）来看，PM_{10}、$PM_{2.5}$ 和 CO 质量浓度小时变化曲线较为一致。20 日 00 时—22 日 05 时 $PM_{2.5}$ 质量浓度持续 54 h 超出国家二级标准，且在 20 日 10 时开始不断升高，直至 21 日 13 时质量浓度达到本次污染过程小时最高值

(260 $\mu g/m^3$)，PM_{10} 质量浓度同步升高，到 21 日 13 时达本次污染过程小时最高值(229 $\mu g/m^3$)。本次污染过程，PM_{10} 质量浓度处于 47～229 $\mu g/m^3$，平均值为 104 $\mu g/m^3$，$PM_{2.5}$ 质量浓度处于 11～260 $\mu g/m^3$，平均值为 106 $\mu g/m^3$，相对于非污染时段，各污染物质量浓度均处于较高水平。

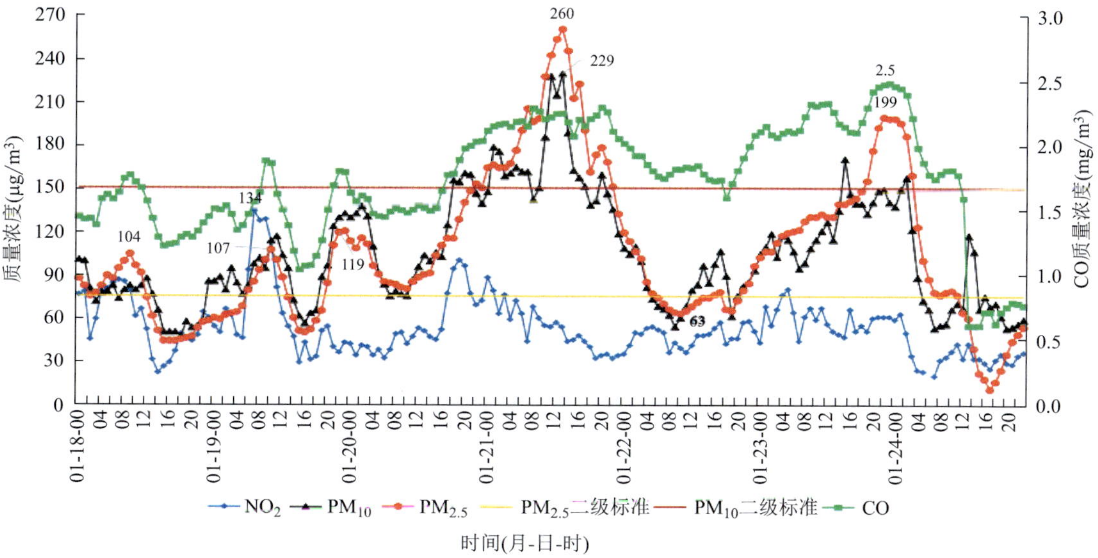

图 2.24　南宁市 2018 年 1 月 18—24 日污染物质量浓度变化曲线图

通过相关性分析可知，污染期间 $PM_{2.5}$ 与 PM_{10}、PM_1、CO、NO_2 均存在显著相关关系，相关系数分别为 0.905、0.772、0.687 和 0.234，$PM_{2.5}/PM_{10}$ 和 $PM_1/PM_{2.5}$ 比值分别为 99.41%和 50.84%，CO 与 NO_2 均随颗粒物质量浓度同步升高，可见本次污染以细颗粒物为主，呈现偏二次型污染，主要受生物质燃烧、机动车尾气等排放污染物的影响。

(2) 气象条件分析

图 2.25 为 2018 年 1 月 18—24 日南宁气温、相对湿度、天气类型与 $PM_{2.5}$ 质量浓度变化曲线图，由该图可知，18 日南宁处于高原槽前，地面为暖湿的东南气流，空气湿度增大，污染物易发生二次转化，总体大气扩散条件一般，该日环境空气质量为良（AQI 为 93）。19 日受弱冷空气影响，气温有所回落，以东风为主（风力≤3 级），空气湿度逐渐增大，处于 49%～79%，且当日 $PM_{2.5}$ 小时质量浓度随湿度的增大而延后增大，进一步表明，污染物在高湿环境下二次转化生成 $PM_{2.5}$，引发污染天气。20 日受偏南气流影响，主导风向为东南风，风速处于 0～2.2 m/s，空气湿度不断增大，处于 64%～75%，为高湿、静稳天气，不利于污染物的扩散，易引发污染物二次转化生成，从而导致该日 $PM_{2.5}$ 质量浓度全天处于超标状态，出现轻度污染。21 日受南支槽和弱冷空气影响，主导风向为东北风和东南风，风速处于 0.3～1.9 m/s，风速较小，湿度处于 73%～89%，在高湿条件下有利于污染物的二次转化生成，气象条件不利，导致颗粒物出现爆发性增长，该日 $PM_{2.5}$ 质量浓度达本次污染过程的峰值（260 $\mu g/m^3$），出现重度污染天气（AQI 为 240）。22—23 日受偏南气流影响，相对湿度仍然较高，大气扩散条件仍不利，24 日随着东南风逐渐增大，大气扩散条件逐渐转好，空气质量转为良。

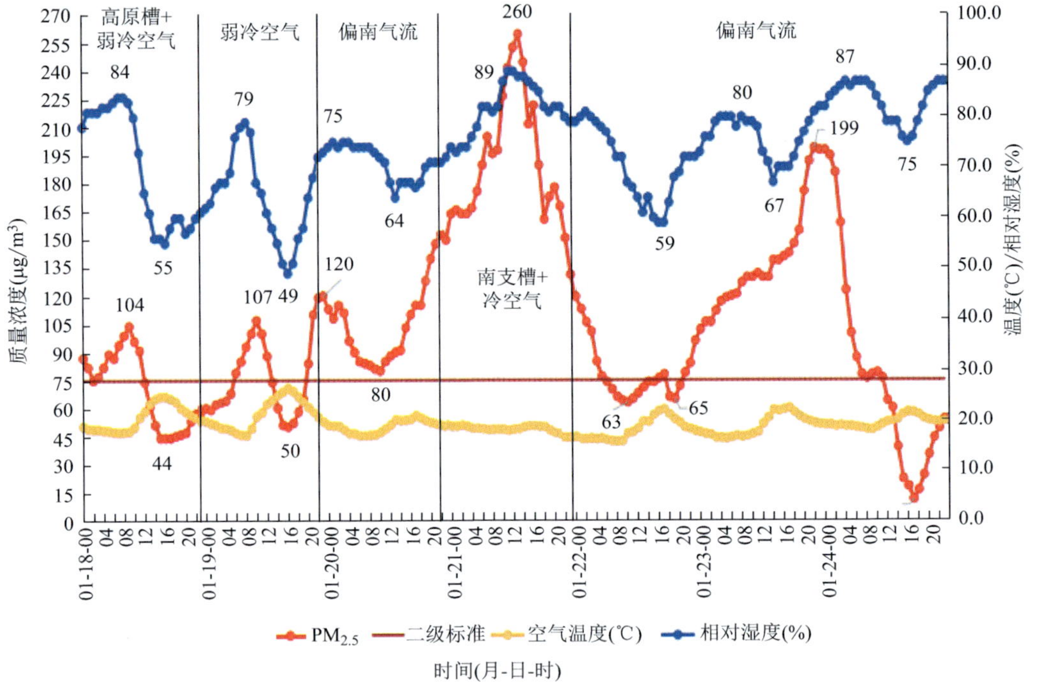

图 2.25　2018 年 1 月 18—24 日南宁气温、相对湿度、天气类型与 $PM_{2.5}$ 质量浓度变化曲线图

（3）激光雷达探测数据分析

研究表明，激光雷达是一种非常有效的大气环境监测方法，它凭借较高的时空分辨率和灵敏度，被广泛应用于气溶胶观测，并作为地面常规观测的重要补充。颗粒物激光雷达能反演得到气溶胶的消光廓线，从而获取大气气溶胶的空间分布信息，在气溶胶的发生与发展研究中发挥了极大的作用。随着激光雷达技术的不断发展，已经实现了大气温湿度廓线、风廓线、气溶胶粒子谱以及各种污染气体的高精度和高分辨率反演。

图 2.26 为 2018 年 1 月 18—24 日南宁激光雷达与边界层图。1 月 18 日南宁边界层高度较高，最高为 19 时达 1919 m，污染物垂直扩散条件有利，近地面消光系数相对较弱，$PM_{2.5}$ 质量浓度最低值为 44 $\mu g/m^3$，该日空气质量为良；19 日 06—12 时局地污染物排放增加，近地面的消光系数增大，造成颗粒物质量浓度的增高，20 日 03—12 时期间在 1 km 高空捕捉到污染气团过境，到 17 时达到最高值，南宁市近地面的颗粒物质量浓度明显下降，18 时开始，边界层开始下降，污染物在地面累积，颗粒物质量的浓度迅速上升，空气质量由良转为轻度污染；20 日 10 时—21 日 12 时随着边界层不断降低，近地面消光系数明显增强，高空污染物向近地面聚集，空气质量持续为中度污染，$PM_{2.5}$ 小时质量浓度最高达 260 $\mu g/m^3$，边界层高度下降为当日最低值 304 m，随后随着边界层高度缓慢上升，$PM_{2.5}$ 质量浓度逐渐下降，但浓度值仍处于高位，21 日空气质量达到重度污染；22 日 00—17 时随着边界层高度逐渐回升，近地面消光系数有所减弱，$PM_{2.5}$ 质量浓度有所下降，直至 24 日 12 时边界层高度均小于 1000 m，处于较低水平，近地面消光系数较强，22—23 日仍为污染天气；24 日随着近地面偏南气流增强，环境空气质量转为良。总体来看，随着大气边界层升高，大气污染物质量浓度降低，边界层下降，大气污染物质量浓度易累积并发生二次转化，导致颗粒物爆发性增长。

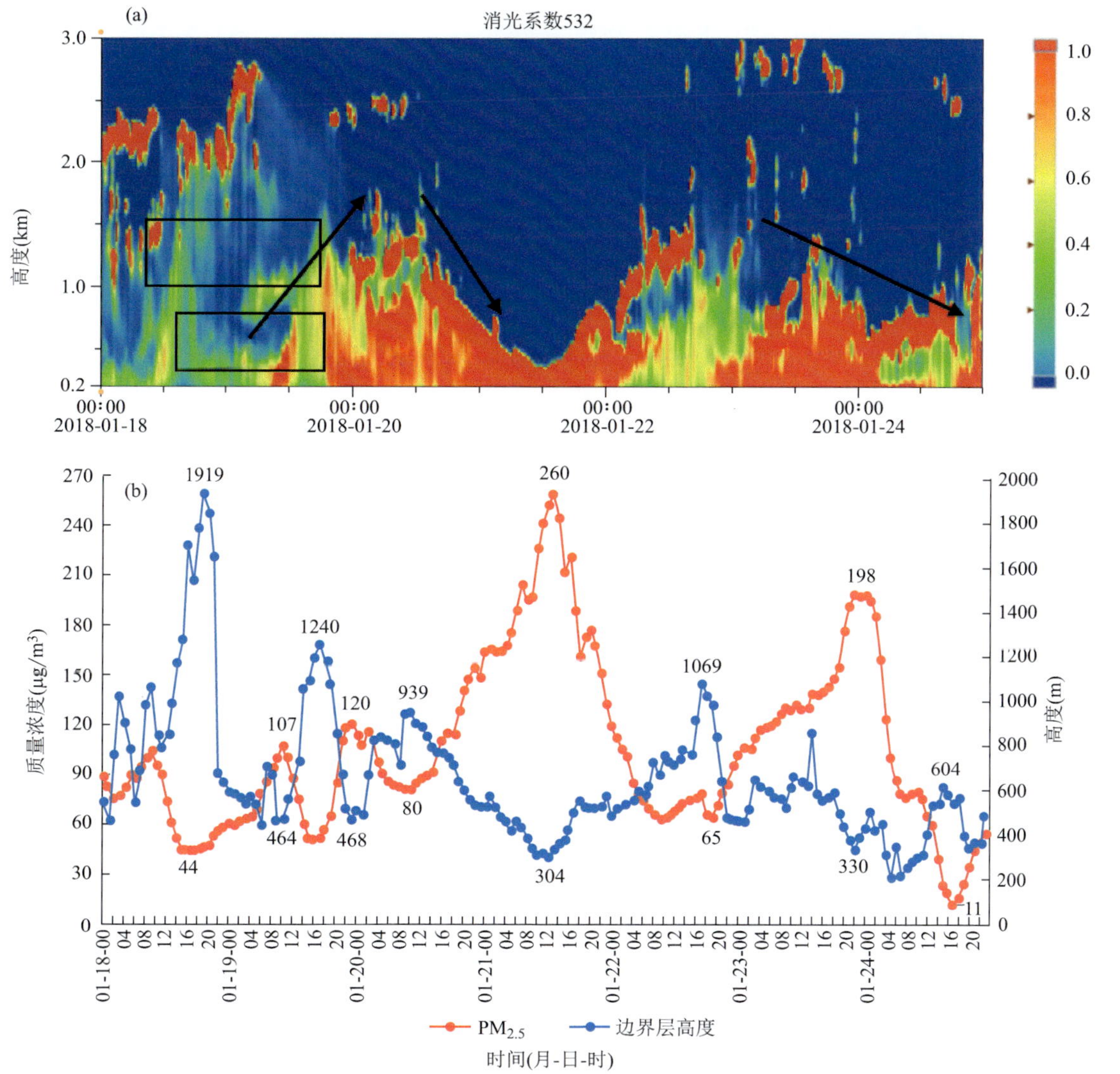

图 2.26　2018 年 1 月 18—24 日南宁激光雷达（a）与边界层图（b）

2.3.2　广西典型 O_3 污染过程

2.3.2.1　污染概况

2019 年 9 月 20 日—10 月 3 日，受持续晴热天气影响，广西各地 O_3 质量浓度不断增加，出现了一次范围广、持续时间长的典型 O_3 污染过程（图 2.27）。该污染过程期间，广西 13 个地市出现了 O_3 轻度至中度污染。图 2.28 为 2019 年 9 月 24 日—10 月 1 日玉林市 O_3 质量浓度日变化图，从该图可见，上午 08 时—中午 13 时，O_3 质量浓度存在明显的跃升，14 时达到一天的峰值，中午—下午时段 O_3 质量浓度均维持在较高水平，17 时左右质量浓度开始下降，12—19 时为一天中 O_3 质量浓度易超标时段。

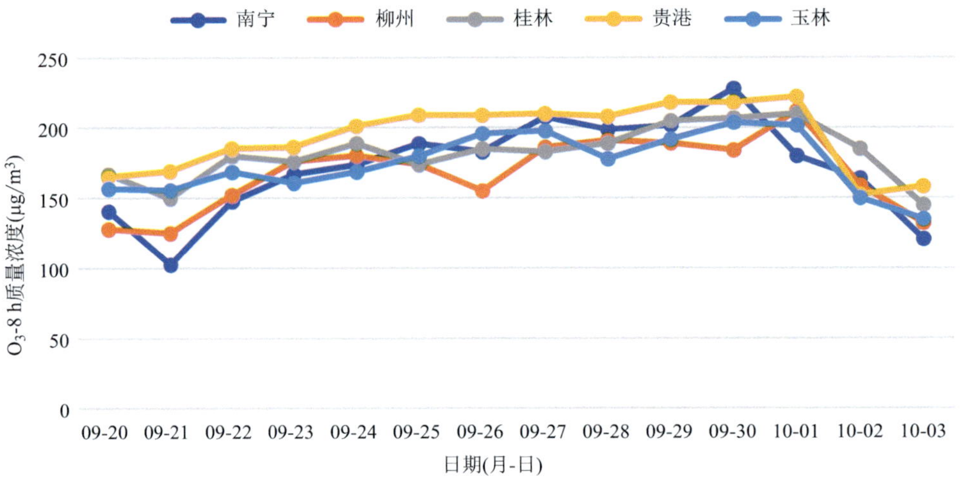

图 2.27　2019 年 9 月 20 日—10 月 3 日广西主要城市 O_3-8 h 质量浓度日变化

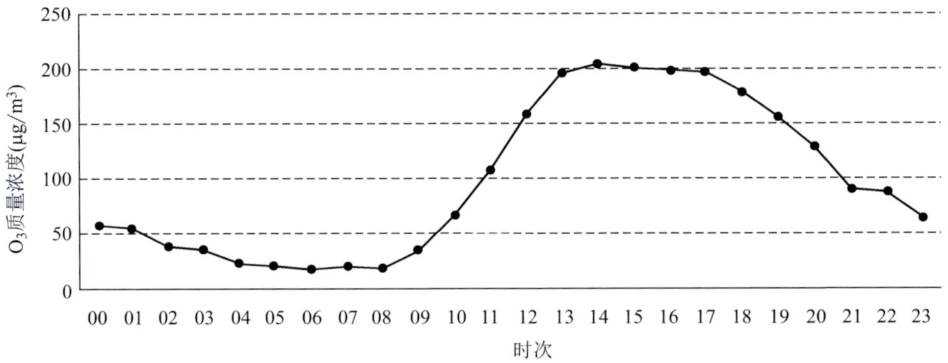

图 2.28　2019 年 9 月 24 日—10 月 1 日玉林市 O_3 质量浓度日变化

2.3.2.2　环境背景特征

（1）高空及地面天气形势

污染过程发生前（图 2.29a），西太平洋副热带高压（简称副高）非常强大，500 hPa 等压面上中心超过 592 dagpm，脊线位于 25°N，西脊点在 100°E，稳定控制着我国南方大部分地区，位于副高控制下的广西地区，天气晴热干燥。污染过程期间（图 2.29b），除 9 月 26—29 日广西地区受高空干槽（850 hPa 相对湿度低于 60%，图略）影响外，其余时间均处于副高控制区，加上 17 号台风“塔巴”和 18 号台风“米娜”外围的下沉气流作用，高温晴朗天气持续，日照时间较长，即使台风并入东亚大槽减弱消散（图 2.29c），强盛的副高依旧呈带状分布，控制华南地区。低空 925 hPa 天气图（图 2.29d）显示，污染过程前至污染期间，广西地区处于高压底部和台风外围西侧，广西地区上空高低层保持一致的偏北风，该形势十分利于晴朗天气的出现。9 月 29 日夜间（图 2.29e）开始，广西地区低层风场开始不稳定，进入 10 月后，热带气旋北移，广西低层偏南风加大（图 2.29f），有利于水汽和云量的增加，导致 O_3 质量浓度持续下降（张容菁 等，2020）。

污染过程期间，广西地区在大陆冷高压影响下，南北气压梯度小，桂东南地区甚至为均

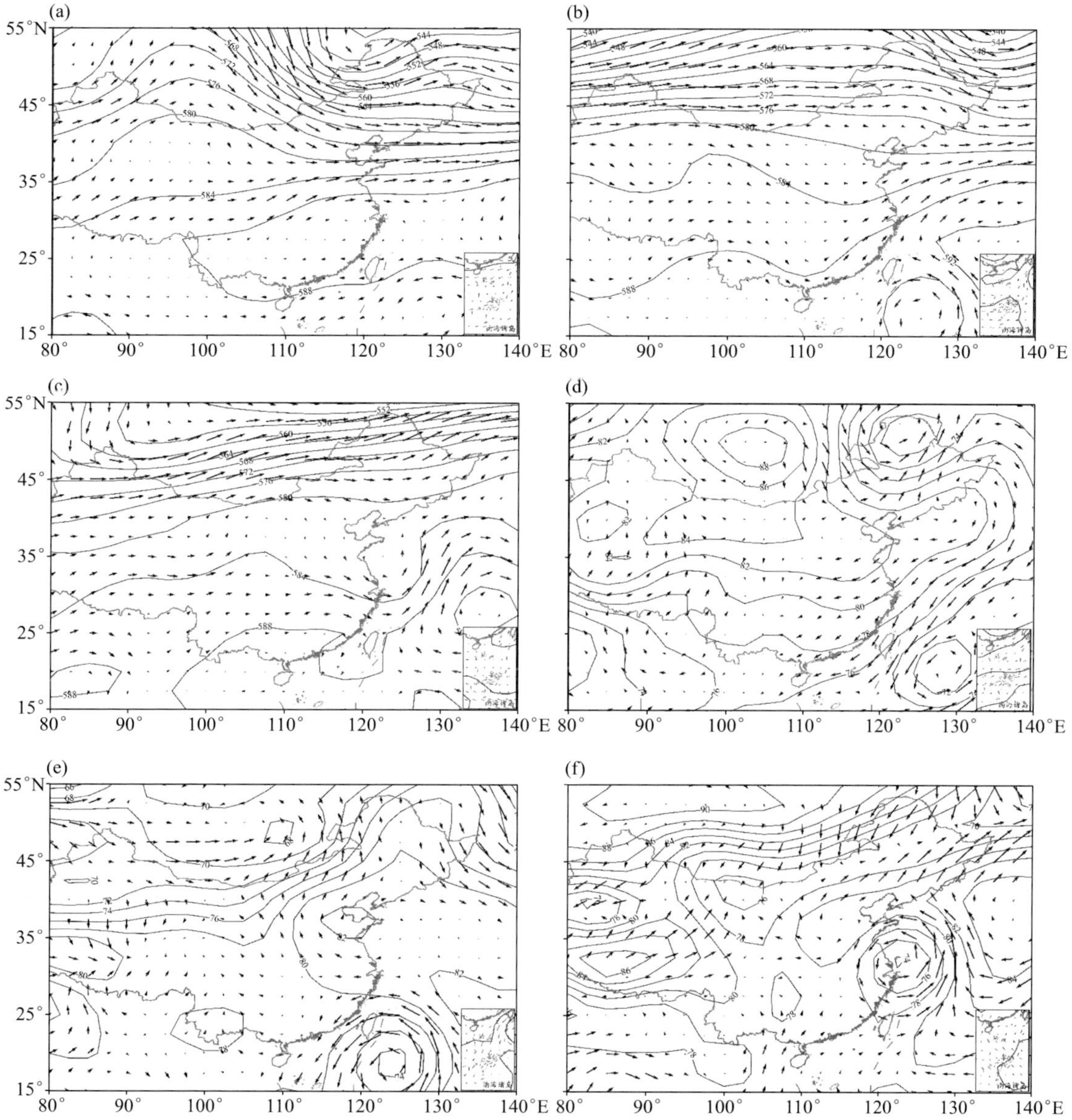

图 2.29 污染过程前后 500 hPa 及 925 hPa 高度（单位：dagpm）叠加风场（单位：m/s）

（a）500 hPa 9 月 17 日 08 时；（b）500 hPa 9 月 29 日 08 时；（c）500 hPa 10 月 2 日 08 时；

（d）925 hPa 9 月 17 日 08 时；（e）925 hPa 9 月 29 日 20 时；（f）925 hPa 10 月 2 日 08 时

压场，大气层结稳定，日最高气温保持在 30 ℃以上。10 m 风场显示该时段地面为弱的偏北风（图 2.30a），不利于污染物的扩散，偏北的主导风向使桂东南地区成为 O_3 污染最严重的区域。而进入 10 月后（图 2.30b），我国西南部有低压产生，广西近地面风场由北风转为南风，受地面系统的影响，广西地区层近地面盛行风向转为偏南风（图 2.30b、图 2.30c），稳定形势被打破，云量有所增加，辐射量有所减少。

综上所述，中高层副高的控制虽然利于出现晴热天气，利于 O_3 质量浓度升高，但却不是 O_3 质量浓度改变的决定性因素，低层和近地面系统和风场的转变对 O_3 质量浓度的影响更大。

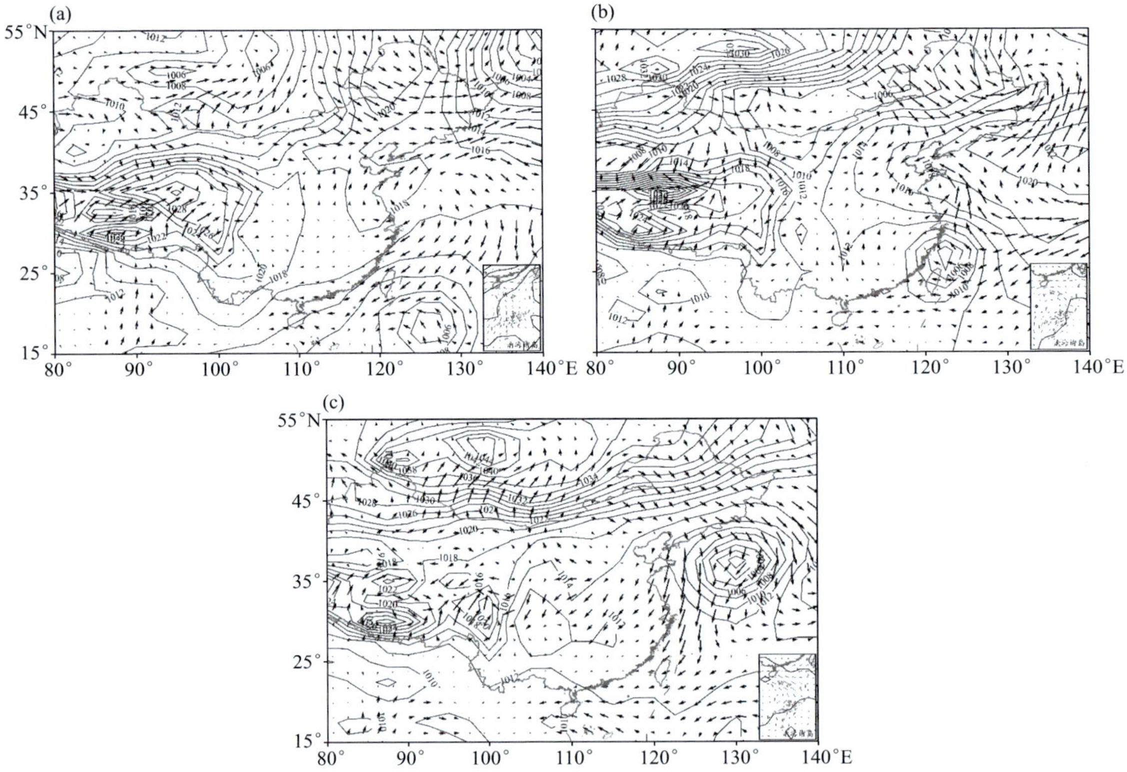

图 2.30　2019 年 9 月 29 日 08 时（a）、 10 月 1 日 08 时（b）及 10 月 3 日 08 时（c）
海平面气压（单位：hPa）叠加 10 m 风场（单位：m/s）

（2）层结分析

污染期间广西各地出现多层逆温，从 9 月 29 日梧州站探空图（图 2.31a）可见，近地层出现贴地逆温，厚度约 700 m，逆温强度为 0.7 ℃/100 m，同时 850～700 hPa 附近也存

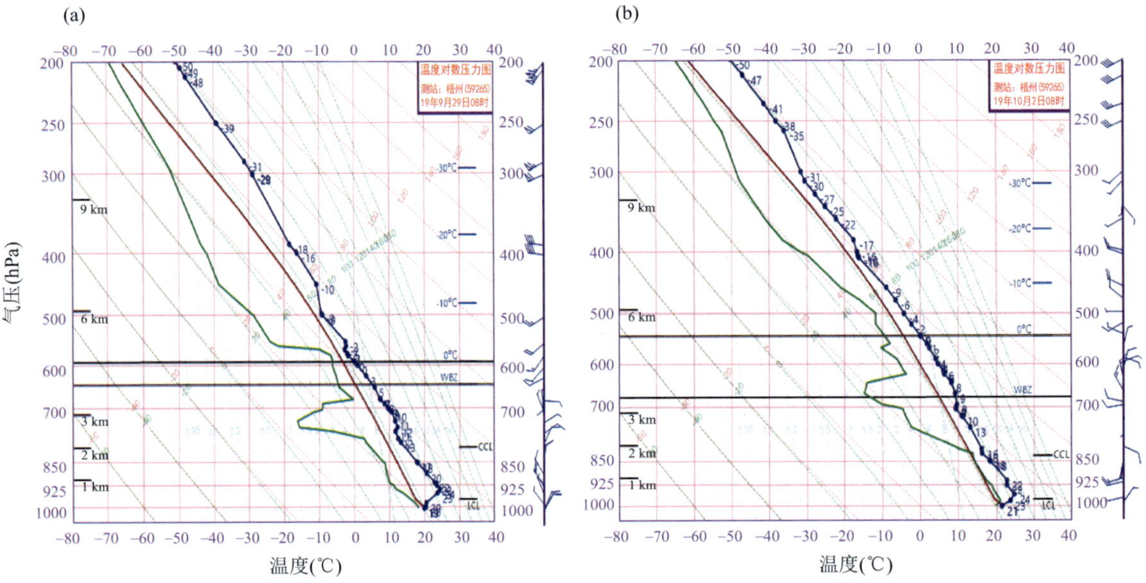

图 2.31　2019 年 9 月 29 日 08 时（a）及 10 月 2 日 08 时（b）梧州站温度对数压力图

在逆温。由于近地层逆温较厚，层结稳定，大气的垂直运动较弱，使得污染物在低层不断积聚。10 月 2 日（图 2.31b）低层接地逆温逐渐减弱，厚度约 400 m，低层湿度加大，大气稳定性有所减弱，O_3 质量浓度逐日下降。

（3）垂直涡度

从涡度垂直廓线图（图 2.32）可知，污染过程期间，在副热带高压和热带气旋外围下沉气流的影响下，广西地区中低层持续维持明显的负涡度区，多个负涡度大值中心位于广西及周边地区，负涡度区对应下沉气流，从物理量场上验证了该天气形势不利于垂直对流活动的产生。进入 10 月后，空中低层涡度场转变为正涡度区，大气稳定性有所减弱。

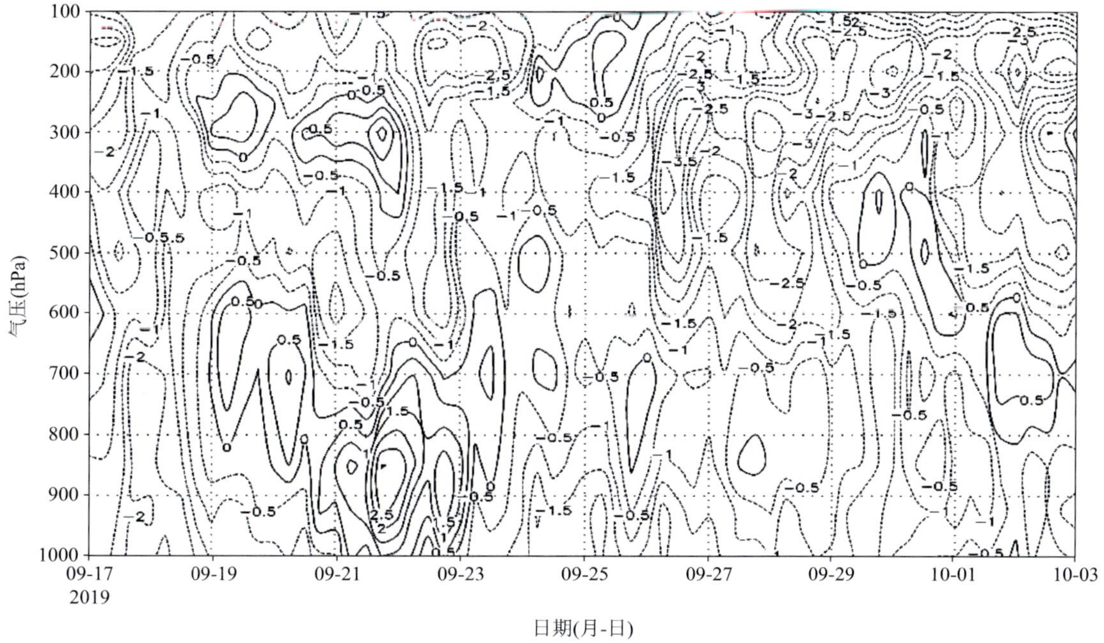

图 2.32　2019 年 9 月 17 日—10 月 3 日玉林涡度垂直廓线图

该 O_3 污染过程期间，受持续稳定的副高控制，加上 17 号台风“塔巴”和 18 号台风“米娜”外围的下沉气流作用，广西上空高低层保持一致的偏北风，长时间维持高温晴朗天气，中低空为明显的负涡度区，层结稳定，扩散条件差，有利于 O_3 污染的生成和积累。

2.4 空气质量模式产品的广西本地化应用

精准的空气质量预报是有效应对重污染天气的重要前提和基础，而目前空气质量预报领域使用的模型主要有两类：统计模型与数值模式。常用在空气质量预报的统计模型有回归模型、聚类分析模型、BP 神经网络模型等。数值模式预报是定量研究大气污染问题的一种重要手段，国内外被广泛应用的空气质量模式经过数十年的发展，能够较好地模拟区域大气污染物质量浓度的时空分布，但由于排放源清单的不确定性及物理过程参数化和化学机制极其复杂，数值模式的预报误差仍较大。以中国气象局化学天气数值预报系统（CMA Unified Atmospheric Chemistry Environment，CUACE）模式为例，何金梅等（2017）分析得出该模式产品对兰州 SO_2、CO 和 O_3 等级预报的准确率较高，对其他 3 要素特别是 $PM_{2.5}$ 和 NO_2 等级预报准确率不足 50%；杨关盈等（2017）发现 CUACE 模式对合肥地区的 AQI 和 $PM_{2.5}$ 质量浓度预报值接近实测值，PM_{10} 质量浓度预报值略小于实测值，而 O_3 质量浓度的预报值明显偏大；李曼等（2014）指出，当乌鲁木齐空气质量为良至中度污染时，CUACE 模式对 $PM_{2.5}$ 的预报准确率大于 70%，但当污染达到重度或严重时，预报效果较差；李晓岚等（2016）认为 CUACE 模式对沈阳 6 种大气污染物质量浓度的预报值普遍小于观测值，对 PM_{10} 质量浓度的预报存在严重低估。因此，需要结合统计方法对模式预报结果进行客观订正，以改进污染物质量浓度预报，提高空气质量预报水平。

近年来国内模式订正技术主要利用污染物质量实测浓度和气象条件对模式预报进行统计订正，很多学者采用线性回归、神经网络、偏最小二乘回归等统计方法订正模式输出结果，这些方法可显著降低模式系统误差。2013 年中国气象局开始业务化运行并下发 CUACE 模式指导产品，CUACE 模式产品包括全国 342 个地级城市的 24 h、48 h、72 h 的 $PM_{2.5}$、PM_{10}、O_3、NO_2、SO_2 和 CO 的质量浓度预报及空气质量指数（Air Quality Index，AQI）、空气质量等级和首要污染物的预报。然而每天广西 14 个地市的预报数据非常庞大，无法一一进行人工订正，因此，本小节利用前期污染物数据和气象数据，分别采用线性回归和神经网络方法分别对中国气象局提供的空气质量预报模式指导产品进行订正，并比较两种方法在广西 14 个地市的预报效果，研究基于 CAUCE 模式指导产品的空气质量短期预报模型，用以提高广西空气质量预测水平。

2.4.1 预报因子的主成分分析

大气污染的形成与前期的污染特征、气象因素、扩散条件以及大气环流形势密切相关。已有研究表明，不同气象条件下，同一污染源排放所造成的地面污染物质量浓度可相差几十倍，甚至几百倍，这是由于大气对污染物的稀释输送能力随着气象条件的不同而发生巨大变化的缘故。影响大气污染物扩散的气象条件主要包括高空大气环流和局地气象要素（如风速、风向、温度、湿度、天气现象等）。为此，本项目选取了前期常规地面气象观测要素、空气污染物质量浓度监测资料等共 30 个要素作为初选预报因子，它们分别是：

X_1：前日 20 时地面风速；

X_2：前日 20 时地面气压；

X_3：前日 20 时地面温度；

X_4：前日 20 时地面湿度；

X_5：前日 20 时地面露点；

X_6：前日 20 时总云量；

X_7：前日 20 时水平能见度；

X_8：当日 02 时地面风速；

X_9：当日 02 时地面气压；

X_{10}：当日02时地面温度；

X_{11}：当日02时地面湿度；

X_{12}：当日02时地面露点；

X_{13}：当日02时水平能见度；

X_{14}：当日08时地面风速；

X_{15}：当日08时地面气压；

X_{16}：当日08时地面温度；

X_{17}：当日08时地面湿度；

X_{18}：当日08时地面露点；

X_{19}：当日08时总云量；

X_{20}：当日08时水平能见度；

X_{21}：当日14时地面风速；

X_{22}：当日14时地面气压；

X_{23}：当日14时地面温度；

X_{24}：当日14时地面湿度；

X_{25}：当日14时地面露点；

X_{26}：当日14时总云量；

X_{27}：当日14时水平能见度；

X_{28}：当日08时的24 h累积降水量；

X_{29}：当日08时的24 h变压；

X_{30}：前日某项污染物质量浓度实况。

为了消除上述初选预报因子之间存在的多重相关性，我们采用主成分分析方法进行降维和提取有用信息，使预报因子之间互相正交。对于前期的30个预报因子，用主成分分析方法进行处理，主要是想能够用较少的综合指标（主成分）来代替多变量的预报因子矩阵，达到降低维数的目的。虽然多变量样本无疑会提供更丰富的信息，但多因子变量之间存在一定的相关关系，即复共线性关系，而主成分分析后的特征向量是正交的。从统计学观点看，主成分分析不仅仅是正交函数逼近的问题，而且可以从具有随机噪声干扰的气象场中提取主要信号特征，排除随机干扰。

在本研究中，为了消除各种因子由于单位量纲不同造成的影响，先对初选预报因子作标准化处理，再对这些预报因子做主成分分析，得到只依赖于时间与空间的函数。假定空间函数（即特征向量）是不随时间变化的，那么初选预报因子随时间变化的信息就都集中反映在时间函数（即综合预报因子变量）的变化上，这些综合预报因子能突出初选预报因子群的基本特征，浓缩初选预报因子的信息，而且互相正交。

以南宁为例，南宁SO_2、NO_2、O_3-8 h、CO、PM_{10}和$PM_{2.5}$质量浓度日值分别作为预报对象。因为初选的预报因子各要素量纲相差比较大，需先对初选预报因子场进行标准化处理，然后再做主成分分解。取累积方差贡献大于80%的前n个主成分序列作为最终的预报因子，基本上能包括了绝大部分的预报因子信息。

以预报日当天是2016年1月14日为例，要对南宁2016年1月15日的PM_{10}进行预报。首先对2015年11月16日—2016年1月14日的60 d初选预报因子场进行主成分分解，得

到南宁市 PM_{10} 质量浓度预报因子场的前 7 个特征向量总方差贡献（表 2.2）。前 7 个特征向量的总方差贡献率已达到了 82.3%，因而可以认为，经过主成分分析所得的前 7 个主成分序列能突出初选预报因子场的基本特征，基本上包括了所有的预报因子的信息，可以作为最终的预报因子场。

表 2.2　南宁市 PM_{10} 质量浓度预报因子场的前 7 个特征向量总方差贡献率（%）

项目	1	2	3	4	5	6	7
方差贡献率	43.15	10.86	9.00	6.87	4.64	4.42	3.38
累积方差贡献率	43.15	54.01	63.00	69.87	74.51	78.93	82.31

2.4.2　线性回归模型的建立

对经过主成分分析所得的前 n 个主成分序列、空气质量预报模式产品和对应的污染物质量浓度实况值，动态建立多元回归方程，然后计算得出污染物质量浓度 24 h、48 h、72 h 的预报值。继续以预报日 2016 年 1 月 14 日为例，取前 60 d 数据建模，得到多元回归方程，把预报日 2016 年 1 月 14 日当天 24 h 的模式预报产品及预报因子场数据代入方程，可计算得出南宁 2016 年 1 月 14 日 24 h 的 PM_{10} 质量浓度预报值，48 h 和 72 h 的预报步骤以此类推，最后得到 1 月 14 日起报的 24 h、48 h 和 72 h 的预报值分别为 75、45 和 41。而对应 2016 年 1 月 15 日、16 日、17 日 PM_{10} 质量浓度的实况值为 32、55 和 56。

2.4.3　神经网络模型的建立

同样对经过主成分分析所得的前 n 个主成分序列、空气质量预报模式产品及对应的污染物浓度监测值，采用非线性神经网络方法计算得出污染物浓度 24 h、48 h、72 h 的预报值。本项目采用三层前馈网络计算方法，隐节点数为 3，学习因子和动力因子分别取 0.9 和 0.7。利用神经网络方法，对标准化的学习矩阵作反复的学习训练，当学习矩阵训练达 5000 次时，误差函数趋于稳定。由网络模型所确定的连接权系数及阀值可以得到相应的预报模型，并以此确定的参数和网络结构作为未来独立样本和实际预报的模型。

2.4.4　预报模型的拟合情况

图 2.33—图 2.38 为线性回归模型、神经网络模型、中国气象局下发的 CAUCE 模式产品和对应污染物质量浓度实况的对比图。总体上，三种模式产品都能预报出污染物质量浓度的大致变化。为了清晰对比，时间挑选的是污染较为严重的 2016 年 10—12 月。图 2.33 为 SO_2 质量浓度 24 h 预报图，从该图可以看到，三种预报产品与实况的变化趋势基本一致。线性回归在转折处误差相对较大，CAUCE 模式预报经常比实况值偏低。神经网络模型对南宁 SO_2 质量浓度的预报效果相对稳定。图 2.34 为 CO 质量浓度 24 h 预报图，神经网络模式对这段时间 CO 的预报总体偏低，线性回归和 CAUCE 模式预报与实况拟合情况更好。从图 2.35 NO_2 质量浓度 24 h 预报图可见，与实况相比，线性回归和 CAUCE 模式预报波动很

大，神经网络模型预报与实况变化较为一致。对于 O_3 质量浓度 24 h 预报，CAUCE 模式预报值整体稍微偏低，线性回归和神经网络基本能报出每一个高污染过程，但是神经网络模型对 O_3 的预报更为准确，线性回归预报波动较大（图 2.36）。对于颗粒物质量浓度的预报，神经网络模型对 PM_{10} 质量浓度的预报以及 CAUCE 模式对于 $PM_{2.5}$ 质量浓度峰值的预报都稍微偏高（图 2.37、图 2.38）。

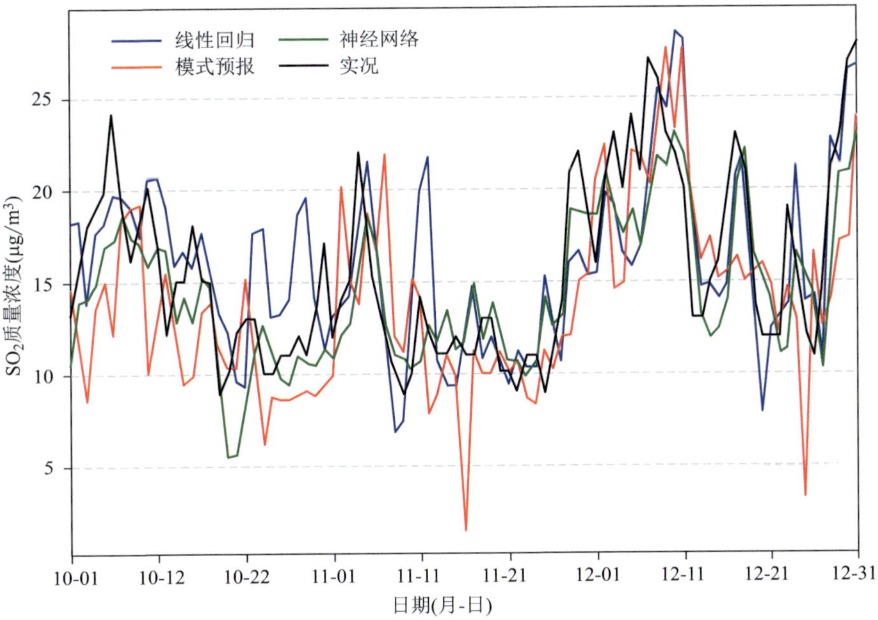

图 2.33　南宁市 2016 年 10—12 月的三种模式 SO_2 质量浓度预报图（24 h）

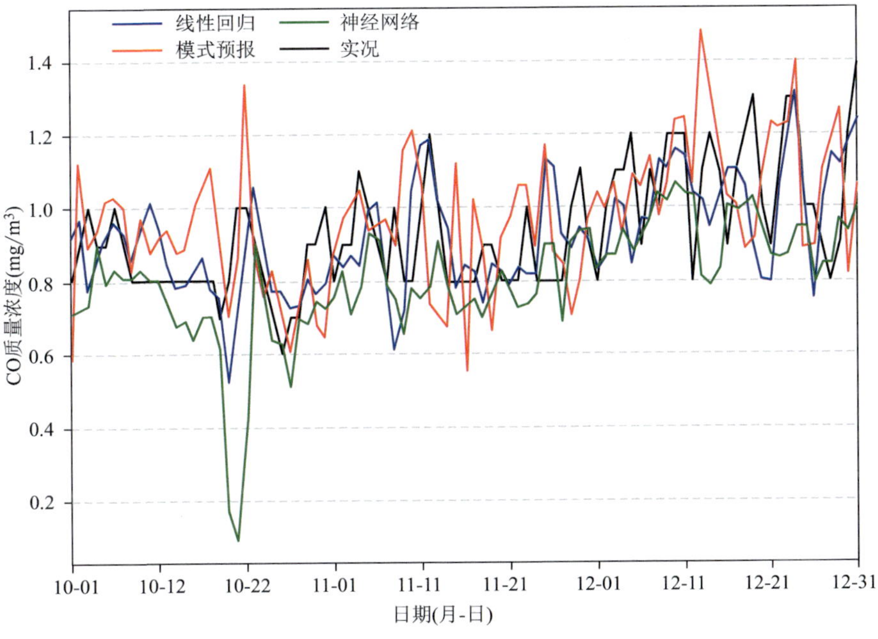

图 2.34　南宁市 2016 年 10—12 月的三种模式 CO 质量浓度预报图（24 h）

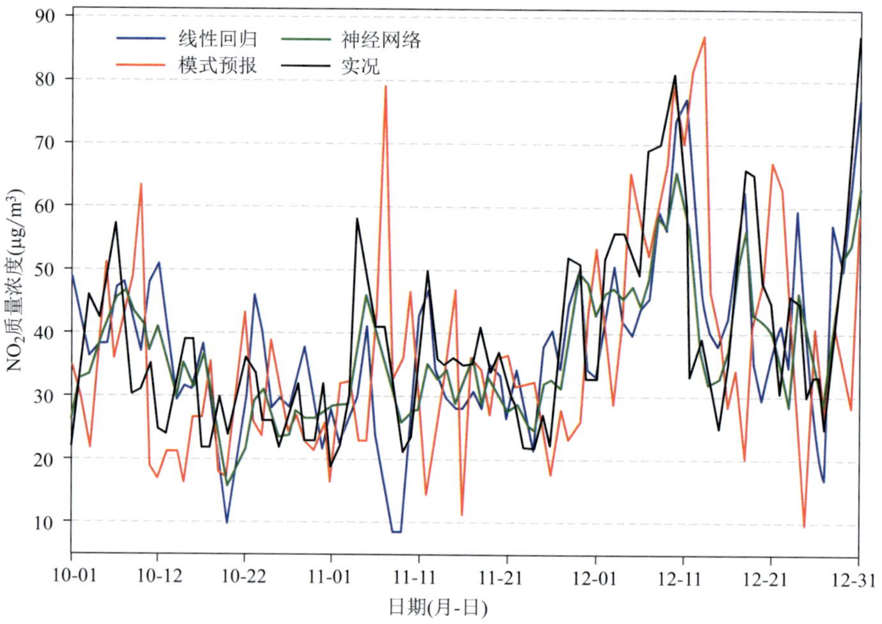

图 2. 35　南宁市 2016 年 10—12 月的三种模式 NO_2 质量浓度预报图（24 h）

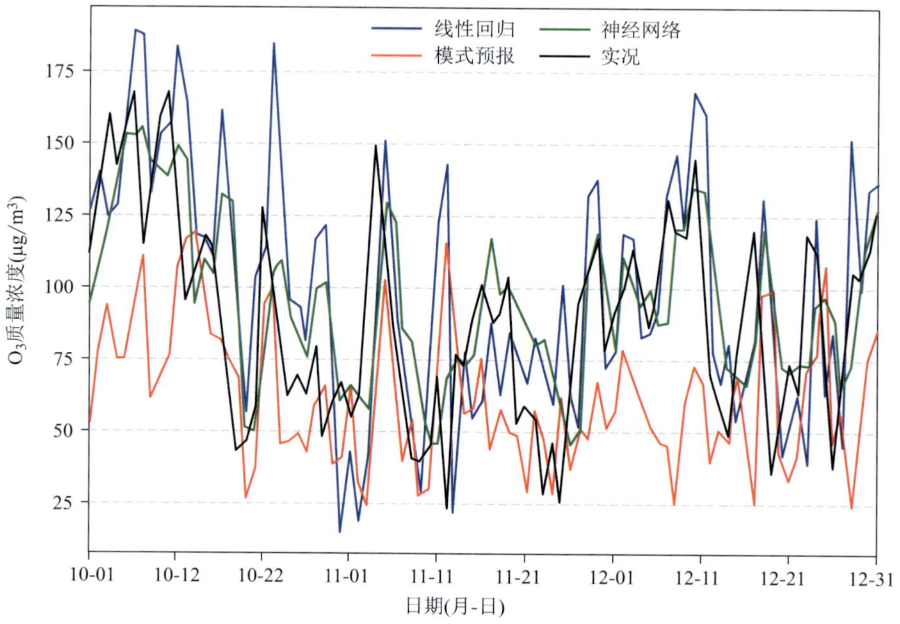

图 2. 36　南宁市 2016 年 10—12 月的三种模式 O_3 质量浓度预报图（24 h）

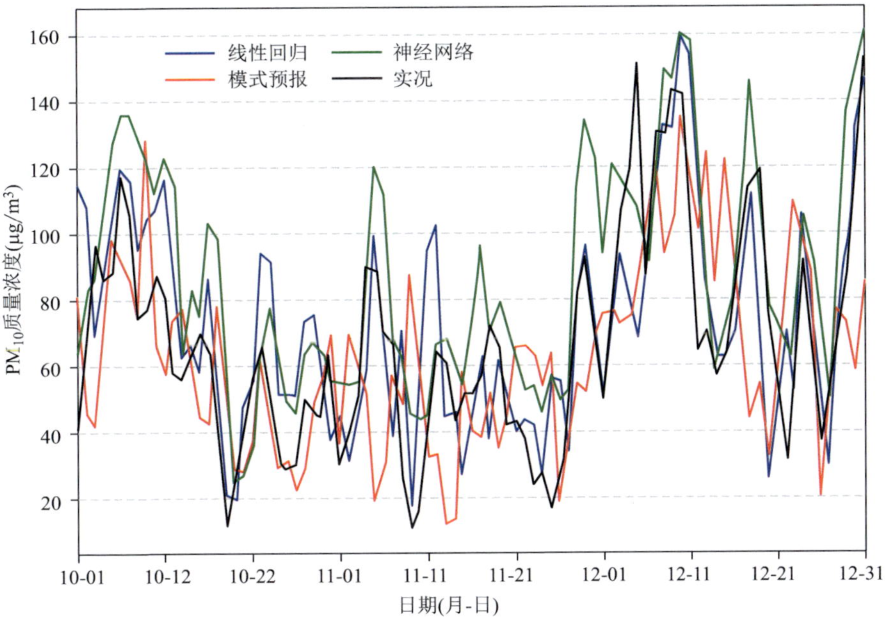

图 2.37 南宁市 2016 年 10—12 月的三种模式 PM_{10} 质量浓度预报图（24 h）

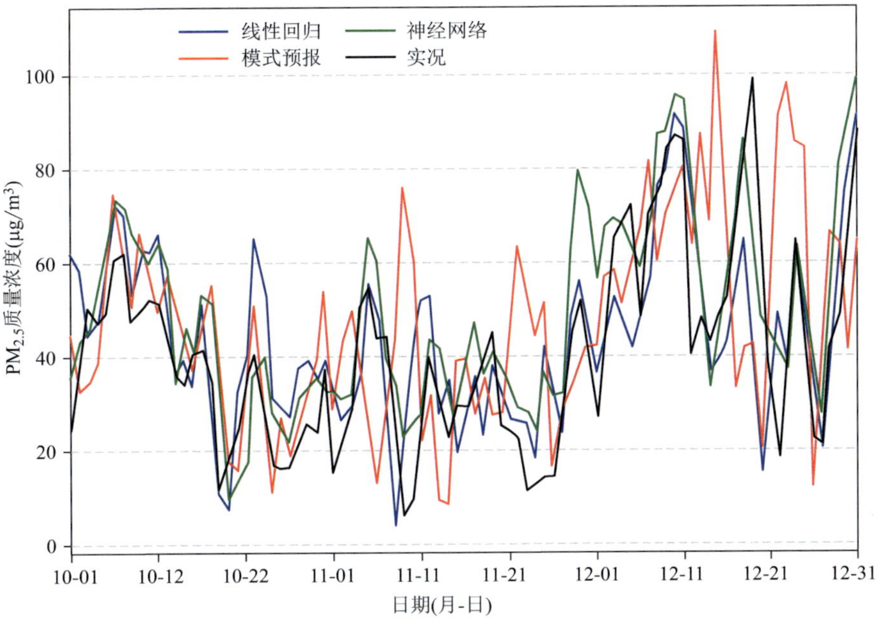

图 2.38 南宁市 2016 年 10—12 月的三种模式 $PM_{2.5}$ 质量浓度预报图（24 h）

2.4.5 预报效果对比分析

2.4.5.1 广西 14 个地市污染物质量浓度预报误差分析

通过对广西 14 个地市 2016 年 1—12 月 6 种污染物的线性回归预报、神经网络预报和中国气象局下发的 CAUCE 模式指导预报的预报结果与实况进行对比，分别对 24～72 h 预报时效的三种预报方法的平均绝对误差进行分析，结果如下。

（1）24～72 h 的 SO_2 预报误差

从三种模式 24 h 预报时效的误差对比分析（图 2.39）可知，不同的城市有较明显的差别，三种模式均呈现出在玉林的预报误差最大（>15），而在北海的预报误差最小（<3.8）；各模式的预报性能随城市而不同，对于北海、崇左、柳州、桂林、梧州、贵港和防城港这 7 个城市的线性回归预报效果较好，而神经网络预报则是在南宁、来宾、百色、贺州和钦州较好，CAUCE 模式预报仅在河池和玉林较佳，对于大部分城市而言，线性回归在 24 h 预报时效的 SO_2 预报优于模式预报。

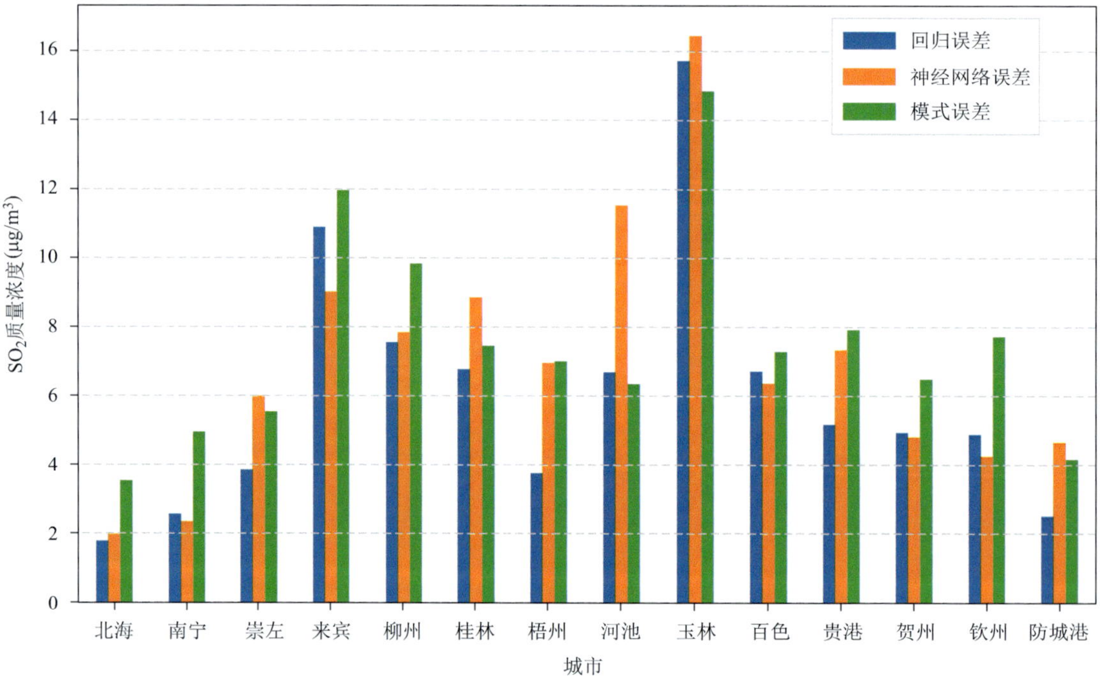

图 2.39 三种模式的 SO_2 质量浓度误差比较（24 h）

48 h 预报时效的三种模式的对比分析（图 2.40）可知，三种模式依然呈现出在玉林的预报误差最大（>15），而在北海的预报误差最小（<3.5）；线性回归预报效果较好的城市是北海、崇左、桂林、梧州、百色、贵港和防城港这 7 个城市，模式预报较好的城市是河池和玉林，其他城市以神经网络预报效果较好。与 24 h 预报时效相比，各模式在大部分城市的预报误差均有所增大。

72 h 预报时效的三种模式的对比分析（图 2.41）可知，三种模式的最大最小误差与 24 h

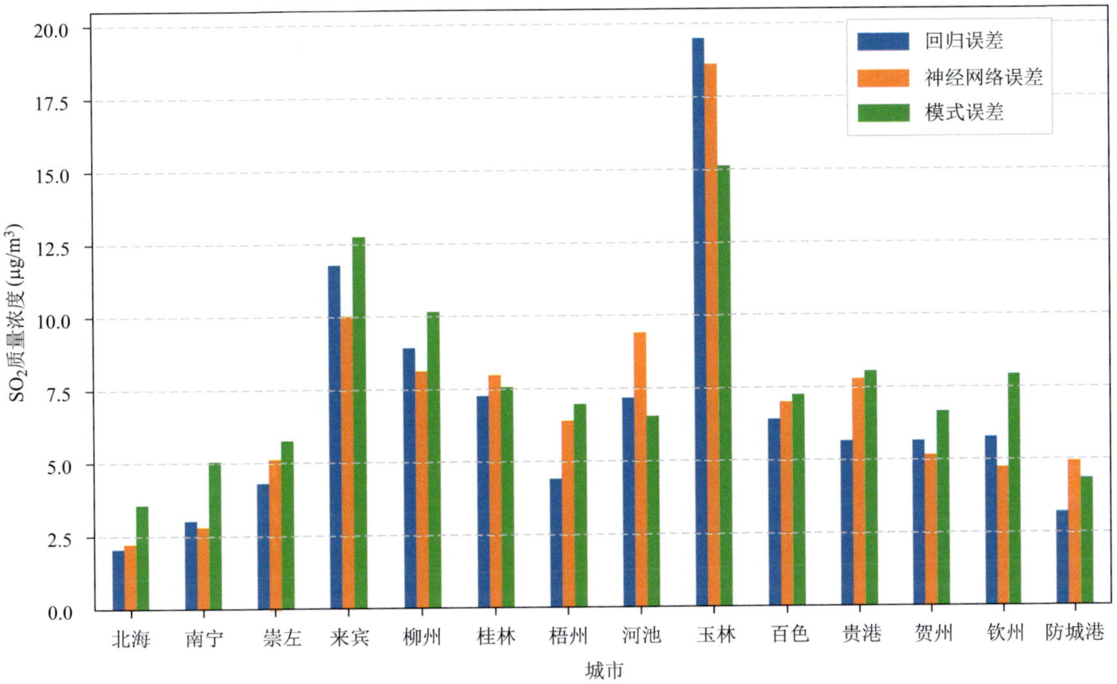

图 2.40 三种模式的 SO_2 质量浓度误差比较（48 h）

和 48 h 的特征基本一致，玉林的预报误差最大（>15），北海的预报误差最小（<3.5）；线性回归在北海、梧州、贵港和防城港的预报效果较好，CAUCE 模式预报在桂林、河池和玉林的预报效果较好，其他城市是神经网络预报效果较好；与 24～48 h 的预报效果相比，72 h 线性回归预报的优势城市减少了，而神经网络和模式预报的优势城市增加了。

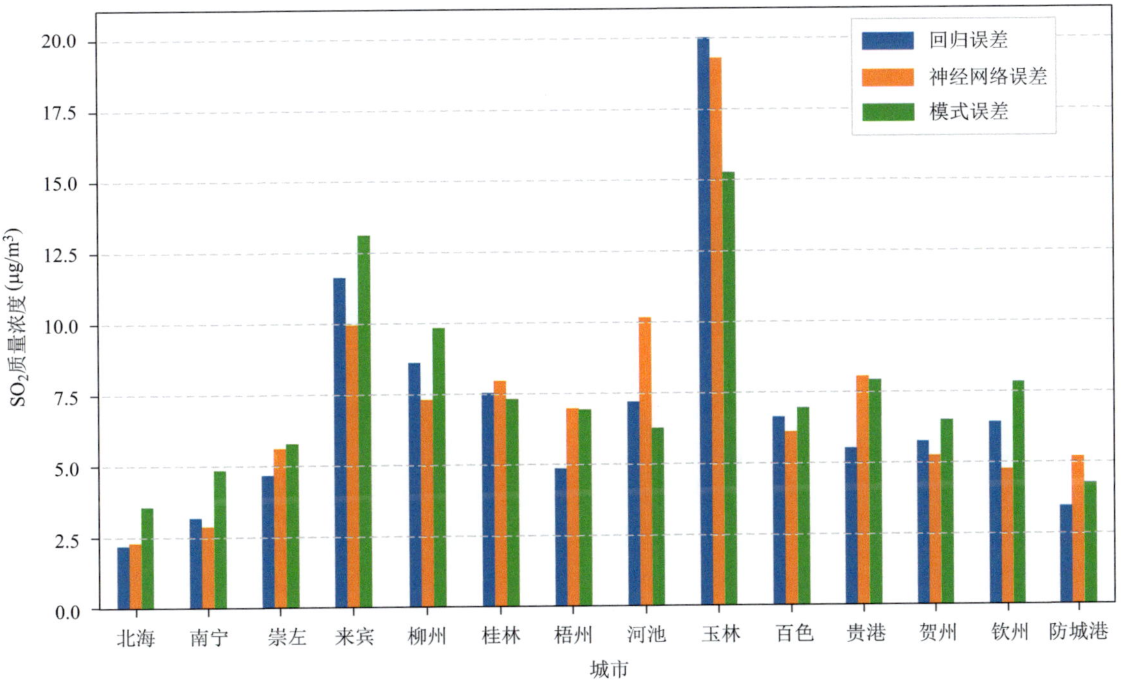

图 2.41 三种模式的 SO_2 质量浓度误差比较（72 h）

（2）24～72 h 的 CO 预报误差

对三种模式 24 h 的 CO 预报误差进行对比分析（图 2.42）可知，除了梧州的神经网络预报误差较高（0.46），其他预报模式在各城市的误差均低于 0.35；各模式的预报性能随城市而不同，对于北海、南宁、桂林、梧州、河池、玉林、百色、贵港、钦州和防城港这 10 个城市的线性回归预报效果较好，而其他城市则是神经网络预报效果较好。即对于 24 h 的 CO 预报来说，针对大部分地市更有参考意义的指导产品是线性回归预报。

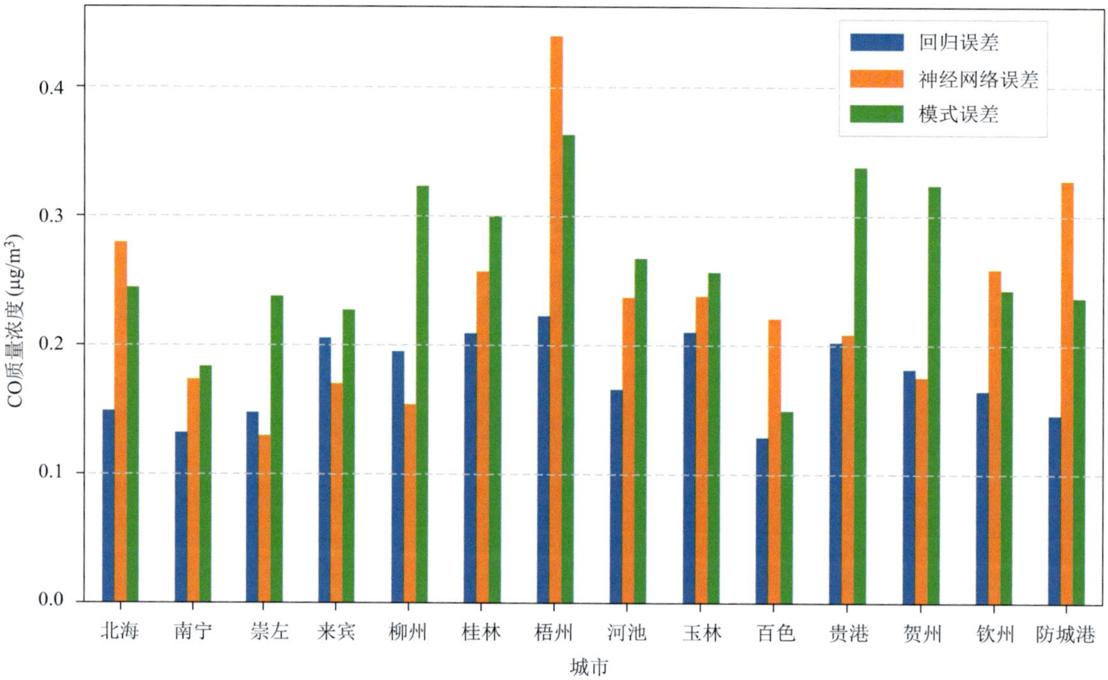

图 2.42　三种模式的 CO 质量浓度误差比较（24 h）

在 48 h 预报时效内（图 2.43），线性回归、神经网络和模式预报误差最大的城市分别是玉林、防城港和梧州；线性回归预报效果较好的城市是北海、崇左、河池、玉林、百色、贺州、钦州和防城港这 8 个城市，CAUCE 模式预报较好的是来宾，其他城市以神经网络预报较好；与 24 h 相比，神经网络预报在百色、防城港和北海等地市误差有较明显增长。

在 72 h 预报时效内（图 2.44），线性回归预报较好的城市为北海、桂林、梧州、河池、玉林、百色、贺州、钦州和防城港这 9 个城市，其余城市以神经网络预报效果较好。综合而言，对于沿海三市和桂西北地区，线性回归在 24～72 h 预报时效内的效果都是最优的，在 CO 的日常预报业务中这些地区更适合应用线性回归预报作为指导产品。

（3）24～72 h 的 NO_2 预报误差

对于三种模式 24 h 的 NO_2 预报误差进行对比分析（图 2.45）可知，CAUCE 模式预报桂林的预报误差较大（>16），线性回归和神经网络均优于 CAUCE 模式预报；线性回归和神经网络相比较而言，河池和贵港的线性回归预报效果较好，对于北海、崇左和来宾这两种模式预报性能基本一致，而其他地市则是神经网络优于线性回归。总体来说，线性回归和神经网络在大部分地市的预报性能差别不大。

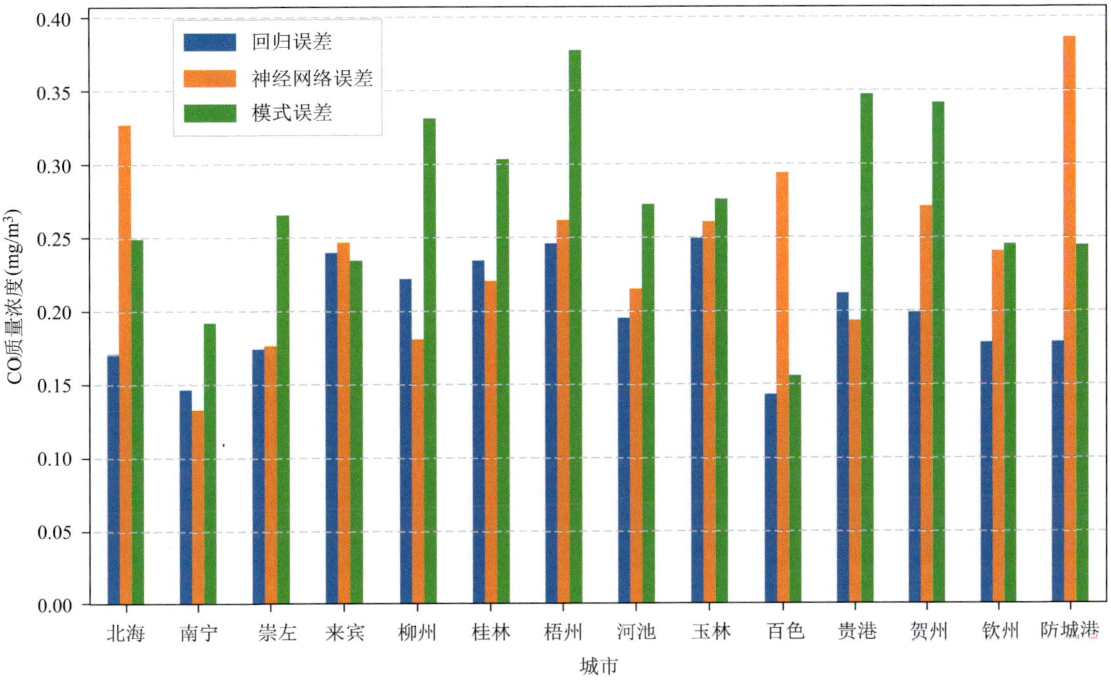

图 2.43　三种模式的 CO 质量浓度误差比较（48 h）

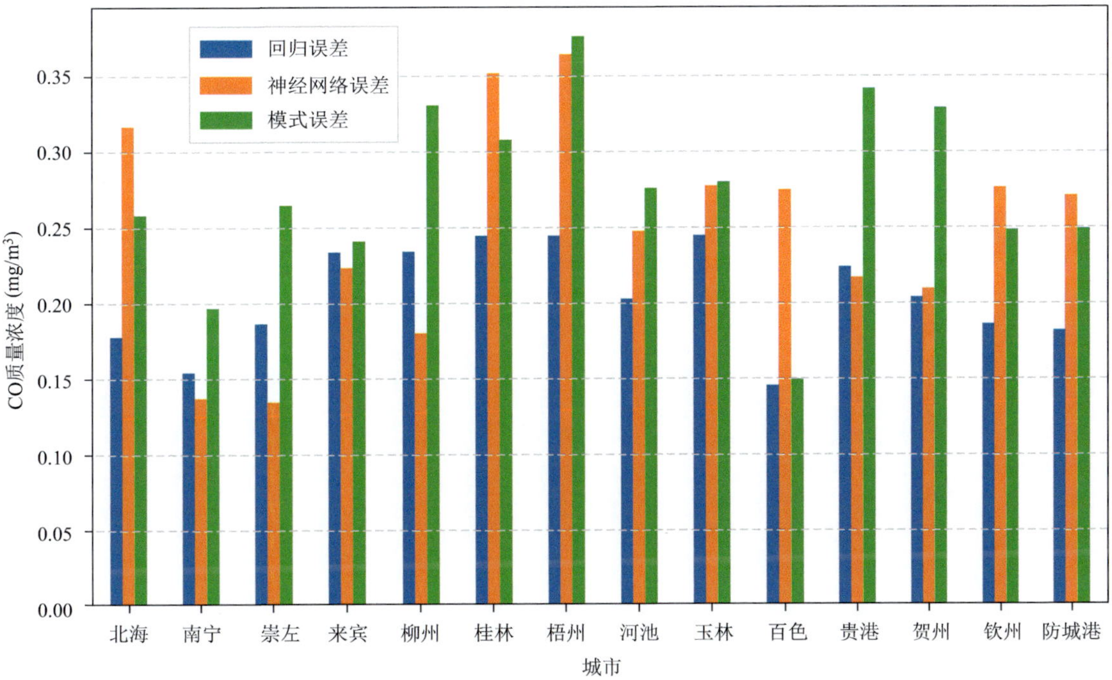

图 2.44　三种模式的 CO 质量浓度误差比较（72 h）

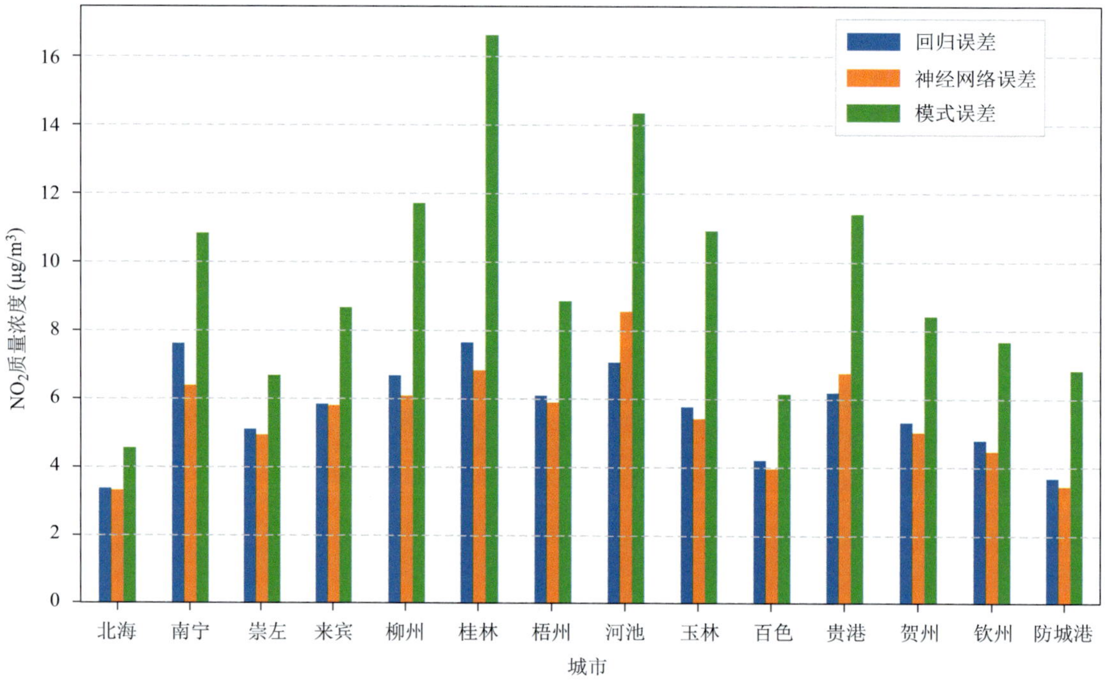

图 2.45　三种模式的 NO_2 质量浓度误差比较（24 h）

在 48 h 预报时效内（图 2.46），线性回归和神经网络预报效果依然优于 CAUCE 模式预报，线性回归、神经网络和模式预报误差最大的城市分别是南宁、河池和桂林，线性回归预报较好的地市有河池、百色和贵港，其他地市以神经网络预报效果较好，在桂林、河池等部

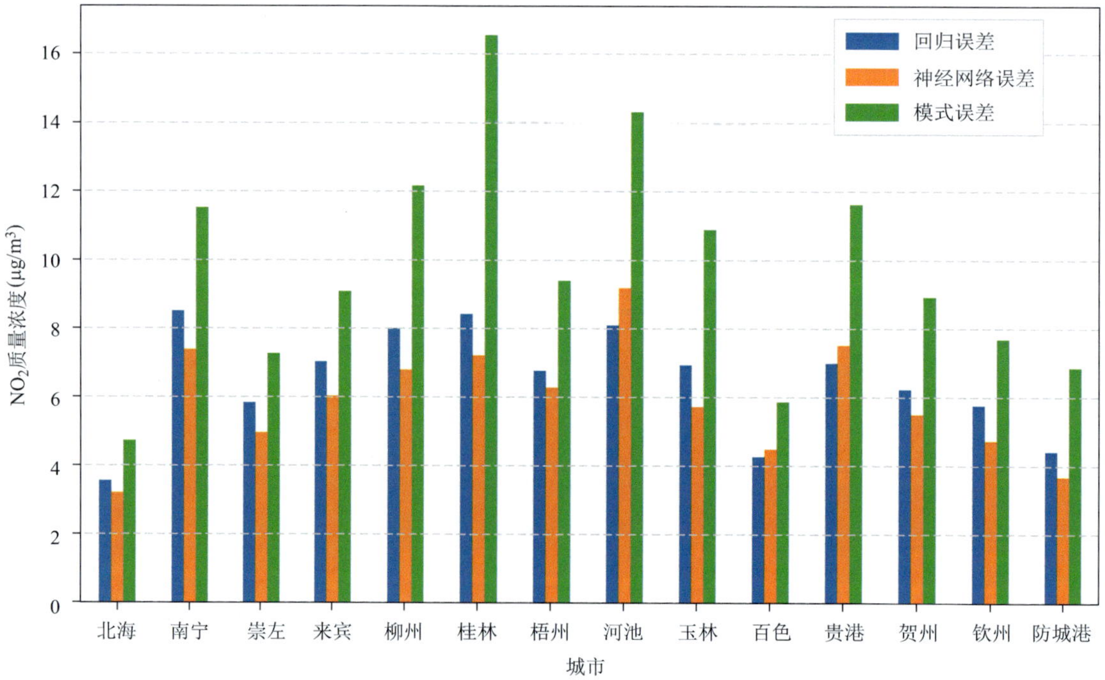

图 2.46　三种模式的 NO_2 质量浓度误差比较（48 h）

分城市，线性回归和神经网络误差明显低于 CAUCE 模式预报，有着较高的参考价值。

在 72 h 预报时效内（图 2.47），三种模式的预报特征与 24～48 h 基本一致，仍然是线性回归和神经网络预报效果优于 CAUCE 模式预报；但线性回归预报较好的地市减少到只有贵港和河池这两个地市，其他地市以神经网络预报效果较好。总体来看，对于大部分地市神经网络的 NO_2 预报有着较高的参考价值。

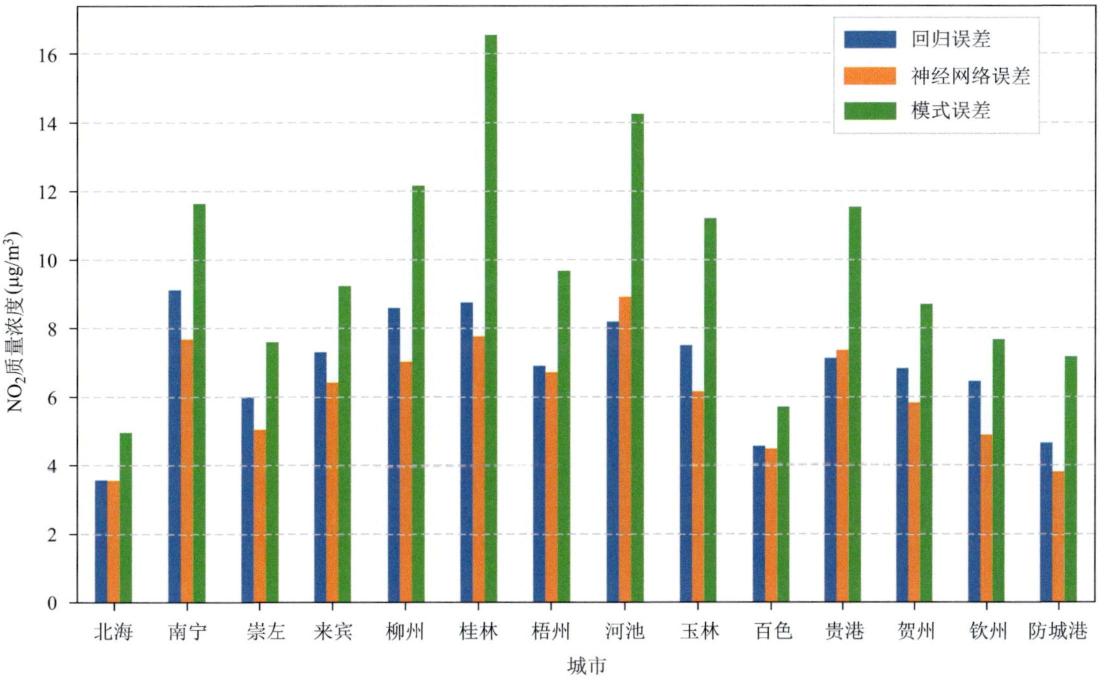

图 2.47 三种模式的 NO_2 质量浓度误差比较（72 h）

(4) 24～72 h 的 O_3 预报误差

对于三种模式 24 h 的 O_3 预报误差进行对比分析（图 2.48）可知，误差最大的是北海的 CAUCE 模式预报（>55），线性回归和神经网络均优于 CAUCE 模式预报；线性回归和神经网络的预报性能随城市而不同，对于梧州、河池是线性回归预报效果最好，柳州、桂林的这两种预报性能基本一致，其他地市以神经网络预报效果最好。

在 48 h 预报时效内（图 2.49），河池和梧州的线性回归预报效果较好，其他城市是神经网络预报效果较好，而 CAUCE 模式预报在各地市的预报性能均不如其他两种模式。

在 72 h 预报时效内（图 2.50），三种模式的预报对比特征与 48 h 基本一致，可见对于污染物 O_3 而言，神经网络在 24～72 h 预报时次均有着较优秀的预报能力，适合作为各地市预报的指导产品。

(5) 24～72 h 的 PM_{10} 预报误差

对三种模式 24 h 的 PM_{10} 预报误差进行对比分析（图 2.51）可知，误差最大的是柳州的 CAUCE 模式预报（>32）。线性回归和神经网络均优于 CAUCE 模式预报；线性回归预报效果好的城市为河池，其余城市则是神经网络预报效果更好，即对于 24 h 预报的 PM_{10}，神经网络预报在广西大部分地区更适合作为业务指导参考。

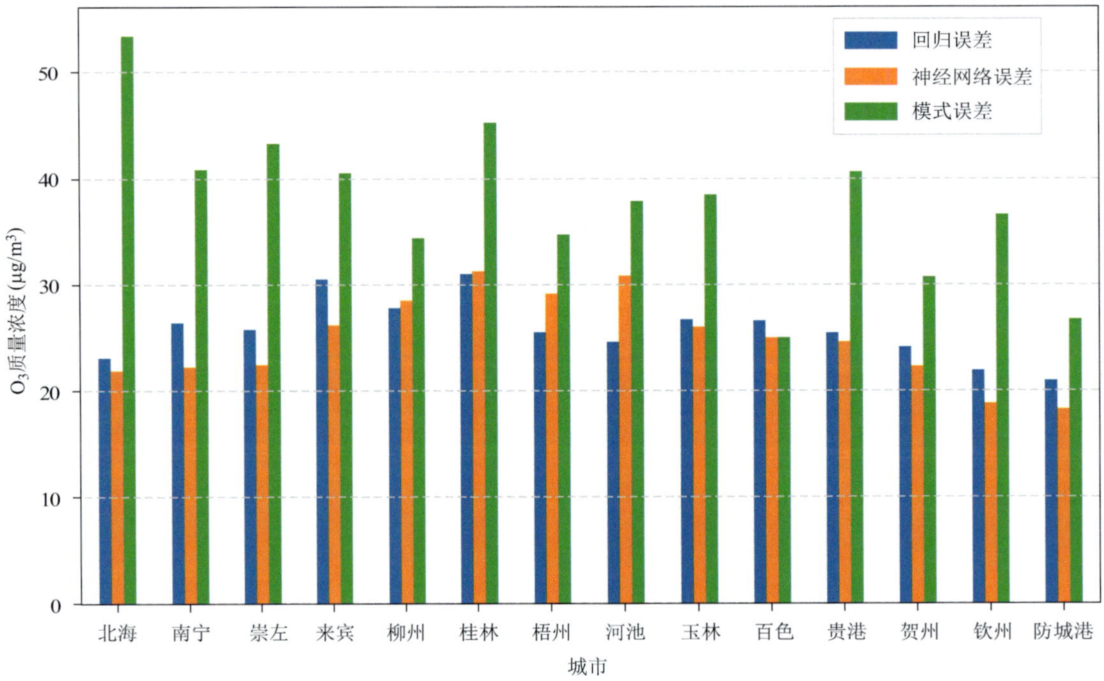

图 2.48　三种模式的 O_3 质量浓度误差比较（24 h）

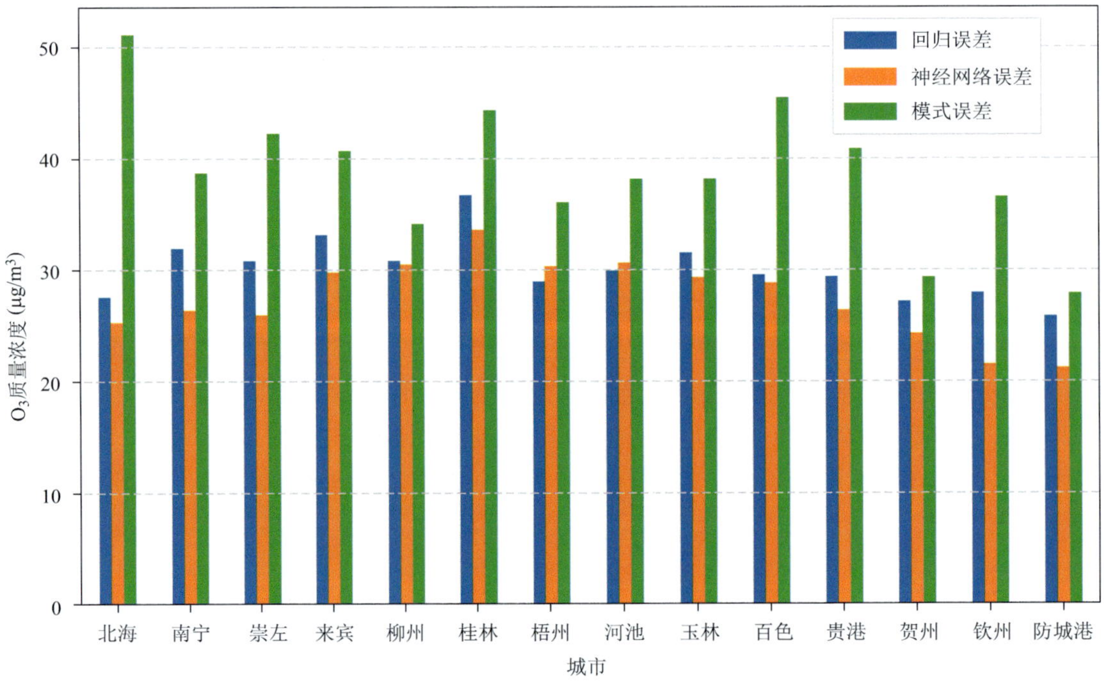

图 2.49　三种模式的 O_3 质量浓度误差比较（48 h）

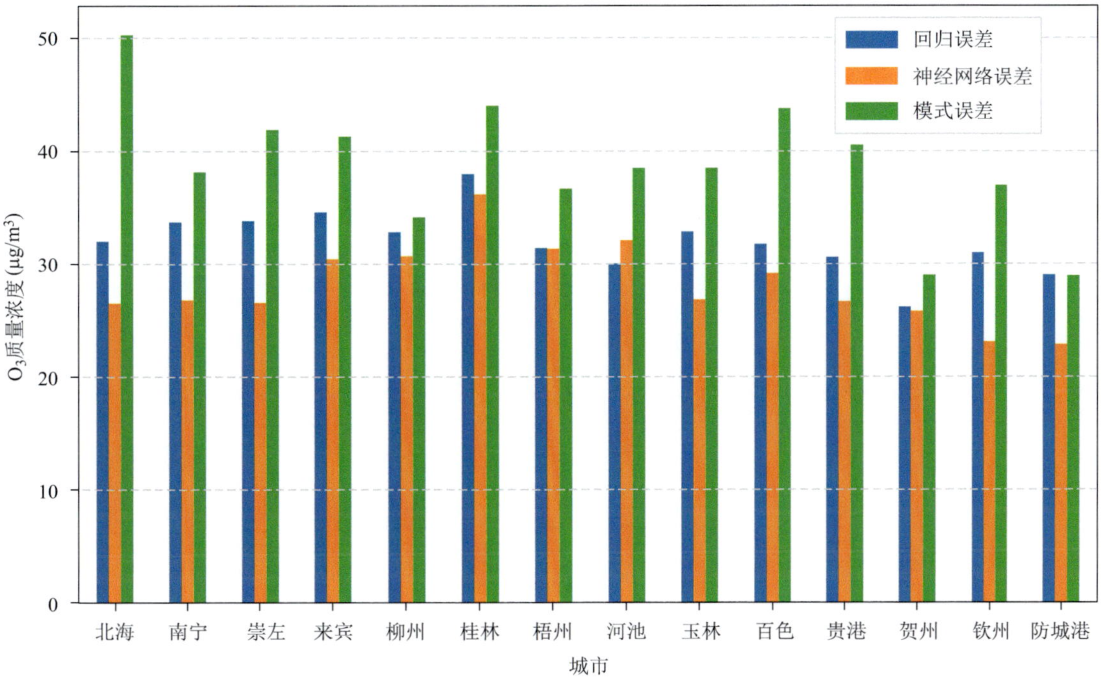

图 2.50　三种模式的 O_3 质量浓度误差比较（72 h）

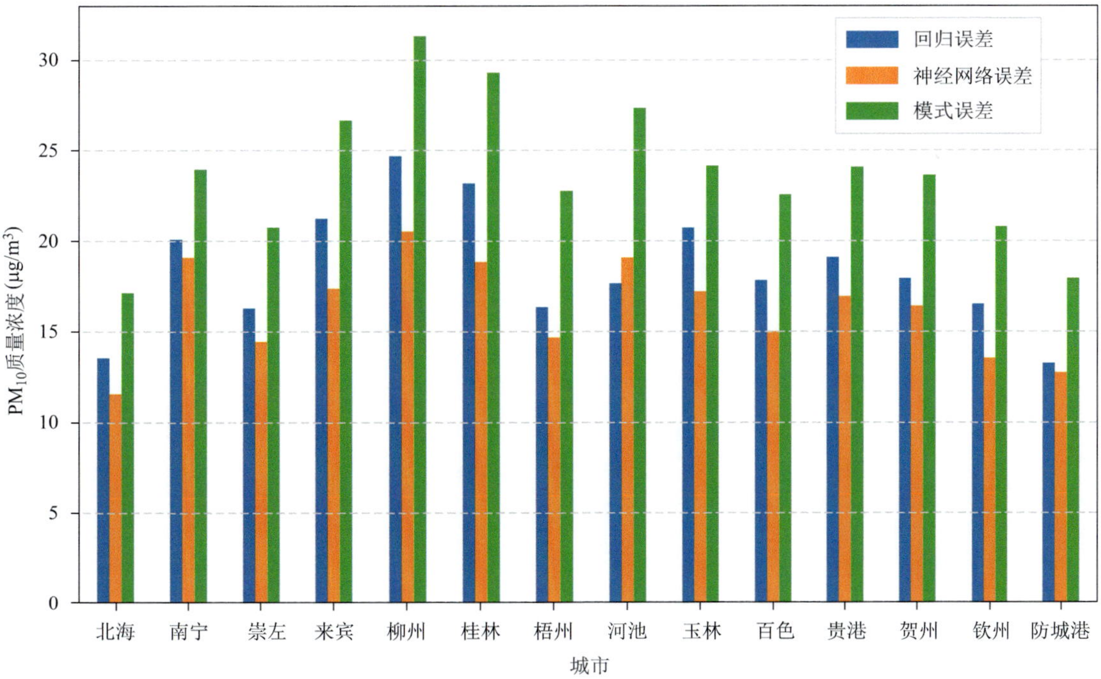

图 2.51　三种模式的 PM_{10} 质量浓度误差比较（24 h）

在 48 h 预报时效内（图 2.52），预报误差最大的是柳州的模式预报（>33）。与 CAUCE 模式预报相比，线性回归预报性能下降，在北海、南宁、玉林和钦州这 4 个地市其误差均大于 CAUCE 模式预报，而神经网络预报性能在各地市依然最好，适宜作为广西大部地区的参考指导产品。

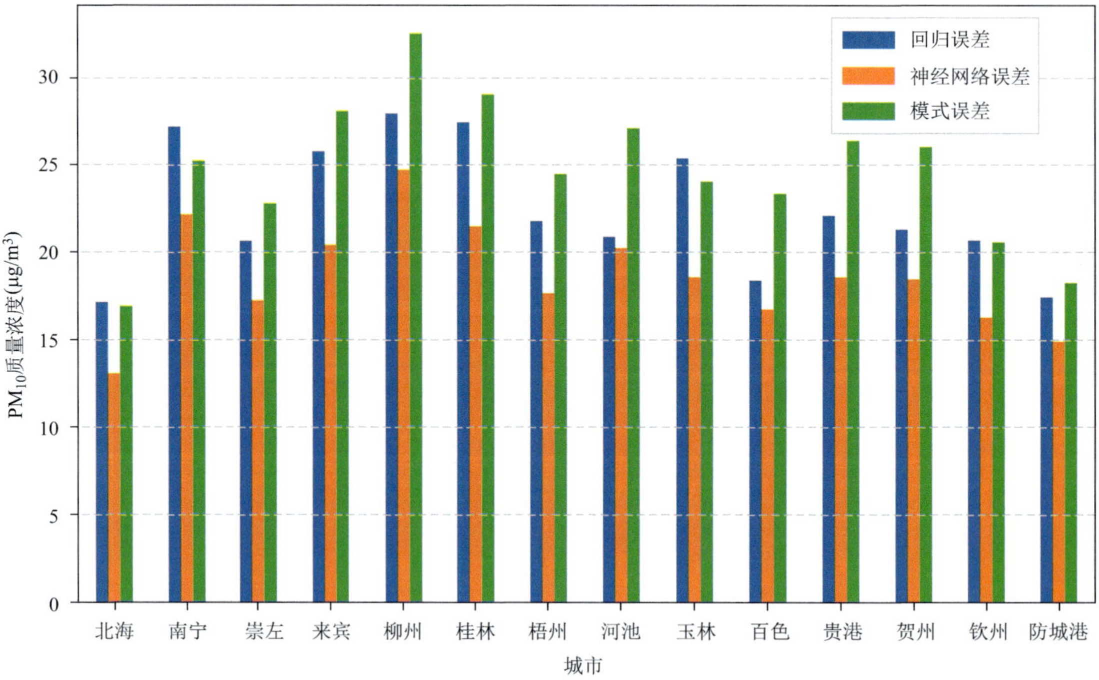

图 2.52　三种模式的 PM_{10} 质量浓度误差比较（48 h）

在 72 h 预报时效内（图 2.53），线性回归预报的误差继续有所增大，在北海、南宁、玉林、钦州和防城港这 5 个地市均不如 CAUCE 模式预报性能。总体而言，对于 24～72 h 预

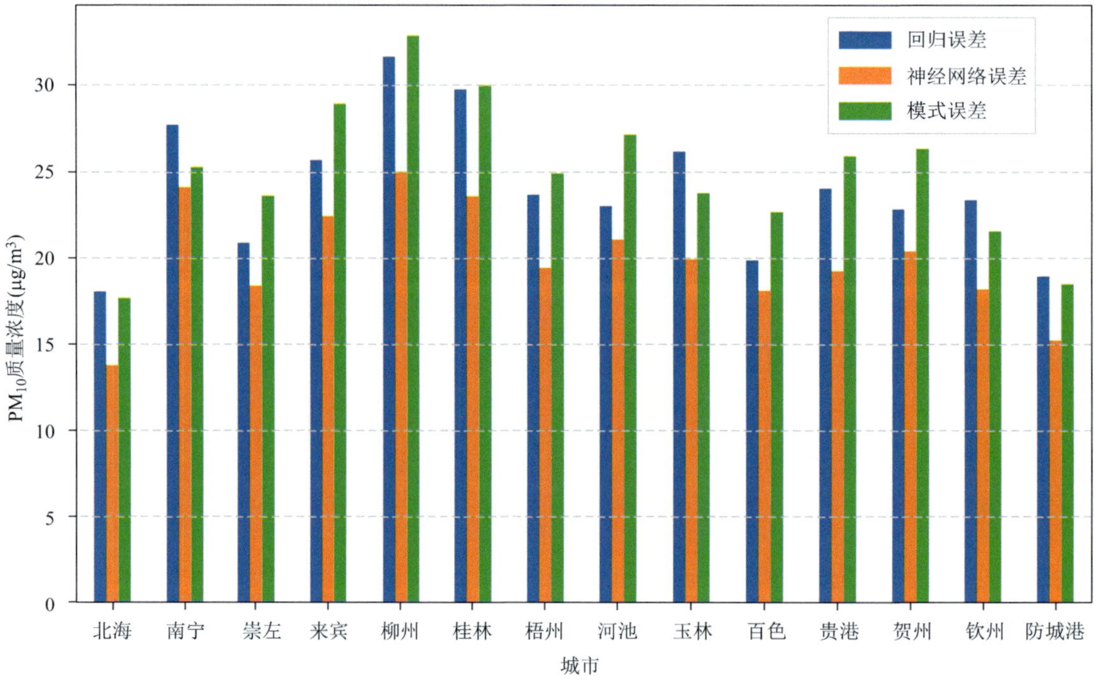

图 2.53　三种模式的 PM_{10} 质量浓度误差比较（72 h）

报时效，神经网络预报 PM_{10} 的效果稳定，有较优良的业务参考价值。

（6）24～72 h 的 $PM_{2.5}$ 预报误差

对三种模式 24 h 的 $PM_{2.5}$ 预报误差进行对比分析（图 2.54）可知，误差最大的是桂林的 CAUCE 模式预报（>21）。通过各城市对比分析可知，除了河池的神经网络预报低于 CAUCE 模式预报效果，其他城市均是线性回归和神经网络优于 CAUCE 模式预报；线性回归预报效果较好的城市是河池，其他城市均是神经网络预报效果更好。

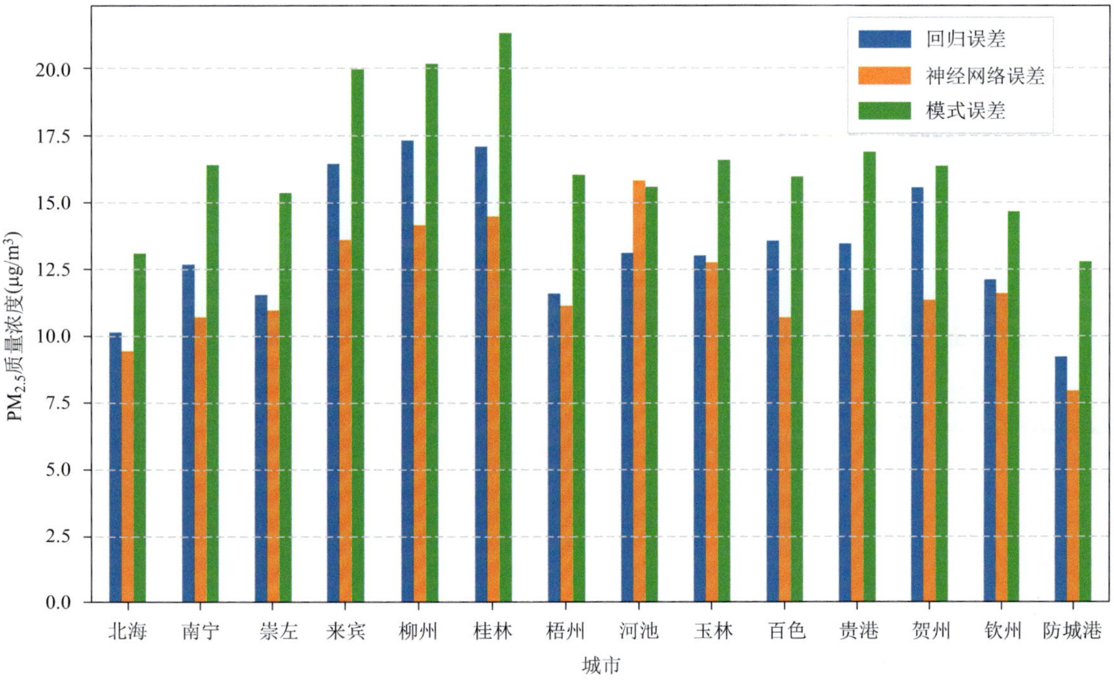

图 2.54 三种模式的 $PM_{2.5}$ 质量浓度误差比较（24 h）

在 48 h 预报时效内（图 2.55），三种模式的预报特征对比与 24 h 基本一致，线性回归在河池的预报效果较好，其他地市则是神经网络预报效果较好，预报误差最大的是柳州和桂林的 CAUCE 模式预报。

在 72 h 预报时效内（图 2.56），对于河池市，三种预报模型的效果基本一致，而其他地市均是神经网络预报效果最好，线性回归预报误差有较明显增长，在南宁、柳州、玉林、贺州、钦州和防城港线性回归预报效果均不如 CAUCE 模式预报。

通过以上的分析可以得知，三种预报模式对于不同污染物、不同预报时效和不同地市有着不同的预报效果。例如从污染物种类预报分析，对于大部分地市，神经网络预报对 NO_2、O_3、$PM_{2.5}$ 和 PM_{10} 的预报更有指导作用，线性回归对于 CO 的预报效果更好，神经网络和线性回归对于 SO_2 的预报则各有千秋，而 CAUCE 模式预报仅仅是在个别预报时效和城市有着一定的优势；从城市分析，南宁、来宾等城市在大部分情况下神经网络预报效果最好，而沿海和桂西北部分城市则是线性回归效果更佳；总体来看，通过应用线性回归方法和非线性神经网络方法对 CAUCE 模式预报重新建模后，各类污染物预报性能均得到了一定程度的改进和提高，可以为业务提供有意义的指导依据。

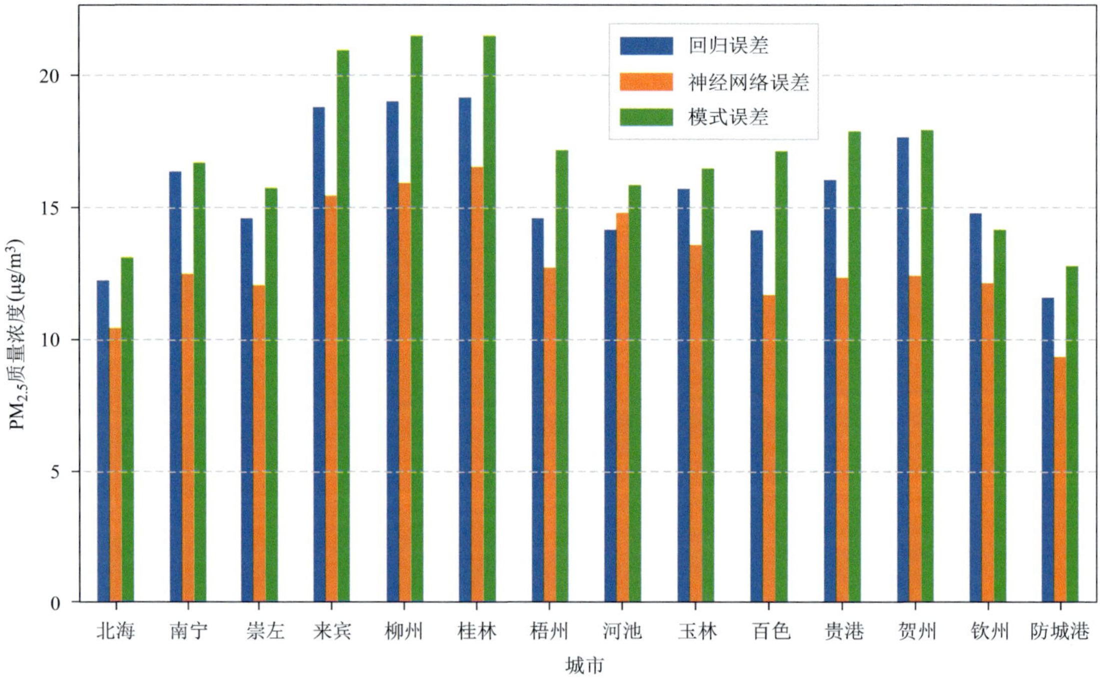

图 2.55 三种模式的 $PM_{2.5}$ 质量浓度误差比较（48 h）

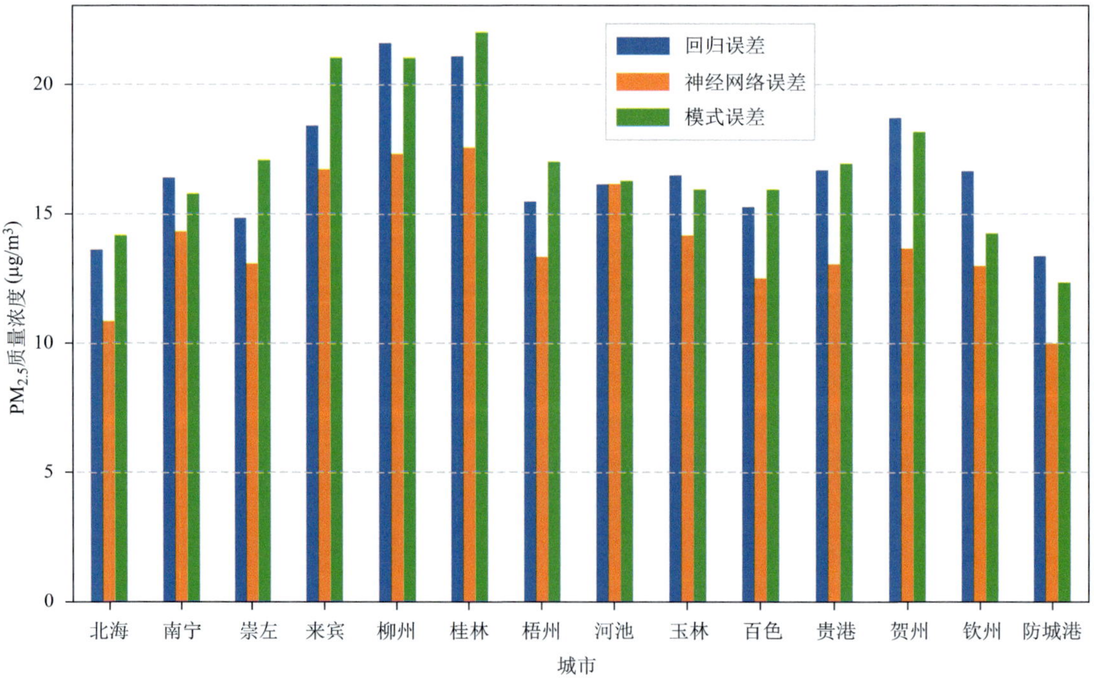

图 2.56 三种模式的 $PM_{2.5}$ 质量浓度误差比较（72 h）

2.4.5.2 广西 14 个地市的 AQI 预报误差分析

根据中国气象局应急减灾与公共服务司（气减函〔2014〕62 号）《城市空气质量预报检

验评估和考核办法（试行）》的评分内容，表2.3对比分析了多元线性回归模型、非线性神经网络和模式指导预报对14个地市的2016年AQI指数的24～72 h预报时效的评分，从表中可以看出，预报评分值主要在57～70，不同预报模式在预报时效和地市的预报效果主要有以下特征。

（1）从预报地市分析，对于南宁、崇左、来宾、贵港、贺州这5个地市，神经网络预报评分最高（24 h），而柳州、梧州、河池、玉林则是线性回归预报评分最高（24 h），在北海和百色三种模式预报性能一致（24 h），在桂林是CAUCE模式预报和线性回归预报性能一致（24 h），而钦州和防城港则是神经网络和线性回归预报性能一致（24 h）。

（2）从预报时效分析，CAUCE模式预报效果最稳定，其评分基本不随预报时效的延长而明显降低，变化幅度一般在0～1分；神经网络模型的预报效果随地市而不同，在柳州、桂林、河池、百色和贺州等桂北地区随预报时效略有下降（1～3分），而在桂中、桂南地区则下降较明显（3～7分）；线性回归在来宾、桂林、百色、贵港和贺州等地市预报效果随时效略有下降（1～3分），在其他地市则有3～9分的下降幅度。在24 h预报时效内神经网络或线性回归表现较优异的崇左、柳州、梧州、河池和玉林等地市，随着预报时效延长至72 h，其评分均低于CAUCE模式预报。

（3）从预报评分极值分析，预报评分最高的是神经网络和线性回归的防城港24 h预报（70），最低的是神经网络的河池72 h预报（57）；神经网络的高分值区域主要在桂西南和沿海地市（钦州、防城港、南宁和崇左），线性回归的高分值区域主要在沿海和桂东部分地市（防城港、钦州、玉林、梧州和贺州），CAUCE模式预报的高分值区域主要位于沿海三市。

表2.3　广西14个地市CAUCE模式、神经网络和线性回归预报的评分表（单位：分）

城市	24 h			48 h			72 h		
	模式预报	神经网络	线性回归	模式预报	神经网络	线性回归	模式预报	神经网络	线性回归
北海	65	65	65	65	62	63	65	63	58
南宁	64	69	64	63	68	61	64	65	60
崇左	64	68	66	64	64	62	64	61	61
来宾	62	69	63	62	65	61	62	63	60
柳州	62	60	64	61	61	62	61	60	59
桂林	62	60	62	62	61	61	62	60	59
梧州	63	64	69	62	62	65	62	59	61
河池	64	59	66	64	59	63	65	57	61
玉林	63	65	67	63	60	62	63	62	59
百色	65	65	65	64	63	66	64	63	64
贵港	64	68	66	64	65	64	63	63	63
贺州	64	69	67	63	67	65	63	66	64
钦州	65	68	68	66	65	64	66	66	61
防城港	67	70	70	66	67	66	67	67	61

表 2.4 为 2016 年南宁市 CAUCE 模式、神经网络和线性回归 24 h 预报的逐月预报评分结果。由该表可见，在南宁 24 h 空气质量预报中，线性回归预报分数介于 55 和 71 之间，各月预报分数差别较大，低分月份主要出现在夏秋季节。除 CAUCE 模式 6 月的预报分数稍高于神经网络预报外，其余各月均是神经网络预报分数最高，且神经网络模型预报分数各月均在 66 分以上，预报分数较稳定。由此可见，神经网络预报模型对 CAUCE 模式 24 h 预报产品的订正效果最明显，神经网络预报可作为南宁市空气质量预报业务的重要参考。

表 2.4 2016 年南宁市 CAUCE 模式、神经网络和线性回归 24 h 预报的逐月评分表（单位：分）

类型	1月	2月	3月	4月	5月	6月	7月	8月	9月	10月	11月	12月
线性回归	64	61	69	67	59	56	70	65	60	55	67	71
神经网络	67	68	73	70	70	66	70	68	68	66	67	74
模式预报	62	62	64	63	63	67	68	63	63	68	62	61

根据中国气象局应急减灾与公共服务司（气减函〔2014〕62 号）《城市空气质量预报检验评估和考核办法（试行）》的评分内容，对 24 h 预报时效内的三种预报模式的首要污染物正确性评分（f1）、AQI 预报级别正确性评分（f2）、AQI 预报数值误差评分（f5）（这 3 项能够反映模型预报能力的评分）进行分析，分析结果如下。

（1）首要污染物正确性（f1）

从图 2.57 中可见，三种预报模型在 24 h 预报时效内，f1 评分最高的是神经网络和线性回归对防城港首要污染物的预报，神经网络对南宁、崇左、来宾、贵港和贺州这 5 个城市的首要污染物预报效果最好，线性回归对北海、桂林、梧州和钦州的首要污染物预报效果最好，CAUCE 模式预报较好的城市则是柳州、河池和百色。

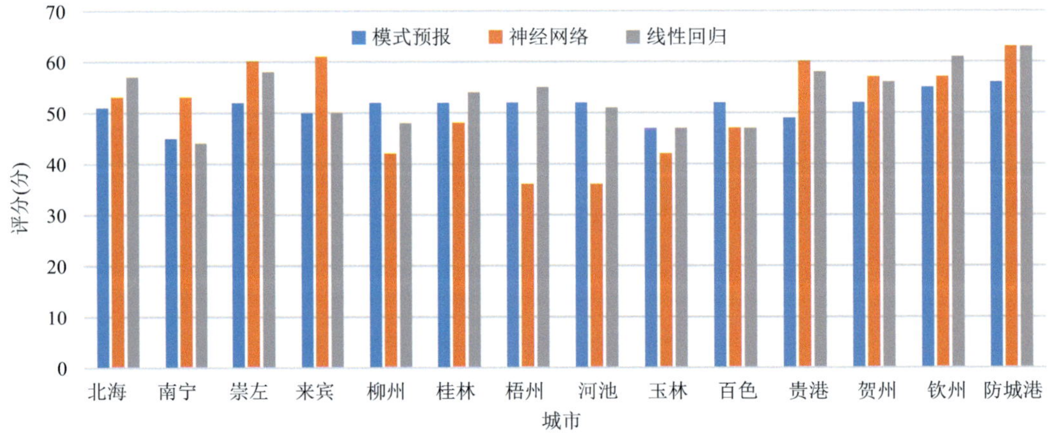

图 2.57 广西 14 个地市线性回归和神经网络预报的首要污染物评分图（24 h）

（2）AQI 预报级别正确性（f2）

从图 2.58 中可见，在 24 h 预报时效内，f2 预报评分最高的是神经网络和线性回归模型对防城港 AQI 的级别预报，达到了 87 分；从数量上看，神经网络在南宁、崇左、来宾、百色、贵港、贺州的级别预报较好，线性回归在柳州、梧州、河池、玉林的预报效果较好，其他城市线性回归和神经网络的预报评分差别不大，预报效果比较接近。

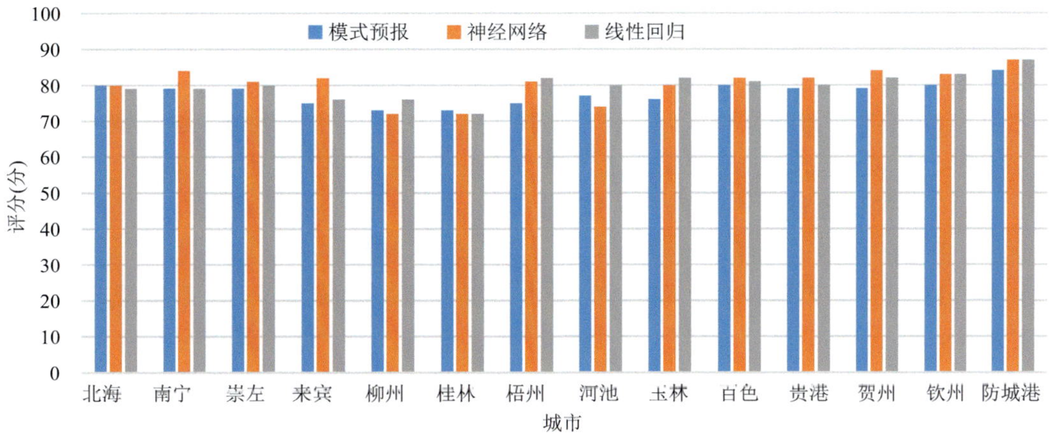

图 2.58 广西 14 个地市线性回归和神经网络预报的 AQI 级别正确性评分图（24 h）

（3）AQI 预报数值误差（f5）

AQI 预报数值误差评分（f5）能够较精确地反映预报与实况的偏差程度，从图 2.59 可见，梧州和河池以线性回归的评分较高，而其他大部分城市则是非线性神经网络的预报误差评分较高，大部分的误差评分达到 96 分以上，表明其 AQI 预报误差基本能控制在 50 以内，说明非线性神经网络的模型能够更接近 AQI 的实况值，可以在预报业务中提供有价值的参考依据。

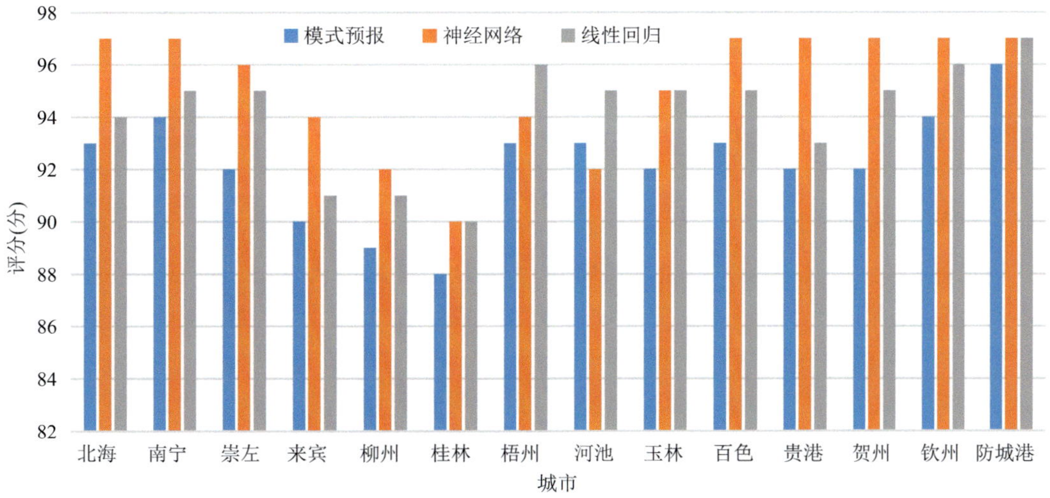

图 2.59 广西 14 个地市线性回归和神经网络预报的 AQI 预报数值误差评分图

通过线性多元回归和非线性神经网络两种数理统计方法对中国气象局下发的空气质量预报模式（CAUCE）产品进行广西本地化释用，建立广西空气质量短期统计预报模型，比较了两种统计模型及 CAUCE 模式产品在广西 14 个地市 6 种污染物质量浓度的预报应用和检验分析，主要结论如下。

① 从污染物种类预报分析，对广西大部分城市而言，在颗粒物（PM_{10} 和 $PM_{2.5}$）的日常预报业务中，神经网络的预报具有较高参考价值；除河池和梧州线性回归预报效果不错，

广西其他地市可采用神经网络对 O_3 进行预报；在 CO 的日常预报业务中，大部分地市更适合应用线性回归模型；神经网络和线性回归对 SO_2 的预报则各有千秋；神经网络和线性回归模型在大部分地市的 NO_2 预报性能差别不大，均可应用。

② 从 AQI 指数预报评分分析，神经网络预报适用于桂南和桂中的大部城市，线性回归适用于桂北及桂东地区，沿海三市可同时参考神经网络和线性回归预报结果。

③ CAUCE 模式预报效果最稳定，其评分基本不随预报时效的延长而明显降低，因此在时效较长的趋势预报上，可以重点关注 CAUCE 模式预报。

④ 神经网络预报和线性回归预报均能报出南宁污染物质量浓度的大致变化，线性回归对南宁预报分数介于 55 和 71 之间，各月预报分数差别较大，低分月份主要出现在夏秋季节。而神经网络模型对南宁各月预报分数均在 66 分以上，对 CAUCE 模式 24 h 预报产品的订正效果最明显，可作为南宁市空气质量预报业务的重要参考。

总体来说，通过应用线性回归方法和非线性神经网络方法对 CAUCE 模式预报重新建模后，各类污染物预报性能均得到了一定程度的改进和提高，可以为业务提供有意义的指导依据。在实际的预报业务中，针对不同地市、不同预报时效和污染物类别分别采用合适的预报方法，通过对预报方法的优选，可以更有效地提高大气污染物的预报质量。

2.5 广西空气质量预报技术要点

2.5.1 $PM_{2.5}$ 预报技术要点

2.5.1.1 $PM_{2.5}$ 污染成因

广西区域性大气污染具有一定的规律性，主要是由于本地大气污染物排放量较大，污染物在不利气象条件下，叠加二次反应生成累积而形成，大气扩散条件越不利，污染程度就越严重。$PM_{2.5}$ 污染成因总结如下。

（1）污染排放是大气污染的主因和内因。根据研究显示，大气污染的主要来源是工业、燃煤、机动车和扬尘，不同城市间各主要来源占比稍微有些差别。

（2）区域传输对广西大气污染影响较大。北方大气污染气团随弱冷空气沿湘桂走廊传输入桂，对广西北部和中部地区细颗粒物污染影响较大。

（3）秸秆焚烧和春节期间集中燃放烟花爆竹是造成广西重污染天气的重要来源。2015—2019 年的重污染天数中，大部分是由于春节期间受烟花爆竹集中燃放影响；秸秆焚烧方面，以来宾、柳州、南宁、贵港等地区秋冬季蔗区蔗叶焚烧造成区域性污染天气最为典型，在大气扩散条件不利情况下，秸秆焚烧可使空气质量小时值达到严重污染级别。

（4）气象条件变化影响是大气污染外因，对大气重污染形成影响非常明显。根据研究显示，同样的污染排放，不同年份气象条件对污染形成差异幅度个别城市可能还会达到 ±15%。$PM_{2.5}$ 区域性大气污染过程的气象条件，主要是以静稳天气为主，风速低于

1.5 m/s，相对湿度约 80±10%，大气边界层较低，存在明显的逆温层。

2.5.1.2　$PM_{2.5}$ 污预报技术要点

在预报区域污染过程时，预报员首先需要熟悉区域极易发生污染的时段，了解区域内污染源的变化以及历史污染物质量浓度变化特征，掌握大气细颗粒物的污染成因，提前进行预判。预报要点总结如下。

（1）熟悉预报时段内区域污染特征

掌握区域内预报时段主要污染类型，包括：气象不利累积型、浮尘输入型、生物质燃烧型、节假日型（烟花爆竹），了解各种区域污染发生的时段。气象不利累积型一般伴随着污染气象条件的恶化，污染物清除、输送和扩散不利，在区域内逐渐累积升高，持续时间较长，污染累积型主要集中在每年 10 月—次年 2 月。而其他诸如污染源变化的生物质焚烧污染，浓度波动较剧烈，持续时间一般较短，生物质焚烧型集中在甘蔗榨季。预报员需根据季节内污染源变化，结合气象条件预测提前进行预判。

（2）首要污染物的转换

以首要污染物 PM_{10}、$PM_{2.5}$ 和 O_3 的切换为主。首要污染物的季节变化十分明显，在秋冬季节时，气象条件扩散总体不利，颗粒物质量浓度累积升高，首要污染物以细颗粒为主，但在冷空气清除之后，细颗粒物质量浓度极低，此时可能以可吸入颗粒物 PM_{10} 为首要污染物；在春季，扩散条件相对较好，气态污染物和颗粒物质量浓度相对较低，此时首要污染物可能在可吸入颗粒物、细颗粒物、O_3 及 NO_x 中交互切换，此时预报员需要根据各城市的历史监测情况，提前应对首要污染物切换；在春夏季和秋季，白天日照较为充足的时段，广西城市以 O_3 为首要污染物，但在日照不充足的阴天，首要污染物可能在颗粒物和 O_3 中切换。

（3）区域污染物累积速率

区域内累积型颗粒物污染主要受静稳天气影响，在源排放比较稳定的时期，气象条件导致污染物质量浓度缓慢升高，累积速率一般较为恒定。通过分析往年同时期污染物累积与区域污染城市个数，估算区域污染的影响程度及影响范围。

（4）污染传输过程的预报

传输型污染主要由冷空气过程导致，其特点是污染气团随冷空气前锋移动。因此污染传输类型的空气质量预报要点：一是冷空气影响的起始和结束时间；二是冷空气强度。由于冷空气在移动过程中，容易受下垫面的胁迫作用，移动速度也会逐渐放缓，冷空气预报结果往往较实际过程偏快偏强。一般情况下，传输型影响以弱冷空气为主，因为较强冷空气污染物很快被吹散。广西受区域输送影响主要集中在桂北一带，以桂林、柳州和来宾影响最重。污染气团随着冷空气沿着湘桂走廊通道进入广西境内。

2.5.2　O_3 预报技术要点

O_3 质量浓度的预报更为复杂。因为 O_3 质量浓度与前体物质量浓度呈非线性关系，根据前体物的质量浓度难以推测二次污染物的质量浓度；广西大气呈现区域性复合型大气污染，各二次污染物之间的协同作用机制尚不明确；取最大 1～h 和最大滑动 8～h 质量浓度对应 AQI 值中的较大值作为 O_3 的 AQI 值，预报不确定增大；区域传输对 O_3 和前体物的共同传输作用；湿度及垂直扩散等条件对 O_3 是正影响还是负影响尚不明确。

城市 O_3 污染的内因与污染前体物人为超标排放有关，外因则受高温、少雨、强辐射等气象条件、天气系统的影响，气象条件是分析 O_3 污染发生发展情况的关键因素。对于特定地区而言，污染源排放一般变化较小，而气象条件最为多变，是 O_3 预报的关键。广西区域 O_3 污染预报要点主要体现在以下几个方面。

（1）O_3 污染具有明显的季节特征，春末夏初和秋季是广西 O_3 污染的高发时段，该时段 O_3 很容易成为影响空气质量的首要污染指标。

（2）气温、相对湿度、日照、云量、降水和风向风速等气象要素对 O_3 质量浓度有显著影响，是 O_3 的关键预报因子。O_3 质量浓度日变化的峰值一般出现在午后 12—15 时，而该时段恰是一天中日照最强、气温最高、湿度最低的时段。因此，在进行 O_3 预报气象因子分析时，应重点考虑日最高气温、最低湿度、午后云量、是否有降水以及降水强度等要素。高温、低湿、少云、强日照是 O_3 生成的有利条件。降水影响下 O_3 质量浓度相对较低。风向风速主要影响污染物的扩散、累积和输送过程，应结合前体物质量浓度和上游地区输送加以考虑。广西 O_3 超标相对湿度条件更“宽”，40%～85%均可能发生 O_3 污染（图 2.60），而北方大部分城市 O_3 超标相对湿度在 60%以下；近年来 O_3 污染峰值对应的相对湿度均出现在 60%左右，为预报区域性 O_3 污染提供了参考。

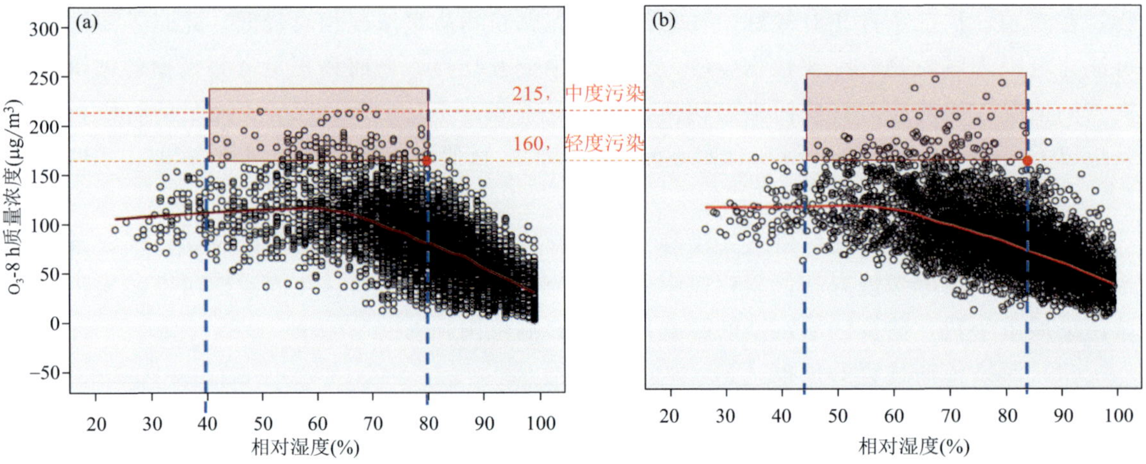

图 2.60　广西 O_3-8 h 质量浓度与相对湿度分布

（a） 2017 年；（b） 2018 年

（3）大尺度的地面和高空天气系统以及局地小环流也在一定程度上影响近地面 O_3 的生成和扩散。当广西受热带气旋外围、副热带高压等易导致高温低湿少云的静稳天气控制时，O_3 质量浓度可能达到较高污染水平。

（4）除气象因素影响外，前体物质量浓度也会影响 O_3 质量浓度的生成。分析 O_3 日最大 8 h 平均质量浓度与 SO_2、NO_2、CO 和 PM_{10}、$PM_{2.5}$ 5 项污染物质量浓度的相关性。因此，O_3 污染预报应同时关注其他污染物的实况质量浓度及变化趋势，较高的前体物质量浓度和有利于 O_3 生成的气象条件，往往导致较强的 O_3 污染；若前体物质量浓度水平明显较低，即使气象因素有利于 O_3 生成，O_3 质量浓度也无法达到较高水平，如明显降水对污染物有较好的湿清除作用，雨后空气质量一般为优良水平，即使放晴后气温高，日照强，也较

难出现明显的 O_3 污染过程。

2.6 本章小结

本章分析了广西空气质量概况，分别针对 $PM_{2.5}$ 和 O_3 污染进行了天气学分型研究，并详细分析了典型 $PM_{2.5}$ 和 O_3 污染过程，总结了 $PM_{2.5}$ 和 O_3 预报技术要点。另外还对中国气象局下发的 CAUCE 模式空气质量预报指导产品进行广西本地化应用研究。主要结论如下。

（1）2015—2019 年广西环境空气质量优良天数比例分别为 88.5％、93.5％、88.5％、91.6％和 91.7％，环境空气质量总体良好。广西环境空气质量 6 项污染物中，除 O_3 质量浓度呈上升趋势外，其余 5 项污染物质量浓度均呈逐年下降趋势。2019 年以 O_3 为首要污染物的污染天比重首次超过 $PM_{2.5}$（O_3 比重为 53.9％，$PM_{2.5}$ 比重为 45.6％），复合型大气污染日益凸显。

（2）广西主要大气污染物 $PM_{2.5}$、O_3 时空分布特征差异显著。$PM_{2.5}$ 呈现逐年下降趋势，O_3 质量浓度呈现逐年上升趋势；$PM_{2.5}$ 质量浓度每年 12 月—次年 2 月最高，6—8 月最低，O_3 质量浓度每年 9—10 月最高，12 月—次年 2 月最低；$PM_{2.5}$ 质量浓度日变化则呈现双峰型，主峰出现在夜间 22 时前后，次峰出现在上午 10 时前后，O_3 质量浓度日变化呈现单峰型，峰值出现在 15 时前后；$PM_{2.5}$ 质量浓度桂北高于桂南，O_3 质量浓度高值区由桂北、桂中和桂南的部分城市，逐渐扩大至 2019 年的广西大部地区，出现连片式、区域性污染。

（3）影响广西区域性大气污染的天气类型主要有 10 种，其中污染天气类型中占比较大的是弱冷高压脊型（24.4％）、均压场型（20.2％）、高压后部型（16.1％）和高压后部配合西南暖低压型（8.5％），是导致广西发生大范围空气污染的典型天气类型。$PM_{2.5}$ 区域性重污染过程集中发生在 12 月—次年 2 月，具有持续时间长、范围广的特点，天气形势的演变特征都是冷高压逐渐变性，东移出海，广西处于高压后部控制，西南暖湿气流高空输入，西南弱低压生成发展，广西地面风速小，不利于污染物的水平扩散，同时湿度大有利于 $PM_{2.5}$ 的二次生成，最后由于冷空气过境或者受偏南急流影响南风加大，大气扩散条件得到改善，污染过程结束。

（4）影响广西 O_3 污染天气类型主要有 3 种，分别是热带气旋外围型、副热带高压控制型和冷高压脊控制型。广西受副高控制及热带气旋外围下沉气流影响时，高低层保持一致的偏北风，长时间维持高温晴朗天气，日照时间较长，有利于 O_3 的生成；同时垂直方向上易出现多层逆温，层结稳定，扩散条件差，污染物在低层不断积聚，导致 O_3 污染发生。

（5）通过线性回归和神经网络方法，对中国气象局下发的 CAUCE 模式空气质量预报指导产品进行广西本地化应用。结果表明，神经网络模型对南宁各月预报分数均在 66 分以上，对 CAUCE 模式 24 h 预报产品的订正效果最明显，可作为南宁市空气质量预报业务的重要参考；线性回归对南宁各月预报分数介于 55 和 71 之间，分数差别较大，低分月份主要出现在夏秋季节。在颗粒物（PM_{10} 和 $PM_{2.5}$）的预报业务中，神经网络预报在广西大部分城市预报误差较小，具有较高参考价值；河池和梧州可利用线性回归对 O_3 进行预报，广西其他地市则可采用神经网络预报 O_3。虽然 CAUCE 模式预报仅在个别预报时效和城市有着一定的优势，但 CAUCE 模式预报效果最稳定，其评分基本不随预报时效的延长而明显降低，在时效较长的趋势预报上，可以重点关注 CAUCE 模式预报产品。

（6）在预报 $PM_{2.5}$ 区域污染过程时，预报员首先需要熟悉区域极易发生污染的时段，了解区域内污染源的变化以及历史污染物质量浓度变化特征，掌握大气细颗粒物的污染成因，充分考虑气象条件、污染传输、秸秆焚烧、烟花燃放等影响。$PM_{2.5}$ 区域性大气污染过程的气象条件，主要是以静稳天气为主，风速低于 1.5 m/s，相对湿度约 80±10%，大气边界层较低，存在明显的逆温层。桂北桂中地区还需考虑北方大气污染气团的区域传输影响。

（7）春末夏初和秋季是广西 O_3 污染的高发时段。气温、相对湿度、日照、云量、降水、风向风速等气象要素对 O_3 质量浓度有显著影响，是 O_3 的关键预报因子。O_3 预报可重点考虑日最高气温、最低湿度、午后云量、是否有降水以及降水强度等要素。

第3章 广西雾、霾天气研究

3.1 广西霾的时空变化特征

3.1.1 霾的空间分布

由于 1980 年是中国经济迅速发展的分界，前后霾日有明显不同，故以此为界来分析广西年均霾日数的空间分布。图 3.1a 是 1960—1979 年年均霾日数分布，该图显示，霾日数较大区域集中在梧州、河池、贵港附近，年霾日数高达 70 d 左右；霾日数较小区域分布范围广，年均霾日数小于 10 d 的站点有 34 个，占 43%（廖国莲 等，2011）。由图 3.1b 可知，1980—2013 年，梧州、贵港、桂林、来宾和柳州等主要城市及附近县份的霾日数较多，都在 60 d 以上，最大值出现在梧州，达 142.5 d；霾日数较小区域主要分布在边远地区及沿海，如合浦、金秀、南丹、天等和东兰等县份。对比 1960—1979 年和 1980—2013 年两个阶段广西 80 个站点的年均霾日数，有 68 个站点的年均霾日数都出现

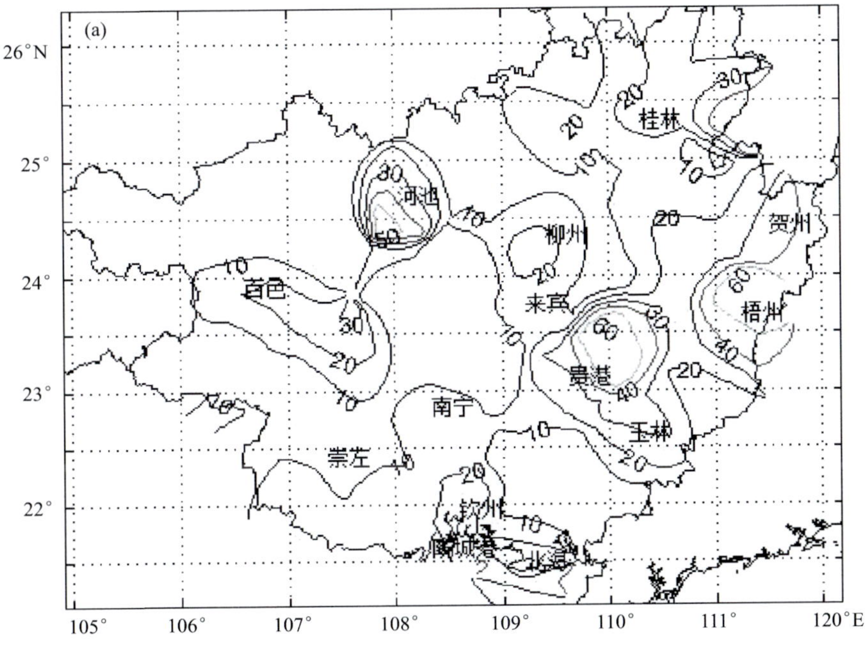

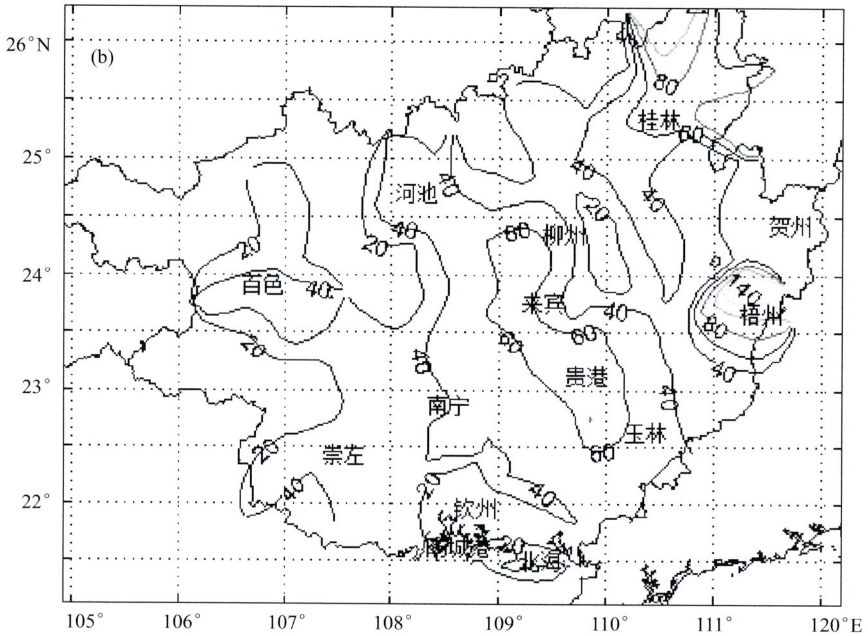

图 3.1 广西年均霾日数分布（单位：d）
（a）1960—1979 年；（b）1980—2013 年

了不同程度的增加，增幅超过 20 d 的有 39 个站点，其中资源、梧州、柳江站和玉林站增幅最大，增幅分别为 87.3 d、69.0 d 、59.8 d 和 58.6 d；边远地区及沿海年均霾日数增幅不大，大部分在 10 d 以内。

由此可见，总体上广西霾空间分布差异显著，呈现主要城市及其周边地区年均霾日数较多，边远地区及沿海地区较少，东部多西部少的特点。对比 1960—1979 年和 1980—2013 年两个阶段，除了边远地区及沿海年均霾日数变化不大以外，广西大部地区霾日数出现了不同程度的增加。

3.1.2 霾的季节变化

图 3.2 为 1960—1979 年和 1980—2013 年两个阶段的广西月均霾日数变化。两条曲线变化特征相似，都显示广西月均霾日数曲线基本呈现正 V 型分布，有着明显的季节变化特征。

从 1980—2013 年的变化曲线来看，10 月—次年 3 月的非汛期都处于霾天气的高发期，其中 12 月最多，平均达 7.8 d，其次是 1 月，为 7.7 d；4—9 月的汛期霾天气发生较少，最少是 7 月，仅有 0.5 d。广西霾日数冬季最多，占全年的 46.4%，其次为秋季，占全年的 26.8%，夏季最少，仅占全年的 6.8%。跟其他地方的季节变化类似，广西霾天气也有秋冬季出现多，春夏季出现少的特点，但季节变化更为明显。

相比于 1960—1979 年，1980—2013 年各月月均霾日数明显增多，尤其是非汛期。增幅最大的为 12 月和 1 月，增幅均为 4.4 d，其次为 11 月，增幅为 2.9 d；增幅最小的为 7 月，仅为 0.3 d。

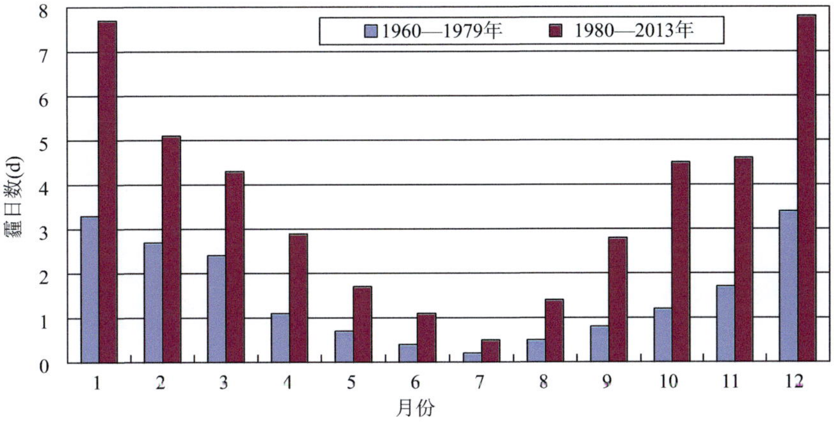

图 3.2 广西月均霾日数分布

3.1.3 霾的年际变化

经统计，广西 1960—2013 年年霾日数的平均值为 31.5 d，最高值出现在 2006 年，为 61.7 d。图 3.3 是 1960—2013 年广西霾日数及轻微霾、轻度霾、中度霾和重度霾的年均变化曲线。1960—2013 年广西霾日数总体呈上升趋势，霾日数的气候倾向率为 8.9 d/（10 a）。自 1980 年以来，年霾日数呈现较快上升趋势，20 世纪 90 年代中期开始年霾日数已达到 40 d 以上，尤其值得关注的是，2002—2006 年年霾日数上升非常明显，并于 2006 年达到最高值 61.7 d，2008—2013 年年均霾日数维持在 50 d 左右。

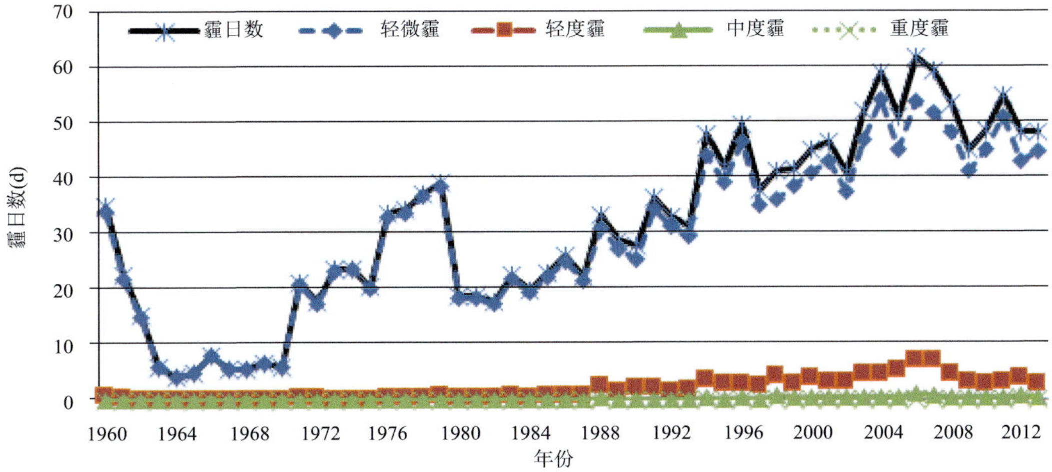

图 3.3 广西 1960—2013 年各等级年均霾日数分布

对比图 3.3 中霾天气的四个等级，轻微霾的变化跟霾总日数的变化一致，尤其是在 1960—1979 年这一阶段。轻度、中度和重度霾天气在 1960—1979 年这一段时间极少出现，年均值趋于零。1980 年以后，随着霾总日数的增多，各等级霾日数也随着上升，其中轻度霾也出现了一定程度的增加，并于 2007 年达到了 7.1 d。

根据1960—2013年南宁、桂林、北海和梧州市的气象观测结果，统计这四个代表城市年均霾日数（图3.4）。从图3.4的分析结果来看，南宁市各年平均霾日数为28.1 d，其中20世纪80、90年代南宁市霾日数基本维持在10 d/a，90年代后期霾日数逐年有所增多，进入21世纪以来，南宁市霾日数更是不断攀升，从2000年的27 d跃升至2007年的136 d，创1960年以来年均霾日数的最高纪录，而随后最近几年年均霾日数已有所减少，2011和2012年霾日数降到62 d。

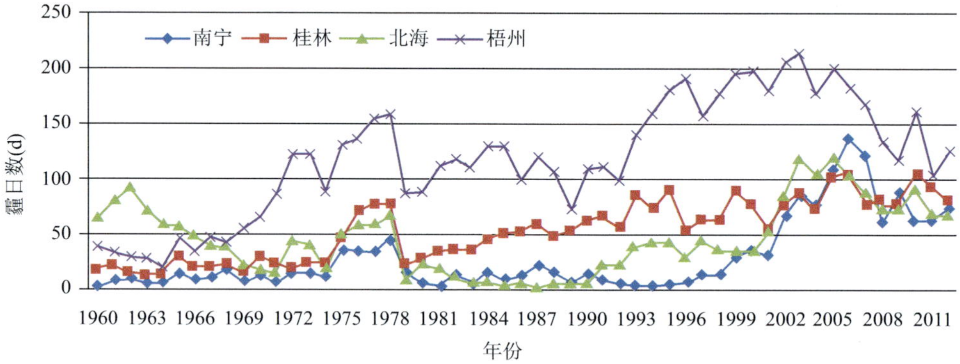

图3.4 1960—2013年南宁、桂林、北海和梧州年均霾日数变化曲线

北海市1960—2013年年平均霾日数为46.3 d，其中20世纪80年代霾日数基本维持在10 d/a，个别年份达到20 d；90年代的霾日数围绕40 d左右摆动；进入21世纪以来，北海市霾日数急速上升，2004年霾日数更是创1960年以来的历史最高纪录，达117 d。2005年以后，北海市霾日数有所减少，但仍在60～90 d/a上下摆动，城市霾状况依然较为严重。

桂林市1960—2013年年平均霾日数为52.1 d，从20世纪80年代开始，年均霾日数一直呈上升趋势，并于2011年创1960—2013年最高纪录，达105 d，2013年霾日数降至81 a。总体来说，桂林市霾状况比较严重。

作为广西重要的工业城市，梧州霾状况一直比较严重，1960—2013年年均霾日数为116.9 d，其中20世纪80年代—90年代初期，霾日数基本维持在90～120 d/a，从90年代中期开始，年霾日数急速上升，于2004年达到最高值214 d，不过随后有所回落，2012年年均霾日数为102 d，为1992年以来最低值。但就广西而言，梧州的霾状况比较严重。

综上所述，四个城市年均霾日数最高为梧州市，高达116.9 d，最低为南宁市，仅为28.1 d，1960—2013年南宁、桂林、北海和梧州市年均霾日数变化曲线与广西80个站点的年均霾日数变化曲线有大致相似的变化规律，1960—2013年广西霾日数总体呈上升趋势，尤其是进入21世纪以来，年霾日数上升非常明显，霾污染较为严重。

3.1.4 霾的时空分布特征

对广西80个站点1960—2013年的年霾日数做EOF分解。这里采用距平场做EOF分解，主要是考虑到本章节要分析1960—2013年霾日特征，时间比较长，存在季节变化，用距平场分离出的特征向量的气象学意义比较直观，经验正交函数在一定时效内具有稳定性。

前两个模态的累积方差贡献率达到了 83.5%（表 3.1），因此前两个模态已能反映 1960—2013 年广西霾日数的主要变化特征。其空间场和时间系数见图 3.5。

表 3.1　EOF1-3 模态的方差贡献率和累积方差贡献率（%）

模态	1	2	3
方差贡献率	78.3	5.2	3.3
累积方差贡献率	78.3	83.5	86.8

从第一模态可知，广西整个区域内呈现同一符号的正值分布，高值中心位于桂东的梧州，另外柳州至来宾、贵港至玉林以及桂林附近区域相对也较高，而其他边远山区和沿海地

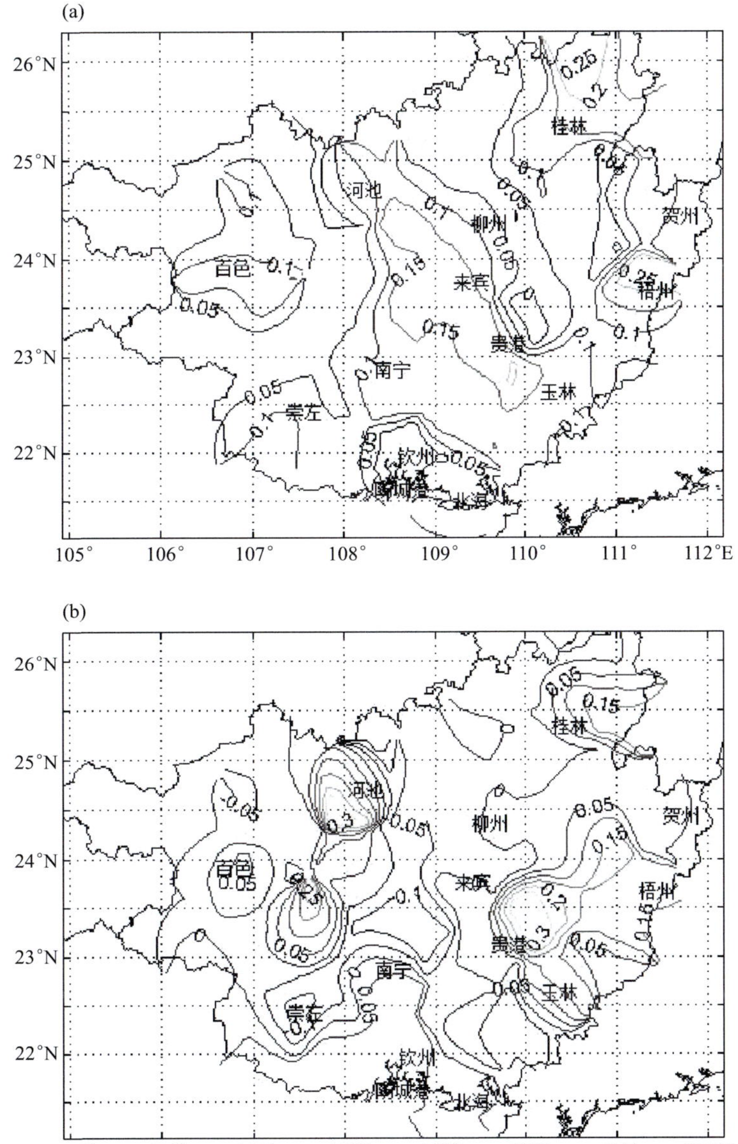

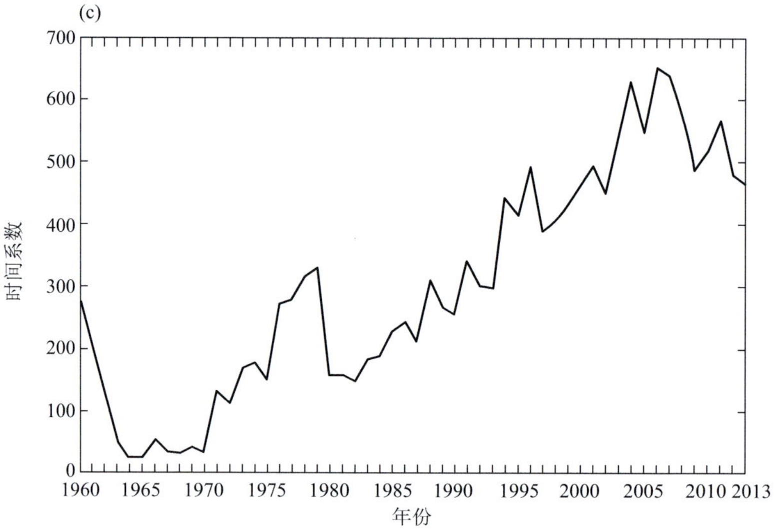

图 3.5 广西年霾日数 EOF 第一（a）、第二（b）模态及第一时间系数（c）

区则为低值中心。由于第一模态的方差贡献率已达到 78.3%，表明第一模态已反映了广西霾日数的基本分布特征。结合图 3.5c 该模态对应的时间系数可知，广西霾日数呈现整体上升趋势，自 20 世纪 90 年代中期开始，霾日数处于较高阶段。这与广西年霾日数的变化是一致的。图 3.5b 为广西年霾日数的第二模态特征向量场，方差贡献率为 5.2%，低值中心位于桂中盆地及左右江河谷等地势较低区域，表明该模态的分布很可能与地形有关。

3.2 广西霾的气象条件分析

3.2.1 大气环流特征

广西地处东亚季风气候区域，影响广西的大气环流主要是季风环流。图 3.6 为广西各季节（春季 3—5 月、夏季 6—8 月、秋季 9—11 月、冬季 12 月—次年 2 月）的平均风场状况。由该图可见，广西的风场有较明显的季节变化，秋冬季节（旱季）主要受来自大陆的偏北气流影响，盛行偏北风，春夏季（雨季）主要受来自海洋的偏南气流控制，盛行偏南风。冬季平均风速最小，夏季平均风速最大；同时，沿海地区风速较大，内陆地区风速较小。这说明春夏季近地层的输送能力比秋冬季强，且沿海地区输送条件比内陆好。这与本章分析的广西霾日数春夏季少于秋冬季、沿海少于内陆的分布特点相对应。

3.2.2 风向与风速

大气污染物水平稀释和输送主要是平均风的作用。平均风向和风速决定了该处大气污染

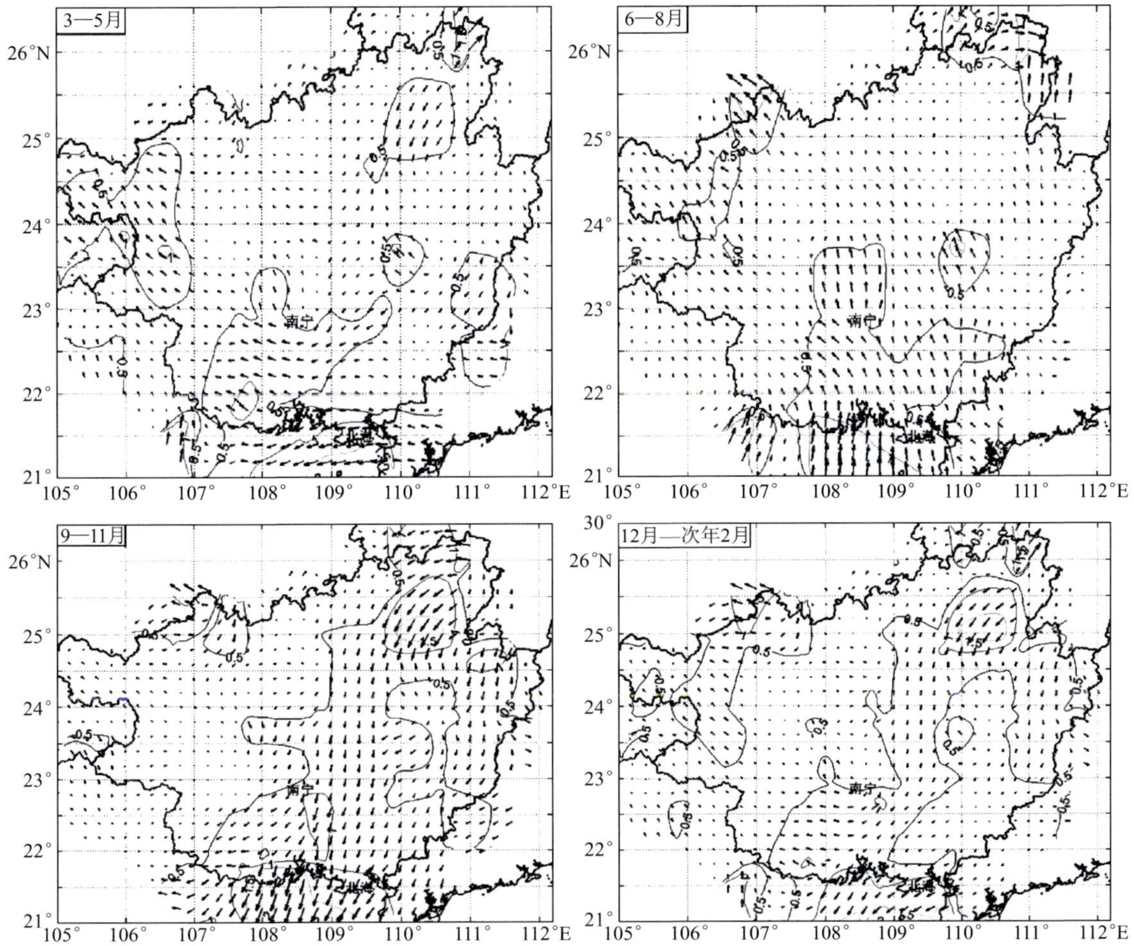

图 3.6　广西平均流场分布（单位：m/s）

物的输送方向和输送速率。

利用 2009—2013 年南宁市地面观测站 02 时、08 时、14 时及 20 时风速实测资料统计得出春、夏、秋、冬季静风和小风（0 m/s＜风速≤1 m/s）频率（表 3.2），其中，秋季静风频率最大，为 5.8%，夏季最小，为 1.5%。秋冬季节静小风的频率均高于 35%，远大于春夏季。静小风不利于污染物的扩散，污染物容易聚集起来，这也是秋冬季南宁市霾天气较为严重的原因之一。

表 3.2　南宁市静风和小风频率统计表（%）

	春	夏	秋	冬
静风	2.3	1.5	5.8	5.2
小风	26.3	26.5	36.7	30.9
合计	28.6	28.0	42.5	36.1

表 3.3 为 2009—2013 年南宁市霾日和风向统计表，表中的百分比为该风向霾日数占该风向总日数的比值，可表征吹该风向的风时，灰霾发生的频率。因此，由该表可知，当南宁

吹东北风时，发生灰霾的概率最大，达到了25.2%；其次是静风、东风和西北风，发生灰霾的概率分别都超过了20%。吹西南风的时候出现灰霾的概率最小，为10.7%；另外吹西风和南风的时候，灰霾的概率也不高。

表3.3　2009—2013年南宁市霾日和风向统计表

风向	N	NE	E	SE	S	SW	W	NW	静风
霾日数(d)	28	124	31	64	29	28	7	32	1
总日数(d)	166	493	131	356	199	262	62	153	4
百分比(%)	16.9	25.2	23.7	18.0	14.6	10.7	11.3	20.9	25.0

表3.4为2009—2013年南宁市出现灰霾天气时14时地面风速统计，其中静小风指风速≤1 m/s。南宁市出现灰霾天气时的风速一般比较小，风速≤2 m/s占59.5%，风速≤3 m/s的情况则占88%，当风速>6 m/s时，没有出现霾。这说明大风有利于污染物的稀释扩散，从而降低了污染物质量浓度，能见度随之增高，不易出现灰霾天气。而静小风会抑制污染物的扩散，使近地层污染物质量浓度升高，能见度降低，容易出现灰霾。

表3.4　2009—2013年南宁市出现灰霾天气时14时地面风速统计表（%）

风速	静小风	1～2 m/s	2～3 m/s	3～4 m/s	4～5 m/s	5～6 m/s	>6 m/s
出现频率	11.0	48.5	28.5	9.3	2.0	0.6	0.0

3.2.3　霾与气候要素的特征分析

图3.7给出了广西出现霾天气时的能见度分布。从该图可以看出，重度霾和中度霾所占比重各仅为0.6%，轻度霾占5.5%，超过九成霾天气的日均能见度处于5～10 km。这表明

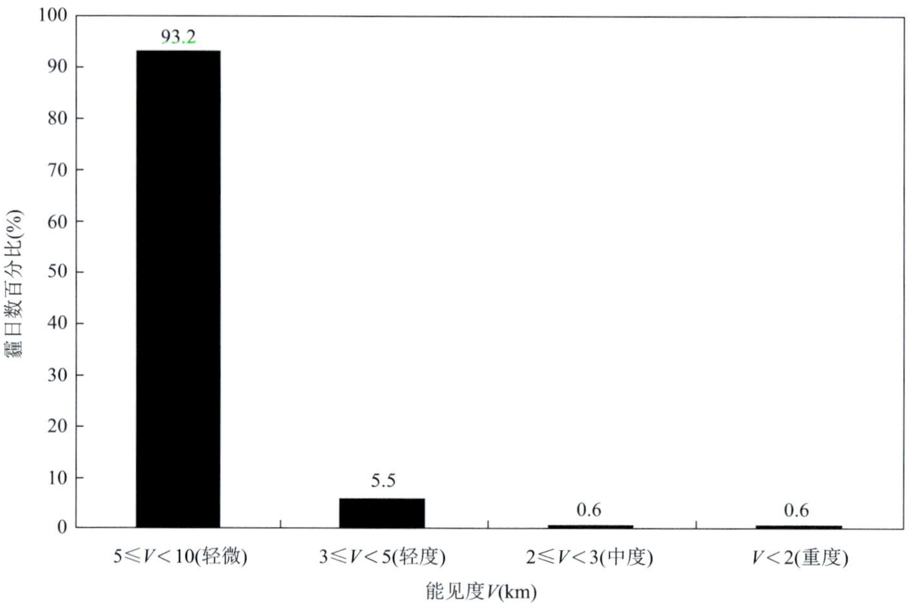

图3.7　广西霾天气时能见度的分布

广西重度霾、中度霾天气的发生频率比较低，广西霾天气还是以轻微霾为主。

图 3.8 给出了霾天气发生时相对湿度的分布，可以看出，80%以上的霾天气发生时的相对湿度为 70%～90%，14.3%的霾天气发生时的相对湿度处于 60%～70%，3.2%的霾天气发生时的相对湿度处于 50%～60%，而只有 0.6%的霾天气相对湿度在 50%以下。

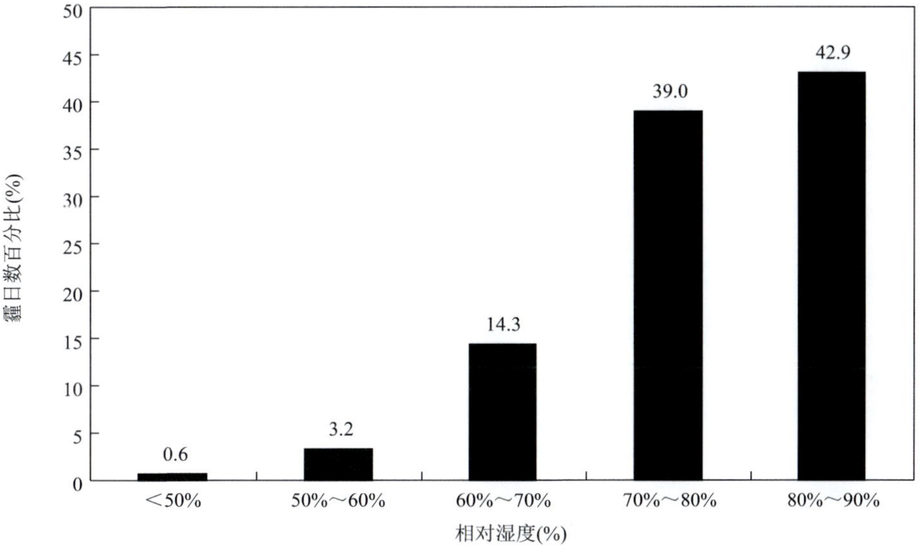

图 3.8　广西霾天气时相对湿度的分布

表 3.5 给出了广西 1960—2013 年的霾日数、气温、降水和风速的气候倾向系数（某气象要素同时间的相关系数）、气候倾向率以及霾日数同这些气象要素的相关系数。由表可知霾的气候趋势系数为 0.85，平均每 10 a 增加 9.3 d，有明显的增加趋势。风速则有显著的下降趋势，同霾有反相关性，相关系数达到－0.83；说明风速减小，大气水平扩散能力下降，有利于霾的生成和维持，而风速大、平流输送强的时候，不易出现霾天气。气温呈增暖趋势，增温率为 0.13 ℃/（10 a），同霾的相关系数为 0.45，表现为正相关。降水呈微弱的减少趋势，气候倾向率为－8.5 mm/（10 a），同霾的相关系数仅为－0.01，没有通过 0.05 显著性水平检验。由前面分析可知，霾主要发生在非汛期，而非汛期降水很少，这很可能是两者相关系数小的原因。

表 3.5　广西霾日数和气温、降水、风速的主要统计参数

气象要素	气候趋势系数	气候倾向率	与霾日数的相关系数
霾日数	0.85*	9.3 d/10 a	1.0
风速	－0.93*	－0.12 (m/s)/(10 a)	－0.83*
气温	0.47*	0.13 ℃/(10 a)	0.45*
降水	－0.03	－8.5 mm/(10 a)	－0.01

注：* 表示通过了 0.05 的显著性检验。

由此可知，风速与广西霾天气有密切关系，它的气候变化特征导致形成霾天气的有利因素在增加。

3.2.4 大气稳定度

大气稳定度是指大气层结稳定的程度，通常是指大气中某一高度上的一团空气在垂直方向上相对稳定的程度。本节采用 Pasquill 稳定度分类法将大气层结的稳定度分为强不稳定、不稳定、弱不稳定、中性、较稳定和稳定六级，分别用 A、B、C、D、E 和 F 来表示，A～B、B～C、C～D 等表示介于两种稳定度之间。确定等级时首先由云量和太阳高度角按表 3.6 查出太阳辐射等级数量，再由辐射等级数和地面风速按表 3.7 查出稳定度等级。

表 3.6 太阳辐射等级数

云量,1/10	太阳辐射等级数				
总云量/低云量	夜间	$h_0 \leqslant 15°$	$15° < h_0 \leqslant 35°$	$35° < h_0 \leqslant 65°$	$h_0 > 65°$
≤4/≤4	−2	−1	+1	+2	+3
5～7/≤4	−1	0	+1	+2	+3
≥8/≤4	−1	0	0	+1	+1
≥5/5～7	0	0	0	0	+1
≥8/≥8	0	0	0	0	0

注：云量（全天空十分制）观测规定按照中国气象局编定的《地面气象观测规范》相同。

表 3.7 大气稳定度的等级

地面风速(m/s)	太阳辐射等级数					
	+3	+2	+1	0	−1	−2
≤1.9	A	A～B	B	D	E	F
2～2.9	A～B	B	C	D	E	F
3～4.9	B	B～C	C	D	D	E
5～5.9	C	C～D	D	D	D	D
≥6	D	D	D	D	D	D

注：地面风速（m/s）系指距地面 10 m 高度处 10 min 平均风速。

边界层内气温的垂直分布表征了大气层结的稳定度，直接影响湍流活动的强弱，支配空气污染物的散布，从而影响霾天气的生成与消亡（廖国莲 等，2012）。利用上述大气稳定度的计算方法，分别统计了 1980—2013 年广西 4 个主要城市南宁、桂林、柳州和北海的大气稳定度频率逐月变化情况，如图 3.9 所示。由图可知，南宁市稳定类频率在秋冬季最高，高达 36.15%；不稳定类频率汛期较大，非汛期较小，全年变化幅度在 4.11%～19.29%。柳州市三类稳定度频率跟南宁相似，秋冬稳定类频率高达 34.19%；不稳定类频率全年变化幅度在 4.68%～23.26%。跟其他 3 个城市相比，桂林市稳定类频率相对比较低，为 28.16%；不稳定类频率全年变化幅度在 4.4%～22.67%。北海市稳定类频率也在秋冬季最高，为28.42%；不稳定类频率同样汛期较大，非汛期较小，全年变化幅度在4.81%～20.42%。

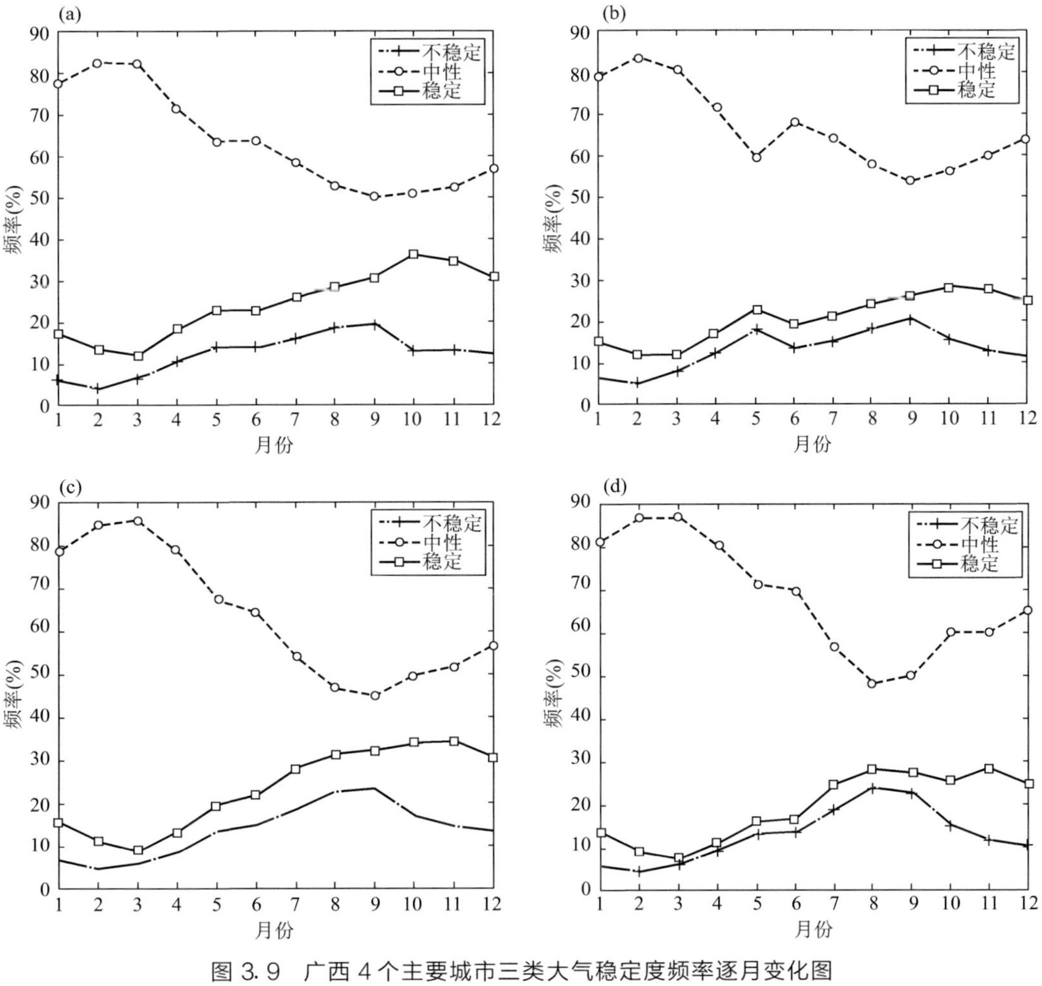

图3.9　广西4个主要城市三类大气稳定度频率逐月变化图

（a）南宁；（b）北海；（c）柳州；（d）桂林

4个城市大气稳定度频率的月变化特征极为相似，表现出：稳定类频率在秋冬最高，不稳定类频率汛期较大，非汛期较小。当大气层结不稳定时，空气易于向垂直方向扩散，不利于污染物的聚集，反之，当大气层结稳定时，不利于空气上传扩散，容易造成污染物的聚集。因此，从大气稳定度来分析，广西4个主要城市汛期污染物扩散条件较好，非汛期扩散条件较差，春夏季节污染物比秋冬季节易于扩散。这与本章广西霾日秋冬多，春夏少的季节变化特征是一致的。

进而分析了广西这4个主要城市1980—2013年三类大气稳定度频率的日变化曲线，详见图3.10。由图可知，三大类稳定度频率在每天四个时次的变化幅度都比较大。这些变化可能与湍流的日变化有关。午后太阳辐射强，热力对流旺盛，温度随高度递减增强，大气层结多为不稳定，因此不稳定类在午后最大；夜间湍流减弱，大气层结较稳定，逆温出现频率较高，因此夜间极少出现不稳定类，而稳定类出现在夜间的频率最高。因此，广西这4个主要城市午后的污染物扩散条件较好，夜间较差。

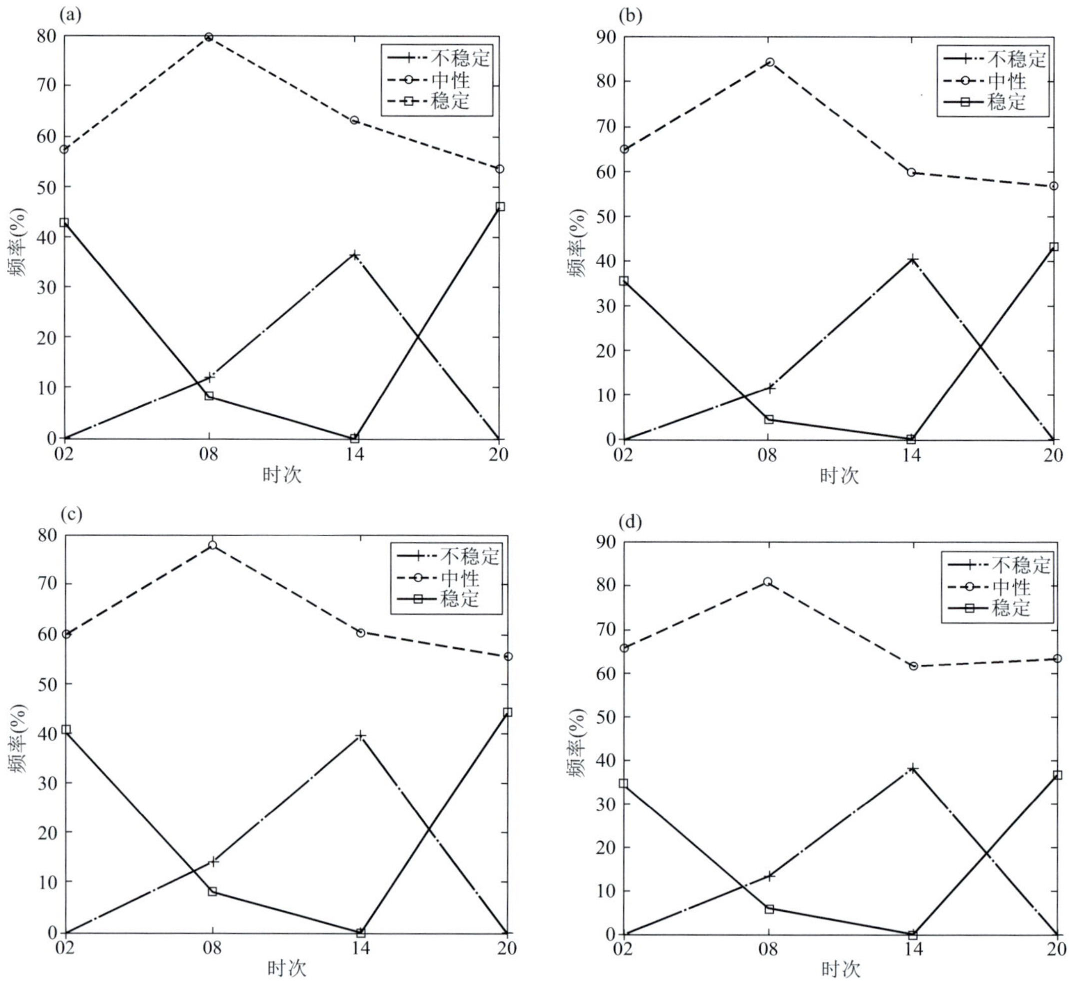

图 3.10　广西 4 个主要城市三类大气稳定度频率逐日变化图

（a）南宁；（b）北海；（c）柳州；（d）桂林

3.2.5　混合层高度

通常将湍流特征不连续界面以下的大气称为混合层，其高度就是混合层厚度。本节混合层厚度的计算方法采用国际推荐法，具体计算方法如下。

① 计算太阳高度角 h_0

$$h_0 = \arcsin[\sin\varphi\sin\delta + \cos\varphi\cos\delta\cos(15t + \lambda - 300)] \tag{3.1}$$

式中，h_0 是太阳高度角，φ 为观测点地理纬度，λ 为观测点地理经度，t 是观测进行时的北京时间，δ 为太阳倾角，可按下式计算：

$$\delta = (0.006918 - 0.39912\cos\theta_0 + 0.070257\sin\theta_0 - 0.006758\cos2\theta_0 + 0.000907\sin2\theta_0 - 0.002697\cos3\theta_0 + 0.00148\sin3\theta_0) \times 180/\pi \tag{3.2}$$

式中，$\theta_0 = 360dz/365$ 为一年中日期序数，（一序）从每年的 1 月 1 日起分别为 0，1，2，…，364。

② 计算混合层厚度 h

在大气稳定度为 A、B、C、D 时：

$$h = a_s U_{10} / f \tag{3.3}$$

在大气稳定度为 E 和 F 时：

$$h = b_s \sqrt{U_{10} / f} \tag{3.4}$$

$$f = 2\Omega \sin\varphi \tag{3.5}$$

式中，h 为混合层厚度，U_{10} 为 10 m 高度处的平均风速，$U_{10}>6$ m/s 时取为 6 m/s，a_s、b_s 为混合层系数（由表 3.8 查出），f 为地转参数，Ω 为地转角速度，取 7.29×10^{-5}/s，φ 为观测点地理纬度。

表 3.8 中国各地区 a_s、b_s 值

地区	a_s				b_s	
	A	B	C	D	E	F
新疆、西藏、青海	0.090	0.067	0.041	0.031	1.66	0.70
黑龙江、吉林、辽宁、内蒙古、北京	0.073	0.060	0.041	0.019	1.66	0.70
上海、广东、广西、湖南、湖北、江苏、浙江、安徽、海南、台湾、福建、江西	0.056	0.029	0.020	0.012	1.66	0.70
云南、贵州、四川、甘肃	0.073	0.048	0.031	0.022	1.66	0.70

注：静风区（m/s）系指距地面 10 m 高度处 10 min 平均风速。

此法所需资料少，计算方法也简单，只要有总云量、低云量和风速观测资料的地区都可应用。但该方法没有考虑到热力因子和其他气象条件对混合层厚度的影响，有时会使计算结果与实际产生偏差。该方法的计算公式因静风的影响会造成结果系统偏低。

利用 1980—2013 年广西 4 个主要城市（南宁、桂林、柳州和北海）地面气象观测站每日 4 次定时观测的总云量、低云量和自记风资料，根据上述方法分别计算了 4 城市逐日 02、08、14、20 四个时次的混合层厚度，统计出各城市春、夏、秋、冬四季各时次平均混合层厚度。表 3.9 为柳州市春、夏、秋、冬四季各时次平均混合层厚度统计表。由该表可知，柳州市各季的平均混合层厚度为：春季 356.35 m，夏季 398.40 m，秋季 351.44 m，冬季 332.36 m。混合层厚度有明显的季节变化，一年中夏季最高，春季低于夏季，冬季最低。这种混合层的厚度变化与大气湍流强弱的季节变化基本一致。由于冬季太阳辐射减弱，在只考虑热力因子的作用下，相应的湍流也减弱，混合层厚度减小。另外，冬季在 850～700 hPa 常有逆温层，大气层结多为中性及稳定状，风速小，不易发展湍流，导致混合层厚度小。春、夏季太阳辐射增强，对流旺盛，湍流发展强盛，不稳定层结增加，所以混合层厚度大，说明柳州市大气扩散条件夏季最好，冬季最差。

从表 3.9 还可以看出，混合层厚度有明显的日变化，一天中最小混合层厚度出现在 02 时，平均为 221.78 m，最大混合层厚度出现在 14 时，平均为 666.01 m，表明早晨和夜间混合层厚度较低，午后混合层厚度达极大值。由于夜间湍流弱，混合层厚度小，日出后，随着太阳辐射的增强，湍流加强，午后湍流达最强，混合层厚度达到极大值，大气在垂直方向上对污染物的稀释能力最强，可使地面污染物浓度降低。同样得知，柳州市午后的大气扩散条件比夜晚好。南宁、桂林及北海的混合层高度无论季节变化特征还是日变化特点，均与柳

州类似，也是大气扩散条件夏季好于秋冬季，午后扩散条件优于夜晚。

表 3.9 柳州市春、夏、秋、冬四季各时次平均混合层厚度（单位：m）

季节	时次				平均
	02 时	08 时	14 时	20 时	
春季	245.80	296.78	611.58	271.25	356.35
夏季	202.96	359.71	760.94	269.98	398.40
秋季	185.98	291.52	720.43	207.82	351.44
冬季	225.05	248.95	630.47	224.95	332.36
年均	221.78	303.52	666.01	249.80	360.28

3.3 广西霾的天气学分型研究及典型过程

本节定义广西 14 个地级市站点中有 50%以上的站点处于霾日时，则这一天为广西的一个霾日。对 2009—2013 年广西 14 个地级市站点的霾日数据进行统计，得到广西 233 个霾日。通过对相应的历史地面天气图进行统计分析发现，造成广西霾天气的天气形势主要有 8 种类型：冷高压脊控制型、入海高压后部型、低压槽型、均压场型、冷锋前部型、副高控制型、静止锋暖区型、热带气旋外围型（表 3.10），其中冷高压脊控制型和入海高压后部型造成的广西霾日较多，分别占 26.2%和 22.3%，静止锋暖区型和热带气旋外围型造成的霾日较少，分别占 6.4%和 5.6%。冷高压脊控制型和副高控制型的霾过程持续时间比较长，平均持续 2 d 以上；冷锋前部型的霾过程持续时间最短，一般仅维持 1 d（廖国莲 等，2018）。

表 3.10 2009—2013 年广西霾日天气类型出现概率

天气类型	天数(d)	频率(%)	平均持续日数(d)	天气形势
冷高压脊控制型	61	26.2	2.1	主要出现在秋冬季，高压中心位于大陆，125°E 以西
入海高压后部型	52	22.3	1.8	多数出现在冬季和春季，高压中心位于 120°E 以东，25°N 以北的海上
均压场型	29	12.4	1.8	主要出现在秋冬季，无明显的高低压系统
低压槽型	29	12.4	1.8	低压槽自北向南通过或抵达广西中部到沿海地区，广西处于弱的低压中
冷锋前部型	18	7.7	1.1	主要出现在秋冬季(11 月—次年 1 月)，霾区域处于冷锋前部，但无明显的低压相伴
副高控制型	16	6.9	2.3	主要出现在秋季(10—11 月)，副热带高压控制华南大部地区，脊线位于 20°N 附近

续表

天气类型	天数(d)	频率(%)	平均持续日数(d)	天气形势
静止锋暖区型	15	6.4	1.9	主要出现在冬季(12 月—次年 2 月),冷空气南下后势力减弱或受地形阻挡形成华南准静止锋
热带气旋外围型	13	5.6	1.6	热带气旋中心位于 120°～130°E,17°～27°N,广西受热带气旋外围下沉气流影响

3.3.1　冷高压脊控制型

冷高压脊控制型造成的霾日主要出现在秋冬季节。这类霾日的天气形势主要是我国受青藏高原地区或内蒙古地区形成的冷高压控制，高压中心位于 125°E 以西，冷锋过境后，广西地面受高压系统控制，等压线为平直的东西向，中心气压达到 1030 hPa 以上，500 hPa 多受华北深槽后部高压脊影响，大尺度背景风向趋于向北、东北的变化，受高压下沉气流的影响，气压梯度力和风速较小，不利于空气扩散，污染物容易聚集起来，空气污染物质量浓度迅速上升。由于此类天气形势比较稳定，所造成的霾过程持续时间也相对较长。

2010 年 11 月 1—15 日广西梧州、南宁、柳州、北海、桂林等城市均出现了数天的霾天气，空气质量等级达到Ⅲ级轻度污染。整个过程中梧州每一天均处于污染物质量浓度极高的霾笼罩之中，南宁也有 9 d 出现霾天气。这是一次典型的范围广、持续时间长的冷高压脊控制型的霾过程。

图 3.11 分析了 2010 年 11 月 2 日 12 时（世界时，下同）的地面气压场、风场和 500 hPa 高度场的分布。11 月 1 日冷空气南下，冷空气经过桂林、南宁并南移出海，冷高压中心逐渐南压，广西受冷高压控制，地面位于高压中心的边缘（图 3.11a），等压线平直稀疏，沿东西走向，地面气压梯度力和风速较小（图 3.11b），平均风速 1～2 m/s，南宁附近出现静风，500 hPa 受华北深槽后部偏北气流影响（图 3.11c），大气层结稳定，非常不利于空气污染物的传输和扩散，污染物聚集起来造成了 11 月 1—15 日的霾天气过程。

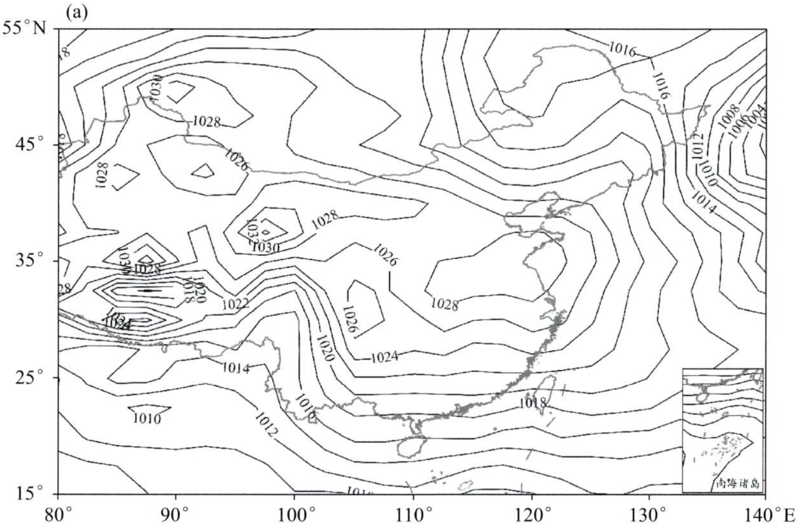

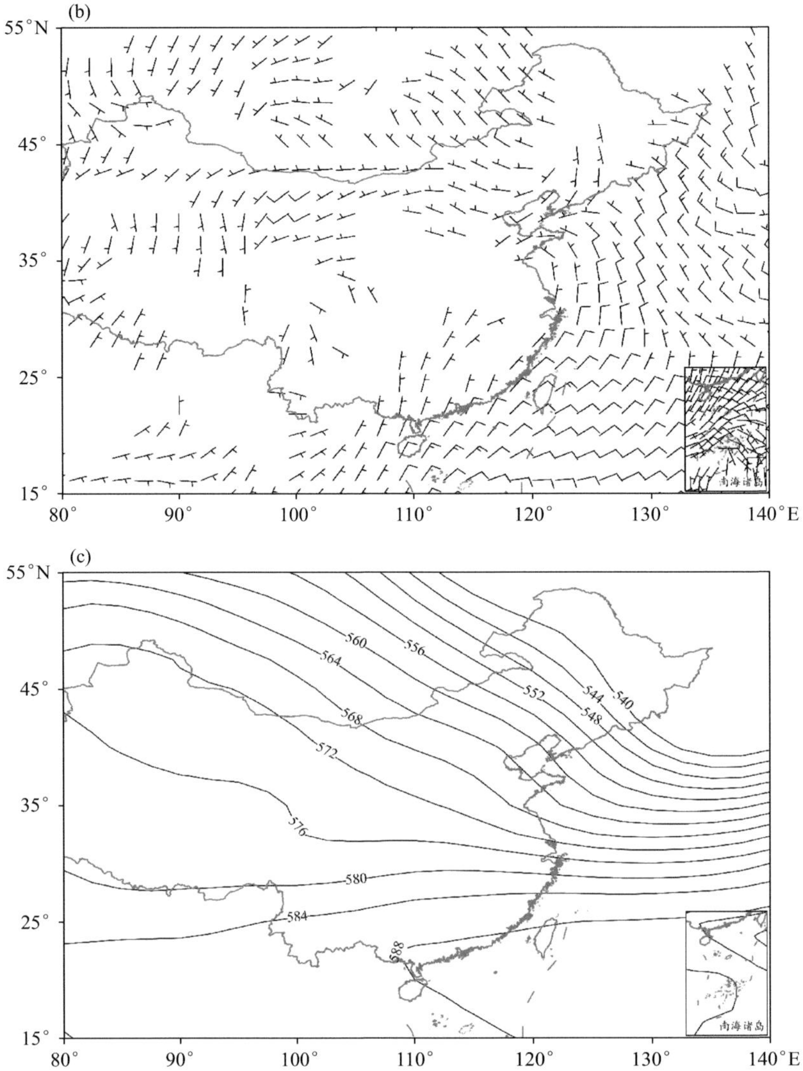

图 3.11　2010 年 11 月 2 日 12 时（世界时）冷高压脊控制型天气环流场分布

（a）海平面气压场（单位：hPa）；（b）地面风场；（c）500 hPa 高度场（单位：dagpm）

为进一步了解气流输送对污染物质量浓度和霾天气的影响，利用美国国家海洋和大气管理局（NOAA）空气资源实验室 ARL（Air Resources Laboratory）开发的混合型单粒子拉格朗日综合轨迹模式 HYSPLIT（Hybrid Single-Particle Lagrangian Integrated Trajectory Model），对 2010 年 11 月 7—12 日南宁市大气气流轨迹做 6 d 后向反演，反演过程的基准点选择南宁市（22.82°N，108.32°E），获得大气气流轨迹频率分布，详见图 3.12。该气流轨迹图显示的气团污染来源主要以偏东北气团为主，从反演的气流轨迹图可以看出，南宁市区的气团轨迹多以远距离的高空传输为主，同时根据位于南宁市偏北方向的柳州、桂林、湖南长沙等城市 7—12 日空气质量 API 指数的演变情况（图 3.13）可以看出，该段时间内柳州、桂林 API 值在 70～90，长沙市则出现了多天轻度污染天气（其首要污染物均为可吸入颗粒物），与南宁市情况一致，推测南宁市该次长时间的霾天气与来自湖南方向的长距离高空传输存在一定的关系。

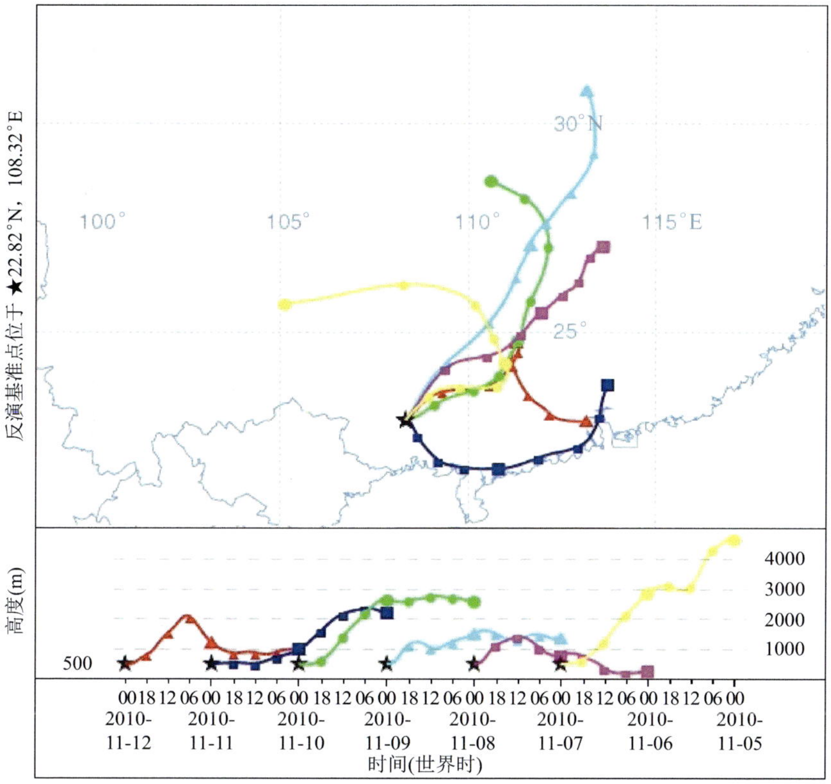

图 3.12 冷高压脊控制型的南宁大气气流后向轨迹图

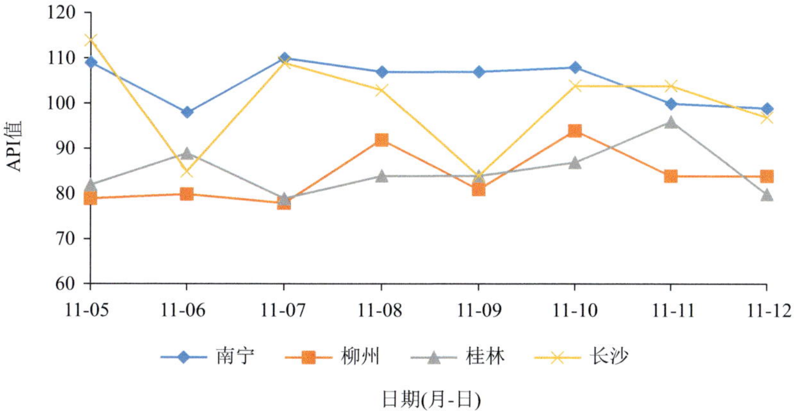

图 3.13 冷高压脊控制型霾个例南宁市与其偏北方向城市 API 值比较

为了进一步了解近地层流场对霾过程的影响，利用广西地面自动气象观测站资料，对此次严重霾过程的逐时近地层风场做 EOF 分解。整个霾过程时间比较短，不存在季节变化，因此这里做 EOF 分解时，用的是原始风场。前 5 个模态的方差贡献率及累积方差贡献率见表 3.11。

表 3.11 EOF1—5 模态的方差贡献率和累积方差贡献率（%）

模态	1	2	3	4	5
方差贡献率	43.5	13.8	7.9	4.3	3.2
累积方差贡献率	43.5	57.3	65.2	69.5	72.7

第一模态和第二模态的方差贡献率都超过10%，前两个模态的累积方差贡献率超过57%，能反映此段时间近地层风场的基本特征，其空间场及时间系数见图3.14—图3.16。

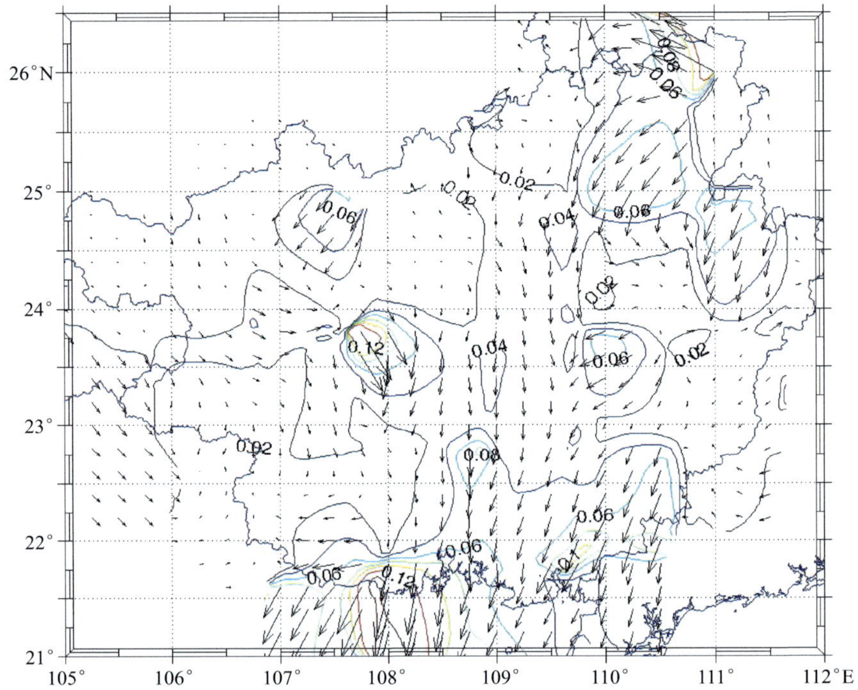

图3.14　2010年11月5—12日广西近地层风EOF第一模态

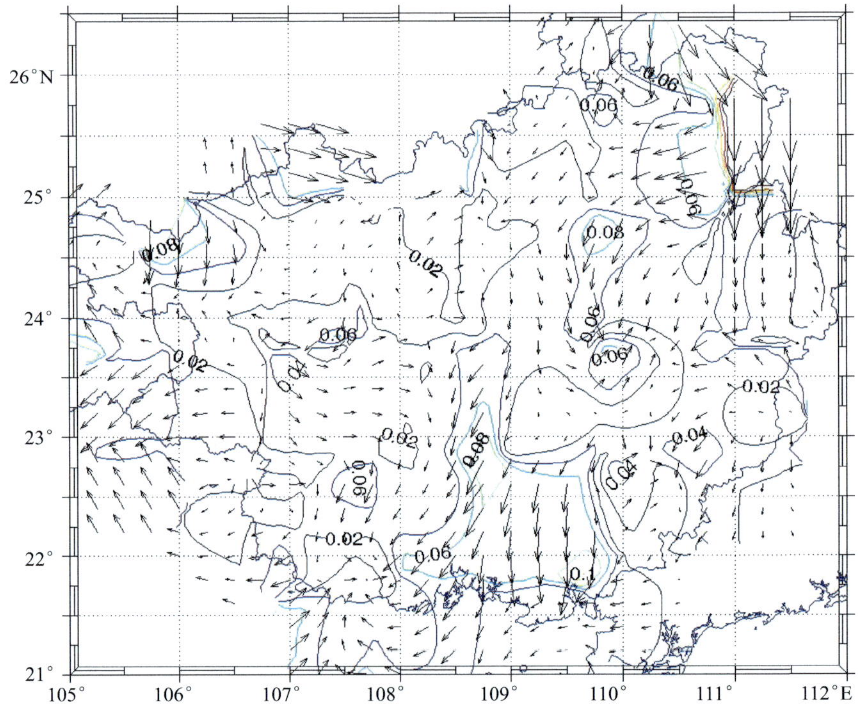

图3.15　2010年11月5—12日广西近地层风EOF第二模态

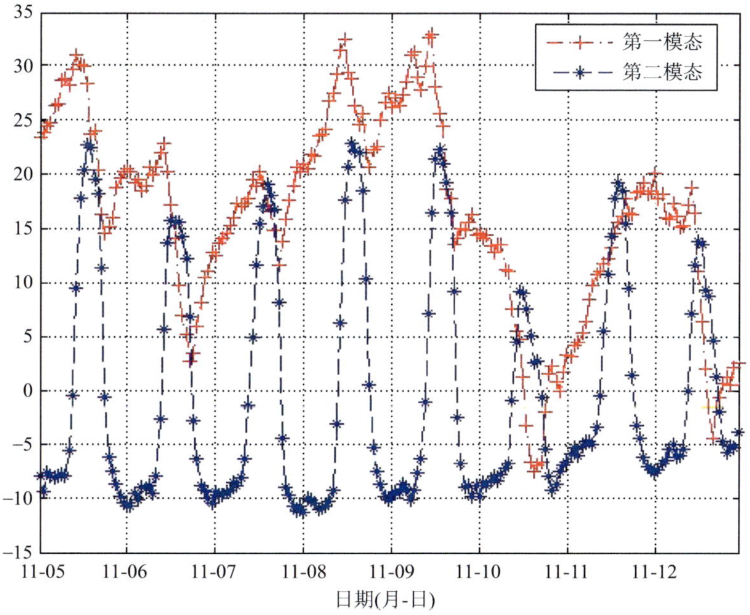

图 3.16　2010 年 11 月 5—12 日广西近地层风 EOF 第一、第二模态的时间系数

这里是用原始场做 EOF 分解，因此得到的第一特征向量场代表了平均状况。从第一模态可知，高值中心在沿海地区、桂东北以及东巴凤区域。结合第一模态的时间系数可知，此段时间整个区域存在偏北风，这种偏北风场在 5—6 日减弱，7—9 日略有增强，10—12 日继续减弱。从前面的天气形势分析上可知，7—9 日有弱冷空气南下影响该地区，致使第一模态的这种偏北风场略有增强，其他时间受稳定的高压控制，风速较弱（廖国莲 等，2014）。

第二模态的时间系数有着非常明显的日变化，表明第二模态与地方性中小尺度系统有关。此次典型污染过程，广西常受稳定的高压控制，天气晴朗，环境风场较弱，这有利于地方性中小尺度系统的形成。由时间系数可以知道，此次过程中小尺度系统比较强，这表明大尺度系统较弱，局地环流使得污染物局限在当地，导致污染非常严重。

从上述分析可知，此次严重霾天气过程期间，广西大部分时间是受稳定的高压后部、高压脊影响，受冷空气下沉气流影响，地面风速较小，大气层结稳定，同时伴随有逆温现象，大气扩散条件差，容易形成颗粒物的积聚；其次，上游地区的高污染区，外地污染物的远距离输送，导致本地污染物质量浓度升高，也是霾严重的重要原因。在静稳天气条件下，本地排放和外部输送的污染物容易堆积，而且该时间段刚好是广西大部分地区同时期极少见的极度干旱时期，因此造成了该时间段内出现罕见的连续多天的霾天气。

3.3.2　入海高压后部型

入海高压后部型霾天气多数出现在 3—4 月。这类霾的天气形势是地面高压主体逐渐东移变性出海，高压中心位于 120°E 以东，25°N 以北的海洋面上，其边缘影响广西，等压线为南北向，广西近地面受弱的偏东、偏南气流控制，风速较小，污染物容易累积，形成霾天气。不过入海高压后部型天气形势造成的霾持续时间较短。

图 3.17 是 2012 年 3 月 25 日 12 时地面气压场、风场和 500 hPa 高度场的分布。自 3 月

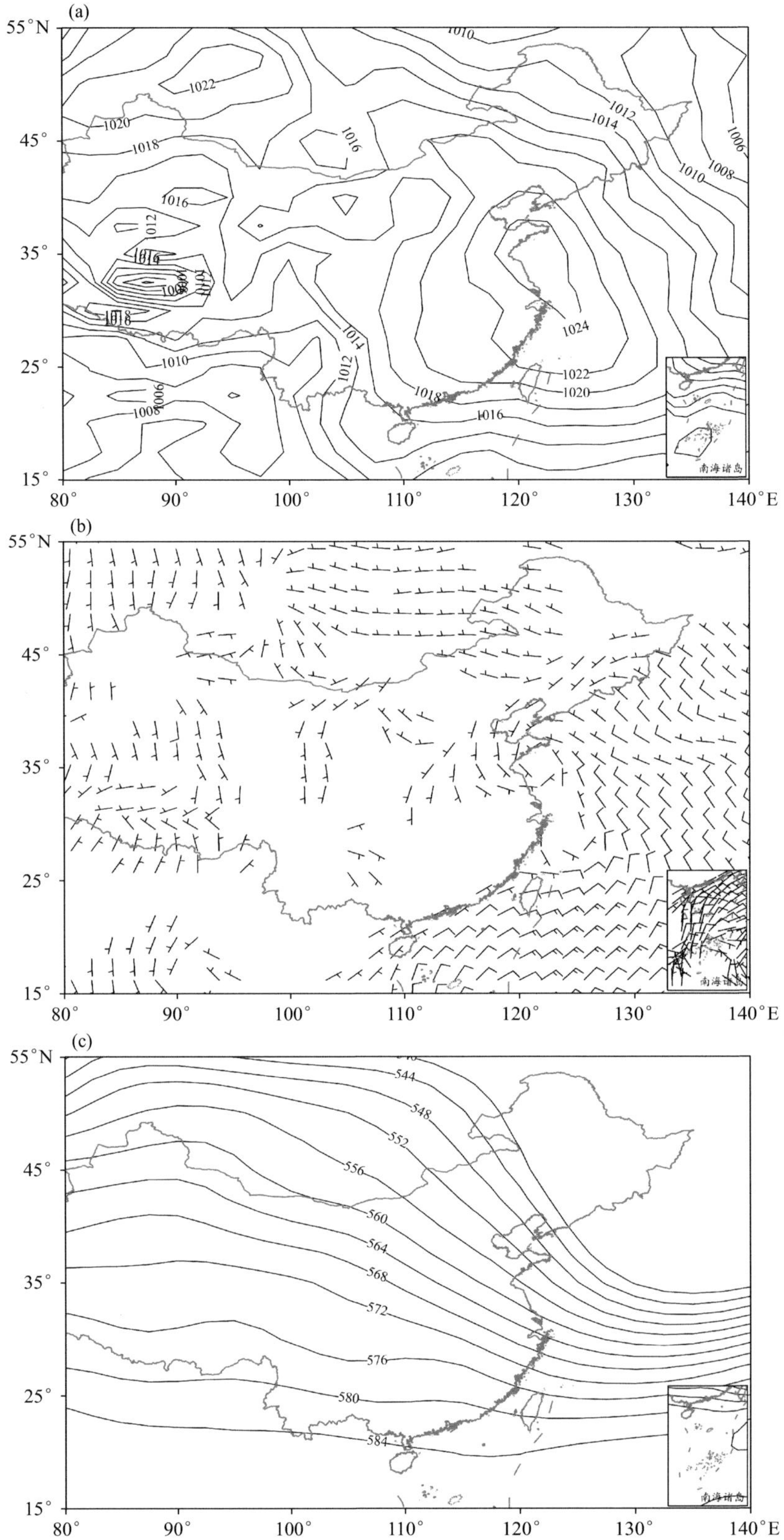

图 3.17　2012 年 3 月 25 日 12 时（世界时）入海高压后部型天气环流场分布

（a）海平面气压场（单位：hPa）；（b）地面风场；（c） 500 hPa 高度场（单位：dagpm）

24日起，影响大陆的冷高压中心逐渐回暖并向东北方向移动，在长江口出海（图3.17a），受冷空气东移出海变性为暖高压的影响，广西中部形成一个辐散下沉区（图3.17b），近地面为弱的偏东气流，风速接近静风，形成大范围的气流停滞区，近地层污染物逐渐累积，导致污染物浓度升高。从图中可以看出，广西位于入海高压后部，中低空为辐散下沉气流控制，污染物垂直输送能力差，造成霾天气过程。

同样采用拉格朗日综合轨迹模式HYSPLIT，对2012年3月25—28日期间大气气流轨迹做后向反演，反演过程选取的基准点为南宁市，获得大气气流轨迹图，详见图3.18。该气流轨迹图显示的气团污染来源主要以来自广东、福建等地区的偏东气团为主，这几天对应的污染物浓度比较高。3月28—29日的气流轨迹显示气团来自海上，污染物质量浓度降低。由此推测这段时间广西大范围的霾天气与来自广东、福建等地的长距离传输存在一定的关系，而来自海上的清洁气流有利于结束霾过程。

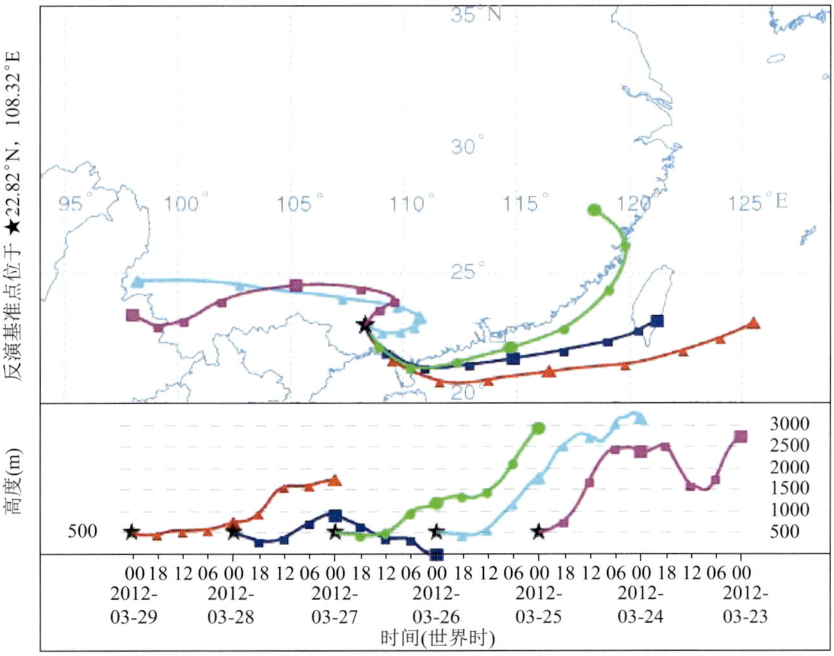

图3.18 入海高压后部型的南宁大气气流后向轨迹图

3.3.3 均压场型

均压场型造成的霾天气主要出现在秋冬季（10月—次年2月），污染区域处于均压场中，地面无明显的高低压系统，气压梯度小，水平风速弱，中南半岛到南海一带为东北偏东气流，不利于水汽向广西输送，广西区域低层湿度低，850 hPa有弱的偏南风和辐散，不利于污染物的水平扩散。

2013年11月25—26日，受均压场影响，广西出现较大范围霾天气，广西大部地区地面气压为1015 hPa左右，气压分布较均匀，无明显气压梯度（图3.19），地面风场风力较弱，500 hPa形势受偏西气流控制，以纬向环流为主，副热带高压偏弱偏东，气象条件不利

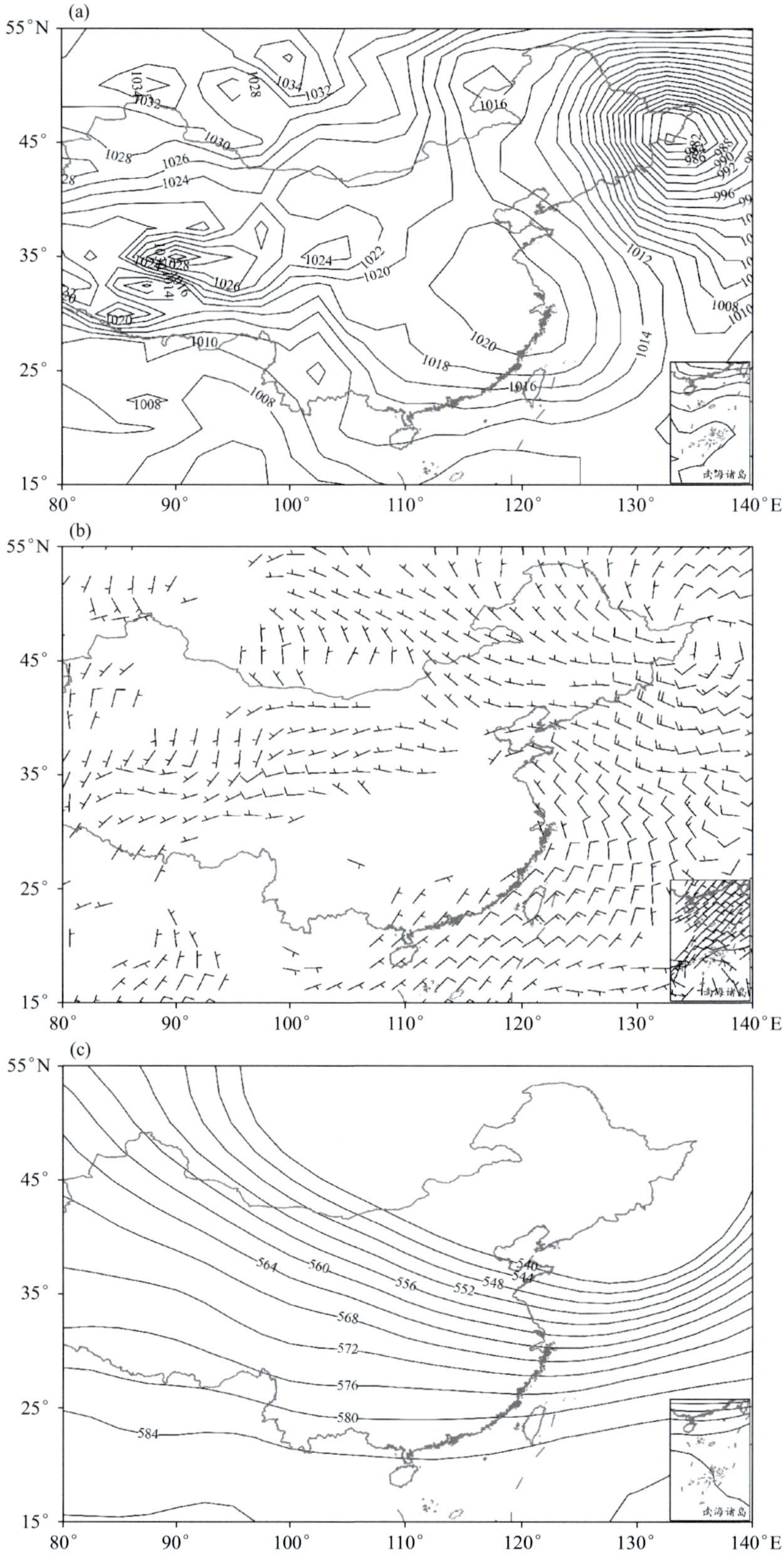

图 3.19 2013 年 11 月 25 日 12 时（世界时）均压场型天气环流场分布

（a）海平面气压场（单位：hPa）；（b）地面风场；（c） 500 hPa 高度场（单位：dagpm）

于污染物的扩散。

同样对 2013 年 11 月 25—26 日期间大气气流轨迹做后向反演，反演过程选取的基准点为南宁市，获得大气气流轨迹图（图 3.20）。11 月 25—26 日的气流轨迹显示气团来自珠三角及其附近海域，27 日气团来自粤东和福建交界海域，污染物质量浓度降低，霾过程结束。

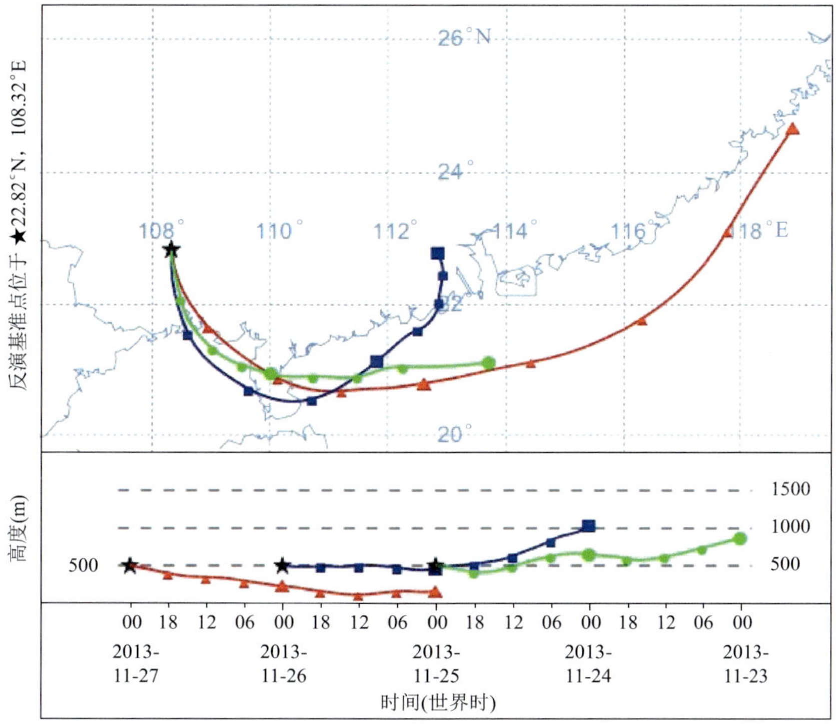

图 3.20 均压场型的南宁大气气流后向轨迹图

3.3.4 低压槽型

低压槽型霾天气形势特征是：低压槽轴中心自北向南，通过或抵达广西中部到沿海地区，广西处于弱的低压中，地面水平和垂直速度都较小，有较厚的逆温层，天气稳定，污染物滞留在空气中不易扩散。此类天气形势一旦带来降水时，由于降水对空气污染物的冲刷作用，污染物浓度随之下降，霾天气很快消失，所以此类天气形势造成的霾过程维持时间不是很长。图 3.21 是 2010 年 2 月 23 日 00 时地面气压场、风场和 500 hPa 高度场分布，是比较典型的低压槽型的天气形势，地面为静小风气流停滞区，造成广西多个城市出现霾天气。

同样对 2010 年 2 月 21—24 日期间大气气流轨迹做后向反演，反演过程选取的基准点为南宁市，获得大气气流轨迹图（图略）。21—23 日的气流轨迹显示气团来自北部湾区域及越南北部，24 日气团来自远距离的南海海域，污染物质量浓度降低，霾过程结束。

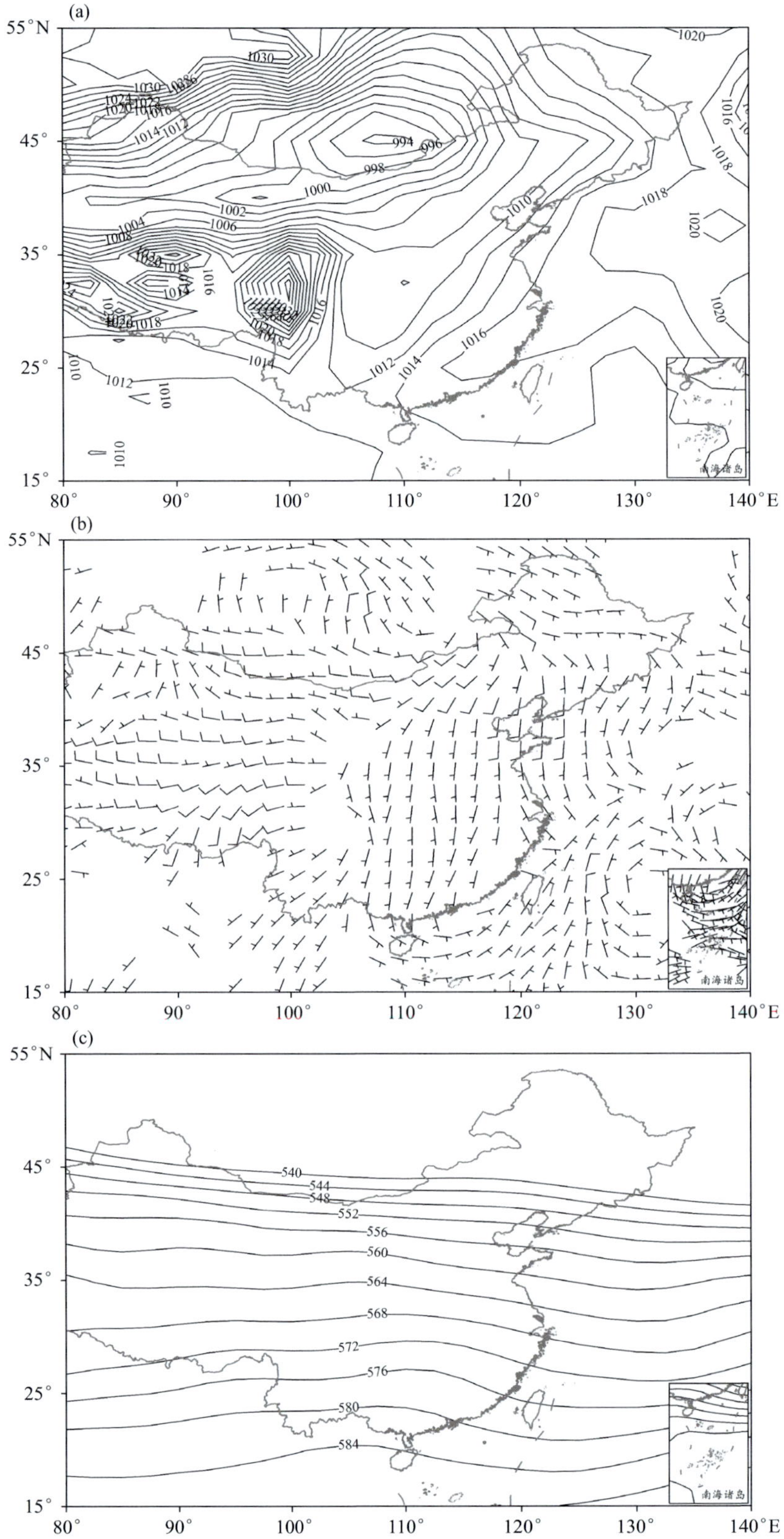

图 3.21　2010 年 2 月 23 日 00 时（世界时）低压槽型天气环流场分布

（a）海平面气压场（单位：hPa）；（b）地面风场；（c） 500 hPa 高度场（单位：dagpm）

3.3.5 冷锋前部型

冷锋前部型霾天气主要出现在秋冬季（10 月—次年 2 月），霾区域处于冷高压（冷锋）前部，但无明显的低压（倒槽）相伴，锋前以偏南风或弱偏东风为主，空气干暖，湿度较低，850 hPa 以辐散场为主，不利于对流活动，广西区域上空易形成大范围污染，此类霾过程持续时间较短（一般不超过 24 h），随着冷空气的南下，风速增大，霾过程即告结束。

2011 年 12 月 29 日出现的冷锋前部型污染过程，850 hPa 切变线位于南岭附近，桂中、桂南处于锋前暖区（图 3.22），风力不强（风速约 2 m/s），空气干暖，500 hPa 南支环流平直，上游多短波系统活动，随着 12 月 30 日冷高压继续南下，带来降雨降温和大风天气，此次霾过程即告结束。

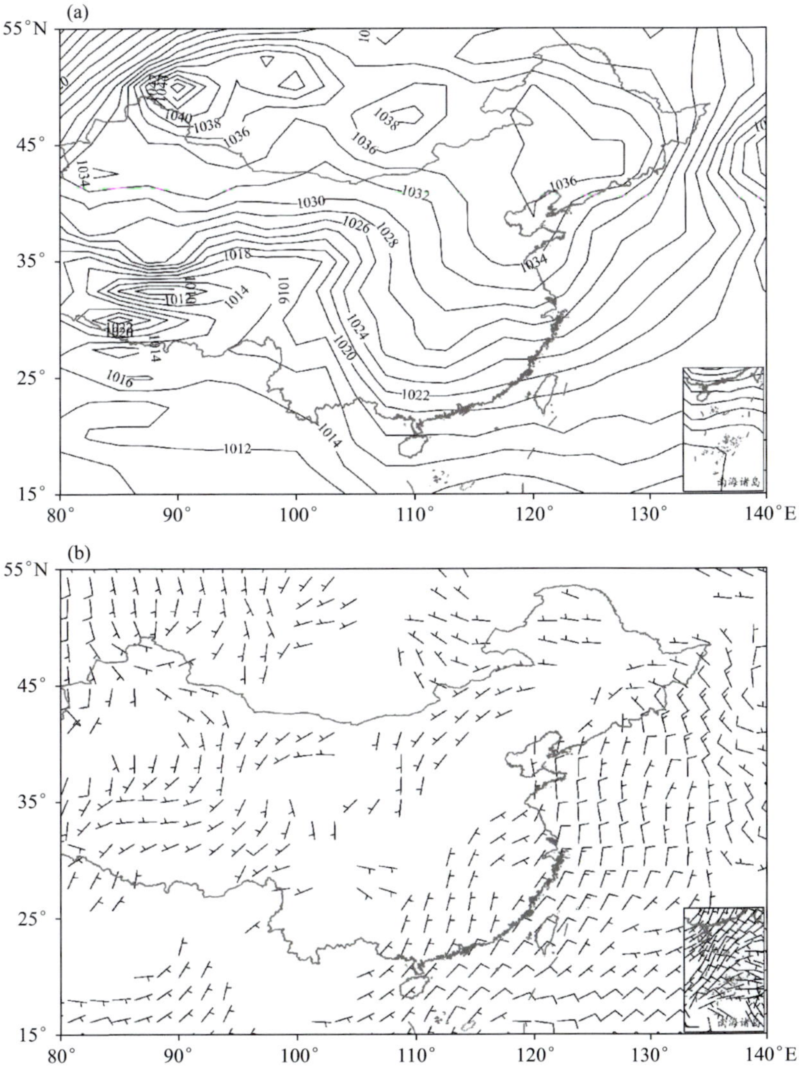

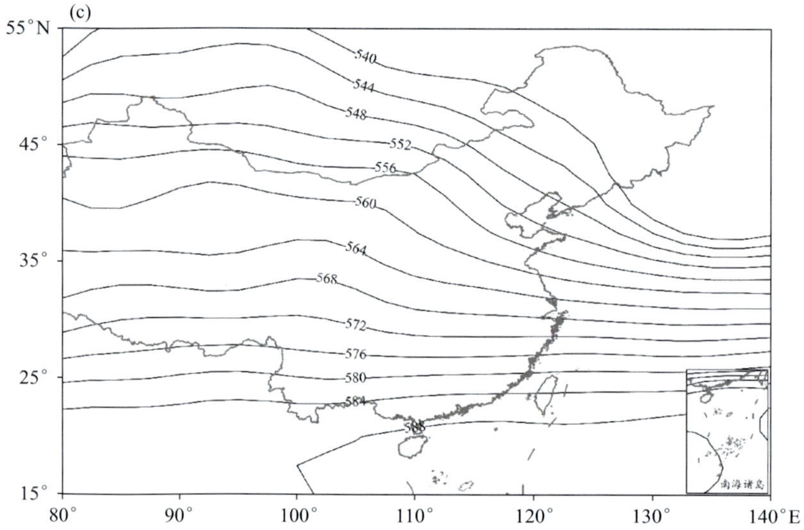

图 3.22　2011 年 12 月 29 日 12 时（世界时）冷锋前部型天气环流场分布

（a）海平面气压场（单位：hPa）；（b）地面风场；（c）500 hPa 高度场（单位：dagpm）

同样对 2011 年 12 月 29—30 日期间大气气流轨迹做后向反演，获得大气气流轨迹图（图 3.23）。12 月 29 日的气流轨迹显示气团污染来源主要以偏东南气团为主，受冷高压南下影响，30 日的气团来自南宁东北部，污染物质量浓度降低，霾过程很快结束。

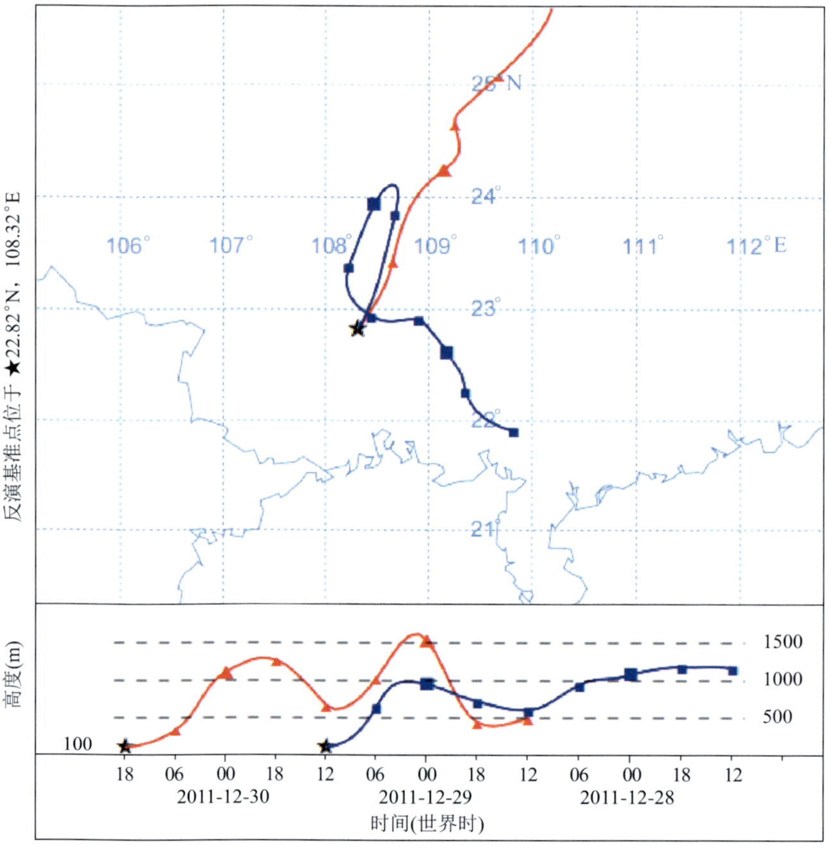

图 3.23　冷锋前部型的南宁大气气流后向轨迹图

3.3.6　副高控制型

副高控制型造成的霾天气主要出现在秋季（10—11 月），此类型的天气形势主要是副热带高压较为强盛且稳定，范围宽广，呈东西向带状分布，控制华南大部地区，脊线一般位于 20°N 附近，广西区域从高层到低层均为负涡度，中层 500～700 hPa 为辐合区，低层 850 hPa 以下为辐散区，受下沉气流影响，污染物不易在垂直方向扩散。

2012 年 10 月 4—9 日，广西出现一次范围广、持续时间长的副热带高压控制下的霾天气过程。过程开始的时候，广西地面等压线较为稀疏，呈东西走向，偏东气流对水汽输送不利（图 3.24a），气压梯度力小，地面风速较弱（图 3.24b），副高从东南沿海迅速西进，稳定的控制华南的大部地区，副高脊线位于 22.5°N，西脊点到达 100°E（图 3.24c），受副高控制，广西区域上空为负涡度，以下沉气流为主，抑制了垂直方向的对流活动，由于副高控制的持续时间较长，造成了此次霾天气过程。

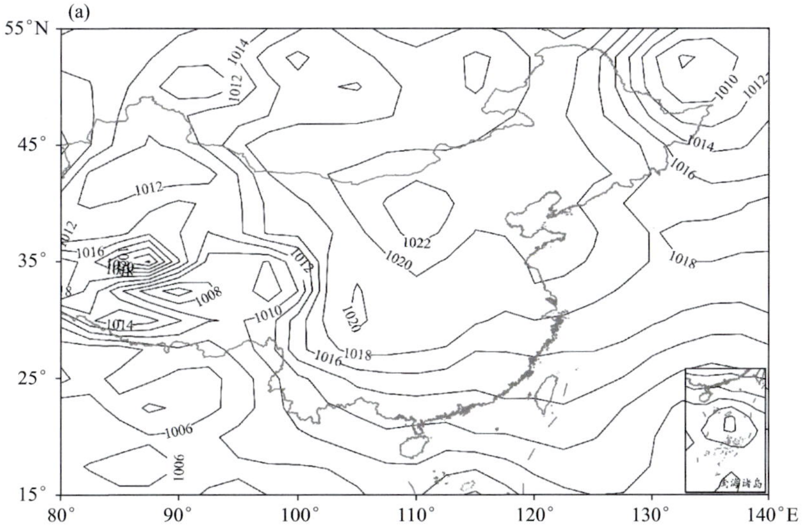

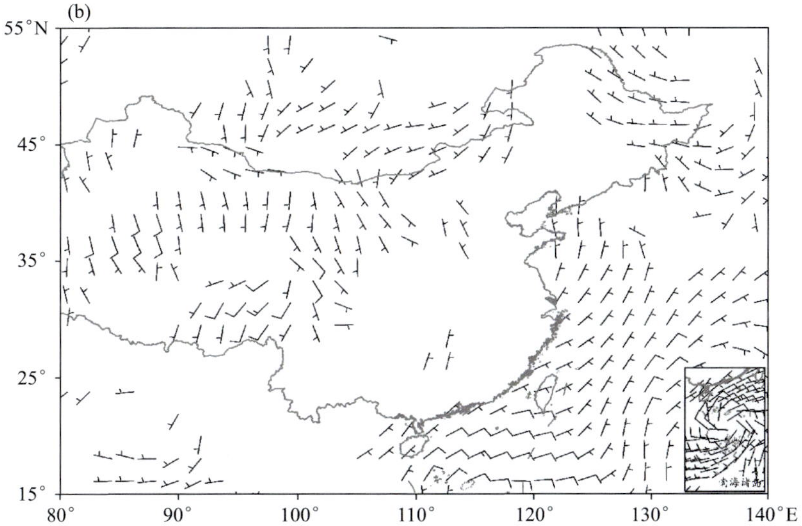

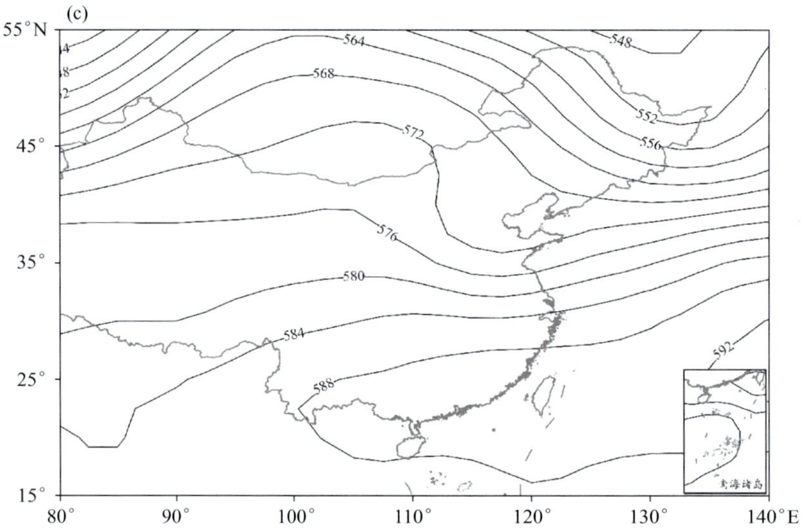

图 3.24 2012 年 10 月 5 日 12 时（世界时）副高控制型天气环流场分布

（a）海平面气压场（单位：hPa）；（b）地面风场；（c） 500 hPa 高度场（单位：dagpm）

同样对 2012 年 10 月 4—9 日期间大气气流轨迹做后向反演，反演过程选取的基准点为南宁市，获得大气气流轨迹图（图 3.25）。10 月 4—8 日的气流轨迹显示气团污染来源以来自广西梧州、广东等地的偏东气团为主，随着10日冷空气南下，气团来源转为东北气团，

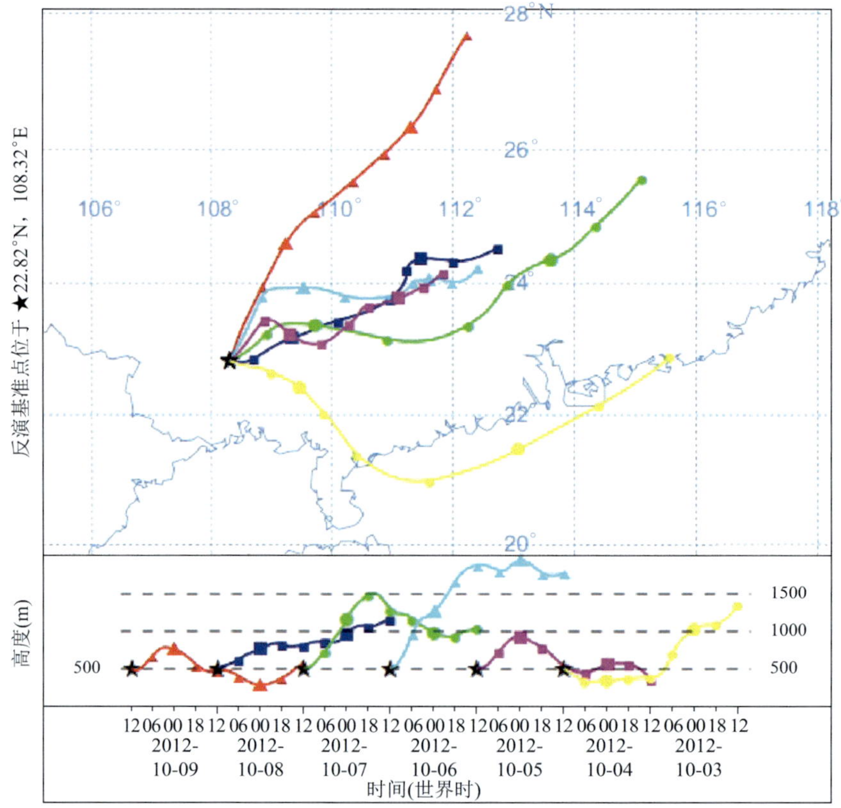

图 3.25 副高控制型的南宁大气气流后向轨迹图

污染物质量浓度降低，霾过程结束。

3.3.7　静止锋暖区型

静止锋暖区型造成的霾天气主要出现在秋冬季（11 月—次年 1 月），该类型的天气形势是冷空气南下后势力减弱或受地形阻挡形成华南准静止锋，850 hPa 切变线位于江南一带，副高脊线一般位于 15°N 左右，静止锋暖区一侧以西南风或弱偏南风为主，受干暖气团控制湿度较低，涡度场基本为负涡度，由于风力较弱，污染物累积形成广西区域的大范围霾天气。

图 3.26 是 2012 年 1 月 31 日 12 时地面气压场、风场和 500 hPa 高度场的分布图。从 1 月 30 日开始，锋面开始北退，逐渐移动到南岭一带，形成华南准静止锋，中低层受干暖气团影响湿度较低，广西区域的地面气压场等压线稀疏，气压梯度弱，静止锋暖区一侧主要为弱的偏南风控制，中高层 500 hPa 为弱脊区，以西北偏西气流为主，不利于形成降雨，桂中、桂南区域上空均为负涡度和正散度，以下沉气流为主，使近地层污染物不断累积，质量浓度逐渐升高。

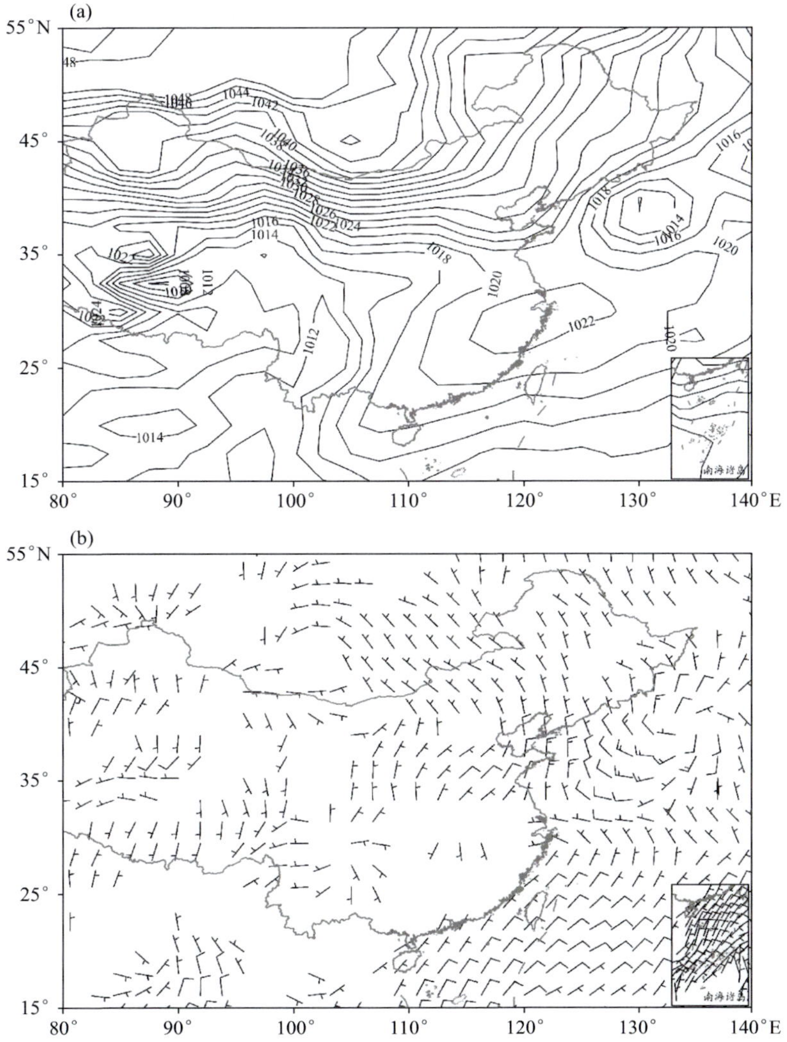

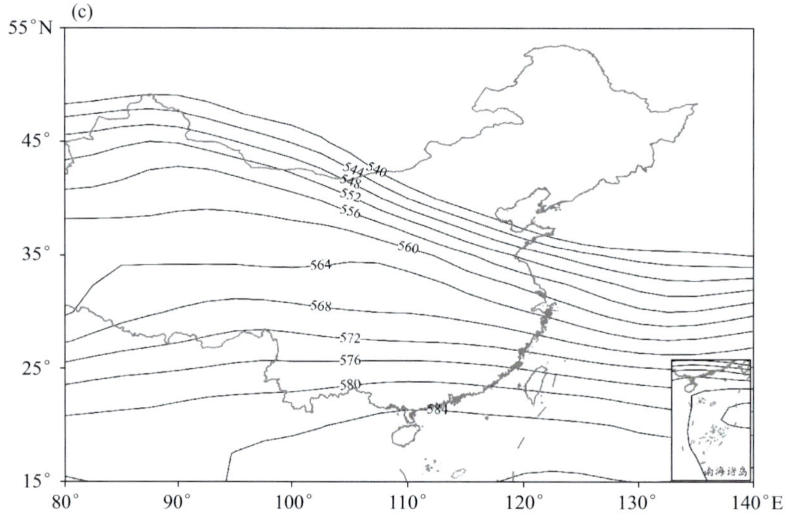

图 3.26　2012 年 1 月 31 日 12 时（世界时）静止锋暖区型天气环流场分布

（a）海平面气压场（单位：hPa）；（b）地面风场；（c） 500 hPa 高度场（单位：dagpm）

同样对 2012 年 1 月 30—31 日期间大气气流轨迹做后向反演，反演过程选取的基准点为南宁市，获得大气气流轨迹图（图略）。1 月 30—31 日的气流轨迹显示气团主要来自南宁的西南方向，2 月 1 日气团转为南宁东南方向的潮湿气团，整个广西大范围出现降雨，湿沉降使污染物质量浓度降低，霾过程结束。

3.3.8　热带气旋外围型

广西时常受到热带气旋的影响，根据广西气候中心提供的 1949—2012 年热带气旋资料统计发现，平均每年影响广西的热带气旋有 5 个，最多的年份达 9 个。热带气旋不仅带来大风和暴雨等灾害性天气，也直接影响了空气污染物的输送和扩散，影响霾天气的生成和消亡。随着热带气旋逐渐靠近，其中心上升运动气流强盛，外围下沉气流通过动力作用直接降低了广西行星边界层的高度，抑制了污染物的扩散和输送，使局地排放的污染物不断积聚，形成污染物的高质量浓度区，造成连续数天霾过程。经统计，通常热带气旋中心位于 120°～130°E，17°～27°N，受热带气旋外围下沉气流的影响，广西容易出现霾天气。

2011 年 5 月 22 日 02 时热带气旋“桑达”在菲律宾以东洋面上生成，24 日 14 时发展为台风，26 日 08 时发展为超强台风并逐渐向台湾以东洋面靠近，28 日在台湾以东洋面发生转向逐渐向北移动，29 日 17 时停编。图 3.27 是 2011 年 5 月 28 日 00 时地面气压场、风场和 500 hPa 高度场分布，由该图可见，5 月 28 日台风“桑达”中心位于台湾东部，中心气压非常低，受其外围下沉气流影响，广西持续吹偏北风，未能转为湿润的南风影响，使得湿度场较干，不利于粉尘漂浮物下沉到地面，而是浮在近地层及下垫面空气中，使局地排放的污染物不断积聚，形成污染物的高质量浓度区，广西各地能见度逐渐下降。

同样利用拉格朗日综合轨迹模式 HYSPLIT 对 2011 年 5 月 26—30 日南宁市大气气流轨迹做 5 d 后向反演，反演的基准点选择南宁市，获得大气气流轨迹图，详见图 3.28。该气流轨迹图显示，26—28 日气团轨迹以远距离来自湖南、江西等地的高空传输为主，随着台

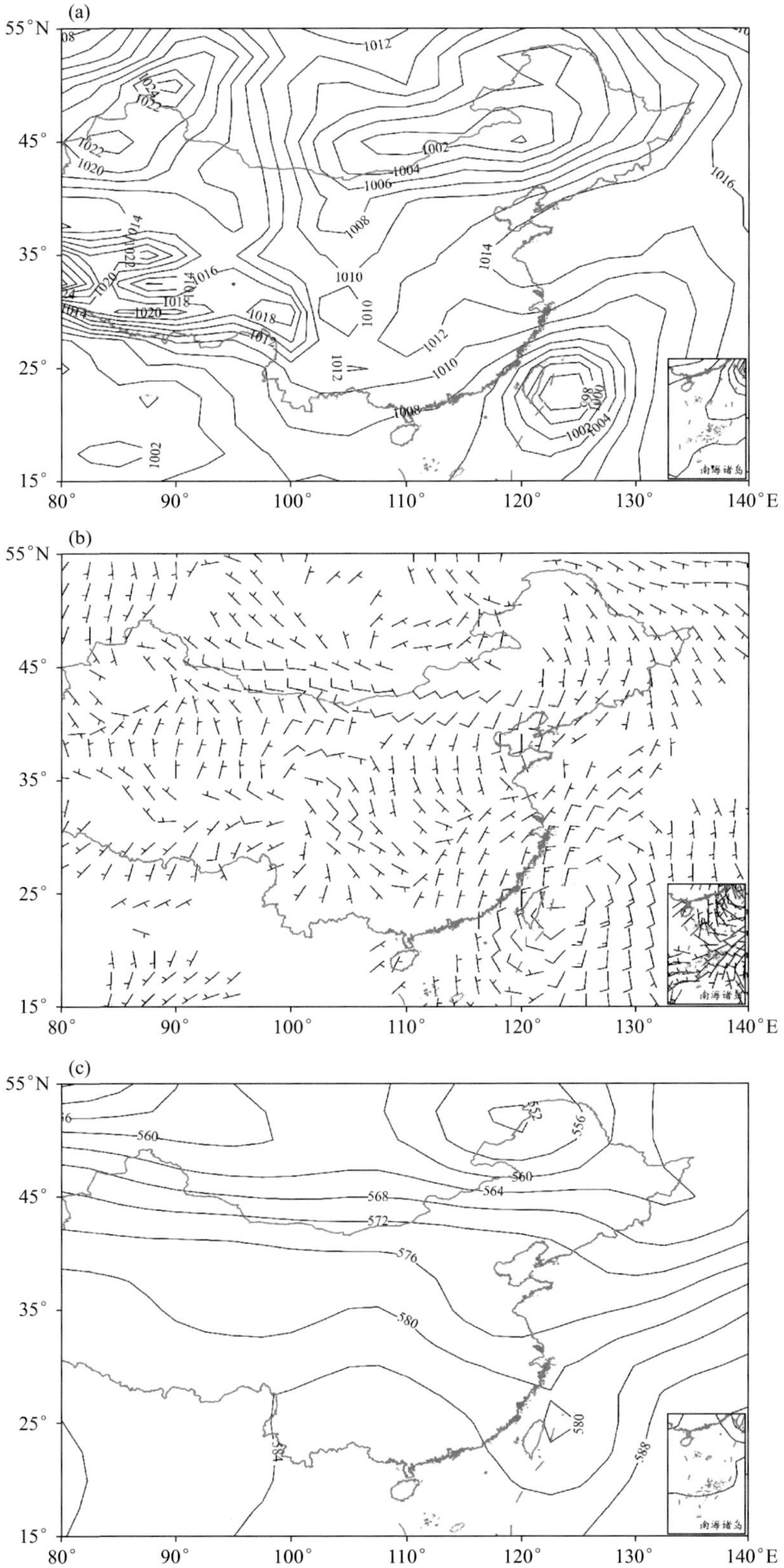

图 3.27　2011 年 5 月 28 日 00 时（世界时）热带气旋外围型天气环流场分布

（a）海平面气压（单位：hPa）；（b）地面风场；（c） 500 hPa 高度场（单位：dagpm）

风的逼近，广西南宁逐渐受偏东气流影响，29 日的气团轨迹显示受来自广东的气团影响，污染物质量浓度达到峰值，30 日台风向北移动，广西受副热带高压边缘偏南气流影响，气团来自东南方向的海上，污染物质量浓度开始迅速降低，从而结束此次霾过程。由此推测南宁此次霾天气与来自广东、湖南及江西方向的长距离高空传输存在一定的关系，而来自海上的气流有利于结束污染过程。

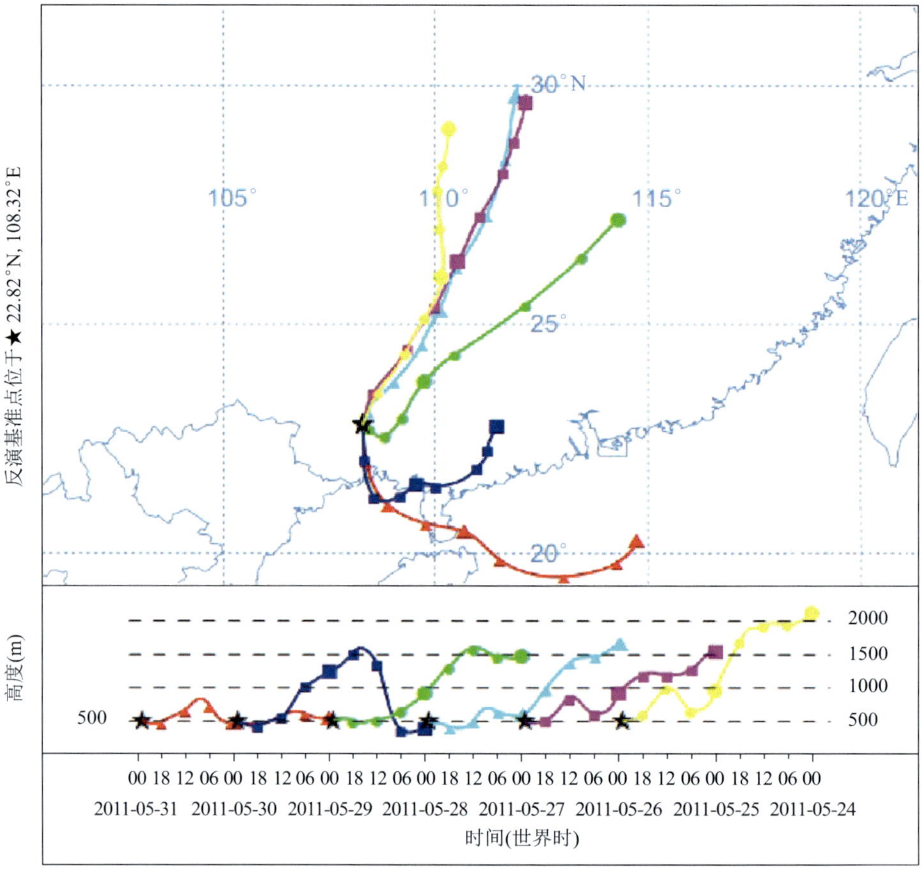

图 3.28 热带气旋外围型的南宁大气气流后向轨迹图

利用广西自动气象站监测的逐时近地层原始风场做 EOF 分解，前 5 个模态的方差贡献率及累积方差贡献率见表 3.12。第一个模态的方差贡献率为 35.0%，前两个模态的累积方差贡献率超过 50.0%，基本能反映此段时间近地层风场的基本特征，其空间场及时间系数见图 3.29—图 3.31。

表 3.12 EOF1—5 模态的方差贡献率和累积方差贡献率（%）

模态	1	2	3	4	5
方差贡献率	35.0	15.8	10.9	7.4	5.1
累积方差贡献率	35.0	50.8	61.7	69.1	74.2

由于利用原始场做 EOF 分解，因此得到的第一特征向量场代表了风场的平均状况。从图 3.29 风场 EOF 的第一模态可知，高值中心位于在湘桂走廊以及河池都安附近，结合第一

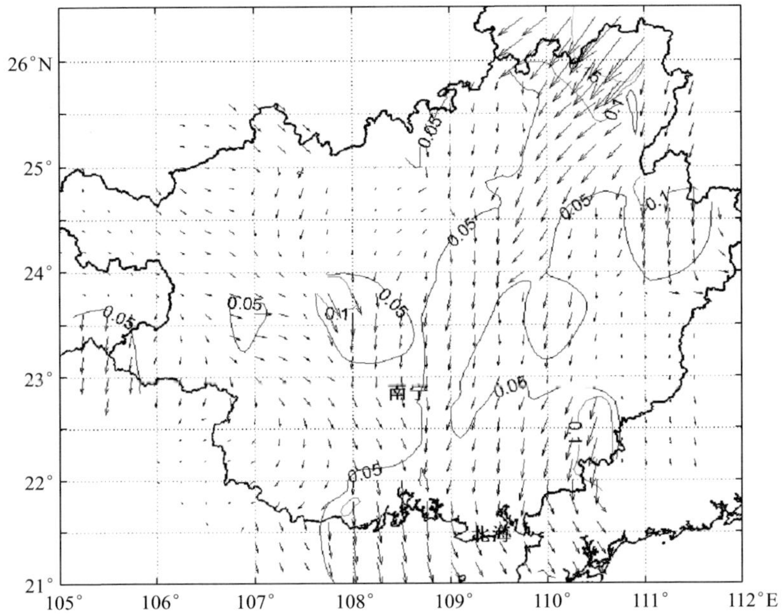

图 3.29　热带气旋外围型广西近地层风 EOF 第一模态

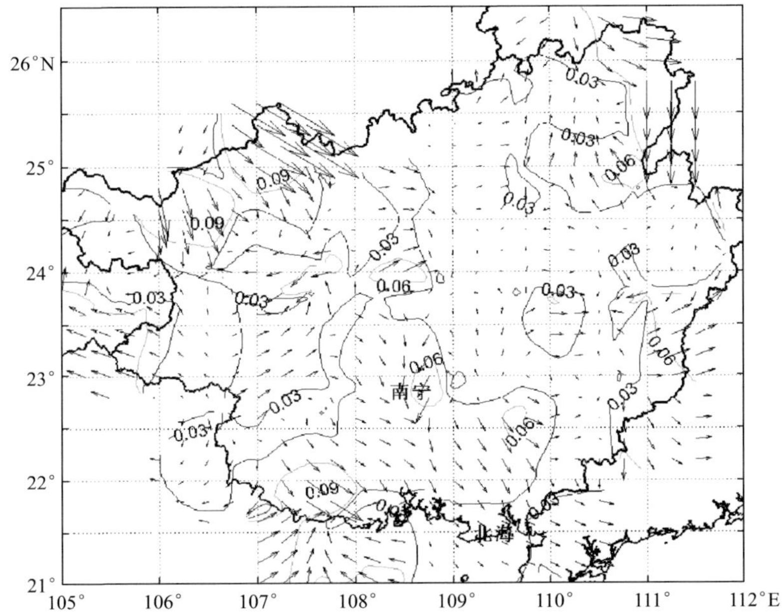

图 3.30　热带气旋外围型广西近地层风 EOF 第二模态

模态的时间系数（图 3.31）可知，5 月 26—28 日中午之前整个区域存在偏北风，且逐渐减弱，28 日中午前后转为偏南风控制。从前面的分析可知，28 日前气流以远距离的高空传输为主，随着台风的逼近，29 日广西北部湾经济区逐渐受偏东气流影响，受来自广东的气团影响污染物质量浓度达到峰值，30 日台风向北移动，广西受副热带高压边缘偏南气流影响，空气变得洁净。

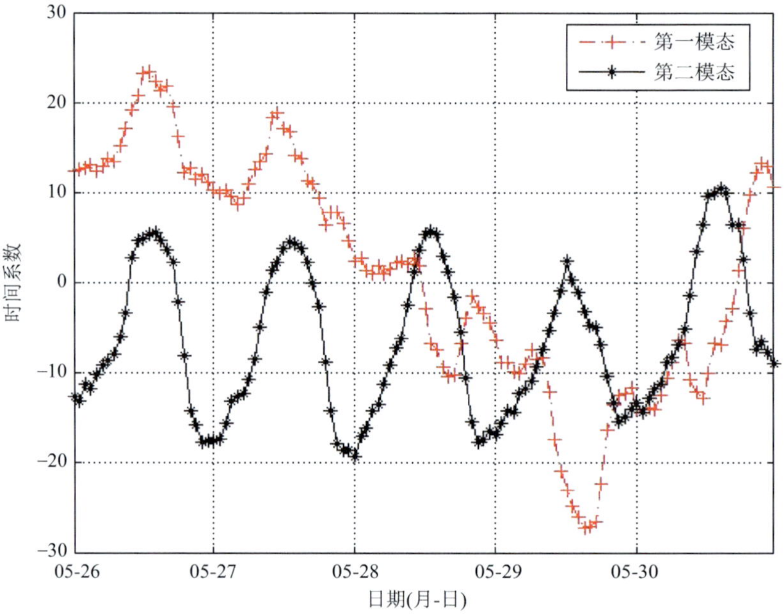

图 3.31　热带气旋外围型广西近地层风 EOF 分解的时间系数

第二模态的时间系数有着非常明显的日变化，表明第二模态与地方性中小尺度系统有关。此次典型污染过程，北部湾经济区受热带气旋外围下沉气流影响，天气晴朗，环境风场较弱，这有利于地方性中小尺度系统的形成。由时间系数可知，此次过程的局地环流中，中午气团湍流较强，晚上湍流较弱；由于局地环流的日变化，尤其是在夜晚扩散条件差，污染物局限在南宁本地，形成污染物的高质量浓度区。

3.4
广西霾天气的预警预测依据研究

在国家标准《霾的观测识别》和中国气象局《霾预警信号修订标准（暂行）》对霾的判识条件和预警标准的基础上，根据本章上述研究成果，选定以下几个因素作为广西霾天气的预警预测依据。

（1）能见度

根据广西出现霾天气时的能见度分布，重度霾和中度霾所占比重均为 0.6%，轻度霾占 5.5%，超过九成霾天气的日均能见度处于 5～10 km。因此，可将能见度等于 5 km 定为广西霾天气预警的阈值，高于 5 km 时根据其他因子进行预测，低于 5 km 时可以作为霾天气预警的依据之一。

（2）湿度

根据霾天气的判识条件，可将相对湿度等于 95%定为广西霾天气预警的阈值，高于 95%时不预测霾，低于 95%时可以作为霾预警的依据之一。

（3）风速

风是影响霾天气生成与消亡的重要的动力因子。长时间的静小风不利于污染物的扩散，污染物容易聚集起来，发生霾天气的可能性增大；而风速持续较高时，霾天气不易发生。如果未来风速长时间小于 1 m/s 时，霾天气将有可能发生。

（4）降水量

强降水对大气污染物有很强的湿沉降作用，强降水有利于霾的迅速消亡，而长时期的干旱少雨则利于霾的生成。

（5）大气稳定度

大气层结的稳定度，直接影响湍流活动的强弱，支配空气污染物的散布，从而影响霾天气的生成与消亡。若通过观测和计算，预测未来一段时间内大气较为稳定，则霾天气将有可能发生。

（6）逆温

逆温时的大气状况十分稳定，处于逆温层中的气态污染物、气溶胶粒子不易扩散，将会大量积聚使能见度变差。因此，逆温可作为霾预警的依据之一。

（7）天气形势

造成广西霾天气的天气形势主要有 8 种类型：冷高压脊控制型、入海高压后部型、低压槽型、均压场型、冷锋前部型、副高控制型、静止锋暖区型、热带气旋外围型。当天气形势为上述 8 种类型之一时，可作为霾预警的依据之一。

（8）气溶胶

根据国家标准《霾的观测和预报等级》，当 $PM_{2.5}$ 大于 75 μg/m^3，PM_1 大于 65 μg/m^3，气溶胶散射系数＋气溶胶吸收系数大于 480 Mm^{-1} 时，可作为判识霾的参考依据。

综上所述，低能见度、低风速、少雨、稳定的大气层结、逆温、不利的天气形势等气象条件是霾天气预警预测的重要依据。

3.5 广西北部湾经济区海雾时间变化特征

3.5.1 年际变化规律

3.5.1.1 轻雾年际变化规律

广西北部湾地区 4 个气象观测站（涠洲岛、北海市、东兴市、防城港）从建站至 2012 年轻雾发生频次整体上呈增加趋势（图 3.32），其中涠洲岛和防城港市呈显著增加趋势：1956—2012 年涠洲岛逐年轻雾发生频次线性拟合递增率为 2.18 次/a，线性趋势线 R^2 为 0.7554；1982—2012 年防城港市轻雾线性拟合递增率为 4.59 次/a，线性趋势线 R^2 为 0.6886；北海市、东兴市轻雾发生频次呈不显著增加趋势，递增率分别为 0.79 次/a、0.83 次/a。钦州市和合浦县轻雾发生频次呈不显著减少趋势，递减率分别为 0.05 次/a、0.81 次/a（陈燕

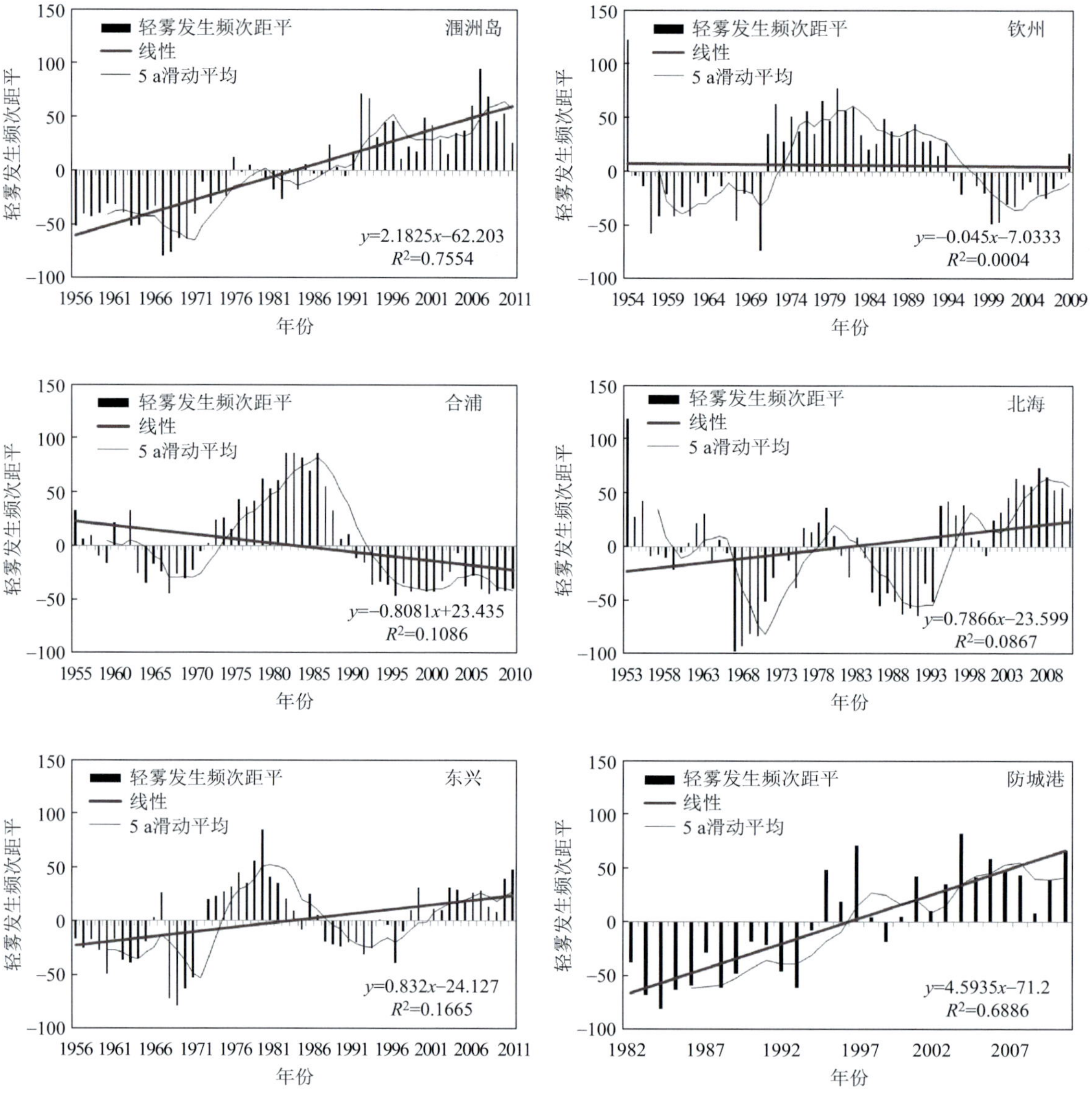

图 3.32 1955—2012 年广西北部湾地区轻雾发生频次、线性趋势及 5 a 滑动平均（单位：d）

丽 等，2016）。

根据 5 a 趋势移动平均分析结果，广西北部湾 6 个沿海城市轻雾发生频次经过不同次数的波动。涠洲岛 1956—1987 年轻雾发生频次以负距平为主，平均 −28.4 d，最低 −79.9 d（1967 年）；1988—2012 年以正距平为主，平均 37.9 d，最高 95.1 d（2007 年）。钦州市 1955—1971 年，1996—2010 年以负距平为主，平均分别为 −19.6 d、−21.5 d，最低分别为 −74 d（1971 年）、−48.9 d（2001 年）；1972—1995 年以正距平为主，平均 41.2 d，最高 78 d（1981 年）。合浦县 1955—1971 年，1991—2012 年以负距平为主，平均分别为 −9.3 d、−34.4 d，最低分别为 −44.8 d（1967 年）、−46.8 d（1996 年）；1972—1990 年以正距平为主 46.4 d，最高 86.2 d（1983 年）。北海市 1966—1975 年，1981—1993 年以负距平为主，平均分别为 −50.4 d、−38.7 d，最低 −98.4 d（1967 年）、−64.4 d（1991

年)；1994—2012 年以正距平为主，平均 40.2 d，最高 73.5 d（2007 年）。东兴市 1968—1971 年，1987—1997 年以负距平为主，平均分别为－31.2 d、—20 d，最低－80 d（1968 年)、－40 d（1996 年)；1972—1986 年、1998—2012 年以正距平为主，平均分别为 30.5 d、21.5 d，最高分别为 85 d（1979 年)、48.1 d（2011 年)。防城港市 1982—1994 年以负距平为主，平均－47 d，最低－81.9 d（1984 年)；1995—2012 年以正距平为主，平均 35.9 d，最高 83.1 d（2004 年)。

3.5.1.2 大雾年际变化规律

除防城港市外，广西北部湾地区其余 5 个沿海气象观测站从建站至 2012 年大雾发生频次整体上呈不显著减少趋势（图 3.33)。涠洲岛、钦州市、合浦县、北海市、东兴市大雾发生频次线性拟合递减率分别为：0.04 次/a、0.05 次/a、0.07 次/a、0.03 次/a、0.01 次/a。防城港市大雾发生频次呈不显著增加趋势，递增率为 0.38 次/a。

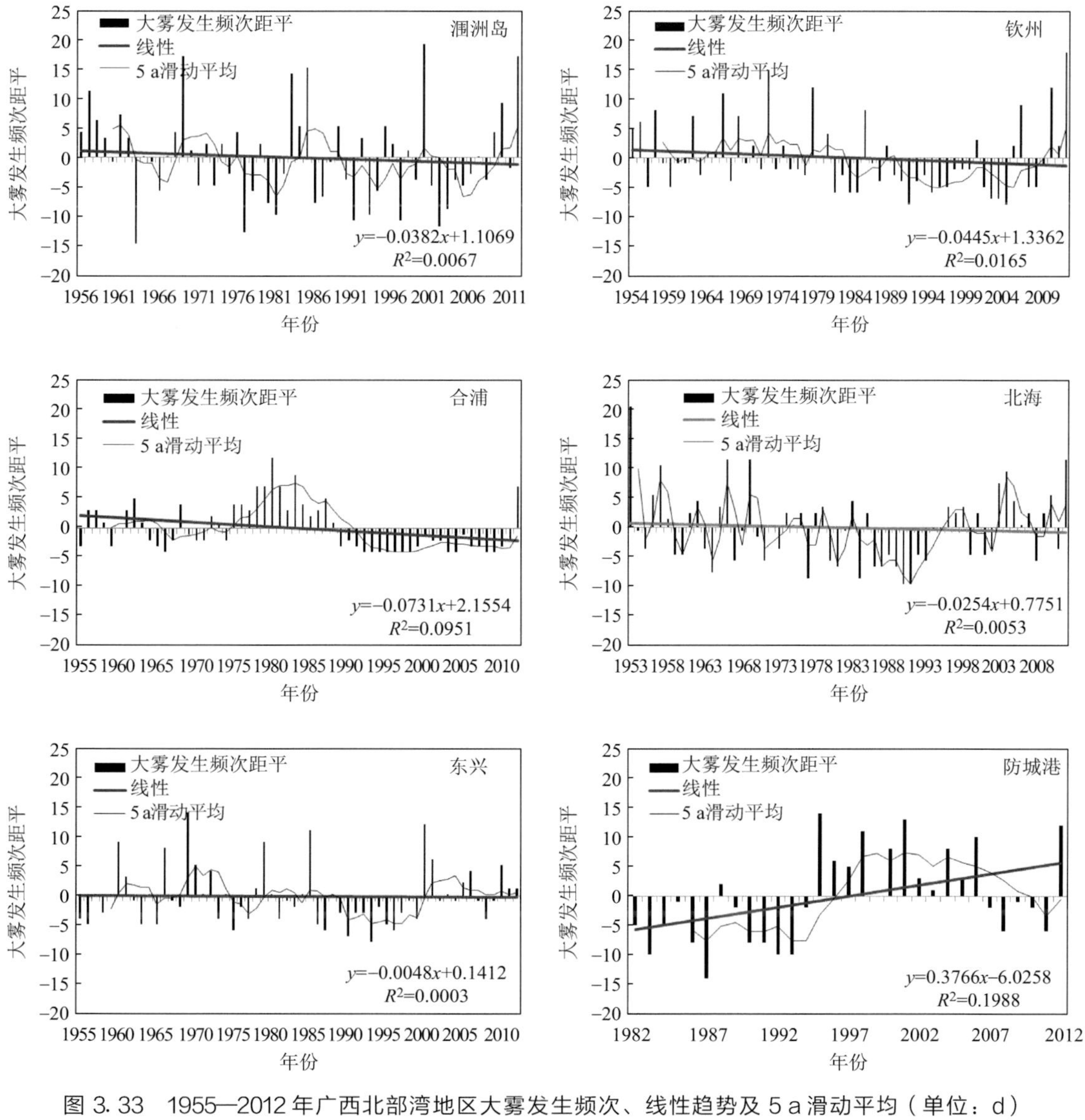

图 3.33 1955—2012 年广西北部湾地区大雾发生频次、线性趋势及 5 a 滑动平均（单位：d）

根据 5 a 趋势移动平均分析结果，大雾发生频次较之于轻雾波动更频繁，周期更短。防城港、合浦县波动周期明显长于涠洲岛、北海市、东兴市、钦州市，且这两个站点大雾发生频次的波动周期与轻雾较一致。其中防城港市 1982—1994 年大雾发生频次以负距平为主，平均－6.1 d，最低－13.9 d（1987 年）；1995—2012 年以正距平为主，平均 4 d，最高 14.1 d（1995 年）。合浦县 1955—1971 年，1991—2012 年以负距平为主，平均分别为－0.2 d、－2.8 d，最低分别为－4.1 d（1966 年）、－4.1 d（1992—1998、2003—2004、2008—2009 年）；1972—1990 年以正距平为主，平均 4.2 d，最高 11.9 d（1980 年）。

3.5.2 年代际变化规律

3.5.2.1 轻雾年代际变化规律

由各站的年代际变化可以更清楚看出广西北部湾沿海气象站轻雾变化趋势。由表 3.13 可知，20 世纪 70—90 年代钦州市、合浦县、东兴市轻雾呈明显增加趋势，1971—1980 年 3 站增幅分别为 29.6 d/（10 a）、28.8 d/（10 a）、38.6 d/（10 a）；1981—1990 年增幅分别为 38.0 d/（10 a）、56.6 d/（10 a）、2 d/（10 a）。20 世纪 90 年代后涠洲岛、北海市、防城港市轻雾发生频次明显增加，1991—2000 年 3 站增幅分别为 41.7 d/（10 a）、0.7 d/（10 a）、3.2 d/（10 a），2001—2010 年增幅分别为 52.3 d/（10 a）、53.1 d/（10 a）、45.4 d/（10 a）。与之相反，合浦县大雾发生频次 20 世纪 90 年代后明显降低，1991—2000 年、2001—2010 年减幅均为－35.3 d/（10 a），此外钦州是轻雾发生频次在 2001—2010 年也明显减少，减幅－30.6 d/（10 a）。

表 3.13 广西北部湾地区轻雾发生频次年代际距平平均值（d/（10 a））

站名	1955—1960 年	1961—1970 年	1971—1980 年	1981—1990 年	1991—2000 年	2001—2010 年
涠洲岛	－37.4	－48.7	－7.7	0.0	**41.7**	**52.3**
钦州	－13.2	－26.8	**29.6**	**38.0**	**3.0**	－30.6
合浦	**6.1**	－20.7	**28.8**	**56.6**	－35.3	－35.3
北海	**17.0**	－31.5	－4.1	－35.2	**0.7**	**53.1**
东兴	－23.7	－33.4	**38.6**	**2.0**	－6.9	**23.5**
防城港	—	—	—	－48.5	**3.2**	**45.4**

3.5.2.2 大雾年代际变化规律

表 3.14 为广西北部湾地区大雾发生频次年代际距平平均值。20 世纪 90 年代后涠洲岛、钦州市、合浦县大雾发生次数降低，1991—2000 年 3 站减幅分别为－1.1 d/（10 a）、－3.1 d/（10 a）、－3.5 d/（10 a）；2001—2010 年减幅分别为 2.8 d/（10 a）、1.2 d/（10 a）、3.0 d/（10 a）。与之相反，20 世纪 90 年代后防城港市大雾发生次数增加，1991—2000 年和 2001—2010 年增幅分别为 1.9 d/（10 a）、3.2 d/（10 a），此外，北海市和东兴市 2001—2010 年大雾发生次数也呈增加趋势，增幅分别为 1.9 d/（10 a）、1.3 d/（10 a）。

表 3.14　广西北部湾地区大雾发生频次年代际距平平均值（d/（10 a））

站名	1955—1960 年	1961—1970 年	1971—1980 年	1981—1990 年	1991—2000 年	2001—2010 年
涠洲岛	4.7	1.1	−2.9	0.7	−1.1	−2.8
钦州	1.3	2.3	2.5	−2.0	−3.1	−1.2
合浦	0.2	−0.1	3.6	2.9	−3.5	−3.0
北海	3.1	1.5	−1.1	−4.2	−1.3	1.9
东兴	−0.1	1.6	0.2	−1.3	−1.9	1.3
防城港	—	—	—	−5.2	1.9	3.2

3.5.3　逐月变化规律

3.5.3.1　轻雾逐月变化规律

表 3.15 为广西北部湾地区轻雾各月发生频次，由该表可知，防城港市全年轻雾日数最多，达 179.9 d，最少的是合浦县，仅 54.8 d，钦州市和北海市全年轻雾日数均超过 100 d。广西北部湾地区轻雾主要集中在 1—4 月和 12 月。这 5 个月轻雾出现概率以涠洲岛最高，约占全年 83.3%，其次是东兴市，约为 78.3%，其他 4 个站点持平，在 50%～60%。在这 5 个月轻雾出现概率又以 2—3 月最集中，涠洲岛、东兴市所占比例最高，分别为 39.7%、36.2%，其他 4 个站在 20%～25%。

表 3.15　广西北部湾地区轻雾各月发生频次（d）

站名	1 月	2 月	3 月	4 月	5 月	6 月	7 月	8 月	9 月	10 月	11 月	12 月	全年
涠洲岛	16.3	17.9	21.4	15.8	4.1	0.4	0	0.6	1.9	4.1	5.4	11	98.9
钦州	12.5	11.4	14.7	12	7.3	5.5	5.3	5.8	7	9.1	9.1	11.9	111.6
合浦	6.1	5	6.2	5.4	2.2	1.6	1.3	3	4.1	6.2	6.7	7	54.8
北海	11.9	11.6	14.9	11.9	5.9	3.5	3.3	5.1	7.3	9.9	9.6	10.5	105.4
东兴	13.9	14.3	16.9	12.1	3.7	1.5	0.9	0.2	1.7	4.6	6.1	10.4	86.3
防城港	19.8	18.5	21.2	19.4	13.4	7.6	6.6	10.4	13.3	16.5	15.1	18.1	179.9

3.5.3.2　大雾季节变化规律

表 3.16 为广西北部湾地区大雾各月发生频次。涠洲岛全年大雾日数最多，达 18.4 d，其次是防城港 17.5 d，钦州市、北海市全年大雾日数也均超过 10 d。全年大雾日数最少的是合浦县，仅 4 d。广西北部湾地区大雾主要集中在 1—4 月和 12 月。这 5 个月大雾出现概率以涠洲岛最高，约占全年 98.4%，其次是东兴市，约为 97.7%，其他 4 个站点持平，在 80%～90%。在这 5 个月大雾出现概率又以 2—3 月最集中，涠洲岛、东兴市所占比例最高，分别为 60.3%、58.6%，其他 4 个站在 35%～50%。

表 3.16 广西北部湾地区大雾各月发生频次（d）

站名	1月	2月	3月	4月	5月	6月	7月	8月	9月	10月	11月	12月	全年
涠洲岛	2.4	4.4	6.7	3.8	0.2	0	0	0	0	0	0.1	0.8	18.4
钦州	2	1.8	2.2	1.1	0.2	0.2	0.2	0.4	0.3	0.4	0.6	1.4	10.6
合浦	0.7	0.8	1	0.2	0	0	0	0.1	0	0.2	0.3	0.6	4
北海	2	2.6	2.9	1.6	0.1	0.1	0	0.1	0.1	0.3	0.8	1.2	11.8
东兴	1.7	2.3	2.8	1.2	0.1	0	0	0	0	0	0.1	0.5	8.7
防城港	3.4	4	3.9	2.1	0.3	0.2	0.1	0.3	0.3	0.6	0.8	1.5	17.5

3.5.4 海雾变化趋势初步解释

广西北部湾地区6站点的平均气温、平均最高气温、平均最低气温、极端最高气温、极端最低气温均呈增加趋势（表3.17），涠洲岛、北海市、东兴市、防城港市轻雾日数呈增加趋势，钦州市、合浦县轻雾日数呈减少趋势；除防城港市外，其他5个站点大雾日数均呈减少趋势。由此可见，温度的升高与多数站点轻雾日数的增多趋势一致，但与多数站点大雾日数的减少趋势相反。广西北部湾地区6站点的相对湿度均呈降低趋势，与多数站点轻雾日数的增多趋势相反，但与多数站点大雾日数的减少趋势一致。总体而言，随着温度升高、大气湿度降低，多数站点表现出轻雾日数增加、大雾日数减少的趋势。

表 3.17 广西北部湾地区气象要素变化趋势统计

站名	平均气温（℃/a）	平均最高气温（℃/a）	平均最低气温（℃/a）	极端最高气温（℃/a）	极端最低气温（℃/a）	相对湿度（%/a）	轻雾（d/a）	大雾（d/a）
涠洲岛	0.0105	0.0156	0.0091	0.0228	0.0281	−0.0012	2.1825	−0.0382
钦州	0.021	0.0134	0.0239	0.0134	0.0489	−0.0948	−0.045	−0.0445
合浦	0.0233	0.014	0.031	0.0123	0.0656	−0.1003	−0.8081	−0.0731
北海	0.0094	0.0056	0.0136	0.0073	0.0248	−0.0274	0.7866	−0.0254
东兴	0.017	0.0112	0.0232	0.0075	0.042	−0.0949	0.832	−0.0048
防城港	0.0256	0.0219	0.0356	0.0068	0.0289	−0.0672	4.5935	0.3766

雾本质上是近地面/海面空气中的水汽达到或接近饱和，在凝结核上凝结而成。因此，雾的形成有两种途径：降低空气中温度，使低层大气冷却到露点；或增加空气中的水汽，造成空气中水汽饱和，产生水汽凝结。冬季是广西北部湾雾的多发季节，其出现与夜间的最低气温有关。因此，在温度升高、湿度降低耦合作用下，不利于大雾的形成，因此多个站点大雾日数减少。但由于温度的升高促进了海面水汽蒸发，达到了轻雾的形成条件，因此多个站点轻雾日数增加。防城港市大雾日数的增加趋势与其工业化所致的气溶胶增多有关。

3.6 基于FY-2E可见光波段的北部湾白天海雾检测

雾是指近地面/水面的空气层中悬浮着的大量微小水滴（或冰晶）使水平能见度小于1 km的天气现象。海上发生大雾时会造成海面水平能见度大幅度降低，对港口作业及海洋经济活动造成巨大影响，是影响海洋安全生产的重要灾害性天气之一，对大雾进行及时有效地监测预警对防灾减灾具有重要的现实意义。卫星遥感以其信息丰富、时间分辨率高、覆盖范围广等优势弥补了常规地面观测的不足，可以满足大范围海雾监测的需要。国外自20世纪70年代起开始雾的遥感识别研究。主要代表有Gurka（1974，1978）、Gustafson（1976）利用可见光图像进行云雾识别及消散研究。国内相关研究起步较晚，主要研究集中在云雾光谱特征方面。在海雾监测方面，对台湾海峡、黄渤海、广东等地研究较多，研究选用的卫星数据主要包括极轨和静止气象卫星。MODIS极轨气象卫星数据是大雾监测的有效数据源，张春桂等（2009）利用MODIS资料建立了台湾海峡海雾监测模型，实现了海雾分布和发展过程的遥感监测。邓玉娇等（2013）利用MODIS多通道数据，分离云、雾、海表相关信息，建立了南海白天雾监测模型。文雄飞等（2011）利用Streamer大气辐射传输模式分析MODIS多通道数据并挖掘其云雾分离的有效参数，提出了归一化雾指数实现陆地辐射雾检测。Liu等（2011）、马慧云等（2009）还提出了针对MODIS数据的面向对象雾检测法，具有较好的应用前景。在静止气象卫星数据的应用上，刘希等（2008）综合运用可见光反射率阈值法、空间一致性检测法、红外亮温阈值法及双通道插值法建立了基于MTSAT卫星的我国东部沿海雾区的全天候遥感监测算法。何月等（2015）利用MTSAT数据，采用分级判识太阳高度角阈值和归一化大雾指数的方法反演了2008年至2013年浙江海雾的分布状况。周红妹等（2011）、张文刚等（2011）、李维等（2012）从多方面验证了风云（FY）系列卫星雾检测的能力。综上所述，极轨气象卫星的海雾检测技术已较成熟且已开展了诸多应用试验，静止卫星在海雾监测中的应用处于起步阶段。针对北部湾地区，目前鲜见利用国产静止卫星FY-2数据进行遥感海雾监测的报道。本研究拟利用FY-2E静止气象卫星资料，结合地面能见度观测资料，通过分析海雾、云、洋面的辐射性质、光谱及纹理特征，利用面向对象分类方法构建北部湾地区白天海雾检测模型，为该区域海雾及时有效地监测预警提供新的技术手段（陈燕丽 等，2007a）。

根据地面观测站能见度观测资料，选取2012年北部湾地区海雾频发月份2—4月共14次晴天海雾发生期间对应的FY-2E可见光波段数据，对数据进行投影转换、文件合成、空间子集裁剪等处理，形成研究所需的基础数据集。

3.6.1 海雾可见光光谱纹理特征分析

在可见光波段（中心波长0.6 μm），卫星接收的地气系统辐射主要来自地面、云雾层对太阳的反射辐射。一般情况下雾的反射率小于中云和高云，但大于地面和水体，多呈现暗灰色。此外，云区和雾区的顶部结构有明显差异，两者的反射性质有差别：中高云由于其云顶高度起伏较大，云粒子组成不同，亮度变化幅度较大，纹理较粗糙；雾区的滴谱较小，顶部相对光滑，纹理更均匀，边缘也较清晰；层云的纹理特征介于雾和中高云之间，纹理较均匀。

在长波红外波段（中心波长 11 μm），卫星接收的地气系统辐射主要来自地面和云雾自身的发射辐射，太阳辐射可以忽略不计。物体的温度越高，接收到的辐射越大，温度越低，接收到的辐射越小。由于雾区比层云离海洋表面更近，雾顶温度更接近于周围环境温度，且一般要高于层云、中高云云顶温度，即在红外图像上雾区和云区的亮温存在一定差异。但由于层云、雾区、洋面的温度非常接近，特别是夜间热对比很小且雾区常出现逆温现象，因此利用单一的长波红外通道难以对三者进行区分。

在中红外波段（中心波长 3.7 μm），卫星接收的信号特征包括地气系统的反射太阳辐射和自身的发射辐射。白天，海洋和云雾在反射太阳辐射的同时自身也向上发射太阳辐射，该通道影像受到与可见光图像类似因素的制约。但水滴和冰晶在 3.7 μm 波段有强烈的吸收特性，当云雾是由大于 10 μm 的水滴或冰晶组成时，吸收制约了散射，使得云雾在该波段的反射辐射较小，因此，白天中红外通道接收到的辐射能取决于物体的温度、反射率和离子半径。雾滴的半径范围一般在几个微米到十几个微米之间，因此在中红外图像中通常辐射较弱，即在影像上显示为暗区，而中高云的辐射随着云粒子的大小不同而变化很大，云雾分离难度较大。

夜间，由于没有太阳辐射干扰，在中红外和长波红外波段，卫星接收的地气系统辐射来自地气系统的发射辐射。在长波红外波段，海洋、雾、不透明水云（低层云）、厚的高云的辐射特征类似黑体，其比辐射率接近于 1。在中红外波段，海洋发射辐射相当于黑体；层云和雾在中红外波段发射系数一般小于 0.9；卷云在中红外波段和长波红外波段比辐射率相差较大，利用中红外和长波红外通道的亮温差可以较好地将低层云雾、晴空区域和卷云进行区分。

3.6.2 白天海雾识别技术

本研究采用面向对象分类方法对海雾进行检测提取。面向对象的分类方法是一种智能化的自动影像分析方法，该分类方法的操作尺度单元是影像对象，即通过图像分割得到的图斑。其分类过程主要包括三个步骤：影像分割、特征选取、规则建立及分类。

（1）影像切割与分割

影像分割是根据同质异质性标准将影像分割成互不交叠的非空子区域的过程，子区域内部具有相同或相似的灰度、颜色、纹理、形状等特性。每类地物都有其适宜的分割尺度，分割参数的选择对影像分割至关重要，直接影响地物类型边界勾勒的准确度。试验区遥感影像数据阵列均小于 1000×1000 像元，利用遥感图像处理软件 ENVI5.0 Feature Extration 模块可以一次性完成数据分割处理。根据软件提供的基于边缘检测（Edge）和基于亮度（Intensity）两种分割算法及纹理合并（Full Lambda Schedule）和颜色边界合并（Fast Lambda）两种合并方法，经反复试验比较，确定如下分割参数（表 3.18）。

表 3.18　影像分割参数

对象层	分割算法	分割阈值	合并算法	合并阈值	纹理内核
可见光影像	Edge	20	Full Lambda Schedule	90	3

（2）影像特征分析及选取

用于影像对象分类的特征主要包括光谱、纹理、形状特征三大类，每种特征分别包含若干指标。由于云雾、洋面、岛屿多无规律的形状特征，因此试验区海雾提取主要利用了影像对象的光谱和纹理两大特征。由 FY-2E 可见光通道图像（图 3.34）可以看出，总体上白天雾区表现出亮度较低、纹理细腻的特征。对 2012 年典型过程的云雾反射率光谱、纹理特征进行统计分析发现，白天轻雾、大雾区与晴空洋面、中高云无交叠，但大雾区与低云有小部分混淆（表 3.19）。

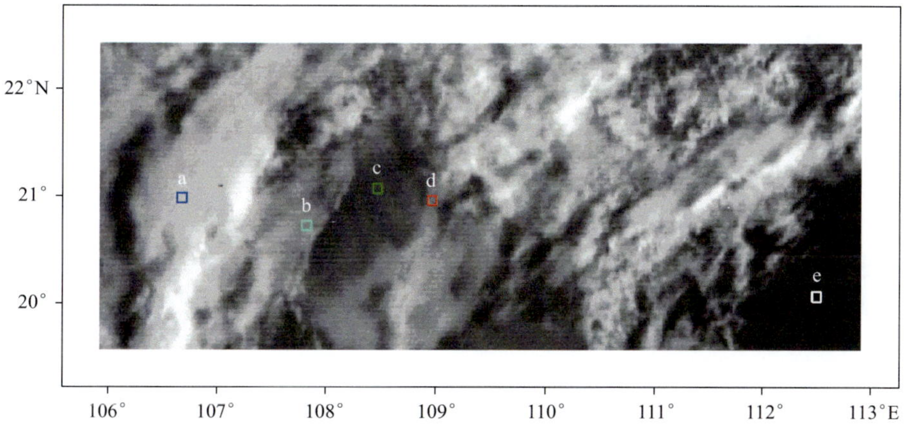

图 3.34　2012 年 3 月 19 日 FY-2E 09 时可见光波段图像
（a：中高云；　b：低云；　c：轻雾区；　d：大雾区；　e：晴空洋面）

表 3.19　FY-2E 可见光地物光谱特征

类别	最小值	最大值	均值	标准差
中高云	14.0	15.0	14.5	0.1
低云	10.0	12.0	10.2	0.5
轻雾区	6.0	7.0	6.1	0.3
大雾区	8.0	10.0	8.8	0.4
晴空洋面	3.0	4.0	3.4	0.5

（3）规则建立及影像分类

根据北部湾海域雾、云、洋面影像对象反射率光谱特征及纹理特性，对比分析了反射率光谱 Mean、Std、Min、Max、纹理 Range、Mean、Variance、Entropy 对海雾的识别度，确定的具体分类规则如表 3.20 所示，具体的判据阈值由人机交互确定，在不同时期影像中有一定差异。

表 3.20　分类规则

类别	规则	说明
洋面	Spectral_Mean / Texture_Mean	分离晴空洋面
中高云	Spectral_Mean / Texture_Mean	分离中高云
低云	Texture_Mean	区分雾区与低云区
轻雾、大雾	Spectral_Mean	区分轻雾、大雾区

（4）监测示例及精度分析

利用上述面向对象海雾识别技术对 2012 年北部湾地区 14 次晴天海雾进行检测，根据同步地面能见度观测资料，采用 Bendix 提出的精度分析指标：误警率（α_{FAR}）、命中率（α_{POD}）、成功指标（I_{CSI}）对遥感海雾监测结果进行精度分析。

$$\alpha_{FAR}=\frac{n_1}{n_1+n_3};\ \alpha_{POD}=\frac{n_3}{n_2+n_3};\ I_{CSI}=\frac{n_3}{n_1+n_2+n_3}$$

式中，n_1 指监测结果中应该有雾的站点在地面观测资料中却无雾所占的百分比，n_2 指监测结果中无雾的站点而在地面观测资料中却有雾所占的百分比，n_3 指监测结果与地面观测资料相一致的百分比。

具体监测结果见表 3.21—表 3.23，根据精度算法，$n_1=2/(20+2+6)=0.07$，$n_2=6/(20+2+6)=0.21$，$n_3=20/(20+2+6)=0.71$，$\alpha_{FAR}=9.1\%$，$\alpha_{POD}=76.9\%$，$I_{CSI}=71.4\%$。

表 3.21　2012 年 2—4 月地面晴空大雾监测表

站点	2012 年大雾案例日期(月-日)													
	02-07	02-13	02-14	02-15	03-05	03-06	03-07	03-17	03-18	03-19	04-03	04-09	04-11	04-12
钦州	×	×	√	√	×	×	×	×	×	√	×	×	×	×
防城	×	×	×	√	×	×	×	×	×	√	×	×	×	×
防城港	×	×	×	×	×	√	×	×	×	×	×	×	×	×
东兴	×	×	√	×	×	×	×	×	×	×	×	×	×	×
北海	√	√	×	×	√	×	√	×	×	×	×	×	×	×
涠洲岛	×	×	√	√	√	×	√	√	√	√	√	√	√	√

注：√表示有雾，×表示无雾。

表 3.22　2012 年 2—4 月 FY-2E 晴空大雾监测结果

站点	2012 年大雾案例日期(月-日)													
	02-07	02-13	02-14	02-15	03-05	03-06	03-07	03-17	03-18	03-19	04-03	04-09	04-11	04-12
钦州	×	×	×	×	×	×	×	×	×	×	×	×	×	×
防城	×	×	×	×	×	×	×	×	×	√	×	×	×	×
防城港	×	×	×	×	×	×	×	×	×	√	×	×	×	×
东兴	×	×	√	×	×	×	×	×	×	×	×	×	×	×
北海	√	√	×	√	×	×	√	×	×	×	×	×	×	×
涠洲岛	×	×	√	√	√	×	√	√	√	√	√	√	√	√

注：√表示有雾，×表示无雾。

表 3.23　FY-2E 晴天海雾监测精度分析表

FY-2E 卫星监测	地面观测		
	有雾站点(个)	无雾站点(个)	总计(个)
有雾站点(个)	20	2	22
无雾站点(个)	6	70	76
总计(个)	26	72	98

精度分析结果表明，2012年全年晴空海雾监测误警率9.1%，命中率76.9%，成功指标71.4%，总体监测效果较理想。其中2012年3月19日09时监测命中率达100%，图3.35为其监测结果图。

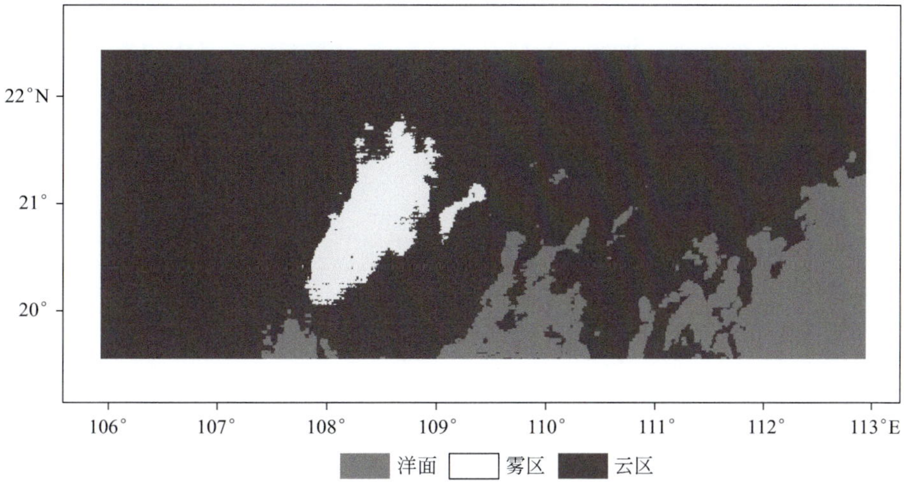

图3.35 2012年3月19日FY-2E 09时北部湾地区雾监测结果图

3.7 北部湾海雾预测模型研究

广西北部湾地处我国沿海西南端，是我国西部大开发和面向东盟开放合作的重点地区。每年12月—次年4月是该地区海雾高发期，大雾出现频率占全年的80.1%～98.4%。大雾发生导致海面能见度降低，严重阻滞港口作业及海洋经济活动，已成为影响海洋安全生产的重要灾害性天气之一，对大雾进行及时有效地预测对防灾减灾具有重要的现实意义。

目前海雾预测预报主要有统计学方法、天气学方法和数值方法，其中统计学方法在我国海雾预测预报研究中应用最早也最广泛。朱云清等（1991）利用模糊数学方法对海雾天气过程进行了预报研究，林晓能（1993）根据马尔科夫链原理，采用转移概率矩阵建立了海雾预报模式方程，李若钝等（1982）、腾学崇等（1989）先后利用统计学方法对我国东部沿海海雾中短期进行了预测研究，相士堂（1985）基于海温与海雾的关系对北黄海海雾进行了长期预报研究。卢军治（2000）从水汽输送、海气温差、大气层结等方面筛选预报指标对东海平流雾进行了预报，周立佳等（2005）利用统计预报原理和方法，建立了东海海雾预报方程并确定了预报临界值。综上所述，海雾预测研究已在多个海域取得了研究进展，但目前鲜见针对广西北部湾海雾的预测预报研究报道。本研究拟选取北部湾地区6个气象站大雾日降水量、气温、相对湿度、风速、气压、露点等气象资料，利用相关分析和主成分分析法筛选大雾形成的关键影响因子并分析其特征规律，采用逻辑回归分析法建立北部湾地区海雾预测模型，拟为该地区海雾预测研究提供一种便捷有效的新途径（陈燕丽 等，2017b）。

3.7.1 大雾发生期间气象要素特征分析

3.7.1.1 起雾和消雾

对北部湾地区 6 个气象站点 2008—2012 年、2012 年大雾观测记录中起雾和消雾时间进行统计分析，统计时间段分为 00—01、01—02、……、23—24 时共 24 个区间（图 3.36—图 3.39）。

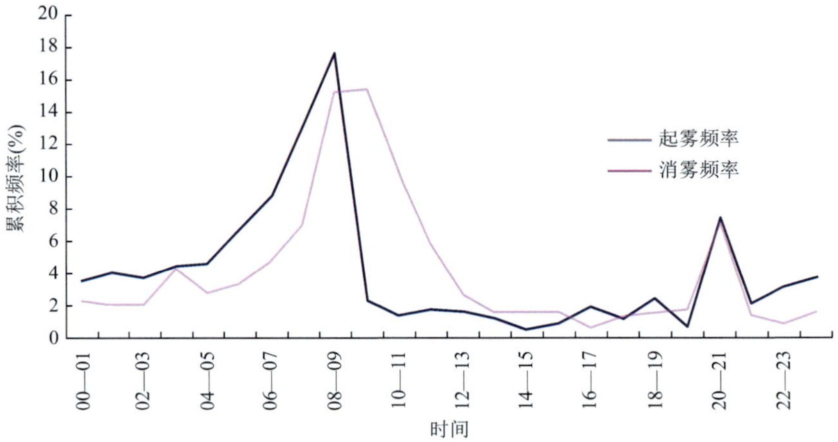

图 3.36　2008—2012 年起雾和消雾在各个时段频率

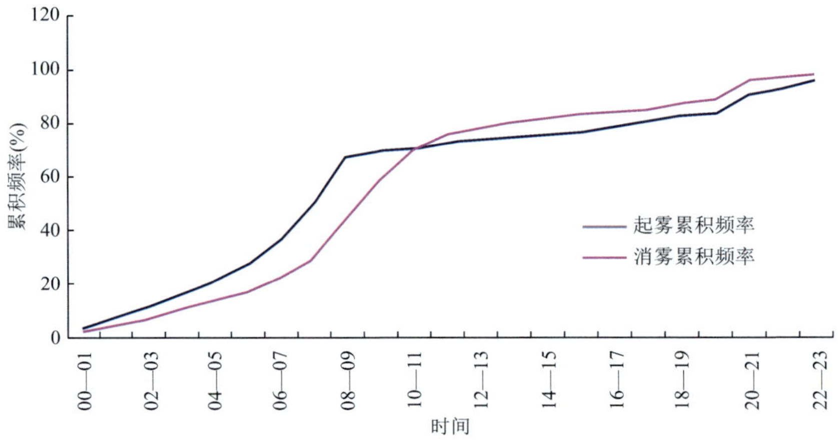

图 3.37　2008—2012 年起雾和消雾在各个时段累积频率

2008—2012 年北部湾地区海雾起雾时间主要集中在 07—09 时和 20—21 时，消雾时间主要集中在 08—11 时和 20—21 时。2012 年的起雾和消雾时间与 2008—2012 年一致。

3.7.1.2 相对湿度

海雾起雾前后 5 h 相对湿度均较大，起雾前 5 h～前 1 h 83.2%～97.4%相对湿度大于 90%，起雾后 1～5 h 70%～96.3%相对湿度大于 90%，而在 0 h 98.4%相对湿度大于 90%（图 3.40）。起雾前 5 h 平均相对湿度大于 93.7%，0 h 平均相对湿度大于 96.3%，且起雾前 1 h 内斜率最大，平均相对湿度达 95.9%（图 3.41）。

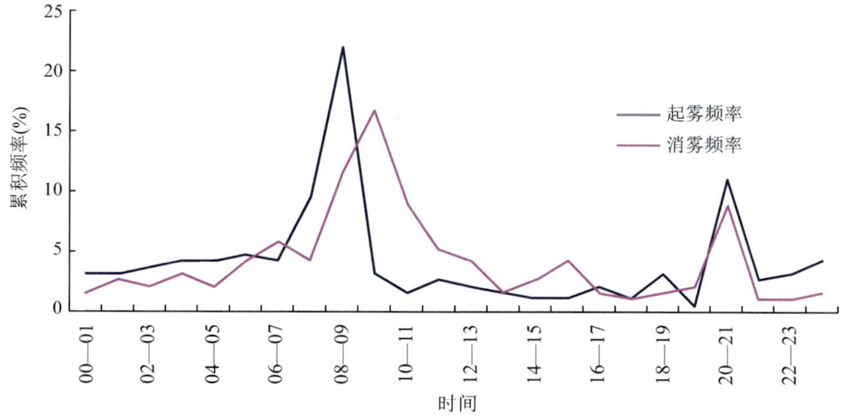

图 3.38　2012 年起雾和消雾在各个时段频率

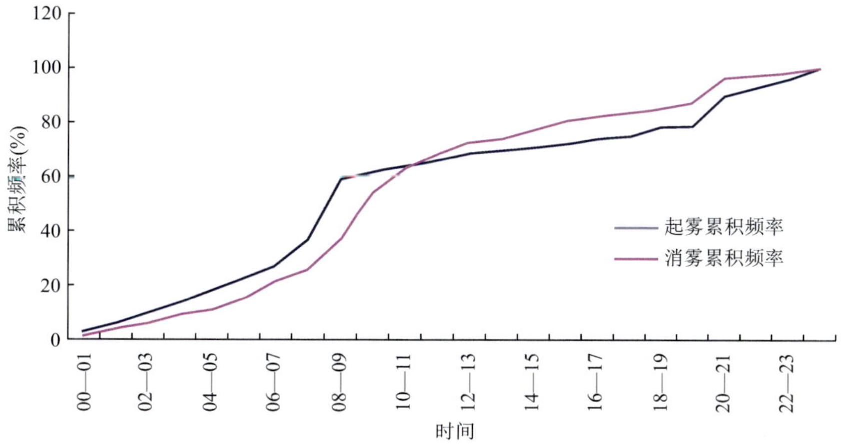

图 3.39　2012 年起雾和消雾在各个时段累积频率

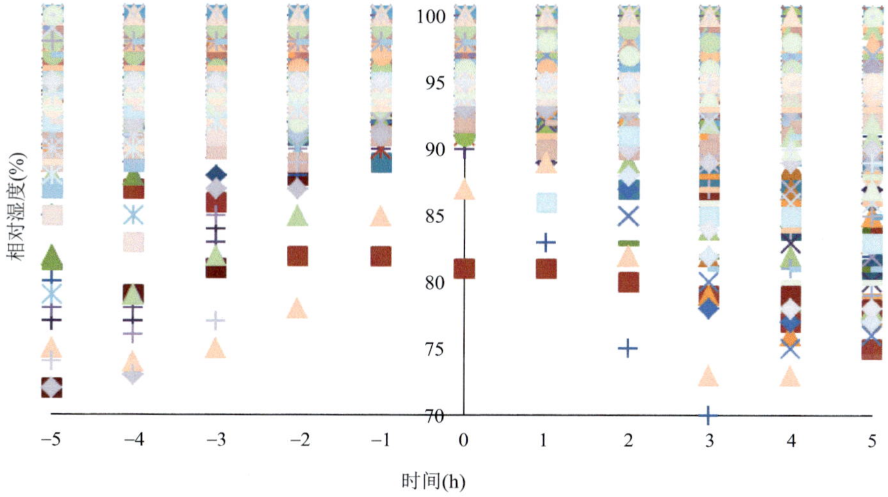

图 3.40　起雾前后 5 h 相对湿度变化散点图

（0 为起雾时刻，左边为起雾前时间，右边为起雾后时间）

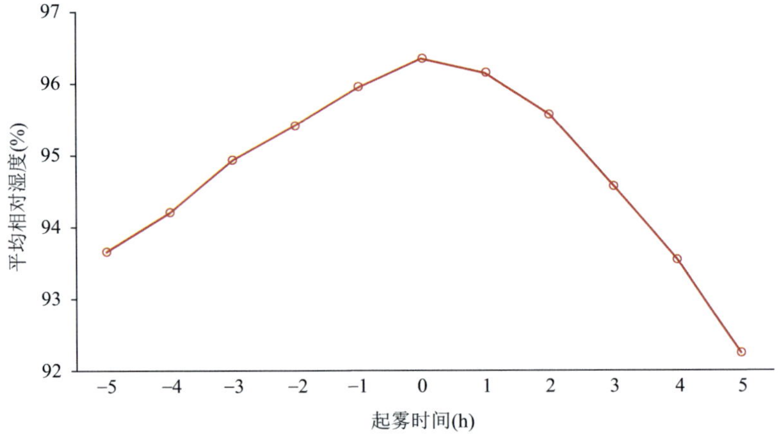

图 3.41 起雾前后 5 h 平均相对湿度变化

海雾起雾 0 h 98.4%相对湿度大于 90%，其中 91.5%相对湿度大于 94%，且在相对湿度为 94%、95%、96%和 100%的出现频率均超过 10%（表 3.24）。

表 3.24 起雾 0 h、前 1 h 相对湿度特征

相对湿度(%)	0 h		前 1 h	
	频数(次)	出现频率(%)	频数(次)	出现频率(%)
≤85	1	0.5	2	1.1
(85,90]	2	1.1	3	1.6
(90,95]	72	37.9	86	45.3
(95,100]	115	60.5	99	52.1

海雾起雾前 1 h 97.4%相对湿度大于 90%，其中 86.6%相对湿度大于 94%，且在相对湿度为 94%、95%、96%和 100%的出现频率均超过 10%（表 3.25）。

表 3.25 起雾 0 h、前 1 h 相对湿度大于 90% 出现频率

相对湿度(%)	0 h		前 1 h	
	频数(次)	出现频率(%)	频数(次)	出现频率(%)
90	1	0.5	2	1.1
91	3	1.6	5	2.7
92	5	2.7	10	5.3
93	7	3.7	8	4.3
94	20	10.6	23	12.3
95	37	19.7	40	21.4
96	44	23.4	34	18.2
97	6	3.2	6	3.2
98	12	6.4	9	4.8
99	14	7.4	15	8.0
100	39	20.7	35	18.7

3.7.1.3 气温

海雾起雾0 h 89.9%气温集中分布在12～24 ℃，且56.8%集中分布在15～21 ℃，海雾起雾前1 h 90.0%气温集中分布在12～24 ℃，且58.4%集中分布在15～21 ℃（表3.26）。雾天昼夜温差92.7%小于8 ℃，小于3 ℃出现频率最高，为19.5%（表3.27）。

表3.26 起雾0 h、前1 h气温特征

气温(℃)	0 h		前1 h	
	频数(次)	出现频率(%)	频数(次)	出现频率(%)
≤6	0	0.0	0	0.0
(6,9]	4	2.1	4	2.1
(9,12]	15	7.9	15	7.9
(12,15]	31	16.3	31	16.3
(15,18]	55	28.9	56	29.5
(18,21]	53	27.9	55	28.9
(21,24]	32	16.8	29	15.3
(24,27]	0	0.0	0	0.0
>27	0	0.0	0	0.0

表3.27 雾天昼夜温差频率分布

温差(℃)	频数(次)	频率(%)
<3	37	19.5
[3,4)	26	13.7
[4,5)	35	18.4
[5,6)	33	17.4
[6,7)	23	12.1
[7,8)	22	11.6
[8,9)	8	4.2
[9,10)	3	1.6
≥10	3	1.6

3.7.1.4 定时风向

起雾0 h以N、NNE风向居多，两者出现频率分别为19.5%、16.3%，起雾前1 h也以N、NNE风向居多，两者出现频率分别为18.4%、17.4%（表3.28）。

表3.28 起雾0 h、前1 h定时风向

定时风向	0 h		前1 h	
	频数(次)	出现频率(%)	频数(次)	出现频率(%)
N	37	19.5	35	18.4
NNE	31	16.3	33	17.4
NE	16	8.4	16	8.4

续表

定时风向	0 h		前 1 h	
	频数(次)	出现频率(%)	频数(次)	出现频率(%)
ENE	14	7.4	13	6.8
E	14	7.4	16	8.4
ESE	17	8.9	14	7.4
SE	10	5.3	9	4.7
SSE	4	2.1	5	2.6
S	1	0.5	6	3.2
SSW	7	3.7	3	1.6
SW	3	1.6	5	2.6
WSW	4	2.1	4	2.1
W	2	1.1	2	1.1
WNW	1	0.5	4	2.1
NW	5	2.6	6	3.2
NNW	17	8.9	15	7.9
C	7	3.7	4	2.1

3.7.1.5 风速

起雾 0 h 93.7%风速小于 4 m/s，其中 66.3%小于 2 m/s；起雾前 1 h 92.0%风速小于 4 m/s，其中 64.2%小于 2 m/s（表 3.29）。

表 3.29 起雾 0 h、前 1 h 风速

风速(m/s)	0 h		前 1 h	
	频数(次)	出现频率(%)	频数(次)	出现频率(%)
≤1	55	28.9	57	30.0
(1,2]	71	37.4	65	34.2
(2,3]	30	15.8	36	18.9
(3,4]	22	11.6	17	8.9
(4,5]	8	4.2	11	5.8
(5,6]	3	1.6	3	1.6
(6,7]	1	0.5	1	0.5
(7,8]	0	0.0	0	0.0
(8,9]	0	0.0	0	0.0
(9,10]	0	0.0	0	0.0

3.7.1.6 降水量

起雾 0 h 99.5%降水量小于 0.5 mm；起雾前 1 h 98.9%降水量小于 0.5 mm（表 3.30）。事实上，起雾前后 5 h 内 95%以上降水量均小于 0.5 mm（图 3.42），说明起雾时一般无雨。

表 3.30 起雾 0 h、前 1 h 降水量

降水量(mm)	0 h		前 1 h	
	频数(次)	出现频率(%)	频数(次)	出现频率(%)
≤0.5	189	99.5	188	98.9
(0.5,1]	1	0.5	2	1.1
(1,5]	0	0.0	0	0.0
(5,10]	0	0.0	0	0.0

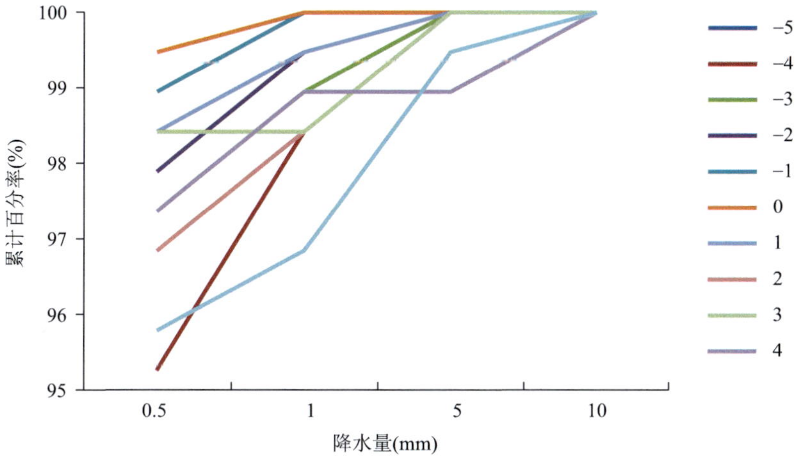

图 3.42 起雾前后 5 h 降水量累计百分率

3.7.1.7 气压

起雾 0 h 97.9%气压大于 1000 hPa；起雾前 1 h 96.8%气压大于 1000 hPa（表 3.31）。

表 3.31 起雾 0 h、前 1 h 气压

气压(hPa)	0 h		前 1 h	
	频数(次)	出现频率(%)	频数(次)	出现频率(%)
≥1000	186	97.9	184	96.8
<1000	4	2.1	6	3.2

3.7.1.8 露点

起雾 0 h 79.4%露点集中在 12～21 ℃，其中在 15～18 ℃的出现频率达 32.6%；起雾前 1 h 79.0%露点集中在 12～21 ℃，其中在 15～18 ℃的出现频率达 31.6%（表 3.32）。

表 3.32 起雾 0 h、前 1 h 露点

露点(℃)	0 h		前 1 h	
	频数(次)	出现频率(%)	频数(次)	出现频率(%)
≤6	0	0.0	1	0.5
(6,9]	5	2.6	4	2.1
(9,12]	18	9.5	20	10.5

续表

露点(℃)	0 h		前 1 h	
	频数(次)	出现频率(%)	频数(次)	出现频率(%)
(12,15]	35	18.4	34	17.9
(15,18]	62	32.6	60	31.6
(18,21]	54	28.4	56	29.5
(21,24]	16	8.4	15	7.9
(24,27]	0	0.0	0	0.0
>27	0	0.0	0	0.0

3.7.2 大雾形成影响因子分析

3.7.2.1 相关性分析

大雾天的出现与昼夜温差、气温、相对湿度、露点为正相关关系，与降水量、风速、气压为负相关关系（表 3.33）。其中大雾与相对湿度的正相关系数最高，为 0.686，与风速的负相关关系最高，为−0.616。

表 3.33 雾出现影响因素相关系数

因子	相关系数
温差	0.143*
降水量	−0.068
气温	0.252**
相对湿度	0.686**
风速	−0.616**
气压	−0.318**
露点	0.509**

注：*通过 $\alpha=0.05$ 显著性检验，**通过 $\alpha=0.01$ 显著性检验。

3.7.2.2 主成分分析

由相关性分析结果并参考文献，选取相对湿度、气温、风速三个气象因子，利用 SPSS17.0 软件进行主成分分析，经计算得到解释总方差及成分矩阵，具体结果见表 3.34—表 3.35。

表 3.34 解释的总方差

成分	初始特征值			提取平方和载入		
	合计	方差(%)	累积方差(%)	合计	方差(%)	累积方差(%)
1	1.558	51.925	51.925	1.558	51.925	51.925
2	1.017	33.899	85.823	1.017	33.899	85.823
3	0.425	14.177	100	—	—	—

表 3.35　成分矩阵

因子	成分	
	1	2
气温	0.495	−0.826
相对湿度	0.723	−0.579
风速	−0.889	−0.011

根据计算结果，$\lambda_1=1.558$，$\lambda_2=1.017$，提取特征值大于 1 的两个主成分，其贡献率分别为 51.928%、33.899%，累积贡献率达 85.823%，超过 80%，说明两个主成分基本上保留了原数据的方差信息。由成分矩阵得知，第一主成分主要说明相对湿度和风速两个指标的信息，其值均大于 0.6，第二主成分则主要说明气温和相对湿度两个指标的信息，两个主成分基本包含了总体的全部信息。

设主成分向量为 $\boldsymbol{\beta}_i$（$i=1, 2$），则由成分矩阵和特征向量可计算出特征向量：

$$\boldsymbol{\gamma}_i=\boldsymbol{\beta}_i/\sqrt{\lambda_i}\quad(i=1, 2)$$

$$\boldsymbol{\gamma}_i=\begin{pmatrix}0.397 & -0.819\\ 0.579 & -0.574\\ -0.712 & -0.011\end{pmatrix}$$

由主成分公式：

$$F_i=\boldsymbol{\gamma}_i\times \boldsymbol{ZX}$$

式中，$\boldsymbol{ZX}$ 为 $\boldsymbol{X}$ 标准化后所得的矩阵，因为 $\boldsymbol{X}$ 的样本空间太大，在此不引入 $\boldsymbol{X}$、$\boldsymbol{ZX}$ 的原数据矩阵，直接给出运算结果，可以得到：

$$F_1=0.397\boldsymbol{ZX}_1+0.579\boldsymbol{ZX}_2-0.712\boldsymbol{ZX}_3$$

$$F_2=-0.819\boldsymbol{ZX}_1-0.574\boldsymbol{ZX}_2-0.011\boldsymbol{ZX}_3$$

综合主成分为：

$$F=\frac{\lambda_1}{\lambda_1+\lambda_2}+\frac{\lambda_2}{\lambda_1+\lambda_2}=0.605F_1+0.395F_2$$

最终的主成分综合模型为：

$$F=-0.084\boldsymbol{ZX}_1+0.124\boldsymbol{ZX}_2-0.435\boldsymbol{ZX}_3$$

由最终的主成分综合模型得知，风速和相对湿度对北部湾海雾天气的影响较大，是关键控制因素。

3.7.2.3　大雾形成与关键影响因子分析

（1）相对湿度

定义相对湿度系数为：

$$F_h=\text{大雾天出现频数/某相对湿度出现频数}$$

F_h 越大表示在该相对湿度条件下大雾天出现的可能性越大，反之则越小。

表 3.36 为雾天相对湿度分布范围及相对湿度系数表。由该表可知，相对湿度大于 95% 时的相对湿度系数最大，为 0.966，说明在该湿度条件下大雾天出现的可能性最大，相比较之下，相对湿度小于 90%时大雾天出现的可能性较小，其相对湿度系数均小于 0.1。

表 3.36　雾天相对湿度分布范围及相对湿度系数

相对湿度（%）	相对湿度出现频数（次）	大雾天出现频数（次）	相对湿度系数 F_h
≤85	63	1	0.016
(85,90]	23	2	0.087
(90,95]	107	72	0.673
(95,100]	119	115	0.966

（2）风速

定义风速系数为：

$$F_w=\text{大雾天出现频数}/\text{某风速出现频数}$$

F_w 越大表示在该风速条件下大雾天出现的可能性越大，反之则越小。

表 3.37 为雾天风速分布范围及风速系数表。由该表可见，风速越小，大雾天出现的可能性越大，其中风速在 1～2 m/s 时其风速系数为 0.816，小于等于 1 m/s 时为 1.000，说明在该风速条件下大雾天出现得可能性很大。相比较之下，在风速大于 6 m/s 基本不可能出现大雾天气。

表 3.37　雾天风速分布范围及风速系数

风速(m/s)	风速出现频数(次)	大雾天出现频数(次)	风速系数
≤1	55	55	1.000
(1,2]	87	71	0.816
(2,3]	51	30	0.588
(3,4]	42	22	0.524
(4,5]	35	8	0.229
(5,6]	28	3	0.107
(6,7]	13	1	0.077
(7,8]	1	0	0.000
(8,9]	0	0	0.000
(9,10]	0	0	0.000

（3）大雾天气与相对湿度及风速的综合分析

将 190 个大雾天气发生时（0 h 的相对湿度、风速绘制散点图，综合分析大雾天气与两者的关系，将大雾发生的集中范围分为四个区域，如图 3.43 所示。

表 3.38 为雾天相对湿度和风速分区表。由该表可以看出，区域Ⅰ大雾天气发生频数最高，区域Ⅱ、Ⅲ次之，区域Ⅳ最低。即大雾天气发生频率最高的相对湿度及风速范围：相对湿度 95%～100%；风速 0～3 m/s。

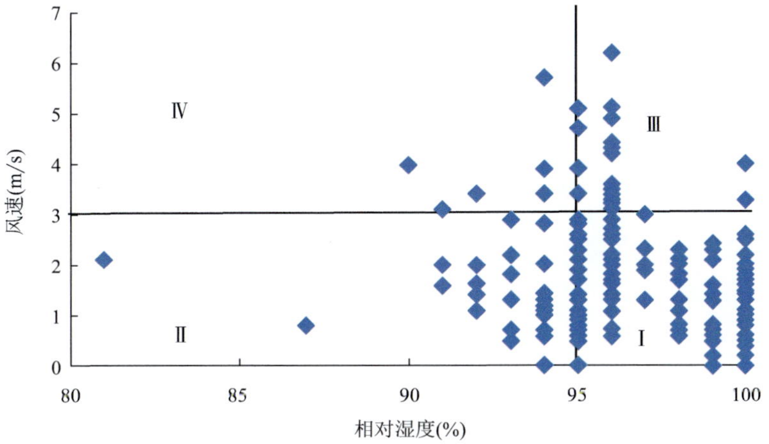

图 3.43　大雾天气相对湿度和风速分布散点图

表 3.38　雾天相对湿度和风速分区

分区	相对湿度(%)	风速(m/s)
Ⅰ	95～100	0～3
Ⅱ	80～95	0～3
Ⅲ	95～100	3～7
Ⅳ	80～95	3～7

3.7.3　大雾预测模型

3.7.3.1　建模

利用数值量化大雾天气，雾天为1，非雾天为0。对大雾天气数据进行统计，采用逻辑回归方法分析大雾天气出现与相对湿度、风速的关系。

根据参数估计值表（表3.39）得到北部湾大雾预报模型如下：

$$P(Y)=\begin{cases}\dfrac{\exp(0.484H-42.123W)}{1+\exp(0.484H-42.123W)} & (Y=1)\\ \dfrac{1}{1+\exp(0.484H-42.123W)} & (Y=0)\end{cases}$$

式中，当 $Y=1$ 的概率大于 $Y=0$ 时，表示大雾出现的概率大于不出现的概率，即可认为会出现大雾天气。从表中的卡方值统计量可知，大雾天气出现影响的气象因子中相对湿度的卡方值大于风速，说明相对湿度对大雾天气的影响高于风速。

表 3.39　逻辑回归方程参数估计值

变量名	系数	标准误差	卡方值	自由度	Sig	期望值	95%置信区间	
							最小值	最大值
相对湿度	0.484	0.084	33.250	1	0.000	1.622	1.376	1.912
风速	−42.123	7.835	28.907	1	0.000	0	0.321	0.594

3.7.3.2 模型验证

随机选取2008—2011年无雾天气101次，大雾天气113次，利用3.7.3.1所建立的预测模型进行预测，无雾天气预测准确率为75.2%，有雾天气预测准确率为77.9%，总预测准确率为76.6%（表3.40）。

表3.40 海雾天气预测模型验证表

观测值	预测值		预测准确率(%)
	无雾(0)	有雾(1)	
无雾(0)	76	25	75.2
有雾(1)	25	88	77.9
总预测准确率(%)			76.6

3.8 本章小结

本章研究了广西霾的时空变化特征及气象要素、天气形势对霾天气的影响，归纳出广西霾的天气概念模型，并详细分析了各类典型霾天气过程。同时还分析了广西北部湾海雾的时间变化特征，建立了北部湾海雾遥感识别模型并提出海雾监测与预报的新方法。

（1）1960—2013年广西霾日数总体呈上升趋势，与该地区人类活动和经济发展引起的污染排放增长密切相关。空间分布呈现主要城市及其周边地区多，边远地区及沿海地区少的特点。广西霾天气主要发生在秋冬，以轻微霾（能见度5～10 km）为主，且霾天气发生时的相对湿度八成以上介于70%～90%。

（2）造成广西霾天气的天气形势主要有8种类型：冷高压脊控制型、入海高压后部型、低压槽型、均压场型、冷锋前部型、副高控制型、静止锋暖区型和热带气旋外围型，其中冷高压脊控制型、入海高压后部型、均压场型和低压槽型是4种主要的环流型，其频率之和达到73.3%，冷高压脊控制型造成的广西霾日最多，为26.2%；而静止锋暖区型和热带气旋外围型造成的霾日较少。

（3）由于冷高压脊和副热带高压是较稳定的天气尺度系统，通常情况下其生命史较长，所以这两种天气类型造成的霾过程持续时间比较长，平均持续2 d以上；冷锋常处于不断的移动与变化中，因而冷锋前部型的霾过程持续时间最短，一般仅维持1 d。

（4）广西出现霾日时各类天气型的共同特征：广西区域地面风场为静风或弱小风区，中低空一般是负涡度区，受辐散下沉气流影响，污染物不易扩散。

（5）低能见度、低风速、少雨、稳定的大气层结、逆温、不利的天气形势等气象条件是霾天气预警预测的重要依据。

（6）广西北部湾地区多数站点轻雾发生频次呈增加趋势，多数站点大雾发生频次呈减少趋势。各站点轻雾、大雾主要集中发生在每年1—4月和12月，这5个月轻雾出现概率达53.9%～83.3%、大雾出现概率达80.2%～98.4%，其中2—3月是雾出现最集中的月份。

随着温度升高、大气湿度降低，多数站点表现出轻雾日数增加、大雾日数减少的趋势。温度的升高促进了海面水汽蒸发是轻雾日数增加的原因，但温度升高和湿度降低的耦合作用不利于大雾的形成，造成了多数站点大雾日数减少。

（7）FY-2E卫星影像对北部湾地区白天海雾的区分度较高，总体上白天雾区表现出亮度较低、纹理细腻的特征，其光谱及纹理特性与洋面、中高云多无交叠现象，但大雾与低云区有部分混淆。利用面向对象分类方法，选择适合阈值基于边缘检测算法进行多尺度分割，同时基于纹理算法进行对象合并，根据光谱 Spectral _ Mean 和纹理 Texture _ Mean 两个影像特征可将海雾进行有效分离。利用该方法检测2012年2—4月典型晴空天气条件下白天海雾，根据同步地面能见度观测资料进行精度验证，海雾监测误警率9.1%，命中率76.9%，成功指标71.4%，总体监测效果较理想。

（8）北部湾地区大雾天的出现与昼夜温差、气温、相对湿度、露点为正相关关系，与降水量、风速、气压为负相关关系，且相对湿度和风速是该地区大雾天气的最关键控制因子。在相对湿度越大，风速越小时北部湾海域大雾天气出现的可能性越大，且在相对湿度为95%～100%、风速为0～3 m/s时起雾的频率最高。选取相对湿度和风速两个气象因子采用逻辑回归方法建立了大雾天气预测模型，该模型对无雾天气预测准确率为75.2%，有雾天气预测准确率为77.9%，总预测准确率为76.6%。

第4章 遥感技术在广西环境气象业务中的应用

4.1 大气气溶胶遥感监测

气溶胶粒子是指悬浮在大气中的直径为 0.001～10 μm 的固体或液体粒子，通常来源于土壤、海洋、生物圈、火山喷发或人类活动。大气气溶胶粒子有诸多危害，例如影响交通及出行、引发多种呼吸道疾病等。而气溶胶粒子也是云雨滴的凝结核。因此，大气气溶胶正受到包括气象、化学、物理、环境科学等各个学科的广泛关注。

大气气溶胶的辐射强迫历来被认作为气候系统中的最主要的不确定因素之一，它直接和间接地影响辐射平衡，从而对气候变化产生影响，而大气气溶胶的不确定性也为遥感影像的大气校正带来困难。因此，气溶胶研究已成为当今国际学术界研究的热点之一。

卫星遥感气溶胶研究始于 20 世纪 70 年代中期，首先用于对海洋上空的气溶胶光学厚度（AOD）反演。我国对气溶胶遥感的研究始于 20 世纪 80 年代。常用的方法包括基于暗像元的单通道和多通道算法、基于对比度差异的空间结构法、多角度遥感和偏振遥感四大类。

广西地处中国地势第二阶梯中的云贵高原东南边缘，两广丘陵西部，地势西北高、东南低，呈现西北向东南倾斜。地貌总体由山地、丘陵、台地、平原、石山和水面六大类构成。广西属亚热带季风气候和热带季风气候，总体植被覆盖度较高，因此，广西的气溶胶遥感监测主要采用暗象元算法。

暗象元算法的计算原理如下。

假设陆地表面为均匀朗伯体表面，大气垂直均匀变化，则表观发射率 $\rho(u_v)$ 可表示为：

$$\rho(\mu_v)=L_0(\mu_v)+\frac{r}{1-rS}\mu_s F_0\cdot T(\mu_s)\cdot T(\mu_v) \tag{4.1}$$

式中，$\mu_v=\cos\theta_v$，$\mu_s=\cos\theta_s$，θ_v 和 θ_s 分别为卫星天顶角和太阳天顶角。$L_0(\mu_v)$ 为观测方向的路径辐射项，r 为朗伯体地表反射率，S 为大气下界的半球反射率，T 为大气透过率，F_0 为大气层顶与太阳光垂直方向的辐射通量密度。

利用入射太阳辐射项 $\mu_s F_0$ 对式（4.1）进行归一化，可将式子化为：

$$\rho_{TOA}(\mu_s,\ \mu_v,\ \varphi)=\rho_0(\mu_s,\ \mu_v,\ \varphi)+\frac{T(\mu_v)\rho_s(\mu_s,\ \mu_v,\ \varphi)}{1-\rho_s(\mu_s,\ \mu_v,\ \varphi)S} \tag{4.2}$$

式中，$\rho_{TOA}(\mu_s,\ \mu_v,\ \varphi)$ 为表观反射率，$\rho_0(\mu_s,\ \mu_v,\ \varphi)$ 为大气路径辐射项等效反射率，$\rho_s(\mu_s,\ \mu_v,\ \varphi)$ 为地表二向反射率，当地表为朗伯体时为 r；φ 为相对方位角，$T(\mu_v)$ 为总透过率，S 为大气后向散射比。

$\rho_0(\mu_s, \mu_v, \varphi)$、$T(\mu_v)$ 和 S 虽然都是未知量，但它们都是 AOD 的函数，可以通过 6S 模式获得。将给定的 AOD 值和角度数据代入 6S 模式中，即可建立包含 $\rho_0(\mu_s, \mu_v, \varphi)$、$T(\mu_v)$、$S$、三维角度数据和 AOD 的七维查找表。

反演 AOD 时，先通过角度数据锁定查找表中所有可能的 $\rho_0(\mu_s, \mu_v, \varphi)$、$T(\mu_v)$、$S$ 组合，并逐一将它们与地表反射率 $\rho_s(\mu_s, \mu_v, \varphi)$ 一起代入式（4.2）模拟表观反射率。将模拟表观反射率与实际表观反射率作差，选出差值最小的 $\rho_0(\mu_s, \mu_v, \varphi)$、$T(\mu_v)$、$S$ 组合，即可找到对应的 AOD 值。

地表反射率 $\rho_s(\mu_s, \mu_v, \varphi)$ 并非已知量，需要通过暗像元法获得。Kaufman 等（1997）通过大量的研究发现，在植被覆盖度较高或土壤反射率较低的区域（暗像元区）中，红光通道（0.65 μm）和蓝光通道（0.47 μm）的地表反射率与短波红外通道（2.13 μm）的表观反射率有良好的线性关系：

$$\begin{cases} \rho_{s\_red} = \dfrac{\rho_{TOA\_2.1}}{2} \\ \rho_{s\_blue} = \dfrac{\rho_{TOA\_2.1}}{4} \end{cases} \tag{4.3}$$

式中，ρ_{s_red} 和 ρ_{s_blue} 分别为红光和蓝光通道的地表反射率，$\rho_{TOA\_2.1}$ 为中红外通道的表观反射率。通过代入 $\rho_{TOA\_2.1}$，可分别得到红通道、蓝通道两套查找表。将红、蓝波段分别计算得出气溶胶光学厚度并取平均，从而得到最终的 AOD 值。

4.1.1 MODIS 卫星气溶胶光学厚度遥感监测

近年来，我国及周边国家和地区经济迅猛增长，在区域经济繁荣的同时，污染物的排放也骤然增加。这些污染物除了会引起当地空气质量的下降，还可能通过长距离输送影响到其他国家和地区。春季的中南半岛是一个气溶胶光学厚度的高值区，其主要原因是该地区普遍存在燃烧农作物残余的习惯，污染物主要是生物质燃烧排放。而中南半岛处于季风区，春夏季的西南季风是否会将该地区的污染物输送到我国南部地区，就这一问题，国内外众多学者展开了研究。Deng 等（2008）通过分析模式模拟结果、风场和前向轨迹发现，东南亚的高浓度气溶胶和烟羽能够输送到我国的珠江三角洲地区，影响其下风向的广州的空气质量。Chuang 等（2014）通过分析台湾鹿林山大气背景站的长期观测结果，发现该地区每年 3 月含碳气溶胶含量都有明显的增加，并认为该现象是中南半岛春季生物质燃烧活动导致的。Lin 等（2009）分析了东南亚生物质燃烧排放的污染物在源区的化学、物理和辐射性质，并通过模式模拟发现，中南半岛的生物质燃烧排放物会经过抬升和高空输送到达台湾地区，并在东北季风的影响下，沉降到地面，从而影响台湾地区的空气质量。

广西与东南亚中南半岛接壤，受到中南半岛气溶胶影响的可能性更大，但目前有关中南半岛气溶胶对广西影响的研究很少，因此，本节将探究中南半岛气溶胶对广西的影响。

本研究采用了卫星遥感数据及气象观测数据。遥感数据为 MODIS 传感器的 MOD02 数据和 MOD04 数据，其中 MOD02 数据用于火点的监测以及气溶胶光学厚度的反演，MOD04 数据用于统计中南半岛生物质燃烧期间气溶胶的平均分布情况。气象数据为高空观测实况数据，包括 850 hPa、700 hPa 及 500 hPa 风场图等。

研究首先选取 2016 年 3—4 月的 MODIS 影像对中国广西、云南省及中南半岛区域进行了遥感火点识别，再对 2016 年 3—4 月广西、云南及中南半岛地区逐日的 MOD04 数据做月平均处理，得到月平均气溶胶光学厚度分布图，并对该时间段的火点做点密度分析，得到火点密度图。实验获取到的火点共计 646 个，其中广西火点 22 个，云南 58 个，越南 152 个，老挝 219 个，泰国 77 个，缅甸 118 个，具体分布情况如图 4.1 所示。

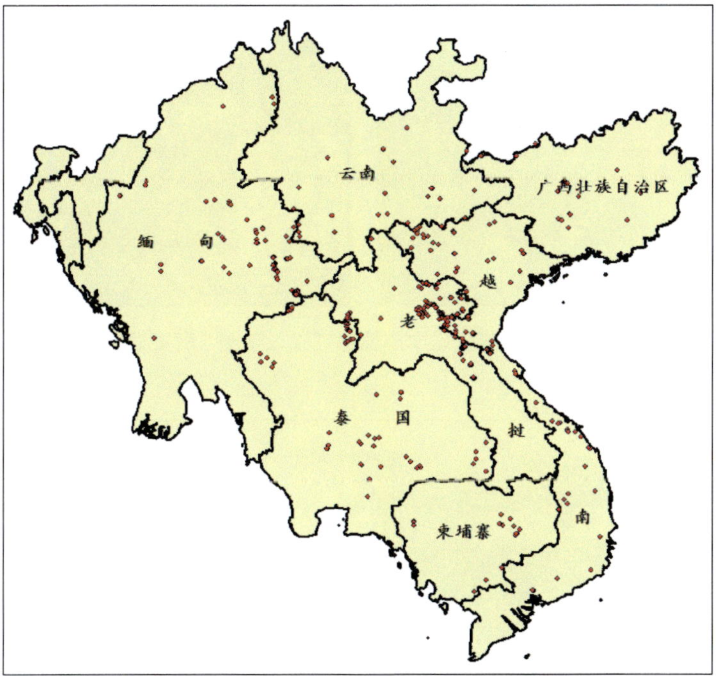

图 4.1　2016 年 3—4 月中南半岛火点分布图（单位：个）

从图 4.1 可以看出，2016 年 3—4 月，中国广西、云南省及中南半岛各国均有火点分布，其中广西壮族自治区、云南省以及缅甸、泰国、柬埔寨火点分布较为稀疏，老挝及越南火点分布较为密集。整个中南半岛火点分布最密集的区域为河内、荣市、川扩附近的老挝—越南交界处。

将火点密度图与月平均气溶胶光学厚度分布图进行比较，结果如图 4.2 所示。

2016 年 3—4 月，中南半岛 AOD 分布主要为东北—西南走向，从莫塔马湾沿岸横穿缅甸、泰国、老挝、越南直至桂西南。高值区主要有两块，一块是难府、万象附近的泰国—老挝交界处，另一块是河内、川扩附近的老挝、越南交界处。从火点密度分布图可以看出，火点高密度区（火点密度＞9）同样位于老挝北部，AOD 高值区位于火点密集区的正上方及下风方。由此可见，中南半岛 3—4 月生物质燃烧是该地区气溶胶污染的重要原因之一，且气溶胶的污染源位于老挝北部。

理论上，若 3—4 月老挝北部地区上空有西南气流，就有可能将气溶胶颗粒输送到广西。但这一结论需要实例的佐证。因此，本节选取了两个典型污染个例进行分析研究。

个例一：2010 年 4 月 12 日。

将 2010 年 4 月 12 日 14：10 的 MOD02 数据通过暗像元法反演得到的 AOD 图像，并与当天 14 时的风矢量图作比较（图 4.3）。

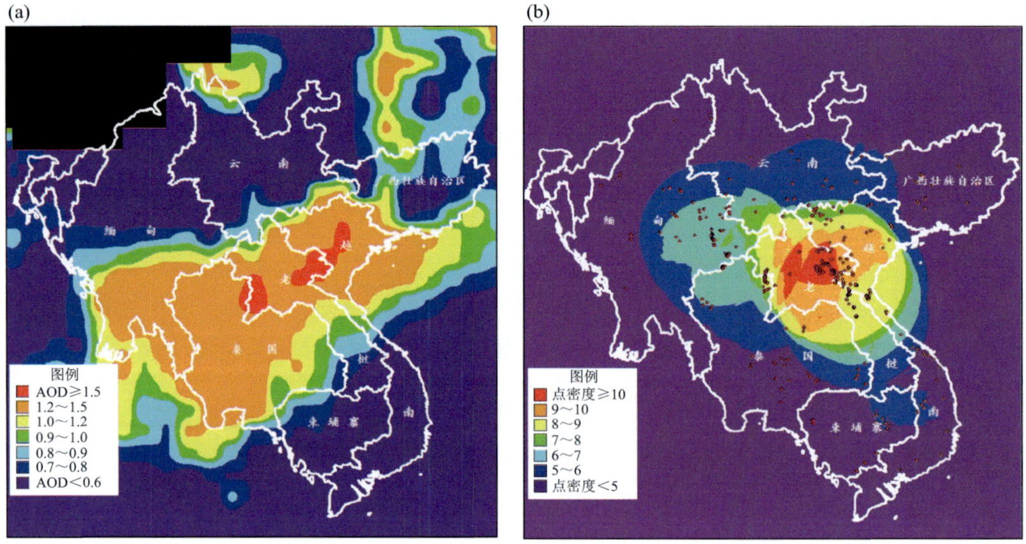

图 4.2　2016 年 3—4 月平均气溶胶光学厚度图（a）与火点密度分布图（b）（单位：个）

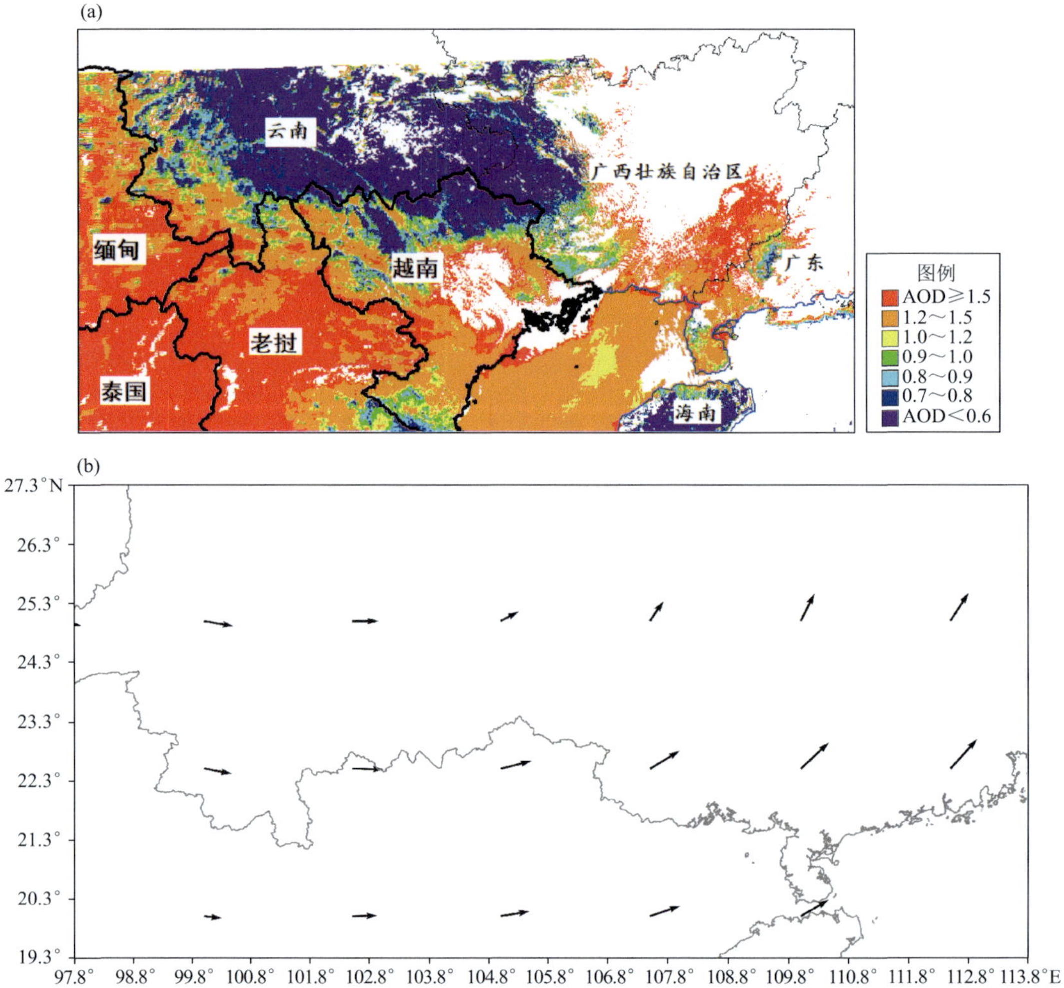

图 4.3　2010 年 4 月 12 日 06 时 AOD 分布图（a）及 850 hPa 风矢量图（b）（单位：m/s）

风矢量图中，箭头的方向代表风向，箭头的长短代表风速。结合图 4.3a、b 分析，2010 年 4 月 12 日 14 时，西南气流从孟加拉湾进入缅甸后，于老挝北部转为西北风，将泰国、老挝交界区域的高浓度气溶胶颗粒沿着云南边境线带到越南及北部湾海面。与此同时，南海上空盛行偏南气流，在越南到北部湾海面一带与从老挝北部西北气流汇合成为较强的西南风，将高浓度气溶胶颗粒从北部湾海面带入广西，并对整个桂东地区造成污染。

个例二：2015 年 4 月 4 日。

2015 年 4 月 4 日 11 时 40 分的 AOD 分布图和当日 14 时的风矢量图如图 4.4 所示。风矢量图比 AOD 分布图晚了 2 h 20 min，但通过早上 08 时风矢量图对比分析，当日研究区域 850 hPa 总体风向风速变化不大，因此可以用 14 时风矢量图近似分析 2 h 20 min 前的气溶胶分布情况。

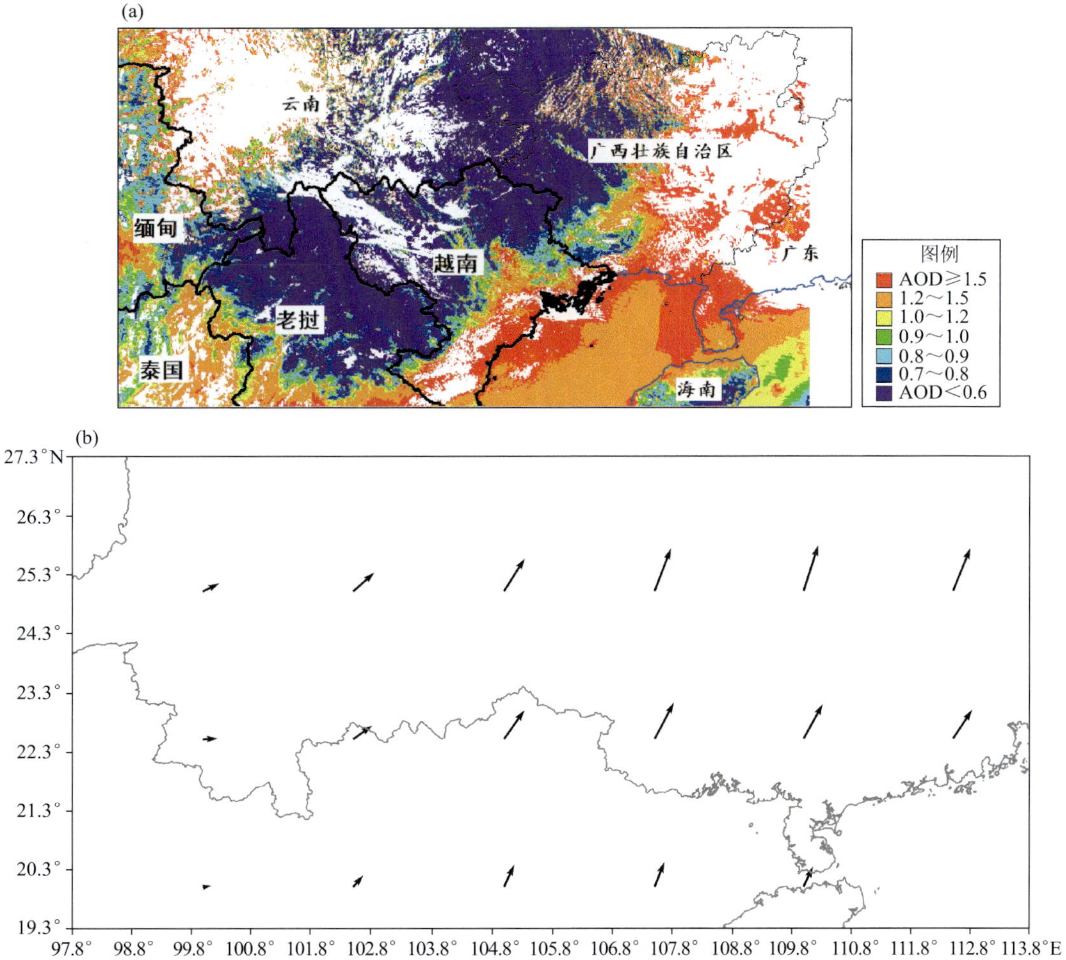

图 4.4　2015 年 4 月 4 日 12 时 AOD 分布图（a）及 850 hPa 风矢量图（b）（单位：m/s）

2015 年 4 月 4 日 11 时，西南气流从孟加拉湾进入缅甸之后，分为两路。一路沿着原来的方向继续向东北方向流动，进入滇北及青藏高原地区；另一路沿着云南边境线进入泰国、老挝，将难府、万象、彭世洛附近的泰国—老挝交界区域的高浓度气溶胶颗粒穿过河内以南地区，抵达越南沿岸及北部湾海面。由于南沙群岛附近存在高压系统，中南半岛南部地区盛行偏南气流，在越南沿岸及北部湾海面一带与从老挝北部偏西气流汇合成为较强的西南风，将高浓度气溶胶颗粒沿着越南海岸线，从北部湾海面带入广西，并对整个桂东地区造成污染。

从以上两个个例可以看出，在3—4月，850 hPa的西南气流很可能会将老挝、泰国交界区域的高浓度气溶胶颗粒输送到越南沿岸及北部湾海面，并与南海或中南半岛南部的偏南气流汇合并加强，从而进入广西，对广西尤其是桂东区域造成污染。

4.1.2 FY-3卫星气溶胶光学厚度遥感监测

MERSI（Medium Resolution Spectral Imager）是搭载在我国第二代极轨气象卫星风云三号系列上的中分辨率成像光谱仪。其中第一颗实验星FY-3A于2008年成功发射，在国内第一次实现利用自主卫星开展全球的气溶胶光学特性监测，而后卫星FY-3B（2010年）、FY-3C（2013年）、FY-3D（2018年）先后成功发射并投入业务运行，其中卫星FY-3A/3B/3C上的成像仪为MERSI-I，FY-3D上的为第二代成像仪MERSI-II，MERSI-II在-I的基础上将MERSI和VIRR两个仪器的功能整合在一起，实现了可见、近红外、热红外等通道的整合，两代成像仪的通道设置如表4.1所示。从表4.1中可以看到卫星FY-3/MERSI的通道设置与MODIS较为相似，因此其陆上气溶胶反演参考MODIS的暗像元法进行开发，获得了白天晴空条件下植被暗背景区域上空的大气气溶胶光学厚度和Angstrom指数产品。

表4.1 FY-3卫星上的中分辨率成像光谱仪的通道设置

MERSI-I			MERSI-II		
通道号	中心波长（μm）	空间分辨率（km）	通道号	中心波长（μm）	空间分辨率（km）
1	0.470	0.25	1	0.470	0.25
2	0.550	0.25	2	0.550	0.25
3	0.650	0.25	3	0.650	0.25
4	0.865	0.25	4	0.865	0.25
5	11.25	0.25	5	1.38	1
6	1.64	1	6	1.64	1
7	2.13	1	7	2.13	1
8	0.412	1	8	0.412	1
9	0.443	1	9	0.443	1
10	0.490	1	10	0.490	1
11	0.520	1	11	0.555	1
12	0.565	1	12	0.670	1
13	0.650	1	13	0.709	1
14	0.685	1	14	0.746	1
15	0.765	1	15	0.865	1

续表

MERSI-I			MERSI-II		
通道号	中心波长（μm）	空间分辨率（km）	通道号	中心波长（μm）	空间分辨率（km）
16	0.865	1	16	0.905	1
17	0.905	1	17	0.936	1
18	0.940	1	18	0.940	1
19	0.980	1	19	1.03	1
20	1.03	1	20	3.8	1
			21	4.05	1
			22	7.2	1
			23	8.550	1
			24	10.8	0.25
			25	12.0	0.25

假设下垫面是反射率为 R_{surf} 的均匀朗伯体并且大气水平均一时，则 R_{sat} 可表示为：

$$R_{sat}(\tau_a,\omega_0;\mu,\varphi;\mu_0,\varphi_0)=R_{atm}(\tau_a,\omega_0;\mu,\varphi;\mu_0,\varphi_0)+T_{atm}(\tau_a,\omega_0;\mu_0)$$
$$T_{atm}(\tau_a,\omega_0;\mu)R_{surf}/(1-R_{surf}S_\lambda) \tag{4.4}$$

式中，R_{atm} 为大气程辐射，$T_{atm}(\mu_0)$ 和 $T_{atm}(\mu)$ 分别表示从太阳到地面以及从地面到卫星的大气层向下和向上的透过率，R_{surf} 为地表反射率，S_λ 代表大气后向散射比，$1/(1-R_{surf}S_\lambda)$ 代表大气层多次散射作用。

Kaufman 等（1997）通过大量飞机观测实验发现对于植被密集的地表反射率较低的地区，2.13 μm 短波红外通道的地表反射率与 0.47 μm、0.66 μm 可见光通道的地表反射率之间有很好的线性关系，而 2.13 μm 通道受气溶胶的影响是非常小的，这将有效减少多通道气溶胶反演算法过程中的未知量的个数，使得陆地气溶胶光学特性能进行求解，这即为“暗背景”算法的理论基础。反演的核心包含晴空像元的选择及暗背景的判断，地表反射率的确定以及多通道方程的求解。总体思路是：利用 2.13 μm 短波红外通道的地表反射率与 0.47 μm、0.66 μm 地表反射率的线性关系可以得到 0.47 μm、0.66 μm 通道的地表反射率，再由辐射传输模式建立的查算表（LUT）可得到 0.47 μm 和 0.66 μm 通道的光学厚度，最后用 Angstrom 指数进行插值即可得到 550 nm 的气溶胶光学厚度。其中 0.47 μm、0.66 μm、2.13 μm 三个通道的观测信息被同时用于反演中，因此除了 AOD 和地表反射率 R_{surf} 外，还能求解出另一个未知数细粒子比 η。考虑到卫星接收到的辐射值包含了粗粒子和细粒子的贡献。则

$$R_{sat,\lambda}=\eta R^f_{sat,\lambda}+(1-\eta)R^c_{sat,\lambda} \tag{4.5}$$

式中，$R^f_{sat,\lambda}$ 代表细粒子对表观反射率的贡献，$R^c_{sat,\lambda}$ 代表粗粒子对表观反射率的贡献，按照式（4.4）的辐射传输方程可分别写为：

$$R^f_{sat,\lambda}=R^f_{atm,\lambda}+T^f_{\mu_0,\lambda}T^f_{\mu,\lambda}R_{surf,\lambda}/(1-S^f_\lambda R_{surf,\lambda}) \tag{4.6}$$

$$R^c_{sat,\lambda}=R^c_{atm,\lambda}+T^c_{\mu_0,\lambda}T^c_{\mu,\lambda}R_{surf,\lambda}/(1-S^c_\lambda R_{surf,\lambda}) \tag{4.7}$$

对于查算表中的细粒子和粗粒子的气溶胶模型，分别将其对应的大气程辐射、半球反照

率以及双向透过率等带入式（4.4）计算得到 2.13 μm 地表反射率，进而用 0.47 μm 的观测信息通过插值方式获得不同细粒子条件下的多组 AOD 和 R_{surf}，将其带入式（4.5）计算出 0.66 μm 通道的辐射值与实际观测值的差异，此时得到的 AOD，地表反射率及细粒子比 η 即为最终解。

国内学者也开展了风云三号气象卫星气溶胶产品精度检验和评估工作，结果表明 MERSI 具有陆地气溶胶光学厚度的监测能力。周永波等（2014）利用卫星 FY-3A/MERSI 的数据反演了沙尘天气影响下的海上气溶胶产品。葛强等（2017）也用暗目标法从卫星 FY-3C 数据反演了陆地气溶胶产品，2014 年 5 月的反演结果与同期 AERONET 香河站进行检验，相关系数优于 0.8。

利用 2019 年全年晴空条件下的 FY-3D AOD 产品进行统计分析，可得到如图 4.5 所示的年均值空间分布图。从图中可以看到，AOD 的高值区主要分布在南宁市、贵港市、玉林市、来宾市以及沿海三市等地，低值区主要出现在桂西北及桂东北山区。

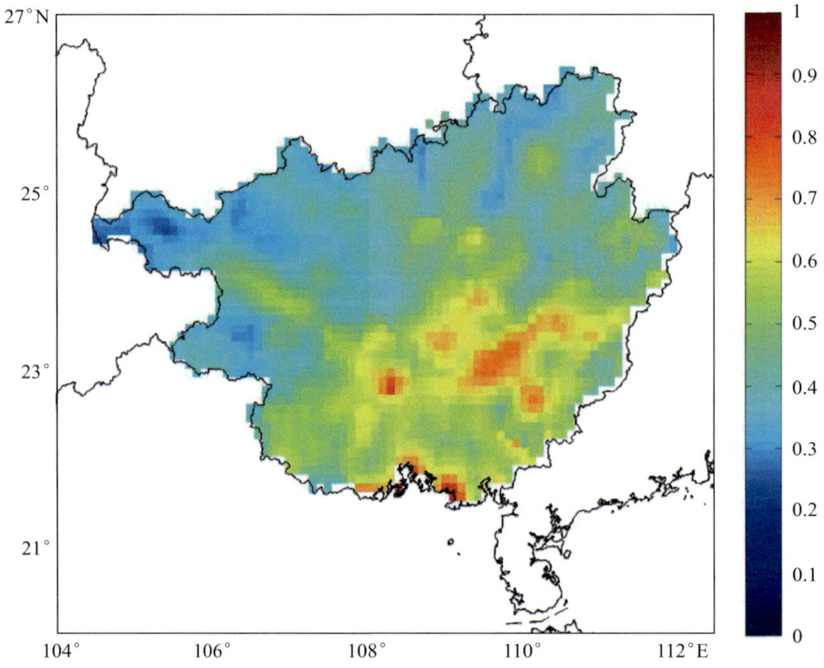

图 4.5 FY-3D/MERSI-Ⅱ 2019 年广西地区陆地气溶胶光学厚度产品年均值分布图

从季节分布来上来看，表征气溶胶消光能力的 AOD 呈现出春季高，秋季低的特征（图 4.6）。冬季的高值主要与人类活动排放量有关，夏季则因为相对湿度较大，气溶胶吸湿增长导致消光能力增强而出现高值。春季的高值则可能与中南半岛烧荒导致的污染物输送有关。以 2019 年 3 月 29 日和 3 月 30 日为例，从图 4.7 的卫星 FY-3D 叠加火点的真彩色合成图可以看到，中南半岛出现了大量生物质燃烧的火点，并且在火点上空出现明显的烟雾，3 月 29 日霾区主要在中南半岛，广西、云南等边境地区的空气质量良好，对应的 AOD 为低值（图 4.8）。而 3 月 30 日烟尘扩散至我国境内，明显影响了广西、云南等边境地区的空气质量，对应的真彩图出现灰白色霾区（图 4.7），并且 AOD 出现高值（图 4.8）。

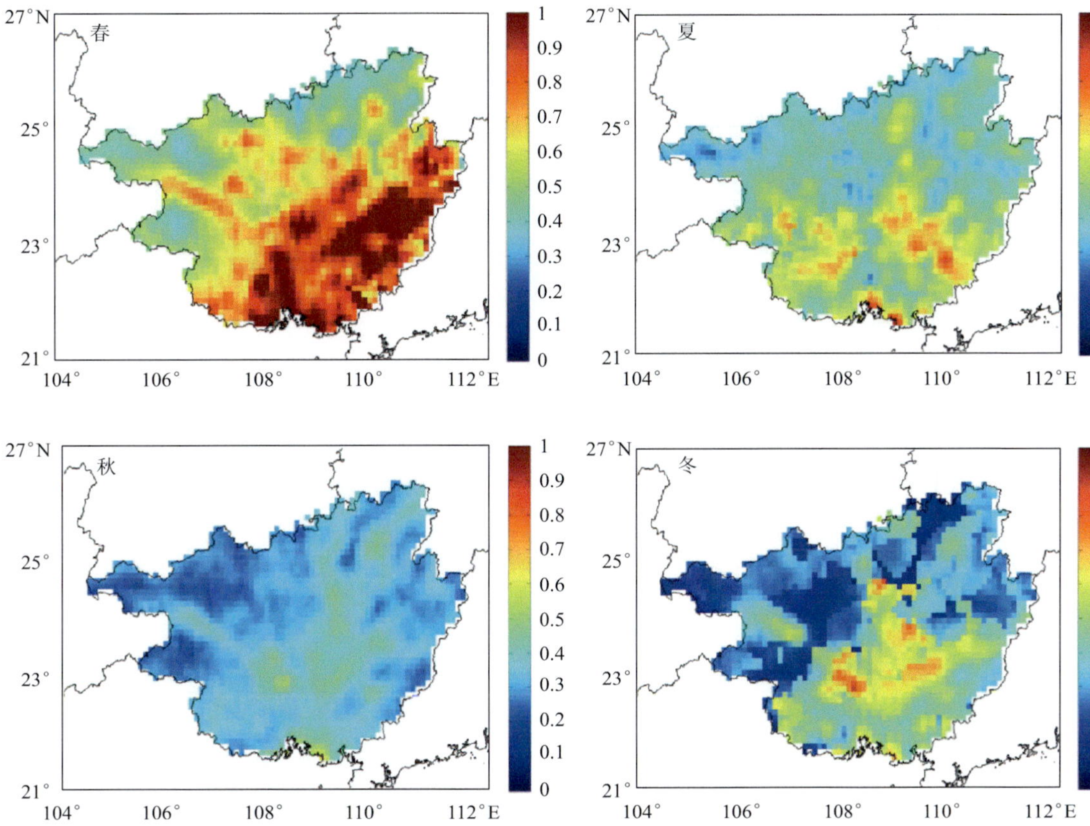

图 4.6　FY-3D/MERSI-Ⅱ 2019 年广西地区陆地气溶胶光学厚度产品季节均值分布图

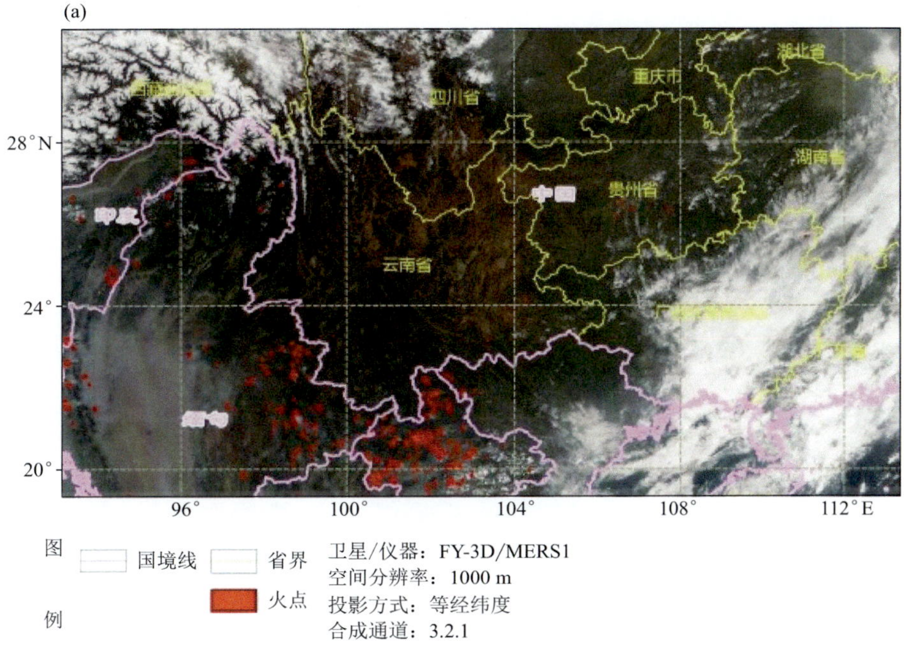

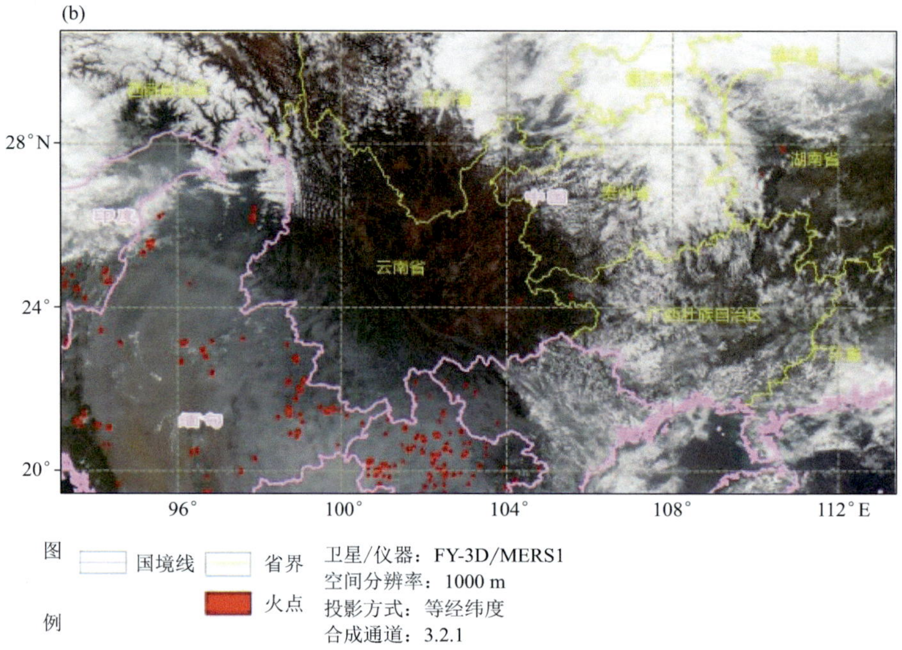

图 4.7　2019 年 3 月 29 日（a）及 30 日（b） FY-3D 气象卫星火情监测真彩色合成图

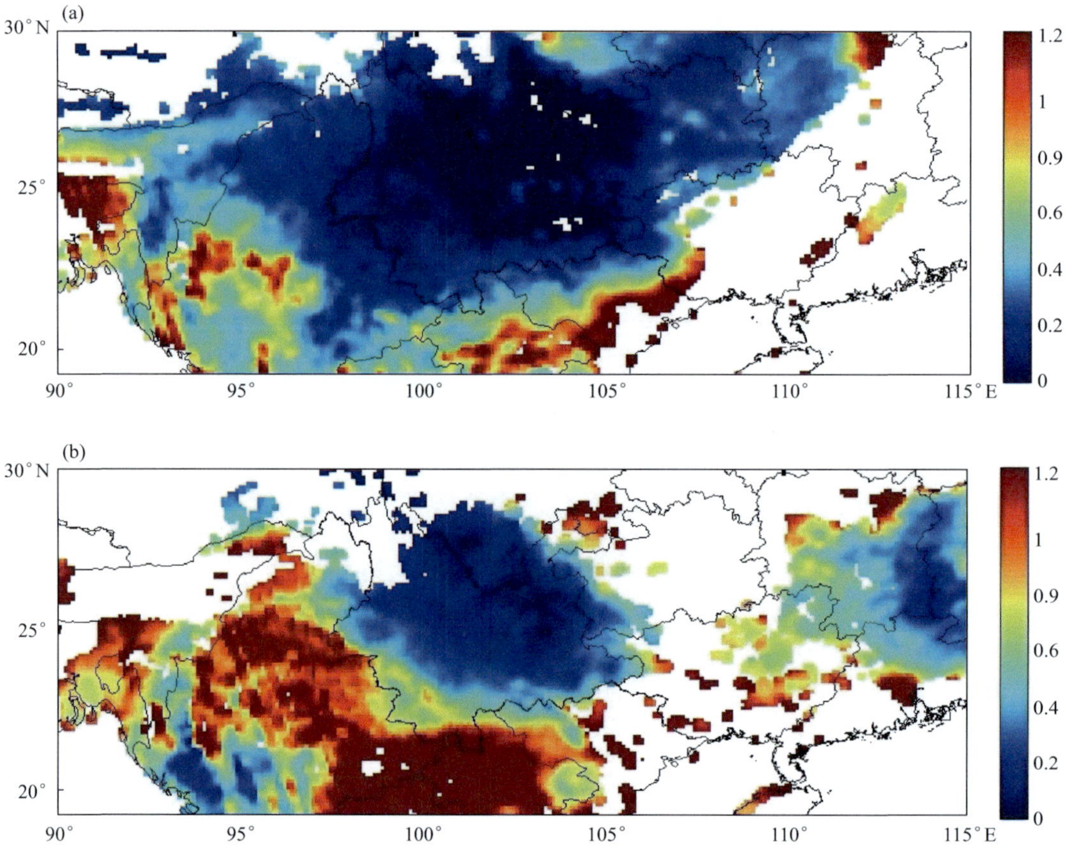

图 4.8　2019 年 3 月 29 日（a）及 30 日（b） FY-3D 气象卫星气溶胶光学厚度分布图

4.1.3 FY-4 卫星气溶胶光学厚度遥感监测

我国新一代的静止气象卫星 FY-4A 已于 2016 年 12 月成功发射，刚发射时的星下点位置为 99.5°E，而后东移至 104.7°E。卫星 FY-4A 上搭载有先进的多通道扫描成像辐射计、干涉式大气垂直探测仪、闪电成像仪以及空间环境检测仪器组四个有效载荷。其中多通道扫描成像辐射计（AGRI）与上一代静止卫星（风云二号系列）相比，光谱通道从 5 个增加至 14 个，通道设置如表 4.2 所示。星下点空间分辨率也提高至：可见及近红外 0.5～1 km，其余红外 2～4 km，时间分辨率也由 1 h 增加至 15 min。将 AGRI 与极轨卫星上的中分辨率成像光谱仪 MODIS 的通道设置进行对比，可以看出短波红外 2.2 μm 通道的增加使得陆地气溶胶反演过程中，地表反射率的有效剥离成为了可能，可见光通道的波段宽度大大减小，这也使得单波长的表观反射率描述更为准确。在仪器信噪比可靠的情况下，将能提供高时间分辨率的大气气溶胶观测信息。

表 4.2　FY-3 卫星上的中分辨率成像光谱仪的通道设置

通道	波长范围(μm)	空间分辨率(km)
1	0.45～0.49	1
2	0.55～0.75	0.5
3	0.75～0.90	1
4	1.36～1.39	2
5	1.58～1.64	2
6	2.1～2.35	2
7	3.5～4.0	2
8	3.5～4.0	4
9	5.8～6.7	4
10	6.9～7.3	4
11	8.0～9.0	4
12	10.3～11.3	4
13	11.5～12.5	4
14	13.2～13.8	4

鉴于与极轨卫星通道设置的相似性，参考暗背景算法开发陆地气溶胶光学特性产品，产品空间分辨率为 4 km。通过静止卫星的应用实现高频次的大气环境监测，获取大范围的气溶胶区域日变化特征，为雾—霾的监测分析提供可靠的观测事实。

与 FY-3 极轨卫星相比，FY-4 静止卫星的优势在于能提供高频次的监测信息。极轨卫星每日仅能提供每天一次的全球气溶胶观测，而静止卫星则能提供全圆盘观测区域的时序观测，从而提供气溶胶的日变化信息。以 2019 年 3 月 30 日为例，从图 4.9 的 FY-4A 真彩色合成图的红圈中可以看到，16:00（北京时）的灰白色霾区要明显比 13:45 时范围更大程度也更重，对应的 AOD 也呈现出明显增加的态势（图 4.10），说明气溶胶是存在明显的日变化特征的。因此用静止卫星进行霾监测具有重要的应用价值。

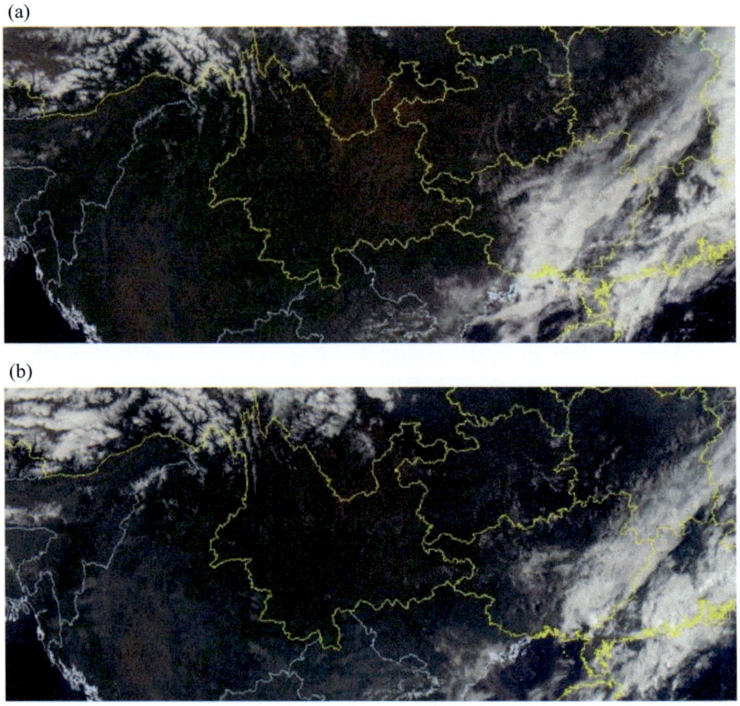

图 4.9　2019 年 3 月 29 日 FY-4A 气象卫星真彩色合成图
（a） 13:45 北京时；（b） 16:00 北京时

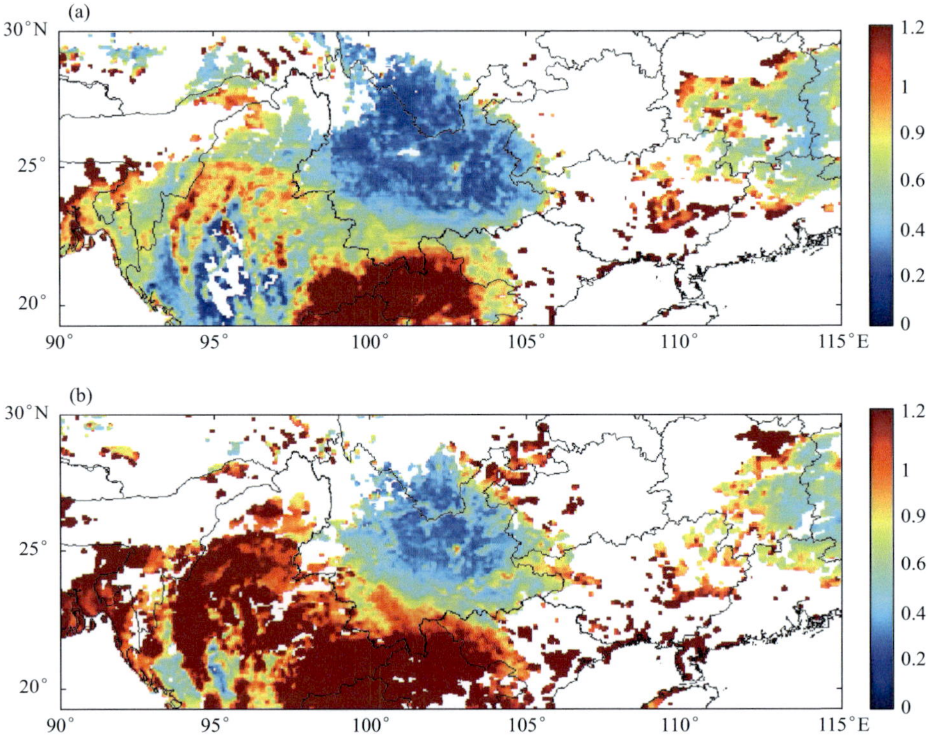

图 4.10　2019 年 3 月 29 日 FY-4A 气象卫星气溶胶光学厚度分布图
（a） 13:45 北京时；（b） 16:00 北京时

综上所述，利用基于卫星遥感的气溶胶光学厚度产品，既能提供大范围的气溶胶监测信息，还能监测境外大气污染物的传输。

4.2 大气污染气溶胶颗粒物质量浓度定量化反演

4.2.1 大气 $PM_{2.5}$ 质量浓度遥感反演

仪器观测 $PM_{2.5}$ 值具有长时间连续观测的特点，但由于仪器工作原理限制，其观测数据具有局限性，只能反映一定区域的地面颗粒物浓度变化。利用地基观测和卫星遥感提供的气溶胶光学特性反演地面 PM 时空分布特征逐渐成为科学界研究热点，同时目前对大气颗粒物的遥感观测研究最主要集中在气溶胶光学厚度上。通过分析大气气溶胶厚度与地面大气质量监测点监测的 $PM_{2.5}$ 之间的相关性，建立二者之间的关系方程式，进而通过大气气溶胶厚度来推算大气 $PM_{2.5}$ 质量浓度值。

本次研究选取南宁市地面 8 个监测站（仙葫站、振宁花园站、北湖站、市监测站、区农职院站、英华嘉园站、大自然花园站和沙井街道办站）与 MODIS 数据反演得到的气溶胶光学厚度值进行回归分析，定量分析 AOD 与 $PM_{2.5}$ 质量浓度之间的相关性。

以地基站点为中心在该站点位置 0.5°×0.5°区域范围内的卫星数据反演结果作为反演结果样本与对应时间的监测值进行分析。南宁市 8 个监测站点的监测月均值统计如表 4.3。

表 4.3　南宁市监测站 2013 年 $PM_{2.5}$ 月均监测值（单位：μg/m³）

月份	仙葫	振宁花园	北湖	市监测站	区农职院	英华嘉园	大自然花园	沙井街道办
1 月	91.054	102.943	113.283	95.882	87.027	90.505	93.113	137.057
2 月	35.209	40.413	43.522	36.167	39.202	38.392	37.655	38.798
3 月	53.816	57.668	62.952	55.294	64.941	56.854	56.400	65.132
4 月	43.669	49.064	52.370	46.783	47.103	49.042	44.300	50.582
5 月	29.282	33.250	36.900	31.311	37.125	32.132	29.389	32.792
6 月	24.069	28.204	30.053	29.594	30.709	28.725	24.943	26.869
7 月	17.631	17.846	21.997	24.157	24.784	19.121	18.645	19.121
8 月	29.025	31.434	34.367	40.435	32.755	28.639	30.122	27.325
9 月	42.088	46.876	53.639	62.353	41.971	46.614	40.892	42.829
10 月	82.271	86.546	95.237	107.929	81.469	88.438	76.812	81.826
11 月	62.727	66.693	78.226	68.554	69.332	64.641	60.479	60.125
12 月	104.449	116.838	139.862	113.467	112.127	119.204	97.884	97.735

利用 MODIS 数据反演的 2013 年 AOD 数据（春、秋、冬季气溶胶模式选择大陆型，夏季选择海洋型进行反演）月均值统计如表 4.4。

表 4.4 MODIS 数据反演南宁市 2013 年对应 8 个监测站点 AOD 月均值

月份	仙葫	振宁花园	北湖	市监测站	区农职院	英华嘉园	大自然花园	沙井街道办
1 月	0.84	0.89	0.91	0.50	0.49	0.75	0.85	1.20
2 月	0.62	0.68	0.74	0.62	0.75	0.78	0.82	0.30
3 月	0.65	0.69	0.68	0.63	0.70	0.64	0.68	0.75
4 月	0.50	0.55	0.60	0.57	0.56	0.58	0.57	0.63
5 月	0.35	0.42	0.45	0.41	0.52	0.48	0.70	0.67
6 月	0.50	0.57	0.60	0.59	0.60	0.57	0.55	0.57
7 月	0.45	0.45	0.49	0.62	0.63	0.55	0.54	0.57
8 月	0.55	0.62	0.63	0.77	0.62	0.53	0.64	0.62
9 月	0.52	0.59	0.63	0.76	0.65	0.62	0.64	0.61
10 月	1.02	1.06	1.11	1.40	1.02	0.98	0.99	0.95
11 月	0.90	0.94	0.90	0.62	0.66	0.61	0.61	0.63
12 月	0.85	1.02	1.35	1.22	1.13	1.26	0.89	0.88

4.2.2 AOD 与 $PM_{2.5}$ 定量计算

4.2.2.1 月相关性

对 2013 年各月份的 AOD 反演值与南宁市环境监测站仙葫站、振宁花园站、北湖站、市监测站、区农职院站、英华嘉园站、大自然花园站、沙井街道办站 8 个站点 $PM_{2.5}$ 质量浓度监测数据进行相关性分析，结果如图 4.11。从该图可见，2013 年 1、2、6、7、8、9、10 和 12 月的 AOD 值与 $PM_{2.5}$ 质量浓度相关性较高，以一元三次方程拟合效果很好，R^2 在 0.7 以上。故对上述 8 个月份，将遥感反演得到的当前点的 AOD 的值代入各月份对应的方程式，就可以推算出当前点的 $PM_{2.5}$ 的浓度值。例如 2013 年 8 月，$R^2=0.9455$，说明 AOD 与 $PM_{2.5}$ 的相关性非常高，可以通过 $y=-2.8233x^3+474.32x^2-26420x+490536$ 方程求解 $PM_{2.5}$ 的浓度值，式中 y 为 $PM_{2.5}$ 的浓度值，单位 $\mu g/m^3$，x 为 AOD 的值，无量纲。而其余月份相关性比较低，特别是 11 月 R^2 在 0.3 以下，故 3、4 和 11 月模型关系不成立。

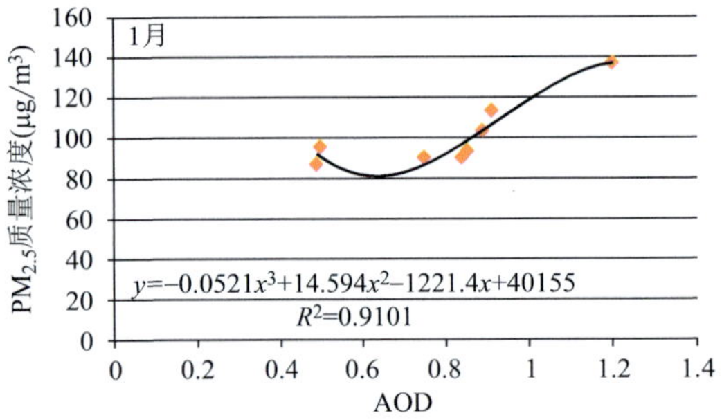

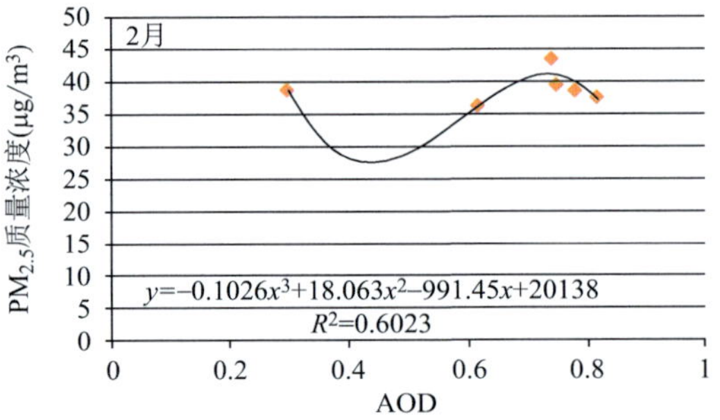

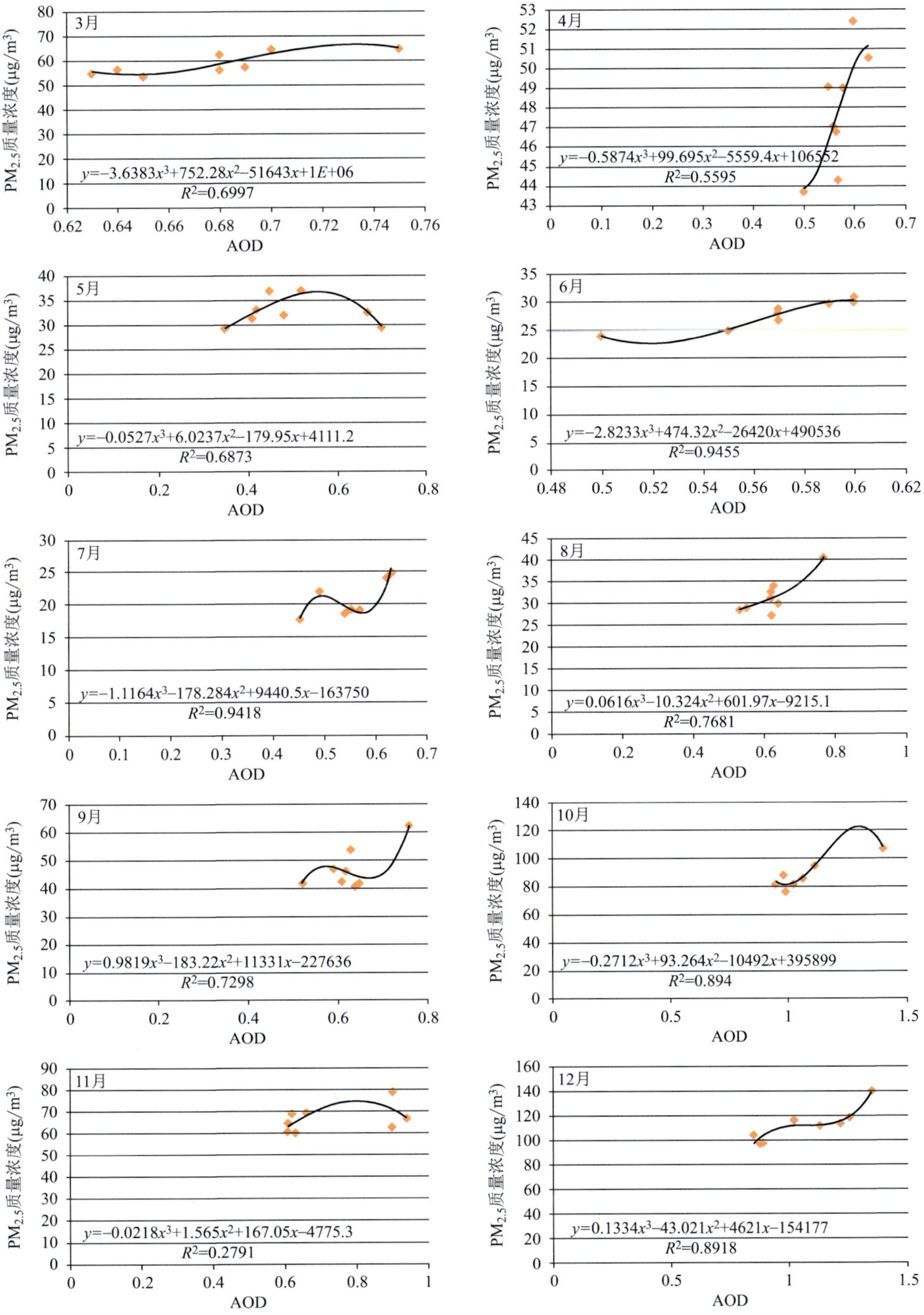

图 4.11　2013 年月均 AOD 与 $PM_{2.5}$ 质量浓度相关性

4.2.2.2 季节相关性

选取常见的五种数学模型，分别为线性模型、一元二次模型、对数函数模型、幂函数模型、指数函数模型，筛选能代表南宁季节 AOD 与 $PM_{2.5}$ 质量浓度之间关系的数学模型。分析过程中以 AOD 为自变量，$PM_{2.5}$ 质量浓度为因变量。相关性模型建立结果见表 4.5。

表 4.5 南宁市不同季节 $PM_{2.5}$ 质量浓度与 AOD 月均值的相关性曲线及 R^2

	春季	夏季	秋季	冬季
线性模型	$y=77.344x+1.5367$	$y=65.981x-11.331$	$y=73.078x+7.8915$	$y=99.254x+0.1229$
R^2	0.502	0.620	0.797	0.521
一元二次模型	$y=-47.316x^2+129.93x-12.53$	$y=20.17x^2+42.19x-4.4092$	$y=-3.0776x^2+78.557x+5.6236$	$y=67.354x^2-16.561x+45.634$
R^2	0.505	0.621	0.797	0.517
指数函数模型	$y=16.881e^{1.689x}$	$y=6.268e^{2.4746x}$	$y=27.167e^{1.0696x}$	$y=25.487e^{1.2843x}$
R^2	0.471	0.583	0.726	0.434
对数函数模型	$y=41.63\ln x+69.817$	$y=37.772\ln x+47.764$	$y=61.184\ln x+82.134$	$y=68.66\ln x+99.048$
R^2	0.506	0.611	0.786	0.435

从以上 AOD 与 $PM_{2.5}$ 质量浓度月均值建立的关系模型中可以得出，线性模型、一元二次模型、对数函数模型对春季均有较高的相关系数，R^2 均在 0.5 以上，其中对数函数的相关性最好，R^2 为 0.506，拟合方程为：$y=41.63\ln x+69.817$，式中 y 为 $PM_{2.5}$ 质量浓度值，单位 μg/m³，x 为 AOD 值，无量纲。

对于夏季，线性模型、一元二次模型、对数函数模型相关性较大，其中一元二次模型相关系数较高，R^2 为 0.621，拟合方程为：$y=20.17x^2+42.19x-4.4092$，式中 y 为 $PM_{2.5}$ 质量浓度值，单位 μg/m³，x 为 AOD 值，无量纲。

对于秋季，线性模型和一元二次模型具有相同程度的相关关系，R^2 均为 0.797，线性模型的拟合方程为：$y=73.078x+7.8915$，一元二次模型的方程为：$y=-3.0776x^2+78.557x+5.6236$，式中 y 为 $PM_{2.5}$ 质量浓度值，单位 μg/m³，x 为 AOD 值，无量纲。

对于冬季，线性模型的相关性较高，R^2 为 0.521，拟合方程为：$y=99.254x+0.1229$，式中 y 为 $PM_{2.5}$ 质量浓度值，单位 μg/m³，x 为 AOD 值，无量纲。

以上说明对于 AOD 与 $PM_{2.5}$ 质量浓度的相关关系拟合，夏季、秋季均适合用一元二次模型，而春季适合用对数函数模型，冬季用线性模型。采用选定的拟合模型，基于 2013 年南宁市四季气溶胶光学厚度反演结果，可计算南宁市春夏秋冬四季 $PM_{2.5}$ 质量浓度场，如图 4.12 所示。

4.2.2.3 年相关性

从 2013 年全年来看，AOD 与 $PM_{2.5}$ 质量浓度拟合性一般，一元二次模型相关系数最高，达到 0.662。由图 4.13—图 4.16 及表 4.6 可知，对于全年数据，一元二次模型的拟合效果更好，拟合方程为：$y=28.241x^2+64.246x-4.4159$，$R^2$ 为 0.662，式中 y 为 $PM_{2.5}$ 质量浓度值，单位 μg/m³，x 为 AOD 值，无量纲。

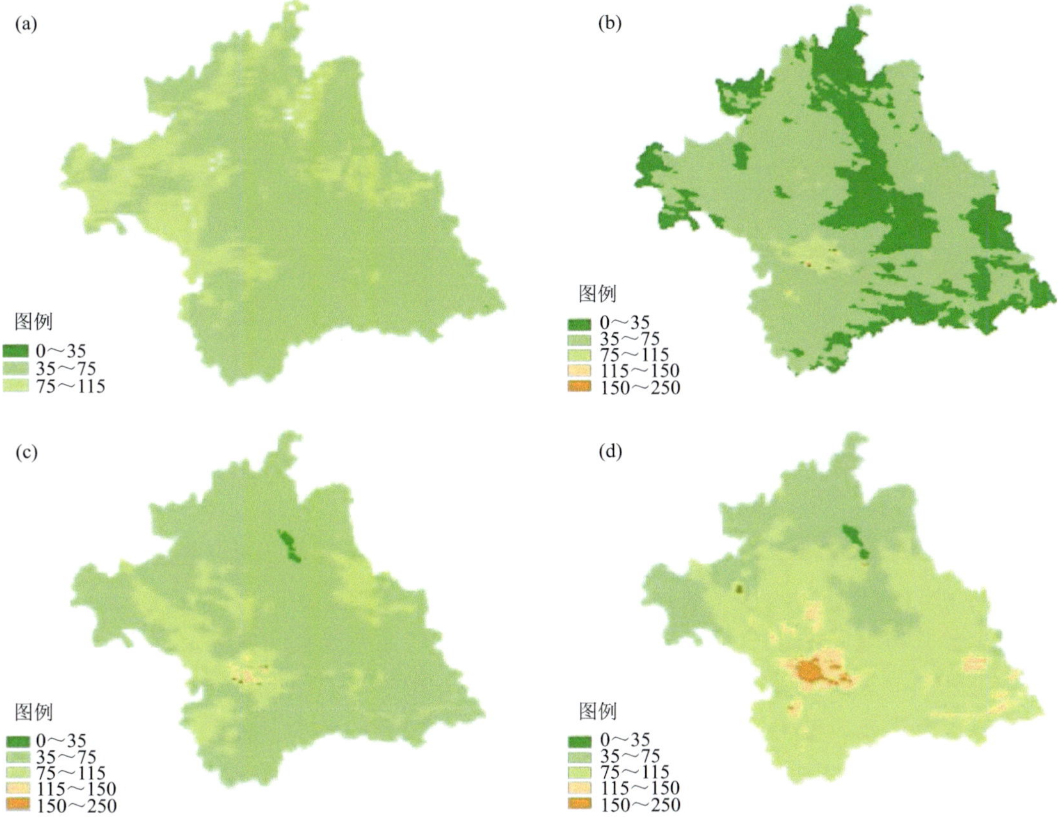

图 4.12　基于 AOD 推算的南宁市四季 $PM_{2.5}$ 质量浓度场（单位：μg/m^3）

（a）春季；（b）夏季；（c）秋季；（d）冬季

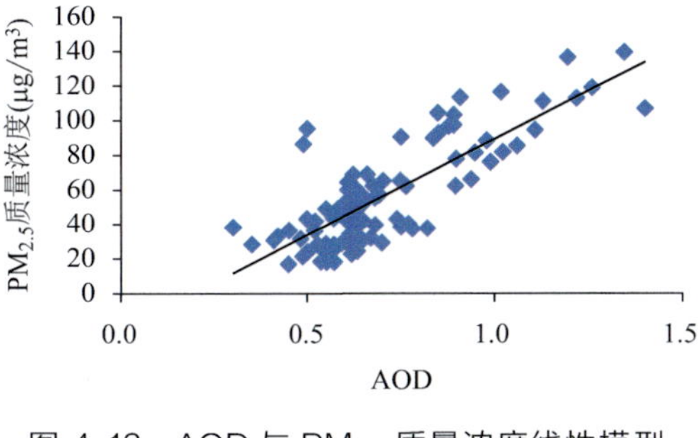

图 4.13　AOD 与 $PM_{2.5}$ 质量浓度线性模型

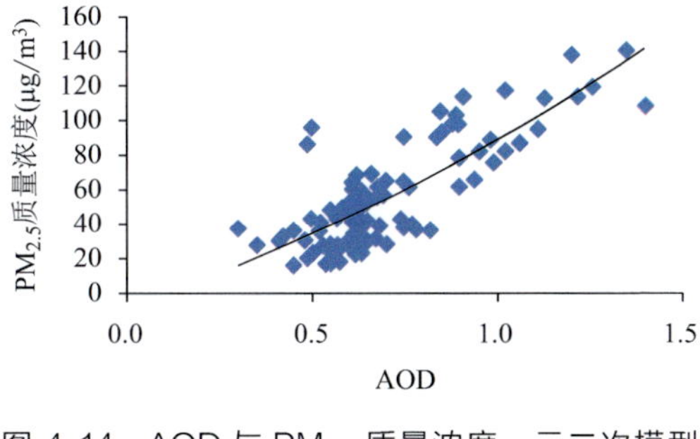

图 4.14　AOD 与 $PM_{2.5}$ 质量浓度一元二次模型

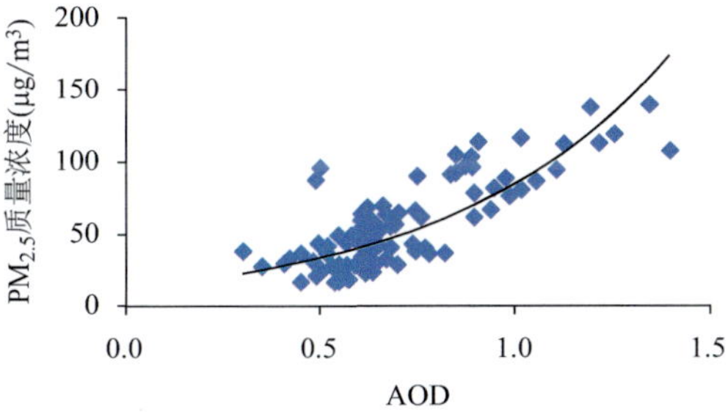

图 4.15　AOD 与 $PM_{2.5}$ 质量浓度指数模型图

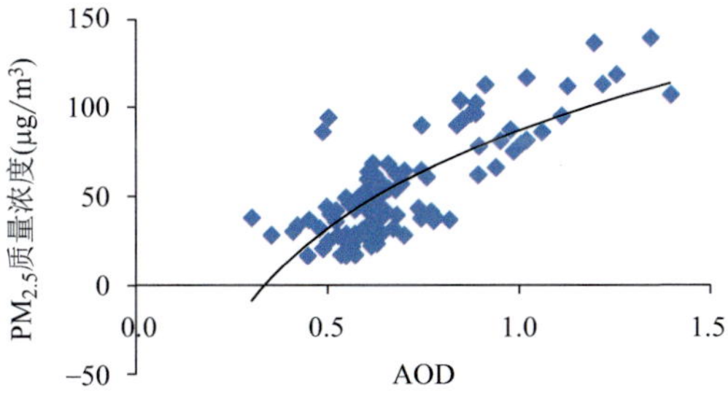

图 4.16　AOD 与 $PM_{2.5}$ 质量浓度对数模型

表 4.6 南宁市 $PM_{2.5}$ 质量浓度与 AOD 月均值相关模型及 R^2

模型	拟合方程	R^2
线性模型	$y=110.89x-21.913$	0.658
一元二次模型	$y=28.241x^2+64.246x-4.4159$	0.662
指数函数模型	$y=13.673e^{1.8128x}$	0.569
对数函数模型	$y=79.687\ln x+87.582$	0.603

4.3 城市热岛遥感监测

热岛是城市气候的特征之一，是一种由城市建筑及人类活动所导致的热量在城区空间范围内聚集的现象。随着城市热岛效应的加剧，高温灾害越来越显著，据统计，2000—2010年，高温天数（气温大于 35 ℃）平均以每年 1.0855 d 的速率增长。同时，城市热岛效应也会为城市带来其他方面无法估量的灾害，一方面表现在影响工业产值并产生严重损失、耗水耗电量剧增以及危及人民生活和健康等；另一方面则会加速城区水土流失、引起路面开裂与沦陷以及地面沉降等。从 20 世纪 90 年代以来，对城市“热岛”的研究已有很多。监测城市热岛效应的方法也比较多，各有所长。

4.3.1 广西城市热岛遥感反演的基本原理

4.3.1.1 地表温度反演

地表温度反演主要采用单窗算法和分裂窗算法。

单窗算法主公式为：

$$T_s=\{a(1-C-D)+[b(C+D)+c]T_6-DT_a\}/C \tag{4.8}$$

式中，$a=-67.355351$，$b=0.5414$，$c=0.458606$ 为经验常数，T_s 为地表亮温，$C=t_6e_6$，$D=(1-t_6)[1+t_6(1-e_6)]$，t_6 为大气透射率，e_6 为地表比辐射率，T_a 为大气平均作用温度，T_6 为 TM 第 6 通道反演的亮温。

分裂窗算法公式为：

$$T_s=A_0+A_1T_{31}+A_2T_{32} \tag{4.9}$$

式中，T_s 是地表温度（单位为 K），T_{31} 和 T_{32} 分别是 MODIS 第 31 和 32 通道的亮温，A_0、A_1 和 A_2 是分裂窗算法的参数，由 MODIS 数据的 31 通道和 32 通道的比辐射率、大气透过率决定。

4.3.1.2 热岛强度计算

热岛强度可有效地反映出城市热岛面积及强弱，热岛强度定义为城乡温差，计算方法为：

$$I_i = T_i - \frac{1}{5}\sum_{1}^{5} T_n \qquad (4.10)$$

式中，I_i 为图像上第 i 个像元所对应的热岛强度，T_i 为该点对应的地表温度。当分析城内温差时，T_n 为城内温度参照点，当分析城乡温差时，T_n 为城乡温度参照点。根据叶彩华等（2011）提出的分类方法，把热岛强度分为 4 个等级（表 4.7）。

表 4.7　热岛强度等级划分

热场强度等级	对应热场强度阈值(K)
强热岛	≥5.0
较强热岛	3.0～5.0
弱热岛	1.0～3.0
无热岛	<1.0

4.3.2　南宁城市热岛的遥感监测

随着南宁城市规模的迅速发展，市区热岛效应日益严重，南宁城市热岛已引起各部门及相关学者的重视。陈业国等（2009）、凌颖等（2003）通过自动站的实测气温对南宁热岛进行了研究，认为秋季热岛强度最大，热岛效应干季（9 月—翌年 1 月）较强。该方法的优点是观测值精度较高，其缺点是覆盖度不广，很难研究热岛的具体分布情况。韦亮英（2008）通过遥感手段，对 1990、1998、2006 年的 3 景 TM 数据进行了分析，得出了南宁市温度变化的整体空间格局符合由内向外的“圈层式”，但并未研究高温区的具体分布位置及热岛的发展演变规律。本研究总结已有研究的经验，通过 MODIS 数据、TM 数据，以“热岛强度”“热场强度”“成因分析”为切入点，详细分析南宁市 2000—2010 年热岛的面积变化、强度变化、剖面结构变化，并定量分析南宁市各类下垫面对城市热岛的影响效率，为南宁市热岛效应的进一步深化研究奠定基础，为深入了解南宁热岛状况提供便利，为相关部门做出决策提供帮助。

本次研究选用了 6 景 MODIS 白天影像，1 景 LANDSAT7—ETM 影像和 3 景 LANDSAT5—TM 影像。所选的影像，均为大范围晴朗、无风或微风天气。时间分别为 MODIS：2000 年、2002 年、2004 年 11 月 1 日、2006 年 11 月 2 日、2008 年 11 月 20 日、2010 年 11 月 2 日；ETM：2000 年 11 月 1 日；TM 数据：2006 年 10 月 30 日、2008 年 11 月 20 日、2010 年 12 月 28 日。

研究通过单窗算法对 2010 年 12 月的 TM 数据进行地表温度反演，得出空间分辨率为 30 m 的地表温度图像，研究南宁市热场分布情况；通过分裂窗算法对 2000 年、2002 年、2004 年、2006 年、2008 年、2010 年 11 月的 MODIS 和数据进行地表温度反演，得出 1 km 空间分辨率的地表温度图像，用于研究 10 a 南宁市热岛变化情况；通过 2010 年的 TM 影像分别计算归一化植被指数（NDVI）、归一化水体指数（NDWI）、归一化建筑指数（NDBI），并应用决策树分析方法，将南宁市下垫面分为植被、水体、裸土及城市用地四类。通过建立掩膜，将四类下垫面分别提取出来，对各类区域，建立 NDVI、NDWI、NDBI 与地表温度关系的散点图，探究各类下垫面对热岛的贡献率，研究结果如下。

根据 TM 数据反演地表温度得到的热场强度图很好地体现了南宁市热岛的水平空间分布特征（图 4.17）。

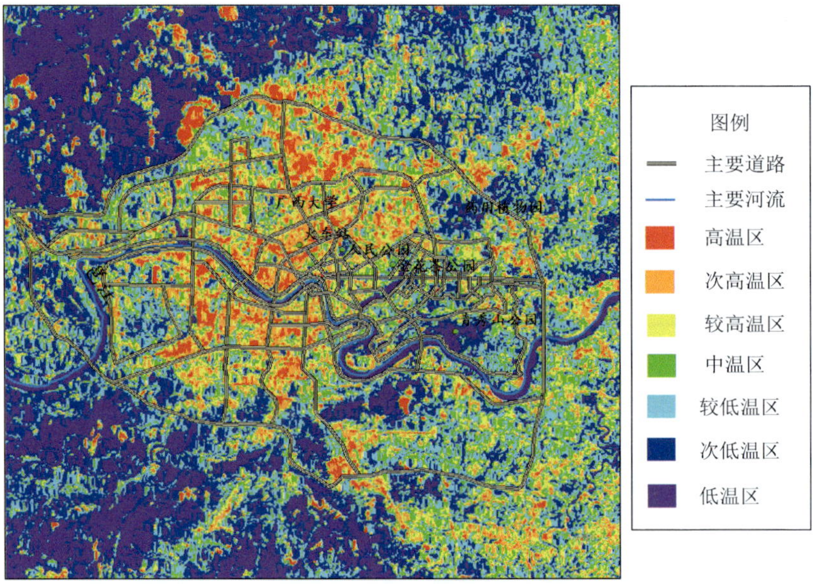

图 4.17　2010 年南宁市热岛分布图（TM 数据）

南宁的热岛分布主要有以下几个特点：其一，沿着邕江呈现出一条低温带，将高温中心分为南北两个部分；其二，热岛中心主要集中在西乡塘区的明秀路与中华路之间及江南区的壮锦大道与星光大道之间；其三，广西大学、人民公园、金花茶公园、南湖、青秀山公园、药用植物园等地的温度相对附近地区温度较低（叶骏菲 等，2018）。

分析 MODIS 反演热场强度图像（图 4.18），可知 2000—2010 年南宁市热岛分布演变特征如下。

（1）高温区域由单一中心变成多中心。2000 年，高温中心集中在邕江以北的西乡塘区的明秀路与中华路之间（图 4.18a），至 2006 年，邕江以南的江南区和良庆区交界处也出现了高温中心（图 4.18d），至 2010 年，南宁市区出现了 3 个主要的高温中心区，分别位于明秀路与中华路之间、江南区和良庆区交界处和城北的安吉区（图 4.18f）。

（2）高温区域以西乡塘区为中心往外扩展。2000 年，高温区域基本上只出现在快环以内，快环外的区域温度与普通市郊所差无几（图 4.18a），之后，高温区、次高温区及较高温区的范围逐年向四周扩展。到了 2010 年，较高温区几乎布满整个绕城高速以内的区域（图 4.18f）。

（3）琅东区的次高温区域自 2004 年以来迅速发展。2000 年，南湖以东的整个青秀区均为较低温区域或中温区域，琅东区的温度与其北面的药用植物园，南面的青秀山公园等低温区域相差无几，在图像上，三处几乎连成一片（图 4.18a）。而 2004 年，琅东区开始有较高温区域出现（图 4.18c），之后较高温区域迅速发展成为次高温区，把原来连成一片的药用植物园到青秀山公园的较低温区从中间分割成南北两部分。

对 2000—2010 年 6 景 MODIS 数据进行热岛强度计算。以 2000、2004 和 2010 年热岛强度为例（图 4.19），观察南宁热岛的面积变化。对强热岛及较强热岛区域部分进行了面积计算。

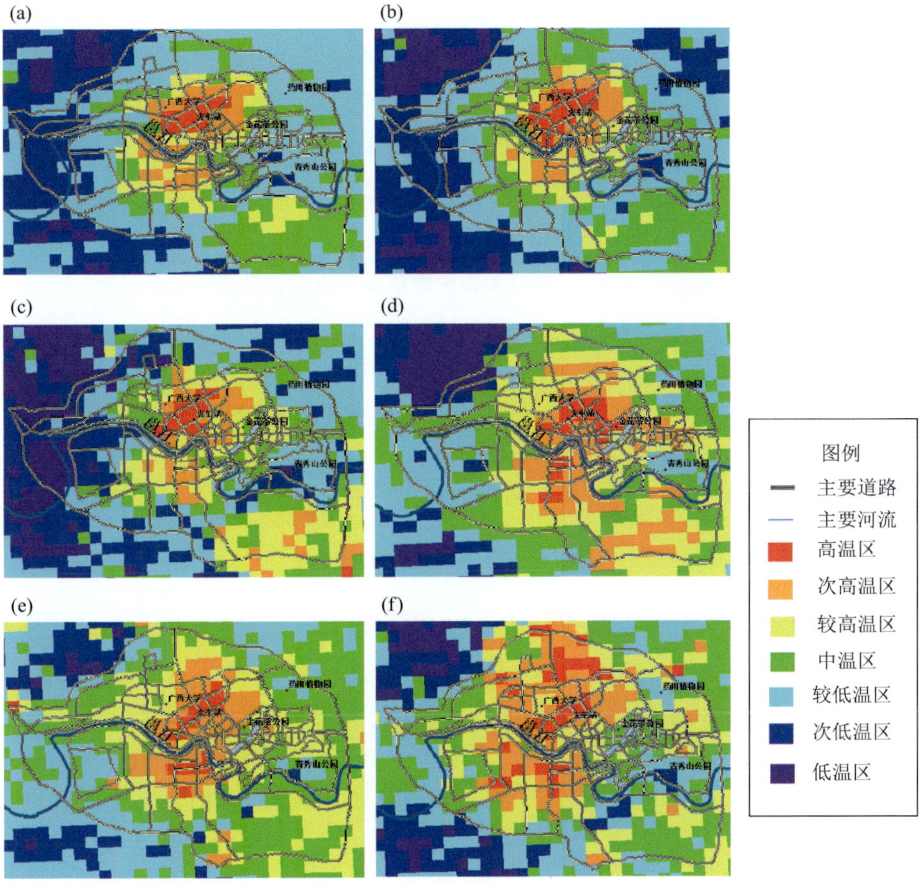

图 4.18　2000—2010 年南宁市热岛空间分布图

（a） 2000 年；（b） 2002 年；（c） 2004 年；（d） 2006 年；（e） 2008 年；（f） 2010 年

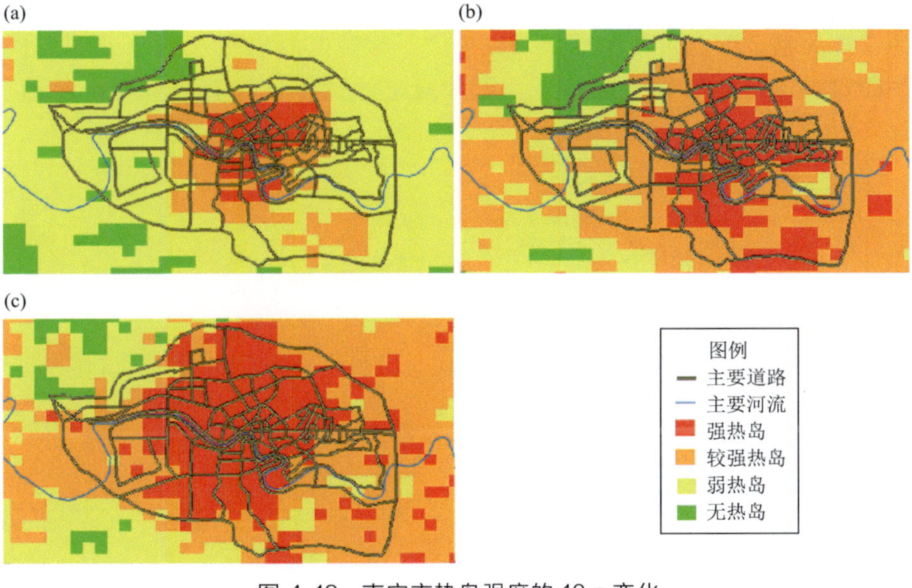

图 4.19　南宁市热岛强度的 10 a 变化

（a） 2000 年；（b） 2006 年；（c） 2010 年

2000年南宁市大部分地区属于弱热岛区域且强热岛集中在南宁市中心，而2010年南宁市大部分地区已属于强热岛区域。在面积上，2000—2010年6景图像中，强热岛区面积分别为46、96、103、113、167、175 km^2，年均增长率为15.7%。总热岛区域面积（包括强热岛和较强热岛）分别为147、209、226、343、385、406 km^2。可以看出，南宁市建城区内的强热岛对邻近郊区的影响以年均16.3%的速率增长。

热岛强度的数值计算结果如表4.8所示。

表4.8 2000—2010年南宁市热岛强度变化情况

年份	城郊温差(K)	城内温差(K)	温度最高点坐标
2000	6.830627	4.536316	22°49′18.69″N,108°18′0.88″E
2002	6.205627	5.099395	22°49′32.17″N,108°17′51.75″E
2004	6.925873	5.110474	22°49′4.24″N,108°18′39.61″E
2006	5.220642	4.395813	22°49′40.37″N,108°19′53.21″E

由表4.8可以看出，南宁市多年来城市建设飞速发展，人口迅猛增加，而从城市热岛效应来看，其高温区的范围也迅速扩大，但城市热岛的强度变化却不明显。2000—2008年温度最高点都出现在西乡塘区的明秀路与中华路之间，该地区为南宁市的老城区之一，这10 a来并没有显著的发展。而青秀山风景区和大明山风景区是南宁两个重要的生态保护区，由于这两个风景区占地面积大，生态环境保护好，树林茂密，植被覆盖度大，因此2000—2010年温度也没有多大的变化，这是造成2000—2010年城郊温差或城内温差变化不大的原因。而2010年温度最高点却出现在西乡塘区的安吉附近，其温度要高于西乡塘区的明秀路与中华路这个老城区的传统高温区。这也使得该年的热岛强度明显高于往年。

通过分析不同下垫面与城市地表温度的二维散点图，得知绿地和水体对城市热岛具有缓解作用，而裸土和城市用地则对热岛有增强作用。但下垫面与城市地表温度的关系并不是简单的线性关系，因此可借鉴干旱研究中“干湿边”的思想（图4.20），计算出南宁市各类下垫面对城市热岛的最大影响方程，并通过像元统计计算出各类下垫面所占面积（表4.9）。

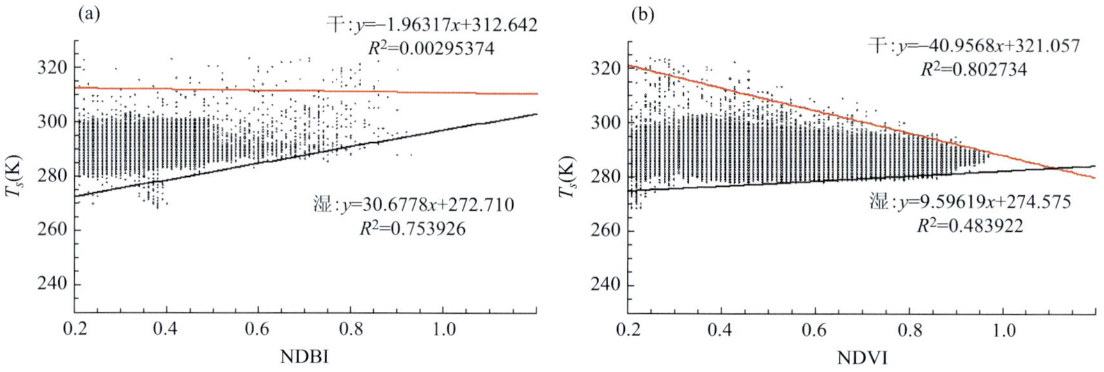

图4.20 NDBI（a）、NDVI（b）与温度的散点图

表 4.9　各类下垫面对热岛效应影响

下垫面类型	所占面积比例(%)	影响方程	R^2
水体	4.57	$y=-21.4302x+308.654$	0.616069
植被	26.44	$y=-40.9568x+321.057$	0.802734
城市用地	55.33	$y=30.6778x+272.710$	0.763926
裸土	13.66	$y=31.61686x+272.470$	0.754306

由表 4.9 看出，水体、植被、城市用地、裸土的影响方程斜率分别为 −21.4302、−40.9568、30.6778、31.61686，说明各类下垫面对热岛的影响效率：植被＞裸土＞城市用地＞水体。其中植被对热岛的缓解效率大于城市用地及裸土的增温效率，但由于南宁市植被覆盖的面积（26.44%）远小于城市用地的面积（55.33%），城市热岛仍处于发展的状态。因此，在城市扩展的同时，增加植被覆盖的面积，能有效地缓解热岛的发展。

为了研究热岛的发展对高温灾害的影响，取 2000—2010 年的高温灾害天数数据分别与热岛强度与热岛面积进行折线统计分析。为了消除单位不统一对统计结果的影响，分别对高温灾害天数、热岛强度、热岛面积进行无量纲化，得到结果如图 4.21 所示。由图中可以看出，高温天数与热岛强度、热岛面积都有一定的相关性，且热岛强度与高温天数的相关性较好。

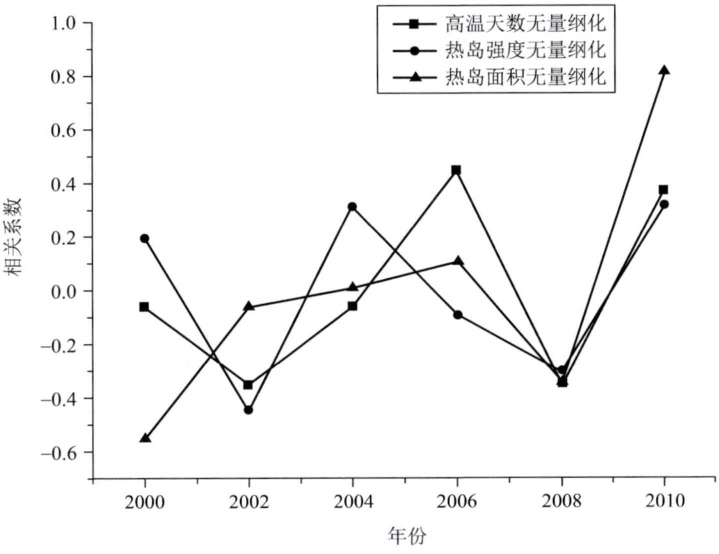

图 4.21　城市热岛与高温灾害的相关性

4.4 本章小结

（1）利用 MODIS 卫星大气气溶胶光学厚度产品分析了中南半岛大气环境状况，发现

3—4 月中南半岛平均气溶胶分布图与该时间段的火点密度图较吻合，说明中南半岛生物质燃烧是该地区气溶胶污染的重要原因之一。通过分析，证明了老挝—泰国边境的高浓度气溶胶颗粒经过 850 hPa 西南气流的输送，有可能对广西尤其是桂东地区造成污染。

（2）利用 FY-3 极轨、FY-4 静止气象卫星大气气溶胶光学厚度产品分析了广西大气环境状况：AOD 的高值区主要分布在南宁市、贵港市、玉林市、来宾市以及沿海三市等地。低值区主要出现在桂西北及桂东北山区。春季由于受中南半岛生物质燃烧的外源传输影响，气溶胶光学厚度明显增加。

（3）通过反演热场强度分析了南宁热岛的分布及演变特征：南宁的热岛从 2000 年的单一热岛中心逐渐发展成为多热岛中心；2000—2010 年，南宁市的热岛面积以年平均 15.7% 的速率增长，南宁的高温区域以西乡塘区为中心，由内向外呈“圈层式”不断扩大，由 2000 年的快环以内扩大到了 2010 年的几乎布满整个绕城高速圈。各类下垫面对热岛的影响：植被＞裸土＞城市用地＞水体，其中植被对热岛的缓解效率大于城市用地及裸土的增温效率，但由于南宁市植被覆盖的面积远小于城市用地的面积，城市热岛仍处于发展的状态。高温天数与热岛强度、热岛面积都有一定的相关性，且热岛强度与高温天数的相关性较好。

第5章 广西酸雨客观预报方法研究

5.1 广西酸雨时空分布特征及成因分析

5.1.1 广西酸雨时空分布特征

图 5.1 为广西 1992—2012 年酸雨年均 pH 值、酸雨频率、强酸雨频率变化图。1992—2012 年广西酸雨频率一直维持较高的水平，除 1992—1995 年广西酸雨频率大幅度下降，降雨 pH 值明显上升外，其他年份的酸雨频率一直维持在 70%上下浮动，强酸雨率也长年维持在 30%上下浮动。尽管 2006 年以来酸雨频率逐渐下降，降雨 pH 值稳步上涨，但还未转变广西酸雨严重的形势。

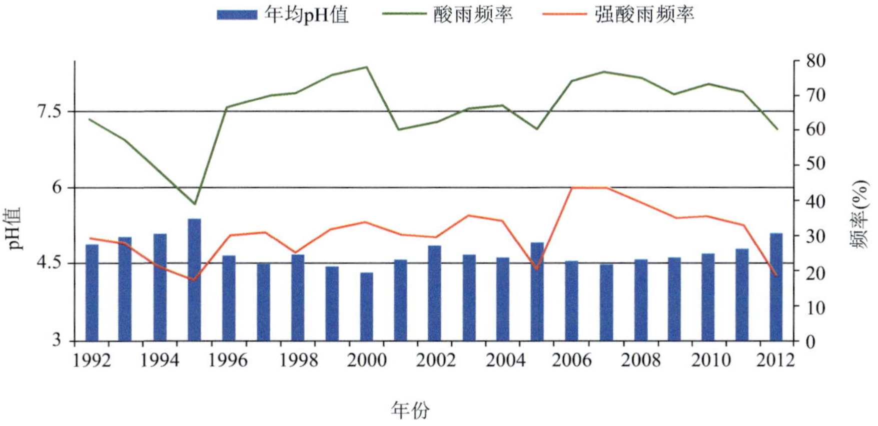

图 5.1　1992—2012 年广西酸雨年均 pH 值、酸雨频率、强酸雨频率变化

图 5.2 为广西 2003—2012 年酸雨月均 pH 值、酸雨频率、强酸雨频率变化图。从图中来看，广西酸雨呈现夏季半年（4—9 月）pH 值较高，酸雨频率较低；冬季半年（10 月—次年 3 月）pH 值较低，酸雨频率较高。酸雨频率从 4 月开始大幅度降低，10 月后明显回升。

从 2003—2012 年广西各站冬半年和夏半年酸雨站点的监测情况（表 5.1）看，冬半年酸雨 pH 值最低是梧州，酸雨频率最高是柳州，强酸雨频率最高是梧州；pH 值最高是北海，酸雨频率最低是桂林，强酸雨频率最低是北海。夏半年 pH 值最低是梧州，酸雨、强酸雨频

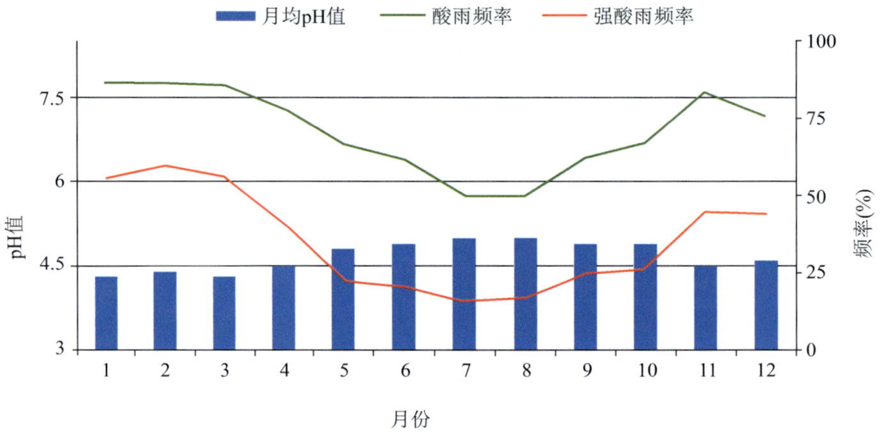

图 5.2　2003—2012 年广西酸雨月均 pH 值、酸雨频率、强酸雨频率变化

率最高均为梧州；pH 值最高为北海和吴圩，酸雨频率最低是吴圩，强酸雨频率最低是北海。冬、夏半年 pH 值变化最大的是钦州，变化最小是百色、河池与玉林；酸雨频率变化最大的吴圩，强酸雨频率变化最大的钦州。由此可见 pH 值高低与强酸雨频率关系最密切。

表 5.1　2003—2012 年广西各站冬半年和夏半年酸雨统计表

站点	冬半年(10—次年 3 月)			夏半年(4—9 月)			差值		
	pH 平均值	酸雨频率(%)	强酸雨频率(%)	pH 平均值	酸雨频率(%)	强酸雨频率(%)	pH 平均值	酸雨频率(%)	强酸雨频率(%)
百色	4.5	78.8	53.0	4.6	71.3	31.8	−0.1	7.5	21.2
北海	4.9	71.9	23.4	5.3	49.0	9.2	−0.4	22.9	14.2
南宁	4.6	76.1	41.3	5.1	42.0	12.7	−0.5	34.1	28.6
桂林	4.8	71.8	25.6	5.1	52.4	14.0	−0.3	19.4	11.6
河池	4.4	83.8	46.8	4.5	78.5	39.2	−0.1	5.3	7.6
柳州	4.3	93.2	62.5	4.7	69.4	27.4	−0.4	23.8	35.1
吴圩	4.7	75.7	42.3	5.3	30.3	10.5	−0.6	45.4	31.8
钦州	4.2	91.4	65.9	5.0	68.8	19.3	−0.8	22.6	46.6
梧州	3.9	91.1	81.3	4.2	90.2	55.5	−0.3	0.9	25.8
玉林	4.8	70.8	41.9	4.9	63.8	18.1	−0.1	7.0	23.8

从 2003—2012 年广西冬半年和夏半年的酸雨情况分布图（图 5.3，图 5.4）可知，冬、夏半年的变化中，广西南部城市 pH 值和酸雨频率变化较明显，广西西北部变化最少。

5.1.2　广西酸雨成因分析

5.1.2.1　污染物排放

在 2009 年以前，广西的酸雨主要是硫酸型，一直以来广西 SO_2 的排放量与酸雨频率均有良好的相关性（蒋芸芸，2012）。广西在 2006 年以来坚持节能减排政策，并在 2009 年后将 SO_2 的排放严格控制在符合国家标准的条件下，因此酸雨的酸度得以减小，酸雨频率逐

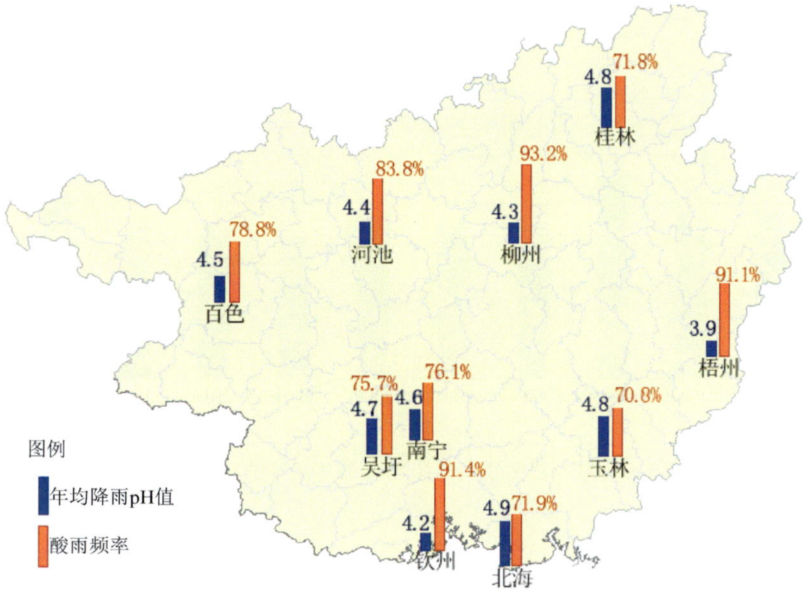

图 5.3　2003—2012 年广西冬半年酸雨情况分布图

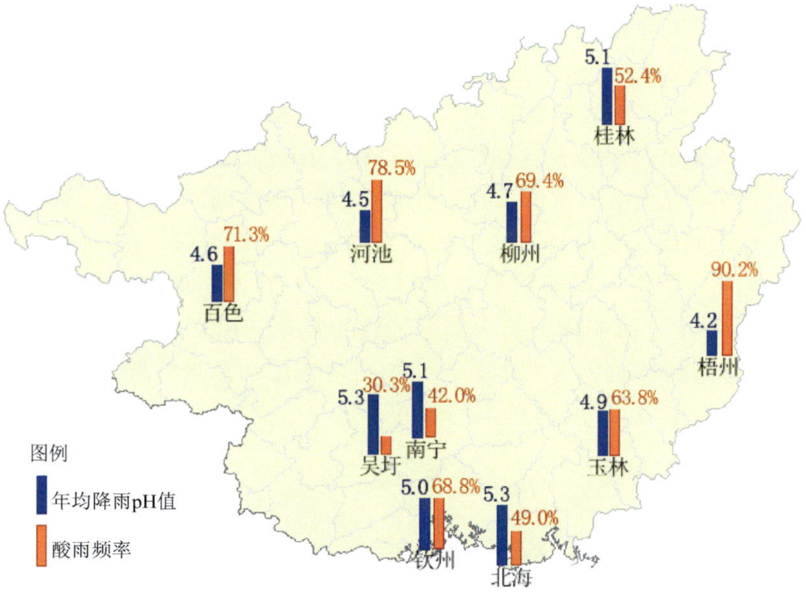

图 5.4　2003—2012 年广西夏半年酸雨情况分布图

步下降。以南宁市为例，图 5.5 将南宁城区空气污染物质量浓度与酸雨 pH 值做比较。由于酸雨成分主要为硫酸型或硝酸型，因此选择南宁空气中 SO_2 的质量浓度与 NO_x 的质量浓度变化进行分析。南宁从 2003 年以来，空气中的 NO_x 就处于一个较低的水平，并在 2009 年以后稳定控制下来。SO_2 则在 2007 年开始得到控制，逐年降低，近两年在空气中的含量已经低于 NO_x，从以硫酸型为主的酸雨转变为硫酸硝酸混合型。酸雨的 pH 值也在污染物得到稳定控制后，逐步上升，南宁的酸雨状况在近年得到较好的缓解。

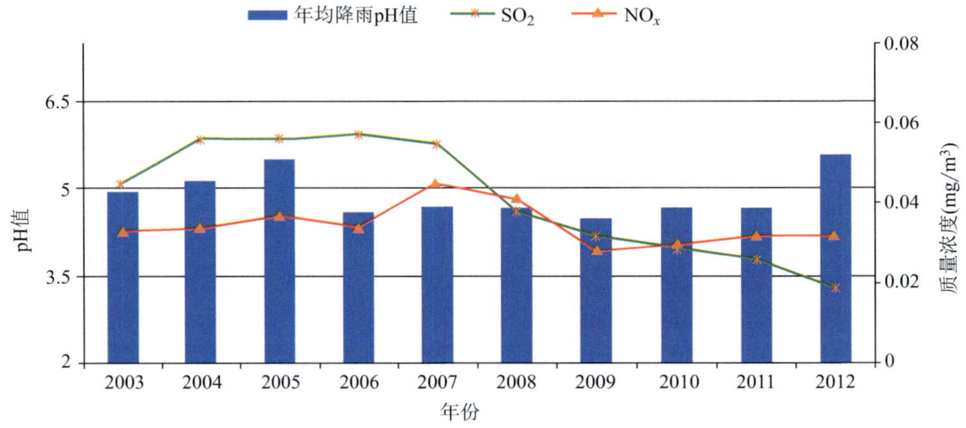

图 5.5　南宁城区空气污染物与酸雨 pH 值年度变化图

5.1.2.2　天气形势影响

由于广西地势原因，广西的酸雨频率受风向影响很大。桂林、南宁市各季节降雨时地面主要风向是静风及冬半年（10 月—次年 3 月）偏东北风和夏半年（4—9 月）偏东南风，而且偏东北风容易产生酸雨，偏东南风不容易产生酸雨。北海市降雨时地面最多风向冬半年是东北风，夏半年是偏东风和偏西南风。10 月—次年 3 月偏东北风容易产生酸雨，而 10 月—次年 1 月北到西北风及 2、3 月偏东南风不容易产生酸雨。4—9 月偏东南风容易产生酸雨，偏西南风不容易产生酸雨，因为西面是海洋。百色市降雨时主要风向是静风和偏南风，而且静风和偏南风容易出现酸雨。近地层 925 hPa 桂林、南宁、北海市为偏东北风易产生酸雨、偏南风不易产生酸雨，百色市偏东南风和偏北风容易出现酸雨。

春季（2—3 月）期间，受冷锋（或华南锋）、850 hPa 切变线、500 hPa 高空槽等天气系统影响出现连阴雨时，广西出现酸雨的频率最高，pH 值较小即酸雨的酸度较强；夏半年（4—9 月）降雨逐渐增多，影响降雨的天气系统较为复杂，但在分析出现酸雨的个例中，由冷锋、静止锋和高空槽的影响仍占大多数，而热带辐合带、热带气旋带来的降水，一般地面和高空为偏东风（或东南风），出现酸雨的频率较小，pH 值也较大，所以北海、钦州这种近海的城市，酸雨频率较少。

5.1.2.3　地质条件

尽管在政府的全力控制下，污染物的排放得到了减少，但广西的酸雨仍在全国属于较严重的等级。从天气条件看，广西年降水量大，雨水量对降水酸度也有明显的冲刷作用，但广西常年降水 pH 值偏低，仍存在其客观的地质条件。

经研究表明，土壤中碱性离子含量及 pH 值也是影响酸雨形成的重要因素之一，降水中的碱性物质主要来自于土壤（赵艳霞 等，2008），但是广西的自然土壤以红壤、砖红壤性红壤为主，呈酸性至强酸性，碱性物质含量比较低。同时广西河流多，雨水及河床冲刷使得土壤中的酸性物质进入水气循环，最终变成酸雨，这也是影响广西酸雨形成的重要因素之一。

5.2 广西主要城市酸雨短期预测方法研究

5.2.1 神经网络预报方法

用具有非线性准动力系统特征的人工神经网络来进行预报建模。研究的预报模型是以站点的 pH 值为预报量，通过对各种要素的相关性分析选取了预报站点前 5 d 的 SO_2、NO、降水量及前 1 d 的 850 hPa 高空风向、风速、温度露点差和温度为预报因子。针对神经网络方法在预报建模中存在的“过拟合”现象，为提高泛化性能，采用了主成分分析构造神经网络低维学习矩阵的预报建模方法，通过浓缩预报信息，降维去噪，达到提高预报准确率的目的。

以降水的 pH 值为预报量，以前期 SO_2、NO 质量浓度及气象要素为预报因子，选取从 2012 年 9 月 1 日—2014 年 8 月 29 日有降水的历史个例为样本。根据研究表明中雨以上降水和中雨以下降水，降水量的多少和酸雨的 pH 值具有不同的相关性，因此我们将历史个例分为中雨以上（≥10 mm）和中雨以下（<10 mm），中雨以上的个例共 56 个，50 个样本用于预报建模，6 个样本用于预报检验，中雨以下的个例共 90 个，80 个用于预报模型建模，10 个样本用于预报检验。通过相关场的普查，共获得 20 个预报因子，包括：前 5 d 的 SO_2 和 NO 质量浓度共 10 个因子，前 5 d 的降水量共 5 个因子，前 1 d 的 850 hPa 风向、风速、气压、温度露点差和温度共 5 个因子。

根据主成分分析方法，对上述各因子做主成分分析。表 5.2 给出了由初选的预报因子群做主成分计算得出的各主分量特征值及各主分量与预报量之间的相关系数。以主分量特征值相对较大，并考虑与预报量相关系数高作为取舍标准，确定神经网络学习矩阵的输入。采用三层前馈网络计算方法，隐节点数为 3，学习因子和动力因子分别取 0.9 和 0.7。利用对标准化的学习矩阵作反复的学习训练，当学习矩阵训练达 5000 次时，误差函数趋于稳定。由网络模型所确定的连接权系数及阀值可以得到相应的预报模型，并以此确定的参数和网络结构作为未来独立样本和实际预报的模型。

表 5.2　各主分量特征值及主分量与预报量的相关系数

(a) 中雨以上

序号	1	2	3	4	5	6	7	8	9	10
特征值	6.07	2.34	2.04	1.42	1.36	1.25	1.02	0.84	0.79	0.59
相关系数	0.26	−0.13	−0.11	−0.28	−0.20	−0.16	−0.07	0.26	0.01	−0.07
序号	11	12	13	14	15	16	17	18	19	20
特征值	0.54	0.50	0.36	0.24	0.21	0.13	0.12	0.08	0.06	0.03
相关系数	0.31	−0.13	−0.19	0.06	−0.07	0.15	0.15	−0.03	−0.12	−0.08

（b）中雨以下

续表

序号	1	2	3	4	5	6	7	8	9	10
特征值	6.31	2.08	1.81	1.67	1.78	1.05	0.97	0.90	0.76	0.61
相关系数	0.04	−0.02	−0.06	0.17	0.07	0.03	−0.15	0.02	0.21	−0.19
序号	11	12	13	14	15	16	17	18	19	20
特征值	0.53	0.44	0.40	0.32	0.26	0.23	0.20	0.12	0.10	0.06
相关系数	0.17	−0.00	0.03	0.07	0.04	−0.10	−0.09	0.01	0.22	0.05

① 预报模型的拟合情况

图 5.6 为两个酸雨预报模型的拟合效果，从该图可见，两个预报模型的拟合情况均与实况较为接近，达到了用于预报建模的要求。

图 5.6　预报模型拟合曲线图

（a）中雨以上降水 pH 值拟合曲线图；（b）中雨以下降水 pH 值拟合曲线图

② 预报检验

一般的统计预报方法拟合效果较好，但实际预报效果往往不理想。因此为了考察预报方法的实际预报能力，我们对独立样本进行预报检验。为了进行较客观公平的对比分析，两类预报模型所采用的网络结构、各种参数与在前面根据历史样本建立的预报模型是一致的。从表5.3可知，预报误差最大为1.8，最小为0.1，平均误差为0.9。由此可以看出神经网络预报方法对酸雨有一定的预报能力，在实际工作中具有较高的应用价值。

表5.3　两种预报模型独立样本的预报结果比较

(a) 中雨以上降水预报结果比较

样本	观测值	主分量神经网络预报模型	
		预报	相对误差
1	4.94	5.5717	−0.6317
2	5.25	5.3883	−0.1383
3	6.16	5.8396	0.3204
4	7.13	5.4858	1.6442
5	6.52	4.6845	1.8355
6	5.84	5.9324	−0.0924

(b) 中雨以下降水预报结果比较

样本	观测值	主分量神经网络预报模型	
		预报	相对误差
1	4.26	5.9909	−1.7309
2	4.45	6.1818	−1.7318
3	6.25	5.8239	0.4261
4	5.73	6.3754	−0.6454
5	6.56	6.2988	0.2612
6	6.9	6.5491	0.3509
7	7.41	5.8269	1.5831
8	6.25	6.0086	0.2414
9	6.79	5.5554	1.2346
10	7.35	5.4745	1.8755

5.2.2　动态统计预报方法

动态统计模式采用了D. M. Allew 1971年提出的最小预测误差平方和PRESS准则选取预报因子的逐步回归方法（姚棣荣 等，1992）。

5.2.2.1　PRESS准则

设有p个自变量（预报因子）$X=(x_1, x_2, \cdots, x_p)'$和因变量（预报对象）$Y$的$n$次观测值。考虑如下的线性回归模式：

$$Y = X\beta + e \tag{5.1}$$

式中，β、e分别表示回归系数和残差的向量。

若删去第 i 个以后试验点（样品）的模式记为：

$$Y(i)=X(i)\beta+e(i) \tag{5.2}$$

式中，$Y(i)$，$X(i)$ 和 $e(i)$ 分别是从 Y、X 和 e 中删去第 i 行后得到的。由最小二乘法估计，可得到 $\hat{\beta}(i)$。则第 i 个试验点 $X_i=(x_{i1}, x_{i2}, \cdots, x_{ip})'$ 处的预测值为 $X_i\hat{\beta}(i)$，而预测偏差为 $f_i=y_i-X'_i\beta(i)$，对每一个试验点重复上述做法，可得到 f_1，f_2，…，f_n，其平方和称为：

$$\text{PRESS}=\sum_{i=1}^{n} f_i^2=\sum_{i=1}^{n}[y_i-X\beta(i)]^2 \tag{5.3}$$

预测平方和，这是全模式的预测平方和，它度量了全模式预测能力的优势。

对于选模式：

$$Y=X_l\beta_i+e \tag{5.4}$$

上述表示在回归模式中只包含 l 个因子（$l<p$），其预测平方和值为：

$$\text{PRESS}(l)=\sum_{i=1}^{n}[y_i-X_{li}\hat{\beta}_i(l)]^2 \tag{5.5}$$

于是，在预报因子 x_1，x_2，…，x_p，可能产生的一切子集中，以 PRESS 值达到最小的那个子集作为最优回归子集，这就是选取预报因子的 PRESS 准则。

为了方便，PRESS 值的计算可用如下公式：

$$\text{PRESS}=\hat{e}'D^{-2}\hat{e} \tag{5.6}$$

式中，

$$\hat{e}=Y-X\beta=[\boldsymbol{I}-X(X'X)^{-1}X']\cdot Y \tag{5.7}$$

$$D=\text{diag}(d_1, d_2, \cdots, d_i, \cdots, d_n) \tag{5.8}$$

式中，d_i 为方阵 $\boldsymbol{I}-X(X'X)^{-1}X'$ 的第 i 个对角元，而 $\boldsymbol{H}=X(X'X)^{-1}X'$ 称为帽子矩阵，它的第 i 个对角元记为 h_{ii}。

为了计算 p 个因子的所有可能子集的 PRESS 值，原算法需要对一个子集进行一次扫描运算，即设 $\boldsymbol{A}$ 为 n 阶方阵，现定义一个新方阵 $\boldsymbol{B}=(\boldsymbol{b}_{ij})_{n\times n}$，则以 a_{kk} 为枢的扫描运算为：

$$\boldsymbol{b}_{ij}=\begin{cases}\boldsymbol{I}/a_{kk} & (i=k, j=k)\\ -a_{ik}/a_{kk} & (i\neq k, j=k)\\ a_{kj}/a_{kk} & (i=k, j\neq k)\\ a_{ij}-a_{ik}a_{kj}/a_{kk} & (i\neq k, j\neq k)\end{cases} \tag{5.9}$$

这样共需 2^p-1 次扫描运算，当 p 很大时，计算量大得惊人而往往无法实现。但使用向前向后的快速算法，则至多只需施行 $p(p+1)/2$ 次扫描运算即可，大大减少了计算量。

本方法具有以下特点。

(1) 动态建立回归方程。建立回归方程所需的样本随着时间的变化而变化，是动态的，这保证了回归方程能够包含最新的信息变化，引入回归方程的预报因子也是动态的。

(2) 相对于逐步回归、神经网络等统计方法，本方法建立回归方程时基于 PRESS 准则选取预报因子是客观的。逐步回归是通过 F 检验来决定因子的取舍，方程中含有的因子随着 F 值的改变而改变，而 F 值的控制存在着主观性。神经网络对预报因子的选取存在着类似的问题。

(3) 为了避免一般统计方法中的过拟合现象，本方法选取预报因子的着眼点在于预测效果的好坏而不在于拟合的好坏。

5.2.2.2 动态统计预报模型的建立

确定样本的长度为 M，选取预报对象对应的前期的预报因子。这些因子有 7 个城市（桂林、柳州、河池、百色、南宁、梧州、北海）一天八个时次的地面观测资料温度、露点、气压、风向、风速、云量和天气等与 6 个城市（桂林、河池、百色、南宁、梧州、北海）高空探测资料 925、850、700、500、400、300 hPa 六层的温度、湿度、高度、风向和风速以及污染物（SO_2、NO_2、PM_{10}）质量浓度等。将这些因子与预报对象求相关，将通过显著性检验（信度为 0.05）的因子定为初选因子。

根据初选因子，采用基于 PRESS 准则选取预报因子的逐步算法，建立酸雨 pH 值预报模式，动态建立多元回归方程，然后将预报当天的预报因子值代入回归方程，计算得出预报对象的预报值。

5.2.2.3 预报效果分析

依次类推，可每天建立回归方程，预报每个城市第二天酸雨的 pH 值。实际业务应用中，并不是每天都有雨，因此，只有在预报第二天有雨时，运行本方法才有意义。

本方法在一般情况下预报效果较好，但在天气转折较为明显时，效果稍差。另外，在建立回归方程时，选取不同的样本长度会对结果有较大的影响。用本方法对各个城市每个季节进行试报，效果有时较好，有时稍差（表 5.4）。与神经网络进行了比较，效果有时比神经网络好，有时比神经网络差。

表 5.4 动态统计模式预报的南宁和柳州的酸雨 pH 值与实况值的对比

（a）南宁（5 月）

日期	实况(pH 值)	预测(pH 值)	绝对误差	相对误差(%)
2014-05-17	6.440	6.615	0.175	2.72
2014-05-19	5.560	5.233	−0.327	−5.87
2014-05-20	6.840	5.574	−1.266	−18.51
2014-05-21	6.400	6.522	0.122	1.91
2014-05-28	5.820	6.352	0.532	9.14
2014-05-31	6.550	7.235	0.685	10.46
平均(绝对值)	—	—	0.517	8.10

（b）柳州（9 月）

日期	实况(pH 值)	预测(pH 值)	绝对误差	相对误差(%)
2013-09-10	5.461	6.560	−1.099	−16.75
2013-09-16	4.927	4.760	0.167	3.51
2013-09-17	4.752	5.050	−0.298	−5.91
平均(绝对值)	—	—	0.521	8.72

5.2.3 酸沉降预报模式

5.2.3.1 预报模式概述

良好的生态环境状况是实现可持续发展的重要基础，在经济高速发展的同时，如何控制日趋严重的酸雨危害、改善区域和城市的生态环境，已引起各级政府和公众的广泛关注。虽然广西拥有大量的空气污染和酸雨污染的监测数据，但就整个广西而言，这种资料的时间、空间分辨率显得不足。为了更深入地了解酸雨发生发展的物理和动力机制，更细致地了解大气环境特征，我们采用中国科学院大气物理研究所发展的欧拉酸沉降模式。通过酸沉降模式，可以定量描述不同污染源排放和气象条件下区域的大气污染和酸雨状况。此外，酸沉降模式还可以应用于酸雨的预测方面，帮助有关部门制定酸雨控制对策，评价不同减排战略的环境效益等方面，这些作用都是其他研究方法所不能替代的。

本研究采用的是空间结构为三维欧拉输送的模式，垂直坐标采用地形追随坐标。水平格距为 50 km，垂直不等距分为 8 层。污染物包括 SO_2、NO_x、$C_{2m}H_n$、O_3、CO、NH_3 等，主要包括污染物在整个对流层中经历的排放、平流输送、扩散、气相、液相及非均相反应，干沉降以及湿沉降等物理与化学过程。

（1）主要技术指标

预报范围：模式的区域范围覆盖整个广西，并以广西区划界，周边向外拓宽，以考虑地区间大气污染物和酸沉降的相互影响。模式选取的预报区域为 100.25°～124.75°E，15.25°～34.75°N，格距为 0.5°。

预报时段：24 h（48 h 或更长）预报，每 6 h 输出一次结果。

（2）模式系统输入参数和资料

模式网格中心点的经纬度；各网格点所属的地区号及海拔高度；所要预报的各城市或区域的经纬度、所在区的区号和 SO_2、NO_2、PM_{10} 污染物监测的质量浓度；地表特征、地形特征。

气象场资料来源于 NCEP-AVN（National Centers for Environmental Prediction—Aviation），包括地面风场、温度、相对湿度、位势高度、垂直速度、云顶高度、云中水含量和降水量等要素场，空间分辨率为 1.0°×1.0°。

污染监测资料来源于各环境监测站提供的污染物浓度资料。

气象台站的观测资料（如风向、风速、温度、气压、云量、露点及降水量等）作为模式初始场的订正资料。

（3）模式系统中气象预报场的输出

要素场：位势高度（HGT）、温度（T）、相对湿度（RH）、U 和 V 分量风、海平面气压（P）、总降水量（PRT）。

层次：1000 hPa、850 hPa、700 hPa、500 hPa、400 hPa、300 hPa、200 hPa、100 hPa。

时次：24、30 、36 、42 以及 48 h。

（4）模式系统中酸雨预报场的输出

要素场：pH 值、氢离子浓度、硫酸根离子浓度、硝酸根离子浓度、碳酸根离子浓度、氨根浓度、钙和镁离子浓度、SO_2、NO_2、O_3 等。

时次：24、30、36、42 以及 48 h。

5.2.3.2 模式系统框架

整个模式系统由四个子系统构成，分别是基础数据系统，资料前处理系统，酸沉降模式预报系统和预报结果分析系统。系统结构框架如图 5.7 所示。

（1）基础数据子系统

基础数据子系统是整个酸沉降模式预报业务系统的基础，它包括地理地形资料、污染源

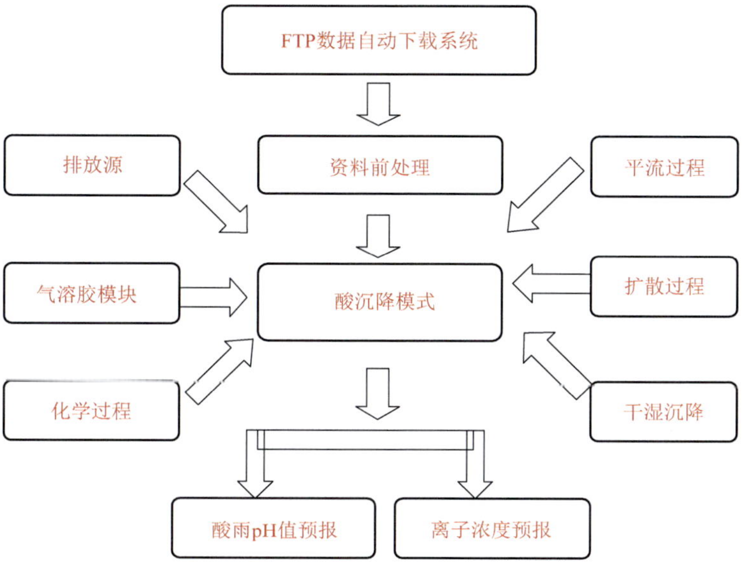

图 5.7　酸沉降模式的系统框架图

资料、气象资料和实时监测污染物资料四个部分。

气象资料的获得是开展城市空气污染预报最重要的基础。这里所说的气象数据并不是原始台站的气象实测数据，而是经过 GCM（全球大气环流模式）处理后的网格化气象数据。GCM 提供的网格化气象数据包括两类数据：一类是再分析数据，即实测气象数据经过资料同化后的网格化气象数据，作为 GCM 模式和中尺度气象模式的初值；另一类是 GCM 预报数据，作为 GCM 的预报结果和中尺度模式的边界条件或初值。

（2）数据前处理子系统

数据前处理子系统包括 DATAGRID REGRID（GCM 数据前处理系统）：分析和处理 GCM 数据产品；INTERP（GCM 数据产品垂直插值子系统）：GCM 标准等压面资料向模式垂直层面格点插值和 GRADS（图形图像处理子系统）：由 NCAR 开发的气象绘图商品软件。

① REGRID（水平插值子系统）

提取 NCEP GCM 数据并插值到模式水平网格点。GCM 提供的气象资料一般只有地面和标准等压面上的资料。由于 GCM 资料的多种来源，其格式及内容有所不同。为了读取不同的资料来源，REGRID 子系统的工作过程分为两步：一是提取数据源并实现格式转化（由 PREGRID 完成）；二是将转化后的中间数据插值到模式区域的地面和标准等压面上（由 REGRIDDER 完成）。这样的结构给应用非标准的气象数据格式或自备的气象数据的应用提供了方便。

② INTERP（垂直插值子系统）

模拟区域垂直网格插值。从 REGRID 得到的模拟区域的资料是在标准等压面上，由于模式采用地形坐标，模式区域垂直分为 24 层，这些层次一般并不与等压面重合，因此还要把上一步得到的气象数据插值到模式的垂直分层面上，形成模式需要的初值及各模拟区域的边值。该子系统还有一个功能是计算结果的回插，即将 MM5V3 预报的结果重新插值到标准或指定的等压面上，作为模式的输出结果。由于城市污染预报的特殊需要，非标准等压面比一定海拔高度层的输出更具有意义。以上两个子系统的原码只能在工作站和大型机上编译，为了能在微机 LINUX 操作系统上运行，对原码在 PGF90 平台上进行了改写和编译，实现了微机化。

③ GRADS（图形图像处理子系统）

GRADS 气象图形系统是目前比较流行、实用的气象绘图软件系统，其独立的 SCRIPT 编程语言系统好学易记，在气象科研和业务部门有广泛的应用。用它绘制的地面天气图、等压面标准气象图、风矢量图、流线图、等值线图及廓线图，基本上达到出版界标准。目前系统中自动绘出的天气图、酸雨分布图及廓线图基本满足酸雨业务预报的要求。在特殊任务的要求下，预报和研究人员可自己编程得到所需图形。

（3）酸雨预报系统

酸雨预报子系统空间结构为三维欧拉输送模式，垂直坐标采用地形追随坐标。水平格距为 50 km，垂直不等距分为 18 层。污染物包括 SO_2、NO_x、C_mH_n、O_3、CO、NH_3、PM_{10}（TSP），主要包括污染物之排放、平流输送、扩散、气相、液相及非均相反应，干沉降以及湿沉降等物理与化学过程。

欧拉污染物输送方程一般形式为：

$$\frac{\partial C_i}{\partial t}+u\frac{\partial C_i}{\partial x}+v\frac{\partial C_i}{\partial y}+w\frac{\partial C_i}{\partial z}=\frac{\partial}{\partial x}\left(K_x\frac{\partial C_i}{\partial x}\right)+\frac{\partial}{\partial x}\left(K_y\frac{\partial C_i}{\partial y}\right)+\frac{\partial}{\partial x}\left(K_z\frac{\partial C_i}{\partial z}\right)+S+P-R_d-W_{ash} \tag{5.10}$$

采用地形追随的球坐标系，三维欧拉型污染物输送方程为：

$$\frac{\partial}{\partial t}(\Delta H\cdot C_i)+\frac{\partial}{R\partial\varphi}(u\cdot\Delta H\cdot C_i)+\frac{\partial}{R\cos\theta\partial\theta}(v\cos\theta\cdot\Delta H\cdot C_i)+\frac{\partial}{\partial\sigma}(W\cdot C_i)=\frac{K_\varphi\partial}{R^2\cos^2\theta\partial\varphi}\left(\Delta H\cdot\frac{\partial C_i}{\partial\varphi}\right)+\frac{K_\theta\partial}{R^2\cos\theta\partial\theta}\left(\Delta H\cdot\cos\theta\frac{\partial C_i}{\partial\theta}\right)+\frac{\partial}{\partial\sigma}\left(\frac{K_\sigma\partial C_i}{\Delta H\partial\sigma}\right)+S\cdot\Delta H+P\cdot\Delta H-R_d\cdot\Delta H-W_{ash}\cdot\Delta H \tag{5.11}$$

式中，C_i 为第 i 种污染物质量浓度，t 为时间，θ、φ 为纬度、经度，R 为地球半径，K_θ、K_φ、K_σ 为经向、纬向、垂直湍流扩散系数，u、v 为水平风速，P 为化学转化项，S 为源排放速率，R_d 为干沉降项，W_{ash} 为湿清除项。地形对污染物输送有一定的影响，在模式中采用地形坐标是必要的。σ 为地形坐标，满足：

$$\sigma(\theta,\varphi)=\frac{z-h(\theta,\varphi)}{H(\theta,\varphi)-h(\theta,\varphi)}=\frac{z-h}{\Delta H} \tag{5.12}$$

式中，$H(\theta,\varphi)$ 为对流层高度，$h(\theta,\varphi)$ 为地形高度。在地形坐标下，上下边界条件比较好处理，同时地形坐标下低层水平面是一个地形面，对于讨论污染物的分布是非常方便的。

① 平流输送与扩散过程

平流输送过程采用高精度正定质量守恒差分格式方案计算。扩散过程采用改进的 MM5 输出的扩散系数进行处理。

② 干沉降过程

大气污染物在传输与扩散过程中，沉降是主要的过程之一，也是污染物的最终清除过程。在没有降水的条件下，由于重力、湍流运动、热运动、惯性力和静电力的作用，污染物尤其是粒子污染物在大气中输送扩散时，随时都会被地面阻留，形成连续不断地由大气向地面的质量迁移的过程。这就是干沉降过程。由于其作用时间长、地域广，效果也就很重要。沉降速度是描述该过程的重要参数，定义为污染物向下通量除以其大气浓度，其大小随大气稳定度、植被、风场等因素而变化。模式中干沉降速度的处理有许多方法，一些模式简单的取为常数；最近许多模式根据不同条件下的测量结果采用经验参数化的方法模拟干沉降速度，沉降速度与三个停留因子的和成反比，可以用下式表示：

$$V_g = \frac{k(z)\mathrm{d}C(z)}{c(z)\mathrm{d}z} = (r_a + r_b + r_s)^{-1} \tag{5.13}$$

表面层湍流混合的强度决定 r_a（aerodynamic-resistance），即：

$$r_a = \int_0^{50} K(z)^{-1}\mathrm{d}z$$

r_a 可以由下式确定：

$$r_a = (ku^*)^{-1}(\ln z/z_0 - \phi_c) \tag{5.14}$$

其中：

$$\phi_c = \exp\{0.598 + 0.39\ln(z/L) - 0.09[\ln(-z/L)]^2\} \qquad (L < 0)$$

$$\phi_c = -5z/L \qquad (L > 0)$$

式中，$k=0.35$，$z=50$ km，粗糙度长度 z_0 随季节和地表而变化。L 为莫宁-奥布霍夫长度，u^* 为摩擦速度。r_b 决定于向地表的分子和湍流扩散过程，取为 70 sm^{-1}（Fowler，1978）。取基于稳定度和摩擦速度的地表层硫酸根粒子的地表停留因子 r_s 的参数化方案。SO_2 的地表停留因子 r_s 与地表类型有关，随季节、地点、不同物质而变化。

③ 湿清除过程

湿清除主要处理云下（1600 m）的洗脱过程。由于广西近地层大气无论污染气体还是气溶胶的质量浓度都较高，因而雨滴的冲刷对雨水中的离子浓度的影响很大。把雨水的冲刷过程定义为：

$$W_{ash} = W_a - C_i \tag{5.15}$$

式中，W_{ash} 为冲刷量，C_i 为污染物质量浓度，W_a 为冲刷系数，与雨强、雨滴谱分布及各种污染物的质量浓度有关，与气溶胶的粒子谱及化学成分有关。

④ 气相化学过程

酸雨化学物质模式最重要的组分之一是气相化学，其中涉及的化学物质详见表 5.5。在光化学反应模拟部分，采用碳键（CBM—IV）反应机制，以碳氢化合物中碳原子键的结构情形来分类，具有相同键的碳原子，具有相似的反应过程。

表 5.5　模式包含的化学物质表

名称	符号	名称	符号
Shlfur dioxide	SO_2	Ozone	O_3
Nitric oxide	NO	Formaldehyde	HCHO
Nitrate radical	NO_3	Ketones	KET
Nitric acid	HNO_3	Formic acid	HCOOH
Pemitric acid	HNO_4	Carbon monoxide	CO
Ammonia	NH_3	Carbon Dioxide	CO_2

续表

名称	符号	名称	符号
Hydroxy radical	HO	Hydrogen peroxide	H_2O_2
Ethene	C_2H_4	Aldehydes	ALD
Terminal alkenes	OL_3	Methyl hydrogen peroxide	OP_1
Internal alkenes	OL_4	Higher organic peroxides	OP_2
Methance	CH_4	Acetic acid and higher acid	ORA_2
Water Vapor	H_2O	Acetylperoxy radical	ACO_3
Oxygen	O_2	Methylperoxy radical	MO_2
Nitrogen	N_2	Peroxy radical formed(OL_2)	OL_2P
Sulfuric acid	H_2SO_4	Peroxy radical formed(OL_3)	OL_3P
Nitrogen dioxide	NO_2	Peroxy radical formed(OL_4)	OL_4P
Dinitrogen pentoxide	N_2O_5	Hydroperoxyradical	HO_2
Nitrous acid	HONO	Ground state oxygen atom	O^3P
Peroxyacetyl nitrate	PAN	Exicited state oxygen atom	O^1D
Peroxyacetic acid	PAA		

⑤ 液相化学过程

为充分利用 MM5 所能提供的云水资料，采用改进的 RADM2 的液相化学反应机制，考虑了污染物的云雨吸收、溶解、电离等液相反应，并包括次网格的垂直再分布、冲刷等过程。

⑥ 非均相化学反应过程

初步建立的考虑不同粒径气溶胶表面的非均相化学反应模式，主要侧重于对硫化物和氮化物的影响。假设大气中部分气溶胶粒子在一定温度和湿度条件下，表面发生潮解，在气溶胶粒子表面形成一层薄薄的水层，环境中的 SO_2、NO_x 气体和氧化剂 O_3、H_2O_2 等通过气溶胶的吸附作用和分子扩散作用进入溶液中而然后通过气液相互作用跟其表面的可溶性或活跃物质发生液相化学反应，生成的硫酸盐和硝酸盐被吸附在气溶胶粒子表面。

非均相化学模型用水汽气溶胶在一定温度和湿度条件下的增长来描述在气溶胶粒子表面形成薄薄水层的过程。利用水汽的凝结增长方程计算在一定温度和湿度条件下气溶胶表面生成的水量，作为化学模式中的溶液量，其他气体向此溶液滴扩散。气体分子向粒子表面的扩散是一个难点，假设气体向粒子表面的扩散吸附为有限吸附。取有限吸附系数为：

$$k_{d,j}=\int_{r1}^{r2}k_{d,j}(r)n(r)\mathrm{d}r$$

式中，$n(r)\mathrm{d}r$ 为粒径在 r 至 $r+\mathrm{d}r$ 间的数密度，$k_{d,j}(r)$ 为粒径为 r 的粒子的扩散系数，是粒子大小、粘贴系数、状态（如湿度）及扩散气体的特性的函数，可由 Maxwell 扩散方程得到：

$$k_{d,j}=4\pi rD_jVF_r$$

式中，D_j 为分子扩散系数，由 Champan-Enskog 方程计算。F_r 由 Fuchs 给出的公式计算，

$$F_r=\{1+K_n[\lambda+4(1-\alpha)/(3\alpha)]\}^{-1}$$

式中，K_n 为 Knudson 数，定义为分子的有效平均自由程与粒径的比值，λ 为无因次量，是

Kundson 数的函数，$\lambda=(4/3K_n+0.71)/(K_n+1)$，适应系数 α 取决于撞击气体的特性和粒子的表面特性如湿度特征，对于纯水表面的易溶性气体的适应系数在 0.01～1.0。

根据计算的有限吸附系数及相关的液相化学模式和气相化学模式可建立气溶胶表面的非均相化学反应盒子模式。

5.2.3.3　模拟结果

为了对模式做验证，选用广西 2013 年 5 月—2014 年 4 月共 12 个月的资料做了模拟计算，模拟结果如下。

由图 5.8 可见，广西主要城市（桂林、百色、南宁和北海）月平均 pH 值变化基本上处于 4.0～6.0，说明酸雨状况比较严重，不容忽视；有两个 pH 值的低值区，分别位于秋季（9—11 月）和冬春季（2—4 月）；月平均 pH 值有降低的趋势，说明降水的酸度有增强的趋势，特别是桂林和北海酸雨加重的趋势最明显。

图 5.8 和图 5.9 对比可见，模拟出来的平均 pH 值变化曲线比较平缓，对某些月份 pH 值的突然升降模拟效果不理想。但总体来说，对秋季和冬春季 pH 值低值区做了较好的模拟。pH 值的下降趋势也与观测结果相吻合。

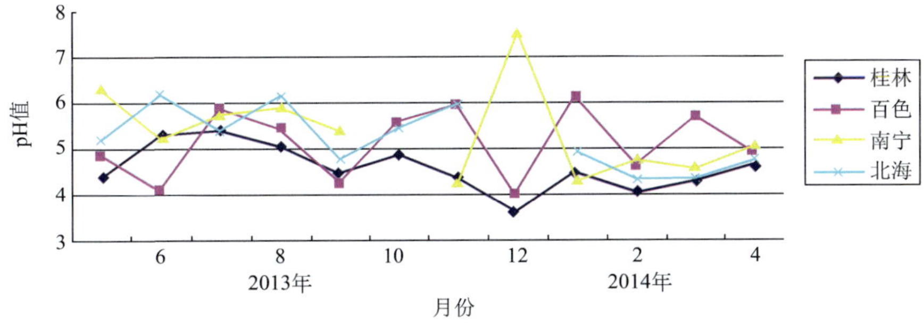

图 5.8　广西主要城市 2013 年 5 月—2014 年 4 月各月 pH 观测平均值变化曲线

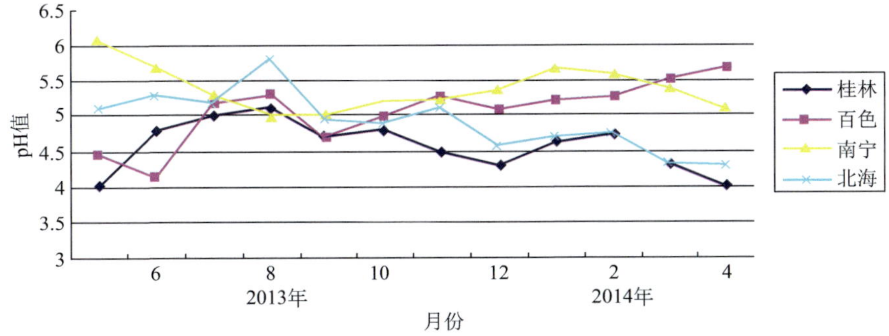

图 5.9　广西主要城市 2013 年 5 月—2014 年 4 月各月 pH 模拟平均值变化曲线

以 2014 年 4 月为例，计算出广西平均 pH 值（图 5.10），其分布特征基本呈西高东低的形势。pH 低值中心位于宾阳和横县之间，说明此处降水的酸度最大；图 5.11—图 5.17 分别为地面空气中硫酸根浓度、氢离子浓度、SO_2 浓度、硝酸根离子浓度、碳酸根离子浓度、钙和镁离子浓度、氨根浓度分布图。硫酸根的高值区也正是 SO_2 的高浓度区，两者的分布趋势是一致的。同时 pH 的低值中心也在 SO_2 的高浓度区．可见酸雨的形成是与 SO_2 的存在有直接的关系。

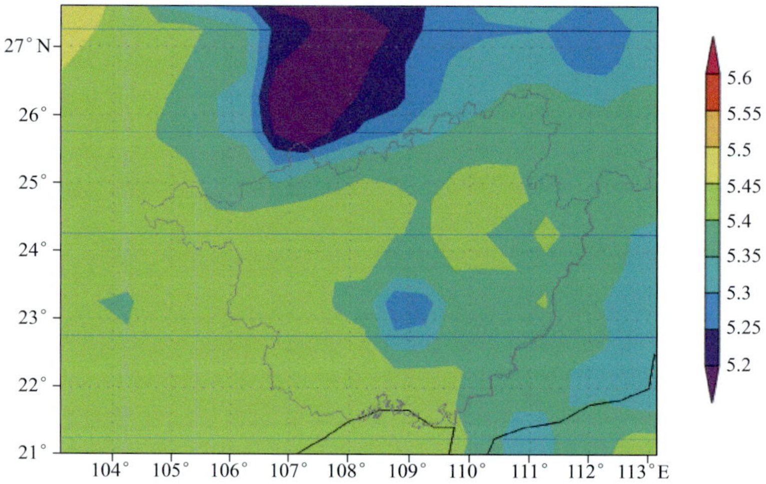

图 5.10　2014 年 4 月广西 pH 值分布图

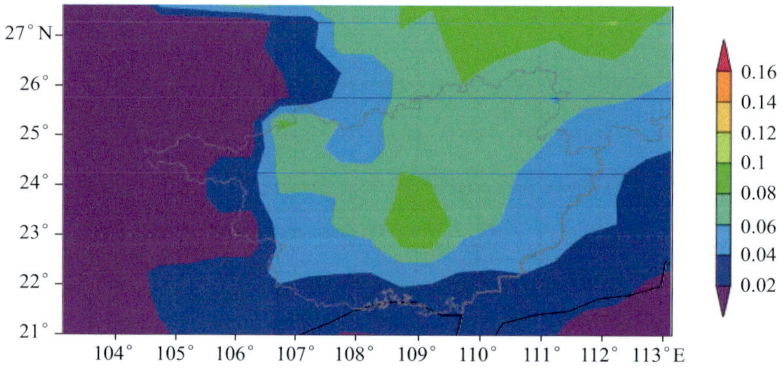

图 5.11　2014 年 4 月广西硫酸根离子浓度分布图（单位：10^{-3} mol/l）

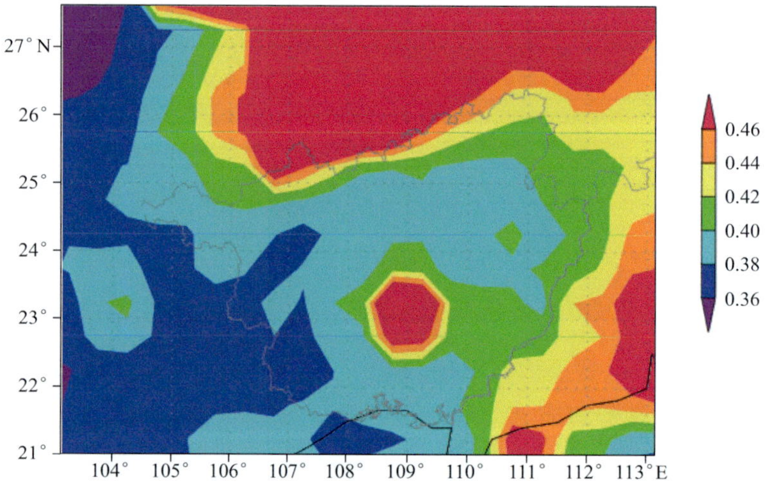

图 5.12　2014 年 4 月广西氢离子浓度分布图（单位：10^{-5} mol/l）

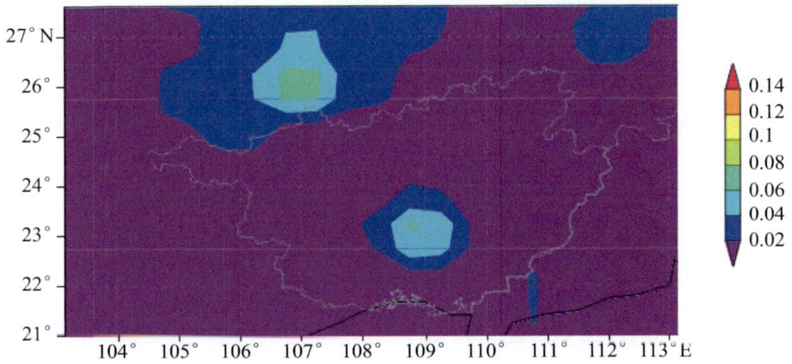

图 5.13　2014 年 4 月广西 SO_2 浓度分布图（单位：mg/m^3）

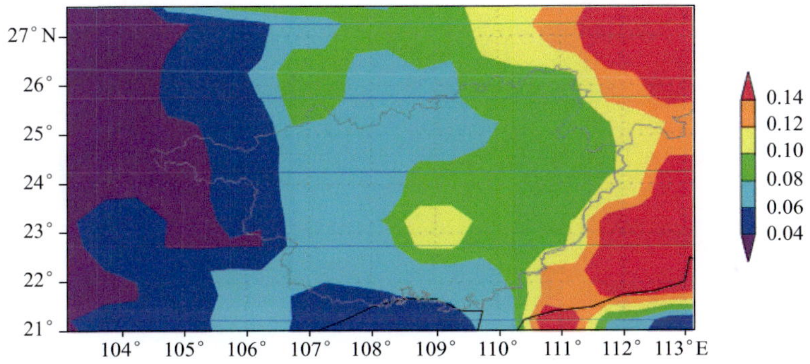

图 5.14　2014 年 4 月广西硝酸根离子浓度分布图（单位：10^{-5} mol/l）

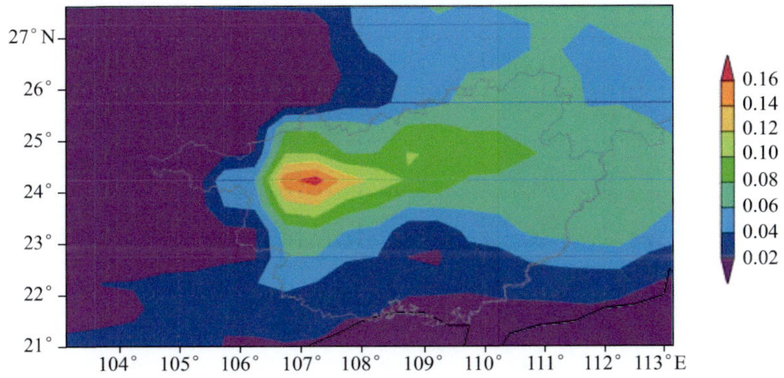

图 5.15　2014 年 4 月广西碳酸根离子浓度分布图（单位：10^{-7} mol/l）

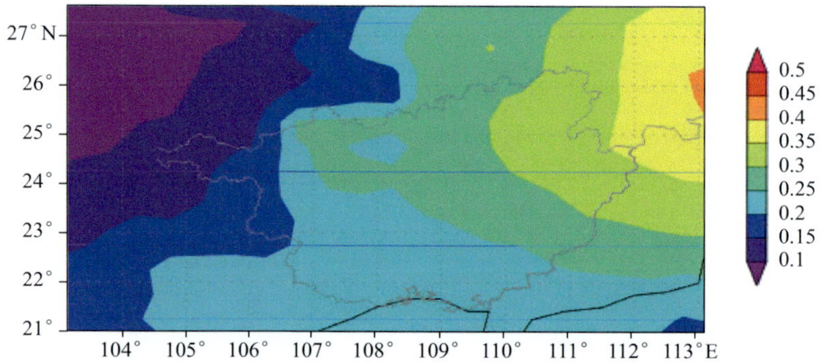

图 5.16　2014 年 4 月广西钙和镁离子浓度分布图（单位：10^{-7} mol/l）

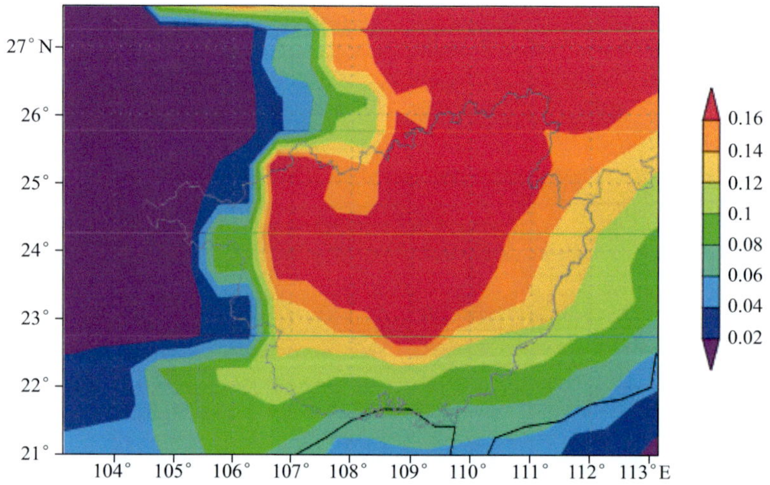

图 5.17　2014 年 4 月广西氨根离子浓度分布图（单位：10^{-3} mol/l）

在模拟效果较好的情况下，我们尝试对酸雨进行预测。本系统输出每天监测点 pH 值的未来 24 h 预报值，其文件格式见表 5.6。

表 5.6　广西主要城市酸雨监测点 pH 值预报

日期(年-月-日)	站名	经度(°E)	纬度(°N)	pH 值
2014-09-20	北海	108.75	21.25	5.38
2014-09-20	钦州	108.25	21.75	5.36
2014-09-20	玉林	109.75	21.75	5.34
2014-09-20	南宁	107.75	22.25	5.32
2014-09-20	百色	106.25	23.25	5.20
2014-09-20	梧州	110.75	23.25	5.26
2014-09-20	柳州	109.25	23.75	5.30
2014-09-20	河池	107.75	24.25	5.20
2014-09-20	桂林	110.25	25.25	5.10

5.2.4　酸雨 pH 预测的集成预报

5.2.4.1　基本思路

采用了神经网络、基于 PRESS 的动态多元统计、逐步多元回归等方法对酸雨 pH 值进行预测。实际应用发现，各种方法各有优劣。为了更客观地预测酸雨的 pH 值，我们对以上预测方法得到的结果进行集成。以神经网络、基于 PRESS 的动态多元统计、逐步多元回归等预测方法得到的结果作为因子，动态建立多元回归方程，预测酸雨的 pH 值。

5.2.4.2　集成预报模型的建立及结果分析

具体做法如下：如表 5.7 所示，表中列出了用神经网络、基于 PRESS 的动态多元统计、逐步多元回归等方法得到的南宁城区 4—6 月（2013—2014 年）的 pH 值预测结果与实况值。

将神经网络、基于 PRESS 的动态多元统计、逐步多元回归等方法得到的预测结果作为预报因子，酸雨 pH 值作为预报对象。确定样本的长度为 30，样本是动态的，总是取预测前期的 30 个个例，如要预测 2013 年 6 月 11 日（编号为 33）的 pH 值，则取 3～32 号个例为样本。

确定样本后，用多元回归方法建立回归方程，将预报当天的预报因子（即各种方法得到的预报结果）代入方程，即得到预报结果。

表 5.7　南宁城区 4—6 月酸雨 pH 预测值与实况值

编号	年	月	日		神经网络			动态多元统计			逐步回归		
				pH 实况值	pH 预测值	绝对误差	相对误差(%)	pH 预测值	绝对误差	相对误差(%)	pH 预测值	绝对误差	相对误差(%)
1	2013	4	7	5.31	5.576	−0.266	5.02	5.294	0.016	0.30	5.453	−0.143	2.69
2	2013	4	8	5.53	5.576	−0.046	0.84	5.294	0.236	4.26	5.453	0.076	1.39
3	2013	4	13	6.81	5.506	1.304	19.14	5.714	1.095	16.08	5.967	0.842	12.37
4	2013	4	16	5.39	5.493	−0.103	1.92	5.790	−0.400	7.43	5.714	−0.324	6.01
5	2013	4	19	6.29	5.967	0.322	5.13	5.738	0.551	8.76	6.229	0.060	0.95
6	2013	4	20	4.78	5.578	−0.798	16.69	5.742	−0.962	20.12	5.032	−0.252	5.28
7	2013	4	27	6.29	5.640	0.649	10.32	6.351	−0.061	0.97	6.240	0.049	0.78
8	2013	4	29	6.10	5.640	0.459	7.53	6.351	−0.251	4.12	6.240	−0.140	2.30
9	2013	5	3	6.85	5.950	0.899	13.12	5.993	0.856	12.50	5.891	0.958	13.99
10	2013	5	4	6.03	5.610	0.419	6.95	5.745	0.284	4.72	6.028	0.001	0.02
11	2013	5	10	6.23	6.189	0.040	0.64	5.810	0.419	6.73	5.341	0.888	14.25
12	2013	5	11	5.37	6.007	−0.637	11.86	6.152	−0.782	14.57	5.669	−0.299	5.58
13	2013	5	12	6.17	6.049	0.120	1.95	6.062	0.107	1.73	5.813	0.356	5.77
14	2013	5	13	5.88	6.108	−0.228	3.88	5.933	−0.053	0.91	6.026	−0.146	2.49
15	2013	5	14	5.94	6.210	−0.270	4.55	5.987	−0.047	0.80	6.148	−0.208	3.50

续表

编号	年	月	日	神经网络				动态多元统计			逐步回归		
				pH实况值	pH预测值	绝对误差	相对误差(%)	pH预测值	绝对误差	相对误差(%)	pH预测值	绝对误差	相对误差(%)
16	2013	5	17	5.22	5.918	−0.698	13.38	5.491	−0.271	5.20	6.144	−0.924	17.71
17	2013	5	18	4.68	5.733	−1.053	22.51	5.426	−0.746	15.95	5.302	−0.622	13.29
18	2013	5	21	4.89	6.001	−1.111	22.73	5.641	−0.751	15.36	6.223	−1.333	27.27
19	2013	5	22	6.97	6.333	0.636	9.13	5.960	1.009	14.48	6.099	0.870	12.49
20	2013	5	23	5.61	5.821	−0.211	3.76	5.962	−0.352	6.28	5.397	0.212	3.79
21	2013	5	24	4.90	5.892	−0.992	20.25	5.699	−0.799	16.30	6.176	−1.276	26.05
22	2013	5	25	6.94	5.958	0.982	14.14	5.949	0.990	14.27	5.992	0.947	13.65
23	2013	5	26	7.35	6.026	1.323	18.00	5.761	1.588	21.61	6.410	0.939	12.78
24	2013	5	28	6.46	6.026	0.433	6.70	5.761	0.698	10.81	6.410	0.049	0.76
25	2013	5	29	4.65	5.880	−1.230	26.46	5.346	−0.696	14.97	5.368	−0.718	15.44
26	2013	6	3	6.09	6.115	−0.025	0.41	5.752	0.337	5.54	6.263	−0.173	2.84
27	2013	6	5	5.87	6.235	−0.365	6.22	5.866	0.003	0.06	6.402	−0.532	9.06
28	2013	6	6	6.72	6.189	0.530	7.88	6.007	0.712	10.60	6.387	0.332	4.94
29	2013	6	7	5.26	5.857	−0.597	11.36	5.640	−0.380	7.23	6.451	−1.191	22.66
30	2013	6	8	6.42	5.807	0.612	9.54	5.359	1.060	16.51	6.061	0.358	5.59
31	2013	6	9	5.68	5.990	−0.310	5.47	5.712	−0.032	0.57	6.490	−0.810	14.27
32	2013	6	10	6.24	6.286	−0.046	0.73	5.705	0.534	8.56	6.447	−0.207	3.33
33	2013	6	11	5.04	6.147	−1.107	21.97	5.281	−0.241	4.78	6.238	−1.198	23.78
34	2013	6	13	5.88	5.837	0.042	0.72	5.569	0.310	5.28	6.497	−0.617	10.50
35	2013	6	20	6.09	6.002	0.087	1.43	5.908	0.181	2.98	6.413	−0.323	5.30
36	2013	6	22	6.30	6.105	0.194	3.09	5.563	0.736	11.69	6.613	−0.313	4.97
37	2013	6	23	6.35	6.246	0.103	1.63	5.592	0.757	11.92	6.494	−0.144	2.27
38	2013	6	27	5.77	5.875	−0.105	1.83	5.288	0.482	8.35	5.680	0.089	1.55
39	2013	6	29	6.04	5.813	0.226	3.74	5.496	0.543	8.99	6.549	−0.509	8.43
40	2014	4	6	6.41	5.852	0.557	8.70	6.026	0.383	5.98	5.041	1.368	21.35

采用以上的集成预报方法，计算了表 5.7 中 31～40 号个例的集成预报结果，结果如表 5.8 所示，由表可以发现：

（1）与单个预报方法的结果相比较，集成预报的误差有时是最小的，也就是预报效果是最好的（如 2013 年 6 月 10 日、2013 年 6 月 22 日、2013 年 6 月 29 日等）。

（2）集成预报的结果不会是最差的。

因此，由于在实际业务当中，对具体某一天的预报来说，难以判断哪个预报方法（神经网络、基于 PRESS 的动态多元统计、逐步多元回归）得到的预报结果是最好的。此时采用集成预报的结果可以避免预报出现很大的误差。

表 5.8　集成预报结果与实况

编号	年	月	日	集成预报				神经网络	动态多元统计	逐步回归
				pH 实况值	pH 预报值	绝对误差	相对误差(%)	相对误差(%)	相对误差(%)	相对误差(%)
31	2013	6	9	5.68	6.200	−0.520	9.16	5.47	0.57	14.27
32	2013	6	10	6.24	6.248	−0.008	0.13	0.73	8.56	3.33
33	2013	6	11	5.04	5.722	−0.682	13.53	21.97	4.78	23.78
34	2013	6	13	5.88	6.046	−0.166	2.82	0.72	5.28	10.50
35	2013	6	20	6.09	6.309	−0.219	3.59	1.43	2.98	5.30
36	2013	6	22	6.30	6.177	0.122	1.94	3.09	11.69	4.97
37	2013	6	23	6.35	6.175	0.174	2.74	1.63	11.92	2.27
38	2013	6	27	5.77	5.296	0.473	8.21	1.83	8.35	1.55
39	2013	6	29	6.04	6.006	0.033	0.55	3.74	8.99	8.43
40	2014	4	6	6.41	5.524	0.886	13.82	8.70	5.98	21.35

5.3 广西主要城市酸雨月预报方法研究

广西主要城市酸雨月预报主要采用了逐步回归预报方法。回归分析是目前气象统计分析中常用的一种方法，回归分析是用来寻找若干变量之间统计联系关系的一种方法，利用所找到的统计关系对某一变量作出未来时刻的估计，即为预报值。

5.3.1　南宁市逐步回归月酸雨预报模型的建立

5.3.1.1　冬半年

样本数 $N=73$，采用逐步引入—剔除法分别引入了月平均相对湿度、月降雨量和 0 cm 月的最高地温 3 个变量。

pH 月平均值的预报方程：

$$Y=5.911-0.0269X_1-0.00666X_2+0.03274X_3$$

式中，X_1 为月平均相对湿度，X_2 为月降雨量，X_3 为 0 cm 月的最高地温。复相关系数为 0.533，估计值的标准误差为 0.757，$F=9.19$，分子自由度为 3，分母自由度为 69，信度 $\alpha=0.01$ 时，$F_{0.01}=4.13$，$F>F_{0.01}$，回归方程效果显著。

月酸雨频率预报方程：

$$Y=107.306-1.587X_1+0.262X_2$$

式中，X_1 为 0 cm 月的最高地温，X_2 为月降雨量。复相关系数为 0.426，估计值的标准误差为 33.29。$F=7.763$，分子自由度为 2，分母自由度为 70，信度 $\alpha=0.01$ 时，$F_{0.01}=4.98$，$F>F_{0.01}$，回归方程效果显著。

pH 月最小值预报方程：

$$Y=33.858-0.448X_1+5.508X_2$$

式中，X_1 为月平均相对湿度，X_2 为月平均风速。复相关系数为 0.411，估计值的标准误差为 6.196。$F=7.12$，分子自由度为 2，分母自由度为 70，信度 $\alpha=0.01$ 时，$F_{0.01}=4.98$，$F>F_{0.01}$，回归方程效果显著。

5.3.1.2 夏半年

样本数 $N=76$，采用逐步引入—剔除法分别引入了 0 cm 月的最高地温、月平均风速、月平均相对湿度三个因子。

pH 月平均值的预报方程：

$$Y=-2.082+0.06485X_1+0.499X_2+0.04276X_3$$

式中，X_1 为 0 cm 月的最高地温，X_2 为月平均风速，X_3 为月平均相对湿度。复相关系数为 0.646，估计值的标准误差为 0.416，$F=17.23$，分子自由度为 3，分母自由度为 72，信度 $\alpha=0.01$ 时，$F_{0.01}=4.13$，$F>F_{0.01}$，回归方程效果显著。

月酸雨频率预报方程：

$$Y=88.118-28.772X_1-9.590X_2+11.869X_3$$

式中，X_1 为 0 cm 月平均风速，X_2 为月平均水汽压，X_3 为 0 cm 月的最低地温。复相关系数为 0.507，估计值的标准误差为 21.68，$F=8.314$，分子自由度为 3，分母自由度为 72，信度 $\alpha=0.01$ 时，$F_{0.01}=4.13$，$F>F_{0.01}$，回归方程效果显著。

pH 月最小值预报方程：

$$Y=1.146+0.05812X_1+0.430X_2$$

式中，X_1 为 0 cm 月的最高地温，X_2 为月平均风速。复相关系数为 0.566，估计值的标准误差为 0.450，$F=17.23$，分子自由度为 2，分母自由度为 73，信度 $\alpha=0.01$ 时，$F_{0.01}=4.98$，$F>F_{0.01}$，回归方程效果显著。

5.3.2 桂林市逐步回归月酸雨预报模型的建立

5.3.2.1 冬半年

样本数 $N=57$，采用逐步引入—剔除法分别引入了月降雨量、月平均最高气压 2 个变量。

pH 月平均值的预报方程：

$$Y=-66.061-0.0618X_1+0.07115X_2$$

式中，X_1 为月降雨量，X_2 为月平均最高气压。复相关系数为 0.512，估计值的标准误差为 0.747，$F=9.61$，分子自由度为 2，分母自由度为 54，信度 $\alpha=0.01$ 时，$F_{0.01}=5.06$，$F>F_{0.01}$，回归方程效果显著。

月酸雨频率预报方程：

$$Y=4948.162-4.861X_1-2.530X_2$$

式中，X_1 为月平均最低气压，X_2 为月平均气温。复相关系数为 0.395，估计值的标准误差为 28.07，$F=4.98$，分子自由度为 2，分母自由度为 54，信度 $\alpha=0.01$ 时，$F_{0.01}=5.06$，信度 $\alpha=0.05$ 时，$F_{0.05}=3.18$，$F>F_{0.05}$，回归方程效果还显著。

pH 月最小值预报方程：

$$Y=-71.274-0.0806X_1+0.07607X_2$$

式中，X_1 为月降雨量，X_2 为月平均最高气压。复相关系数为 0.550，估计值的标准误差为 0.834，$F=11.73$，分子自由度为 2，分母自由度为 54，信度 $\alpha=0.01$ 时，$F_{0.01}=5.06$，$F>F_{0.01}$，回归方程效果显著。

5.3.2.2　夏半年

样本数 $N=58$，采用逐步引入—剔除法分别引入了月降雨日数一个因子。

pH 月平均值的预报方程：

$$Y=5.509-0.0520X_1$$

式中，X_1 为月降雨日数。复相关系数为 0.449，估计值的标准误差为 0.575，$F=14.13$，分子自由度为 1，分母自由度为 56，信度 $\alpha=0.01$ 时，$F_{0.01}=7.17$，$F>F_{0.01}$，回归方程效果显著。

月酸雨频率预报方程：

$$Y=-160.566+2.743X_1$$

式中，X_1 为月平均相对湿度，复相关系数为 0.517，估计值的标准误差为 22.15，$F=20.40$，分子自由度为 1，分母自由度为 56，信度 $\alpha=0.01$ 时，$F_{0.01}=7.17$，$F>F_{0.01}$，回归方程效果显著。

pH 月最小值预报方程：

$$Y=5.359-0.0842X_1$$

式中，X_1 为月降雨日数，复相关系数为 0.641，估计值的标准误差为 0.560，$F=39.02$，分子自由度为 1，分母自由度为 56，信度 $\alpha=0.01$ 时，$F_{0.01}=7.17$，$F>F_{0.01}$，回归方程效果显著。

5.3.3　北海市逐步回归月酸雨预报模型的建立

5.3.3.1　冬半年

样本数 $N=69$，采用逐步引入—剔除法分别引入了月平均相对湿度、月轻雾日数 2 个变量。

pH 月平均值的预报方程：

$$Y=9.638-0.0507X_1-0.165X_2$$

式中，X_1 为平均相对湿度，X_2 为月轻雾日数。复相关系数为 0.443，估计值的标准误差为 0.902，$F=8.06$，分子自由度为 2，分母自由度为 66，信度 $\alpha=0.01$ 时，$F_{0.01}=4.98$，$F>F_{0.01}$，回归方程效果显著。

pH 月最小值预报方程：

$$Y=11.134-0.0763X_1$$

式中，X_1 为月平均相对湿度。复相关系数为 0.446，估计值的标准误差为 0.952，$F=$

16.42，分子自由度为1，分母自由度为67，信度 $\alpha=0.01$ 时，$F_{0.01}=7.08$，$F>F_{0.01}$，回归方程效果显著。

5.3.3.2 夏半年

样本数 $N=80$，采用逐步引入—剔除法引入了轻雾日数1个变量。

pH月平均值的预报方程：

$$Y=5.589-0.247X_1$$

式中，X_1 为月轻雾日数。复相关系数为0.273，估计值的标准误差为0.719，$F=6.26$，分子自由度为1，分母自由度为78，信度 $\alpha=0.01$ 时，$F_{0.01}=6.96$，$\alpha=0.05$ 时，$F_{0.05}=3.96$，$F>F_{0.05}$，回归方程效果显著。

月酸雨频率预报方程：

$$Y=41.714+12.153X_1$$

式中，X_1 为月轻雾日数。复相关系数为0.296，估计值的标准误差为32.30，$F=7.49$，分子自由度为1，分母自由度为78，信度 $\alpha=0.01$ 时，$F_{0.01}=7.08$，$F>F_{0.01}$，回归方程效果显著。

pH月最小值预报方程：

$$Y=4.019+0.155X_1$$

式中，X_1 为月日照时数。复相关系数为0.299，估计值的标准误差为0.693，$F=7.65$，分子自由度为1，分母自由度为78，信度 $\alpha=0.01$ 时，$F_{0.01}=7.08$，$F>F_{0.01}$，回归方程效果显著。

5.3.4 百色市逐步回归月酸雨预报模型的建立

5.3.4.1 冬半年

样本数 $N=66$，采用逐步引入—剔除法引入了月降雨日数1个变量。

pH月平均值的预报方程：

$$Y=4.939-0.0831X_1$$

式中，X_1 为月降雨日数。复相关系数为0.313，估计值的标准误差为0.854，$F=6.933$，分子自由度为1，分母自由度为64，信度 $\alpha=0.01$ 时，$F_{0.01}=7.08$，信度 $\alpha=0.05$ 时，$F_{0.01}=0.400$，$F>F_{0.05}$，回归方程效果显著。

月酸雨频率预报方程：

$$Y=99.005-17.764X$$

式中，X_1 为月平均风速。复相关系数为0.259，估计值的标准误差为29.25，$F=4.59$，分子自由度为1，分母自由度为64，信度 $\alpha=0.01$ 时，$F_{0.01}=7.08$，信度 $\alpha=0.05$ 时，$F_{0.05}=0.400$，$F>F_{0.05}$，回归方程效果显著。

pH月最小值预报方程：

$$Y=4.873-0.119X_1$$

式中，X_1 为月降雨日数。复相关系数为0.419，估计值的标准误差为0.876，$F=13.60$，分子自由度为1，分母自由度为64，信度 $\alpha=0.01$ 时，$F_{0.01}=7.04$，$F>F_{0.01}$，回归方程效果显著。

5.3.4.2　夏半年

样本数 $N=76$，采用逐步引入—剔除法引入 0 cm 月平均最高地温 1 个变量。

月酸雨频率预报方程：

$$Y=156.750-1.883X_1$$

式中，X_1 为 0 cm 月平均最高地温。复相关系数为 0.278，估计值的标准误差为 25.76，$F=6.21$，分子自由度为 1，分母自由度为 74，信度 $\alpha=0.01$ 时，$F_{0.01}=6.96$，信度 $\alpha=0.05$ 时，$F_{0.05}=3.96$，$F>F_{0.05}$，回归方程效果显著。

样本数 $N=76$，采用逐步引入—剔除法引入了 0 cm 月平均最高地温、月平均低云量、月平均总云量 3 个变量。

pH 月最小值预报方程：

$$Y=0.08513+0.09228X_1+0.494X_2-0.368X_3$$

式中，X_1 为 0 cm 月平均最高地温，X_2 为月平均低云量，X_3 为月平均总云量。复相关系数为 0.502，估计值的标准误差为 0.849，$F=8.07$，分子自由度为 3，分母自由度为 72，信度 $\alpha=0.01$ 时，$F_{0.01}=4.13$，$F>F_{0.01}$，回归方程效果显著。

5.4 本章小结

本章分析了广西酸雨时空分布特征及其成因，并运用神经网络、动态统计、逐步回归、数值模式等方法，研究了广西主要城市酸雨客观预报方法，结论如下。

（1）广西酸雨严重的地区主要集中在广西中部及西北部，百色、河池、柳州、梧州一线。广西的酸雨呈现阶段性变化，1992—1995 年酸雨频率下降，酸雨酸性较弱；但 1996—2005 年酸雨频率一直维持较高水平；2006 年后酸雨频率逐渐下降，降雨 pH 值稳步上涨。广西的酸雨季节性明显，冬季较重，夏季较轻，受风向及降雨影响较大。广西酸雨成分从以硫酸型为主的酸雨转变为硫酸硝酸混合型，同时也受广西地质酸性土壤的影响。

（2）神经网络、基于 PRESS 的动态多元统计、逐步多元回归等方法对酸雨有一定的预报能力，但各有优劣，因此，在实际业务当中，可以采用集成预报的结果预测酸雨 pH 值。

第6章 广西北部湾经济区大气污染物演变特征及空气质量影响评估研究

广西北部湾经济区地处我国沿海西南端，由南宁、北海、钦州、防城港四市所辖行政区域组成。北部湾经济区岸线、淡水、海洋、旅游等资源丰富，生态、环境良好。但是，随着经济区开发的大力推进以及城市化和工业化水平的不断提高，经济区的环境保护和生态建设势必面临较大的压力。如何在经济社会快速发展的同时，将生态、环境质量保持在良好水平，实现经济、社会和环境的协调发展是当前广西北部湾经济区发展规划实施亟待解决的问题。为此，本章专门对南宁、北海、钦州、防城港四市的大气环境监测资料进行分析。

6.1 北部湾经济区大气污染物时空分布特征和演变规律

6.1.1 北部湾经济区空气质量的时空分布特征

6.1.1.1 总体状况

2003—2012 年间，广西北部湾经济区整体空气质量基本良好。南宁市空气质量优良率达到 96.6%，空气质量等级为轻度污染的仅占 3.4%，也就是说平均每年大约有 12 d 空气质量较差，出现轻度污染；北海市空气质量优良率为 99.77%，空气质量等级为轻度污染的仅占 0.23%，即平均每年大约有 1 d 空气质量较差，出现轻度污染。

6.1.1.2 时间分布特征

（1）月变化特征

表 6.1 分析了 2003—2012 年广西北部湾经济区南宁、北海、钦州和防城港共四个城市主要空气污染物月平均质量浓度变化情况，可以看出，四个城市的月平均空气污染物中均表现出 PM_{10}（可吸入颗粒物）质量浓度最高，可吸入颗粒物均为四个城市的首要污染物。

表 6.1 2003—2012 年广西北部湾经济区空气污染物月平均质量浓度表（单位：mg/m^3）

城市	污染物	1月	2月	3月	4月	5月	6月	7月	8月	9月	10月	11月	12月
南宁	SO_2	0.044	0.032	0.034	0.028	0.024	0.022	0.017	0.024	0.026	0.037	0.041	0.051
	NO_2	0.032	0.028	0.031	0.029	0.024	0.023	0.019	0.025	0.026	0.035	0.045	0.046
	PM_{10}	0.075	0.068	0.074	0.063	0.052	0.044	0.037	0.052	0.061	0.085	0.099	0.098

续表

城市	污染物	1月	2月	3月	4月	5月	6月	7月	8月	9月	10月	11月	12月
北海	SO_2	0.015	0.014	0.016	0.012	0.012	0.011	0.011	0.011	0.012	0.012	0.013	0.017
	NO_2	0.011	0.010	0.010	0.010	0.009	0.009	0.008	0.009	0.010	0.010	0.012	0.015
	PM_{10}	0.061	0.053	0.052	0.046	0.041	0.034	0.027	0.031	0.040	0.057	0.061	0.069
钦州	SO_2	0.029	0.022	0.022	0.022	0.021	0.020	0.020	0.018	0.020	0.023	0.024	0.026
	NO_2	0.030	0.031	0.031	0.030	0.025	0.024	0.020	0.022	0.022	0.024	0.030	0.030
	PM_{10}	0.056	0.058	0.060	0.056	0.051	0.051	0.047	0.046	0.044	0.051	0.056	0.058
防城港	SO_2	0.016	0.011	0.011	0.011	0.011	0.010	0.015	0.011	0.012	0.015	0.018	0.023
	NO_2	0.018	0.016	0.018	0.018	0.015	0.013	0.015	0.016	0.017	0.019	0.022	0.027
	PM_{10}	0.060	0.048	0.060	0.052	0.038	0.031	0.032	0.036	0.046	0.071	0.074	0.084

南宁市空气污染物质量浓度月份变化统计结果表明，月均 SO_2 质量浓度范围在 0.017～0.051 mg/m^3，其变化规律为：5—8 月明显偏低，9—12 月连续上升，并于 12 月到达最高值，为 0.051 mg/m^3（Ⅱ级，空气质量等级为良），而且仅 12 月质量浓度值超过日平均Ⅱ级标准（0.050 mg/m^3）。而月均 NO_2 质量浓度范围在 0.019～0.046 mg/m^3，其变化规律与 SO_2 质量浓度的变化规律相似，即 5—8 月明显偏低，9—12 月连续上升，并于 12 月到达最高点后略有下降。PM_{10} 的月变化特征最为显著，月均 PM_{10} 质量浓度范围在 0.037～0.099 mg/m^3，6—8 月明显偏低，其中 7 月降至最低值 0.037 mg/m^3，10—12 月质量浓度值较高，并于 11 月出现最高值，达到 0.099 mg/m^3（Ⅱ级，空气质量等级为良）。从 PM_{10} 月均质量浓度变化规律可见，全年平均有 10 个月的 PM_{10} 月均质量浓度值达到Ⅱ级标准，可见南宁市 PM_{10}（可吸入颗粒物）污染较为严重。南宁空气污染物季均质量浓度变化情况详见图 6.1。

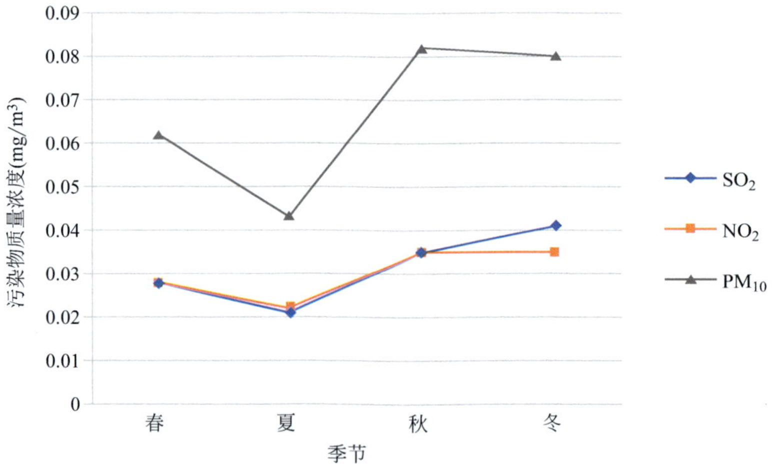

图 6.1　南宁市空气污染物季均质量浓度变化

由 2003—2012 年北海市主要空气污染物的月平均质量浓度变化可以看出，北海 SO_2、NO_2 质量浓度月际变化幅度较小，基本维持在一个稳定的范围内，保持较低的质量浓度值，月均值都达到Ⅰ级标准（空气质量等级为优），可吸入颗粒物 PM_{10} 的月变化幅度较 SO_2、NO_2 明显些，北海月均 PM_{10} 质量浓度范围在 0.027～0.069 mg/m^3，变化规律与南宁相似，也是 6—8 月明显偏低，7 月降至最低值 0.027 mg/m^3，10 月—次年 1 月质量浓度值较高，并于 12 月出现最高值，达到 0.069 mg/m^3（Ⅱ级，空气质量等级为良）。从北海 PM_{10} 月均质量浓度变化规律可见，全年平均有 6 个月的 PM_{10} 月均质量浓度值达到Ⅱ级标准，但质量浓度值较小，北海市空气质量明显优于南宁市。

由 2006—2012 年防城港市主要空气污染物的月平均质量浓度变化可以看出，防城港 SO_2、NO_2 质量浓度月际变化幅度较小，基本维持在一个稳定的范围内，保持较低的质量浓度值，月均值都达到Ⅰ级标准（空气质量等级为优）。而可吸入颗粒物 PM_{10} 的月变化幅度较大，防城港市月均 PM_{10} 质量浓度范围在 0.031～0.084 mg/m^3，变化规律与南宁、北海相似，主汛期 5—8 月明显偏低，最低值 0.031 mg/m^3 出现在 7 月，10—12 月质量浓度值较高，最高值 0.084 mg/m^3（Ⅱ级，空气质量等级为良）出现在 12 月。从防城港 PM_{10} 月均质量浓度变化规律可见，全年平均有 6 个月的 PM_{10} 月均质量浓度值达到Ⅱ级标准，质量浓度值较北海大，污染形势不容忽视。

从表 6.1 可知，钦州 SO_2、NO_2 质量浓度月际变化幅度较小，基本维持在一个稳定的范围内，保持较低的质量浓度值，月均值都达到Ⅰ级标准（空气质量等级为优），可吸入颗粒物 PM_{10} 的月变化幅度也较为平缓，但月均质量浓度值较高，月均 PM_{10} 质量浓度范围在 0.044～0.060 mg/m^3，变化规律与南宁、北海、防城港有些差异，基本上比其他三市滞后 1～2 个月，7—9 月明显偏低，最低值 0.044 mg/m^3 出现在 9 月，11 月—次年 3 月质量浓度值较高，最高值 0.060 mg/m^3（Ⅱ级，空气质量等级为良）出现在 3 月。从钦州 PM_{10} 月均质量浓度变化规律可见，全年平均有 9 个月的 PM_{10} 月均质量浓度值达到Ⅱ级标准，污染形势较为严峻。

（2）季节变化特征

统计分析了广西北部湾经济区南宁、北海、钦州和防城港共四个城市主要空气污染物季度平均质量浓度的变化情况，可以看出四个城市各季度的首要污染物均为可吸入颗粒物 PM_{10}。从图 6.1 中南宁市空气污染物季均质量浓度变化曲线可见，南宁秋季 PM_{10} 质量浓度值在各季中最高，达到 0.082 mg/m^3，夏季 PM_{10} 质量浓度值在各季中最低，仅为 0.043 mg/m^3，变化特征表现为秋＞冬＞春＞夏；而 NO_2 和 SO_2 质量浓度值变化表现为冬＞秋＞春＞夏。南宁市一年中只有夏季的 PM_{10} 质量浓度值为Ⅰ级，春、秋、冬季均为Ⅱ级。图 6.2、图 6.3 分别统计分析了北海、防城港的主要空气污染物季均质量浓度变化曲线，从图中可以看到，两个城市的空气污染物季节变化特征相似，NO_2 和 SO_2 季均质量浓度值变化幅度很小，各季度质量浓度值均保持较低水平，而 PM_{10} 变化特征表现为冬＞秋＞春＞夏。图 6.4 分析了钦州市主要污染物季均质量浓度值的变化情况，可以看出 NO_2 和 SO_2 质量浓度值变化幅度很小，各季度质量浓度均保持较低值，PM_{10} 质量浓度季度变化比较平缓，冬季质量浓度值最高，变化特征表现为冬＞秋＞春＞夏。

从各城市的季均质量浓度值变化曲线来看，四个城市空气污染物质量浓度变化特征均表现为秋冬季节质量浓度值高，夏季质量浓度值低。形成这种变化特征的原因可能是由于秋冬季广西受冷高压控制，大气层结稳定，风速较小，易形成逆温层，易出现雾霾现象，造成较严重的空气污染。夏季大气层结不稳定，对流强盛，降雨量也多，由于雨水的冲刷作用，污染物质量浓度较低，空气洁净，但有时在热带低压（台风）外围下沉气流的影响下，也会出现较明显的污染天气，不过持续时间较短，从月、季的质量浓度均值来看并不明显。

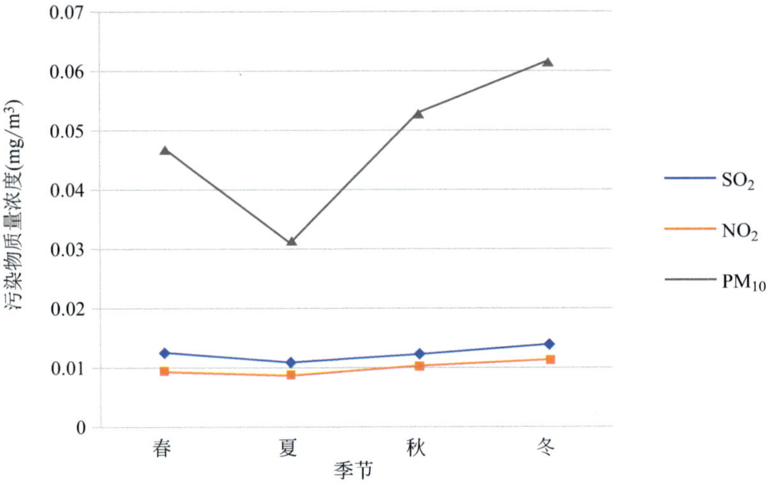

图 6.2　北海市空气污染物季均质量浓度变化

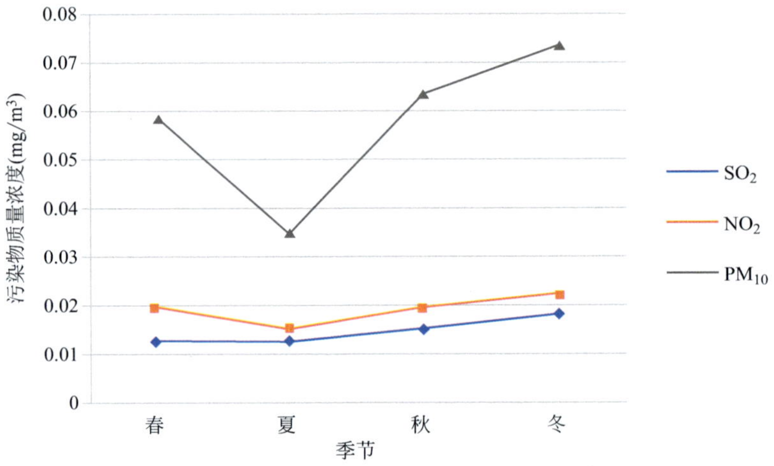

图 6.3　防城港市空气污染物季均质量浓度变化

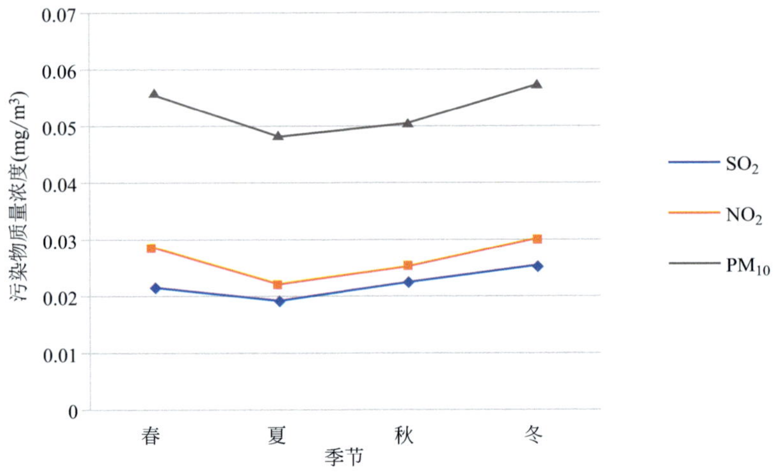

图 6.4　钦州市空气污染物季均质量浓度变化

6.1.1.3　空间分布特征

图 6.5 为广西北部湾经济区南宁、北海、钦州、防城港污染物年均质量浓度。南宁 SO_2 多年平均质量浓度值最高，达到 0.036 mg/m^3，其次分别为防城港和钦州，北海 SO_2 质量浓度值最低，为 0.013 mg/m^3。北部湾经济区 NO_2 质量浓度分布也呈现出南宁最高，其次分别为防城港和钦州，北海质量浓度值最低的分布特点。四个城市多年平均 PM_{10} 质量浓度值呈现出南宁＞钦州＞防城港＞北海的分布特征。总体上，大气污染物质量浓度值的空间分布特征表现出内陆高于沿海的分布特点，南宁污染最严重，北海空气质量最好，而钦州和防城港空气质量形势不容忽视。

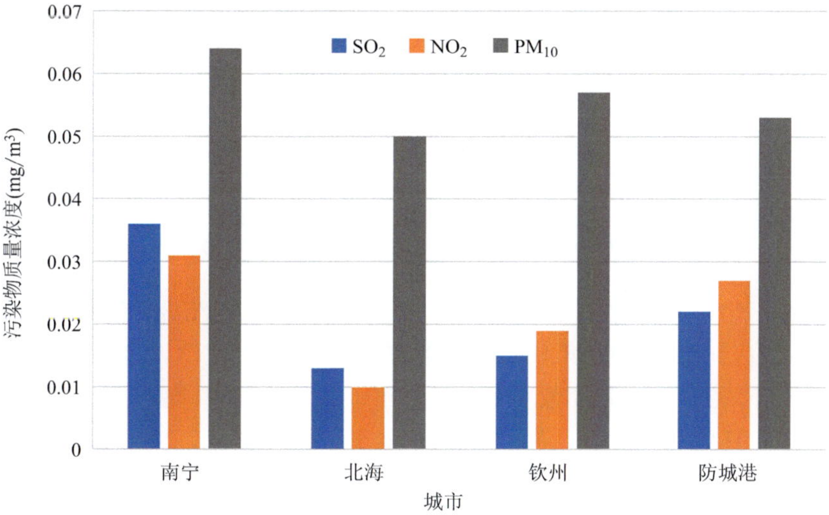

图 6.5　2003—2013 年广西北部湾经济区各城市污染物年均质量浓度

6.1.2　北部湾经济区霾的状况分析

采用吴兑（2005）所提出的建议，利用气象常规监测资料将相对湿度的阀值定为 90%，作为区分轻雾与霾的辅助判据，即把平均大气能见度低于 10 km，且平均相对湿度小于 90%时，排除降水等天气现象的视程障碍定为一个霾日。根据国家行业标准《霾的观测和预报等级》将大气能见度小于 2 km 时的霾现象称为重度霾，2～3 km 时为中度霾，3～5 km 时为轻度霾，5～10 km 时为轻微霾。因本书所采用的霾日、非霾日的区分统计方法受观测条件限制，均仅能采用基于两项气象因素相对湿度、能见度的统计方式，即当观测日能所开展的多次观测中，只要发生一次能见度达到轻微霾或以上的情况，则该日就可认为是霾日。依据上述资料和方法，计算了广西区内各气象站点 1980—2012 年的霾日数，以期深入了解北部湾经济区霾的分布状况。

6.1.2.1　时间变化特征

根据 1980—2012 年南宁、北海、钦州和防城港市的气象观测结果，统计各年度霾的平均日数（图 6.6）。南宁市各年平均霾日数为 34.8 d，其中 20 世纪 80、90 年代南宁市霾日数基本维持在 10 d/a，90 年代后期霾日数逐年有所增多，进入 21 世纪以来，南宁市霾日数更是不断攀升。从2000年的21 d跃升至2007年的127 d，1980年以来年霾日数的最高纪录，而2008—2012年，年平均霾日数有所减少，2011和2012年霾日数降到52 d，但总体来说，南宁市霾仍较为严重（廖国莲 等，2017）。霾日数增加在一定程度上反映南宁市大气污染已呈现复合型污染特征，即煤烟型污染和机动车尾气造成的光化学污染共存。

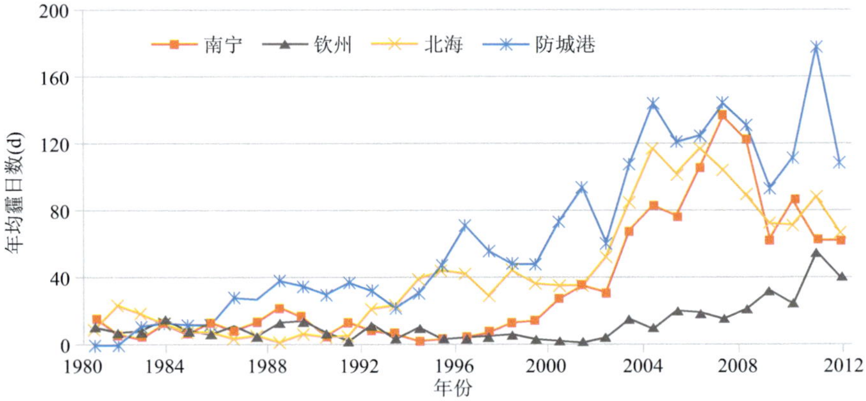

图6.6　1980—2012年北部湾经济区年平均霾日数变化曲线

北海市1980—2012年年平均霾日数为42.8 d，其中20世纪80年代霾日数基本维持在10 d/a，个别年份达到20 d，90年代的霾日数围绕40 d左右摆动，进入21世纪以来，北海市霾日数急速上升，2004年霾日数更是1980年以来的历史最高纪录，达117 d。2007—2012年，北海市霾日数有所减少，但仍在60～90 d/a上下摆动，城市霾状况依然较为严重。

防城港市1980—2012年各年平均霾日数为67.5 d，其中1980年—20世纪90年代中期霾日数基本维持在40 d以下，20世纪90年代后期霾日数呈逐年上升趋势，2011年防城港市霾日数1980年以来最高纪录，达155 d，2012年霾日数降至105 d。但就全区而言，防城港市的霾状况依然很严重。

钦州市1980—2012年各年平均霾日数为12.8 d，1980年—20世纪90年代中期霾日数基本维持在10 d/a左右，20世纪90年代后期霾状况有所缓解，年平均霾日数降至5 d以下，进入21世纪以来，钦州市年霾日数逐年攀升，2011年霾日数1980年以来历史最高纪录，达55 d，钦州霾状况较好。

综上所述，1980—2012年北部湾经济区的南宁、北海、钦州和防城港四个城市年平均霾日数为39.4 d，最高值出现在2007年，为93.3 d，最低值出现在1983年，为7.5 d。四个城市年平均霾日数最高为防城港市，高达67.5 d，最低为钦州市，仅为12.8 d。1980—2012年北部湾经济区霾日数总体呈上升趋势，尤其是进入21世纪以来，年霾日数上升非常明显，霾日数的增加在一定程度上反映北部湾经济区大气污染已呈现复合型污染特征，即煤烟型污染和机动车尾气造成的光化学污染共存，该区域的霾污染较为严重。

利用北部湾经济区1980—2012年的年霾日数据分析了四个城市的霾日数月际变化曲线（图6.7），可以看出，霾月际变化曲线呈现V型分布，有着非常明显的季节变化特征。10月—次年3月的非汛期都处于霾天气的高发期，其中12月霾日数最多，平均达4.5 d，其次是1月，为4.4 d；汛期（4—9月）霾天气发生较少，最少是7月，霾日数仅有0.3 d。广西霾日数冬季最多，占全年的46.3%，其次为秋季，占全年的26.8%，夏季最少，仅占全年的 6.9%。北部湾经济区霾日季节变化特征与全国其他地方霾的变化特征（吴兑 等，2010）类似，广西北部湾经济区霾天气也呈现出秋冬季出现多，春夏季出现少的特点，与前面分析的空气质量季节变化特征相似。这可能与北部湾经济区春夏季雨水充足，秋冬季节干旱少雨的气候特点有关。

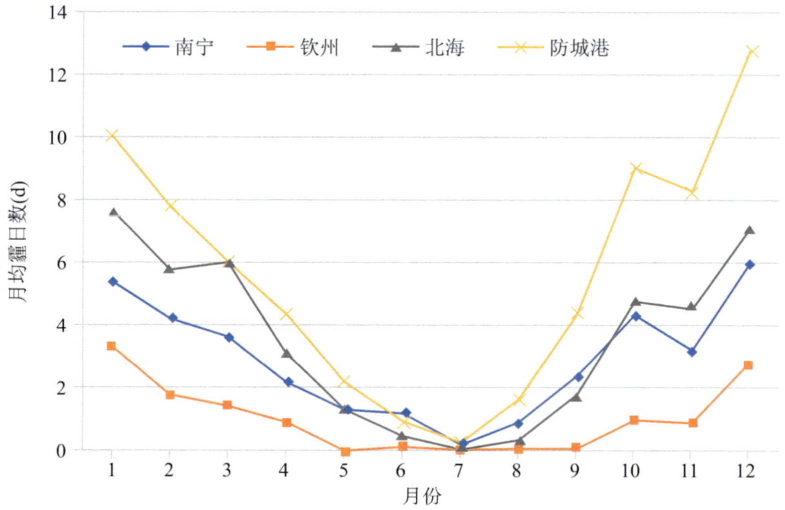

图 6.7　北部湾经济区 1980—2012 年霾日数月际变化曲线

6.1.2.2　空间变化特征

从广西全区的霾日数分布情况（图 6.8）来看，北部湾经济区的霾状况处于全区的中等以上水平，从四个城市的对比情况来看，霾日数表现为防城港>北海>南宁>钦州，值得一

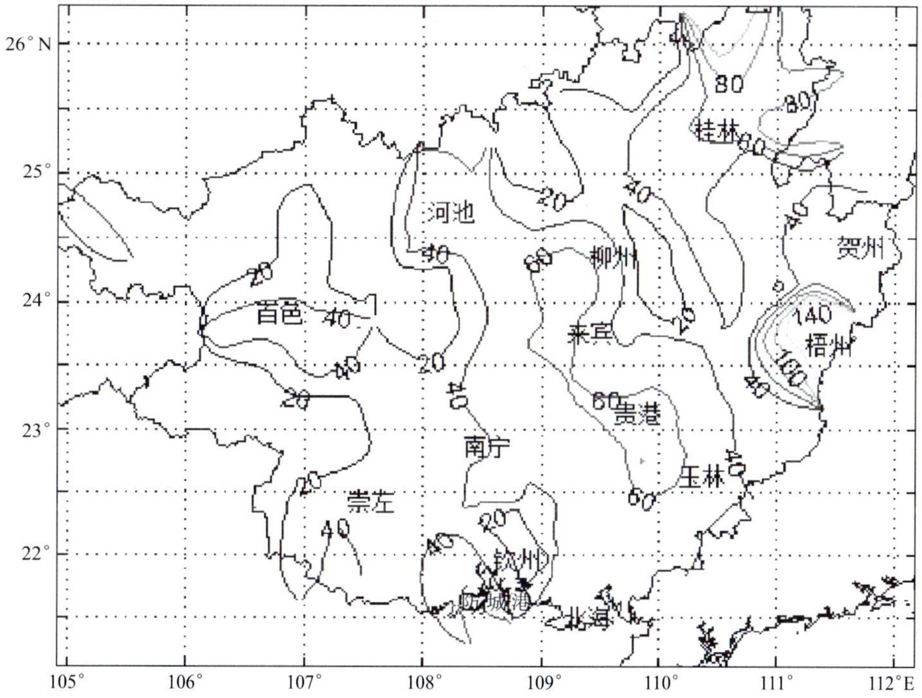

图 6.8　1980—2012 年广西年均霾日数分布图（单位：d）

提的是防城港市年霾日平均值达到 60 d 以上，是北部湾经济区中霾最严重的地区。广西北部湾经济区霾日数上升趋势明显，尤其是进入 21 世纪以来，年霾日数急剧增加，南宁市 2006—2008 年霾日数均超过了 100 d，防城港市自 2004 年以来年霾日数也均超过了 100 d。这与前面分析的北部湾经济区空气质量状况并不矛盾，说明随着工业化水平和城市化进程的发展，以 $PM_{2.5}$ 为主的煤烟型污染正在加重，空气质量的监测项目除了包括 SO_2、NO_2 和 PM_{10} 三种污染物外，还需要加强 $PM_{2.5}$ 的监测。

6.2 北部湾经济区大气污染天气概念模型

2009—2012 年南宁共有 47 个空气污染日，通过分析历史地面天气图，可归纳出造成南宁空气污染的天气形势主要有四种类型：冷高压脊控制型、入海高压后部型、热带气旋外围型、低压槽型（表 6.2）。其中冷高压脊控制型和入海高压后部型造成的空气污染日数较多，分别占 51.1%和 34.0%；热带气旋外围型和低压槽型造成南宁空气污染日数比较少，分别占 8.5%和 6.4%。

秋冬季空气污染主要以冷高压脊控制型为主，造成的空气污染具有持续时间长、范围广的特点；春季入海高压后部型造成的空气污染占较大比例，虽然持续时间短但往往形成的空气污染物质量浓度更高；热带气旋外围影响型主要发生在 5—10 月，尤其是后汛期 7—9 月，当热带气旋中心位于巴士海峡和南海东北部附近区域时最有可能导致南宁高污染。

表 6.2　南宁空气污染日天气类型频率

编号	天气类型	天气形势	频率(%)
1	冷高压脊控制型	高压中心位于大陆，125°E 以西	51.1
2	入海高压后部型	高压中心位于 125°E 以东、20°N 海上，其边缘影响南宁，等压线为南北向	34.0
3	热带气旋外围型	热带气旋外围影响南宁上空的气流	8.5
4	低压槽型	低压槽中心通过南宁	6.4

6.3 北部湾经济区大气污染物质量浓度的数值模拟分析

6.3.1　WRF/Chem 模式参数设置

选用 WRF/Chem3.4 版本，模拟区域为 15°～30°N、100°～125°E，中心设定为 112.3°E、25.5°N，如图 6.9 所示，模拟区域为中国南部和东南亚地区，共 201×201 个格点，分辨率为 12 km×12 km，模式垂直分层为 28 层，层顶高为 100 hPa，积分时间步长为 60 s，地图投影选用兰勃特投影。

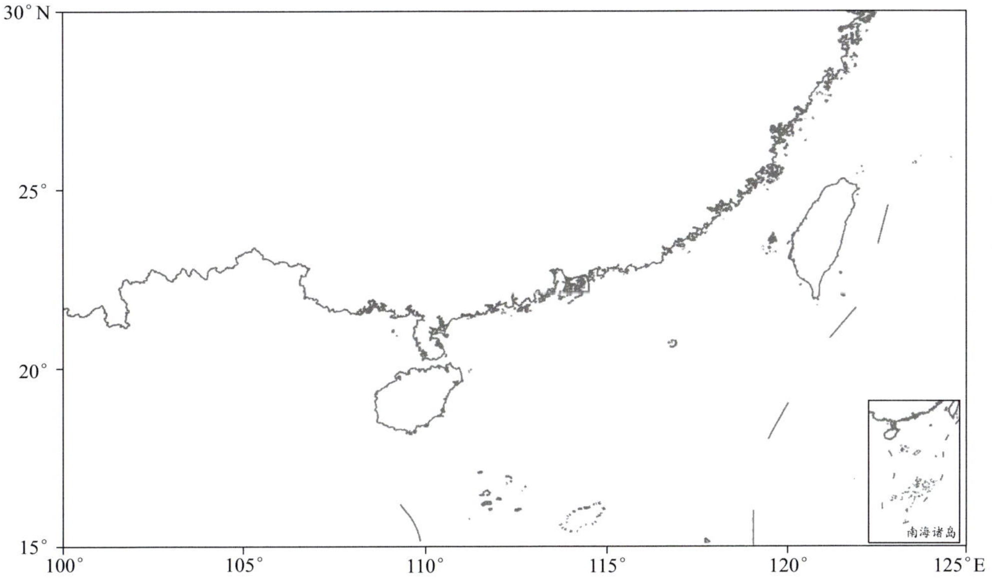

图 6.9　模式模拟区域

物理方案方面选用 Lin 微物理参数化方案（mp _ physics＝2），RRTM 长波辐射方案（ra _ lw _ physics＝1），Goddard 短波辐射方案（ra _ sw _ physics＝2），Monin-Obukhov 地表层方案（sf _ sfclay _ physics＝1），Noah 陆面方案（sf _ surface _ physics＝2），YSU 边界层方案（bl _ pbl _ physics＝1）和 Grell 3D ensemble 积云方案（cu _ physics＝5）。化学方案方面选用 CBMZ 化学机制并包含 MOSAIC-8bins 气溶胶机制（chem _ opt＝10），与之相配套的选项包括光化学反应机制选取 Fast-J photolysis 方案（phot _ opt＝2）；在 Lin 机制中加入云滴数（prong＝1）；Goddard 短波辐射方案（ra _ sw _ physics＝2）；气溶胶对辐射机制的反馈作用开启（aer _ ra _ feedback＝1）；湿清除机制开启（wetscav _ onoff＝1）；沙尘方面使用 MOSAIC 和 MADE/SORGAM 沙尘排放选项（dust _ opt＝2）；海盐方面使用 MOSAIC 和 MADE/SORGAM 海盐排放选项（seas _ opt＝2）。使用美国国家环境预报中心（NCEP）再分析资料为模式提供气象场的初边界条件，用 mozart-geos5 的模拟结果为模式提供化学初边界条件。

6.3.2　模式结果检验

选取 2011 年 3 月 26 日—4 月 3 日污染个例的 SO_2 污染气体质量浓度监测数据作为参考，对模式模拟结果进行检验，实测值时间序列和模式模拟值时间序列如图 6.10 所示，对比地点包括南宁市区农职院采样点、大自然花园采样点、仙葫采样点以及英华嘉园采样点。从总体上看，SO_2 模拟值的质量浓度变化趋势与实测值的变化趋势大致相同，说明模式基本抓住了 SO_2 的变化规律。在四个采样点中大自然花园和仙葫采样点的模拟值比实测值小，英华嘉园采样点的模拟质量浓度有比实测值质量浓度高的情况出现，区农职院采样点的模拟值的数值大小与实测值比较接近。

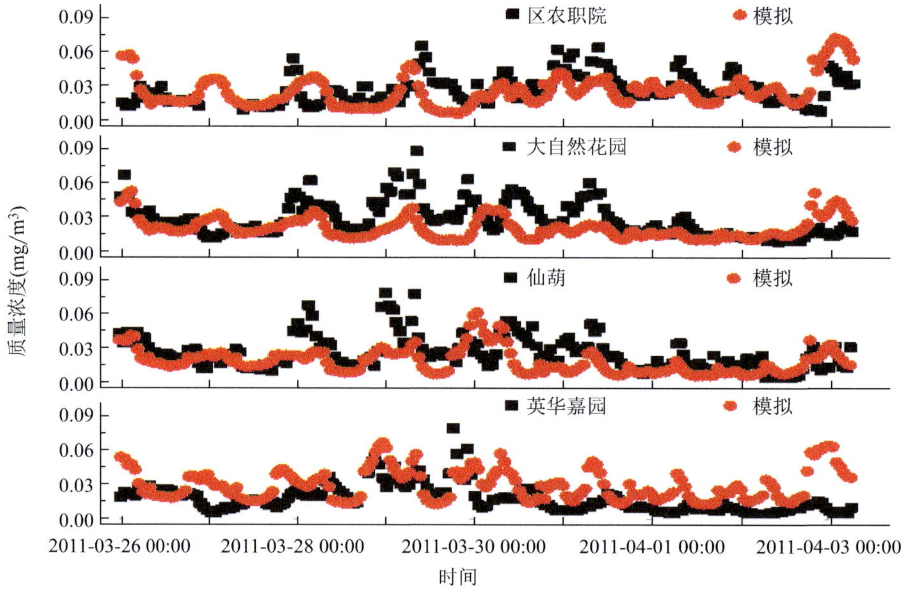

图 6.10　2011 年 3 月 26 日—4 月 3 日 SO_2 模拟值与实测值小时质量浓度均值对比

图 6.11 为污染个例 SO_2 模式模拟值与实测值的质量浓度小时值日变化状况，可以看出模拟质量浓度比实测质量浓度偏低，模式的模拟值的最高值时段（08:00—09:00，22:00—24:00）和观测值的最高值时段相对应，质量浓度低值时段（06:00—07:00，16:00—18:00）与观测值的低值时段相对应，可见模拟值可以将 SO_2 的日变化规律基本表现出来，在晚上和清晨出现高质量浓度，午后至傍晚质量浓度较低。

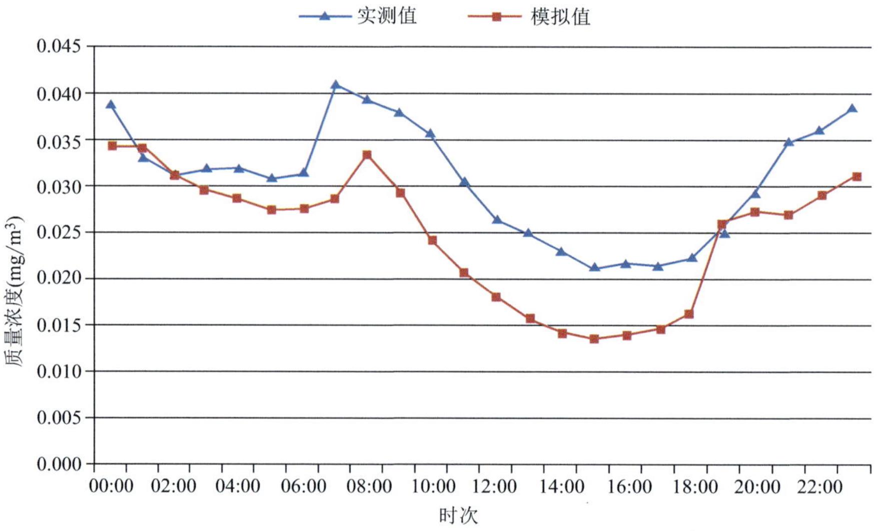

图 6.11　2011 年 3 月 26 日—4 月 3 日 SO_2 模拟质量浓度与实测质量浓度日变化对比

图 6.12 分析了污染个例 PM_{10} 模式模拟值与实测值的质量浓度小时值日变化状况，可以看出模拟效果比 SO_2 差，模拟质量浓度比实测质量浓度低，模式的模拟值的极值时段和观测值的极值时段趋势相同，基本上可以将 PM_{10} 的日变化规律表现出来。通过计算相关系数得到此次

过程 SO_2、PM_{10} 模拟值与实测值的相关系数分别为 0.86 和 0.62，数据对应良好，虽然模拟结果和实测结果均为全市平均值，气体质量浓度的突变作用被弱化，但相关系数仍然能够从一定程度上表现出模拟值和实测值之间的相关度，说明模式对模拟区域的数值模拟效果是可取的。

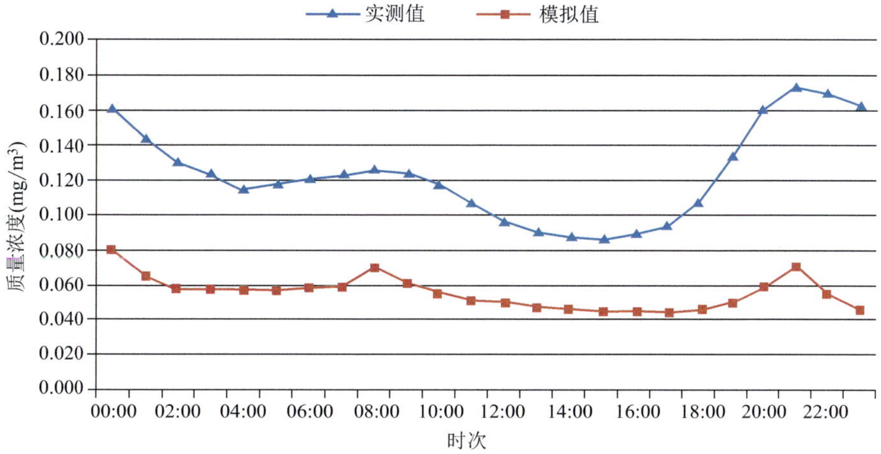

图 6.12　2011 年 3 月 26 日—4 月 3 日 PM_{10} 模拟质量浓度与实测质量浓度日变化对比

综上所述，WRF/Chem 对模拟区域 SO_2 和 PM_{10} 的模拟效果良好，模式基本可以模拟出污染物的质量浓度变化特征。基于此，接下来利用模式就本次过程中几个污染物的质量浓度分布以及质量浓度和风场的演变特征进行分析。

6.3.3　污染过程数值模拟分析

对于 2010 年 11 月典型的秋冬季节冷高压脊控制型天气形势造成的空气污染过程，通过数值模拟对广西北部湾经济区（南宁、北海、钦州和防城港）的污染物质量浓度分布和演变状况，分析该地区污染物的输送特点。

6.3.3.1　PM_{10} 质量浓度分布及演变状况

图 6.13 分析了 2010 年 11 月 7 日 20 时—11 日 14 时东北风控制下 PM_{10} 质量浓度与风场的分布状况。从图 6.13a 可以看出，7 日 20 时整个广西处于较强的东北风控制下，北部湾经济区 PM_{10} 质量浓度较低，西部和北部地区 PM_{10} 质量浓度较高，其中西部云贵高原存在一个 PM_{10} 高值区，质量浓度在 200 $\mu g/m^3$ 左右，北部湖南境内有一个正在发展的高质量浓度区，质量浓度约为 220 $\mu g/m^3$。8 日 02 时，北部 PM_{10} 高质量浓度区进一步扩大，西部高值区缓慢西移（图 6.13b）。由于风场作用，此后一直到 8 日 12 时（见图 6.13c），西部高值区西移北收，上游地区湖南 PM_{10} 高质量浓度范围扩大并有向西南方向输送的趋势，南宁的 PM_{10} 质量浓度较上风方向有一明显的质量浓度梯度。8 日 20 时，桂林，柳州，南宁一线的 PM_{10} 质量浓度相比于周围地区较高（图 6.13d），且作为南宁的上风向地区，柳州，桂林两地的 PM_{10} 均有较为明显地向西南方向即南宁方向输送的趋势。除此之外还可以看到在桂林的上风方向也有较为明显的输送带，如图 6.13c 所示，之前的几个小时内湖北南部存在一个 PM_{10} 的高值区，且该高值区在东北风的作用下进入湖南经过长沙向西南方向输送至广西地区，可推知在强东北风的作用下，广西地区的 PM_{10} 污染物颗粒除了本地源的贡献外，其他省如湖南、湖北等地的高质量浓

度 PM_{10} 向南输送也起了一定的作用。当近地层盛行东北气流，气流沿着湘桂铁路沿线走廊通道南下，而广西重工业就集中在以桂林—柳州—南宁为连线的“湘桂走廊”地区。随着冷空气南下，其上游的重要污染源如柳州工业区、来宾电厂、合山电厂、上林电厂等排放的污染物就会随着东北气流向下游输送，对南宁的影响较为明显，说明除南宁本地的 PM_{10} 排放外，上风向地区的输送作用不可忽视。如图 6.13e 所示，9 日 02 时开始整个广西的风场有所调整，西北部如百色转为偏东风，南宁附近转为偏北风，在偏北风的影响下 PM_{10} 开始向沿海三市输送，钦州 PM_{10} 质量浓度升至 120 $\mu g/m^3$，北海、防城港 PM_{10} 质量浓度为 100 $\mu g/m^3$ 左右。04 时沿海地区污染物质量浓度升高，同时在梧州、玉林一带有高质量浓度区生成（图 6.13f）。直至 9 日中午，广西北部湾经济区 PM_{10} 质量浓度处于升高状态，南宁 PM_{10} 质量浓度升至 180 $\mu g/m^3$ 以上，并持续了大约 10 h（图 6.13h—j），沿海三城市 PM_{10} 质量浓度 9 日 18 时达到最高值，为 160 $\mu g/m^3$（图 6.13l）。由图 6.13m 和图 6.13n 可以看出，从 10 日 00 时开始整个广西北部湾经济区南宁的 PM_{10} 质量浓度呈现下降的趋势，沿海三市仍维持较高的质量浓度值并持续了 10 h 左右，直到 10 日 20 时，除钦州、防城港质量浓度稍高外，整个广西的 PM_{10} 质量浓度空间分布差异不大。

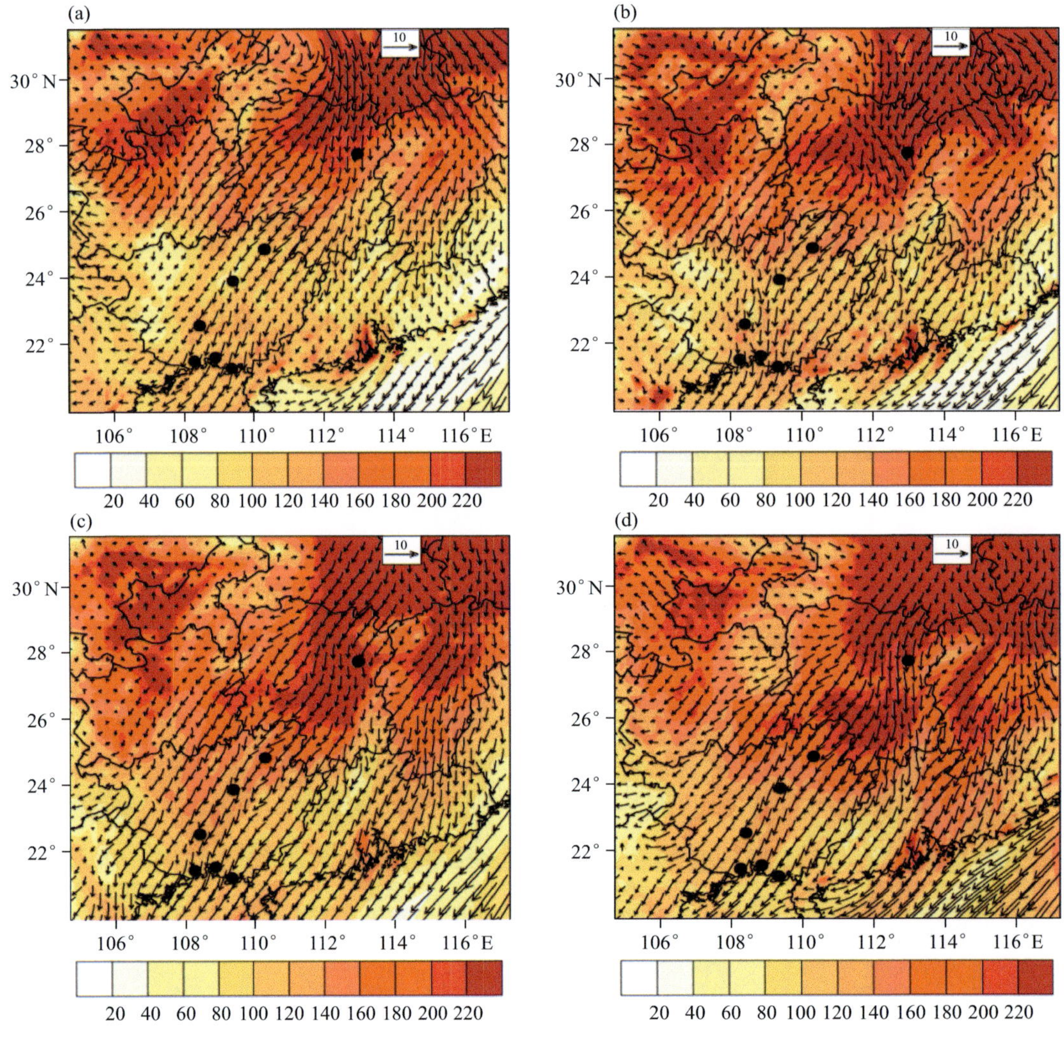

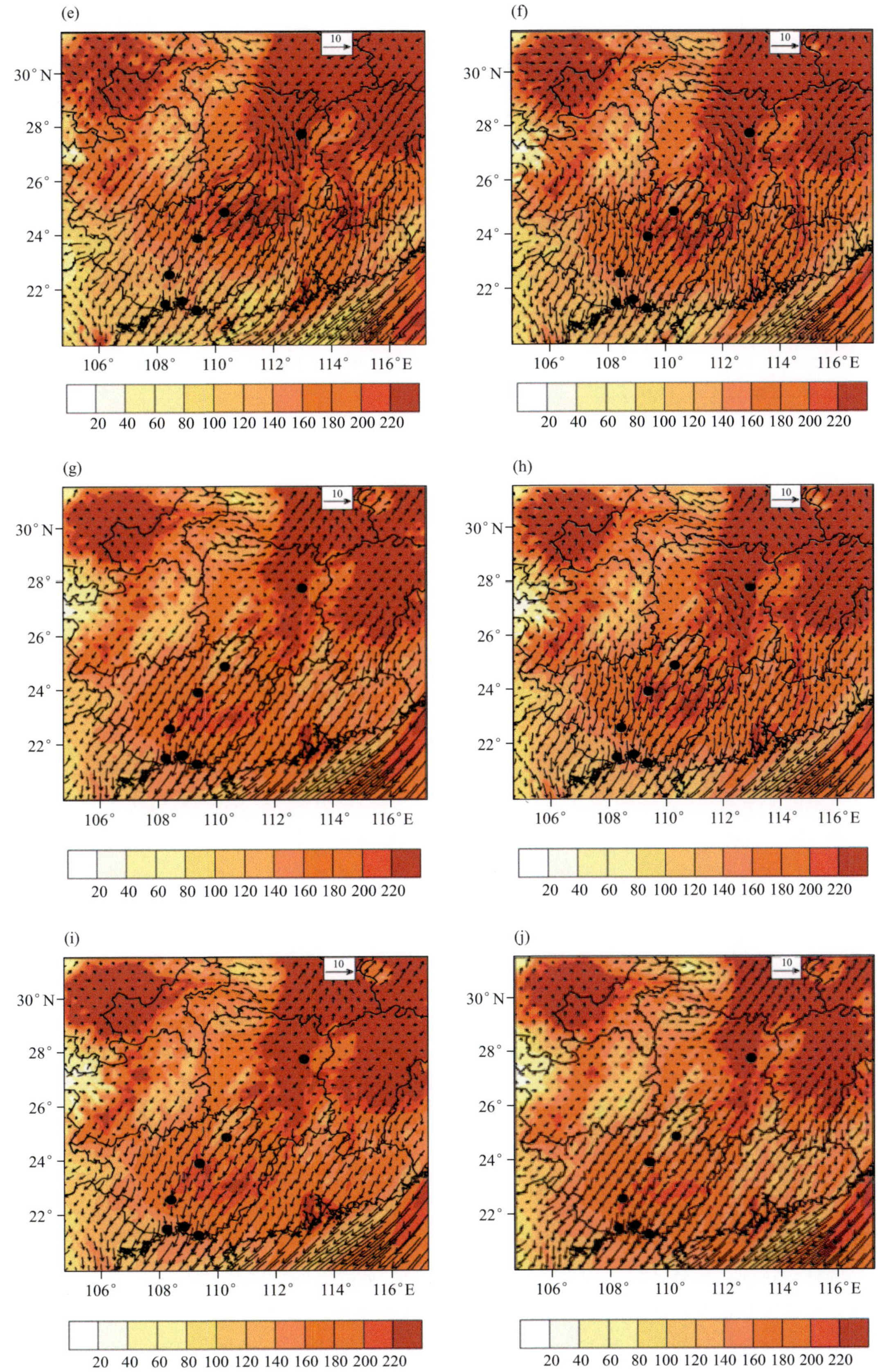
(e)
(f)
(g)
(h)
(i)
(j)
10
30° N
28°
26°
24°
22°
106°
108°
110°
112°
114°
116° E
20 40 60 80 100 120 140 160 180 200 220

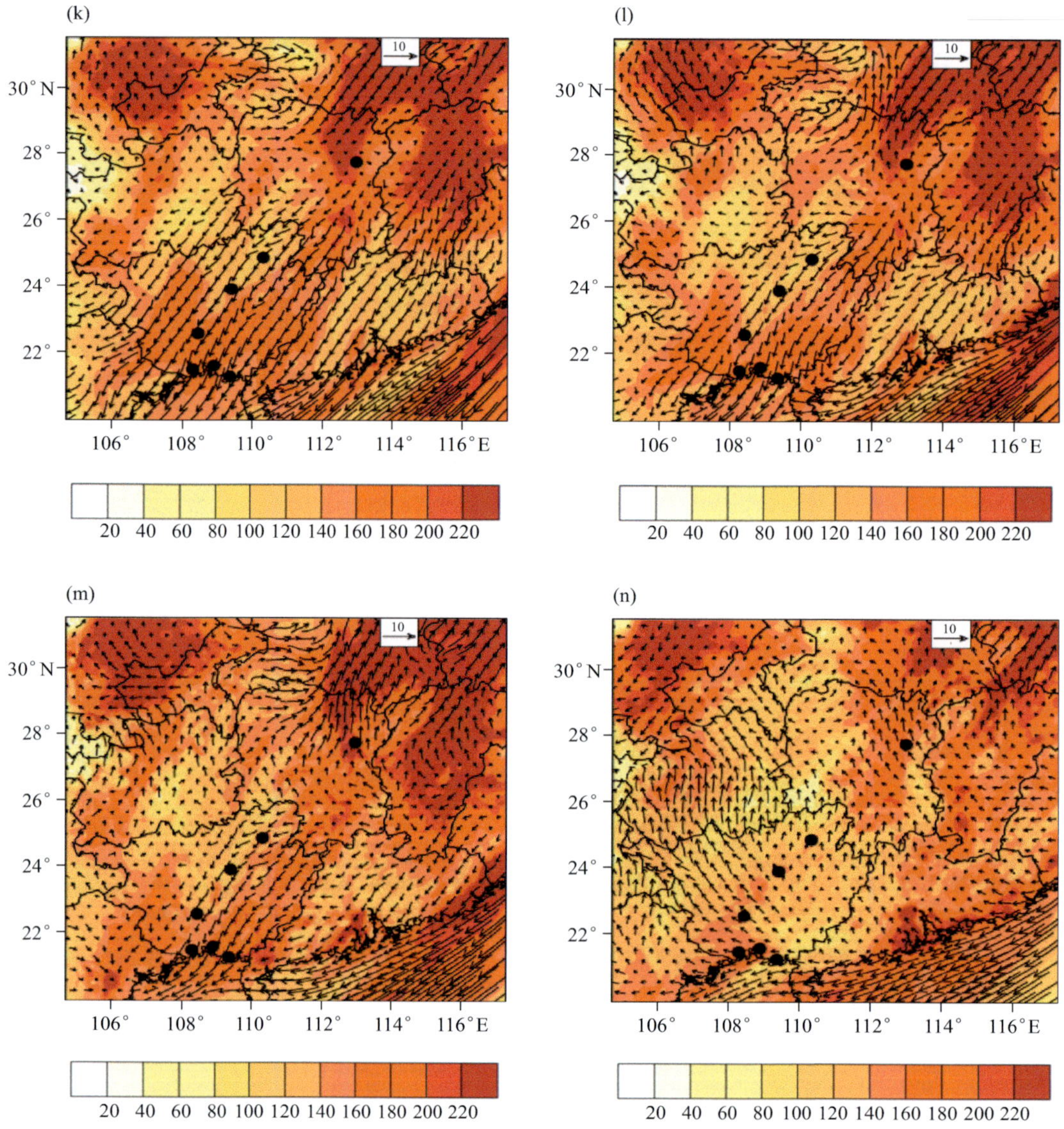

图 6.13　2010 年 11 月 7—10 日东北风控制下 PM_{10} 质量浓度小时值与风场分布（单位：μg/m^3）
（风速单位：m/s，下同）（图中为世界时）
（a） 2010 年 11 月 7 日 12 时；（b） 2010 年 11 月 7 日 18 时；（c） 2010 年 11 月 8 日 04 时；
（d） 2010 年 11 月 8 日 12 时；（e） 2010 年 11 月 8 日 18 时；（f） 2010 年 11 月 8 日 22 时；
（g） 2010 年 11 月 9 日 03 时；（h） 2010 年 11 月 9 日 00 时；（i） 2010 年 11 月 9 日 02 时；
（j） 2010 年 11 月 9 日 04 时；（k） 2010 年 11 月 9 日 06 时；（l） 2010 年 11 月 9 日 10 时；
（m） 2010 年 11 月 9 日 16 时；（n） 2010 年 11 月 10 日 12 时

综上所述，对于 PM_{10}，由于其在大气中的生命期较长，可以实现较长距离的输送，因此在风场的作用下是可以被输送到其他地方的。本次模拟中可以看出，在东北风的作用下，PM_{10} 有明显的输送特征，桂林，柳州和南宁一线地区 PM_{10} 质量浓度输送作用较强，且与输送路径西北和东南地区相比有较明显的质量浓度梯度。而作为该城市线下游的南宁市，其 PM_{10} 质量浓度受上风方向的桂林和柳州两市的输送作用影响较大。此外，上游省市 PM_{10} 的输送作用也不可忽视，如湖北南部以及湖南等地，在东北风的作用下对广西地区的 PM_{10} 质量浓度都有着一定的影响。同时沿海三市的污染物质量浓度也会受到上风方向的影响。

6.3.3.2 SO_2 质量浓度分布及演变状况

SO_2 的输送特点与 PM_{10} 相似，当在东北风的影响下，在桂林，柳州和南宁一线有明显的输送带，如图 6.14 所示，从 8 日 20—23 时南宁 SO_2 在东北风的影响下向西南方向输送，同时自桂林和柳州地区输送过来的 SO_2 对南宁的 SO_2 进行补充且在南宁地区形成了质量浓度高值区。而在 9 日 02 时以后广西南部地区的风向转为北风，可看到 SO_2 有明显的向南输送的趋势，北部湾经济区沿海三市的 SO_2 质量浓度也随之上升，且质量浓度上升较为明显。与 PM_{10} 相比，广西中部地区的 SO_2 对沿海三市的影响较小，说明该地区 PM_{10} 的影响要比 SO_2 强，且与风场的关系也更加明显。而且 SO_2 高质量浓度值在空气中存留的时间较短，如图 6.14g 和图 6.14h 所示，大约 6 h后，北部湾经济区 SO_2 的质量浓度迅速下降，甚至整个广西 SO_2 的质量浓度在这个时段（11 月 9 日 14 时）保持在一个很低的质量浓度值状态。

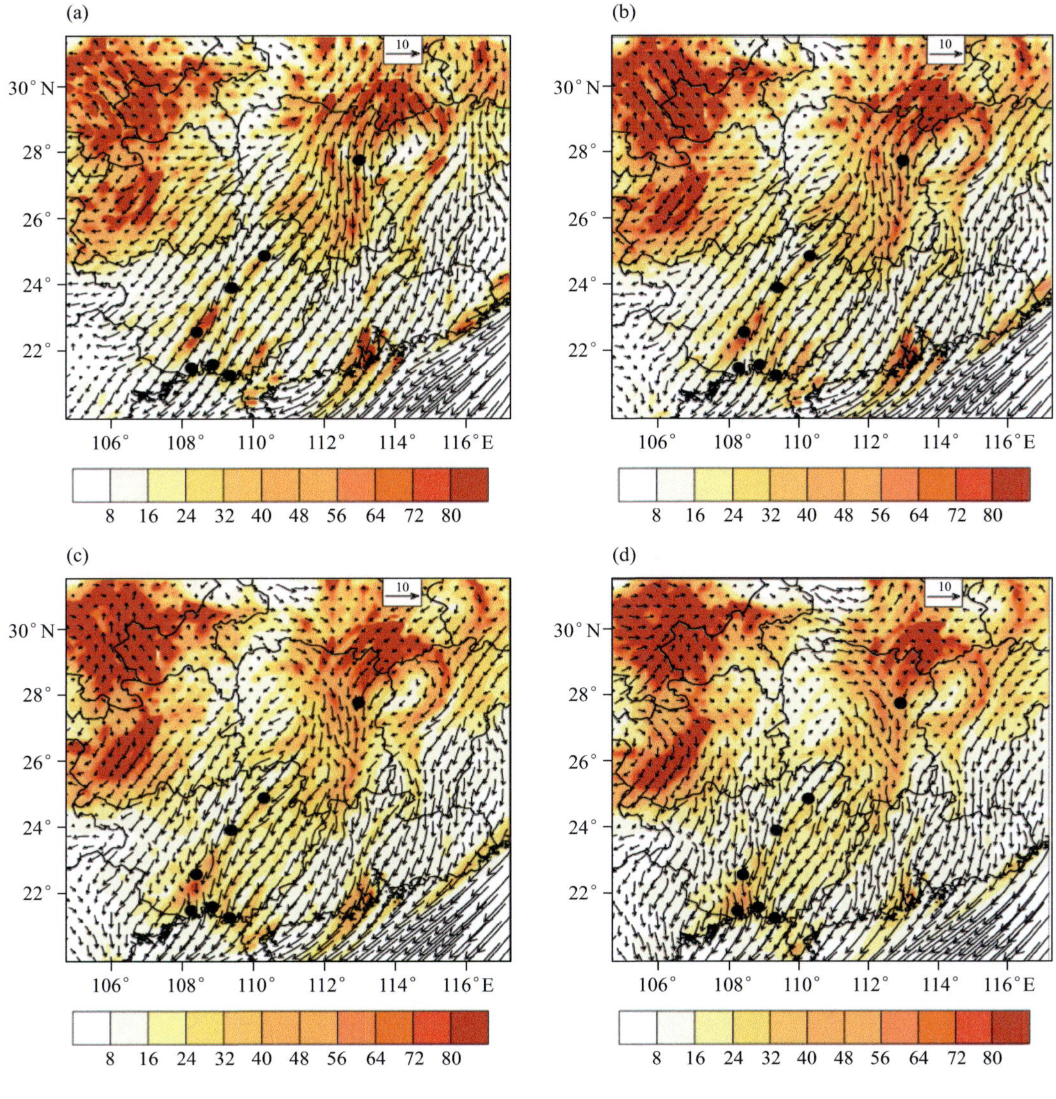

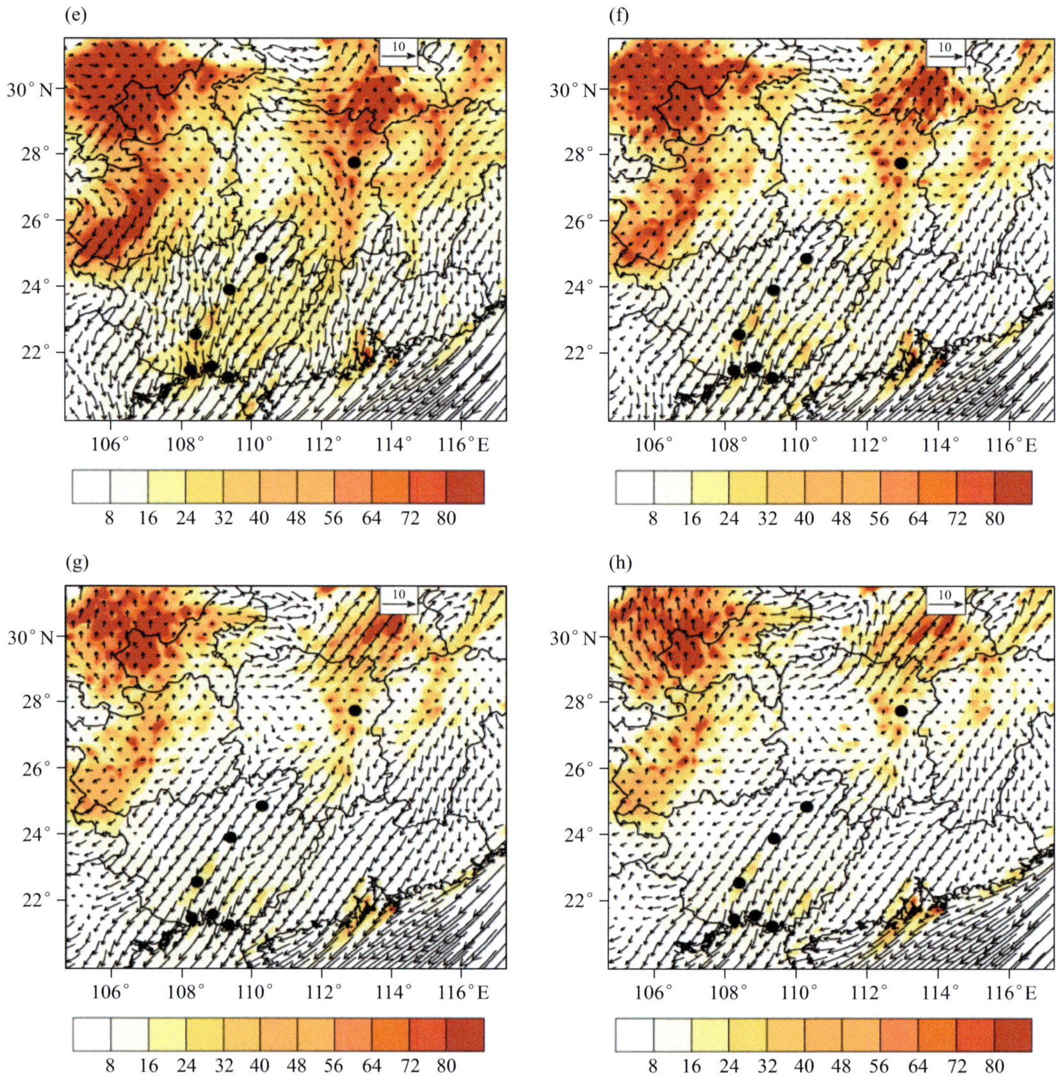

图 6.14　东北风影响下 SO_2 的质量浓度分布（单位：μg/m³）（图中为世界时）
（a） 2010 年 11 月 8 日 12 时；（b） 2010 年 11 月 8 日 15 时；（c） 2010 年 11 月 8 日 18 时；
（d） 2010 年 11 月 8 日 21 时；（e） 2010 年 11 月 9 日 00 时；（f） 2010 年 11 月 9 日 03 时；
（g） 2010 年 11 月 9 日 06 时；（h） 2010 年 11 月 9 日 08 时

6.3.3.3　NO_2 质量浓度分布及演变状况

模拟结果显示该地区 NO_2 的质量浓度处于一个较低的水平，且由于 NO_2 作为光化学反应重要的参与者和 O_3 的重要前提物，NO_2 的质量浓度具有非常明显的日变化规律，一般表现为白天质量浓度低于夜间质量浓度，午后质量浓度为一天中最低值。由于 NO_2 在光化学反应中的反应速率很快，因此 NO_2 在白天的生命期非常短，白天 NO_2 在大气中很难积累，这也是为什么 NO_2 在白天质量浓度低的一个原因。而夜间由于 O_3 等氧化气体的氧化作用，空气中的 NO 被氧化生成 NO_2，在没有光照的条件下 NO_2 不再发生光化学反应，于是一方面有 NO_2 的源，另一方面缺少了光化学反应这样一个重要的 NO_2 汇，使得 NO_2 在夜间出现堆积，并保持到第二天的日出前。可见 NO_2 与光照密切相关，而其在大气中的存留时间也因为化学反应的问题而无法长期存留在大气中，所以可推知 NO_2 主要表现为局地和近距离输送的作用，NO_2 的长距离输送影响并不大。

如图 6.15 所示，表示的分别是在此过程中东北风影响下广西北部湾经济区 NO_2 质量浓度分布，在模拟过程中整个广西的 NO_2 质量浓度普遍较低，且可以看出 NO_2 在广西地区的质量浓度分布有着很明显的日变化规律，表现为白天质量浓度比夜间质量浓度低。由于 NO_2 在白天的质量浓度很低，我们这里主要分析夜间到日出前的 NO_2 质量浓度演变状况。可以看到 NO_2 质量浓度在夜间进入高值时段，且在风场的作用下，NO_2 向下风向有所扩散，但由于该地区内 NO_2 本身质量浓度很低，在扩散过程中质量浓度得到稀释，加之在大气中 NO_2 与其他物质发生反应，因此直到日出前的时间 NO_2 的扩散范围都不是很大，基本

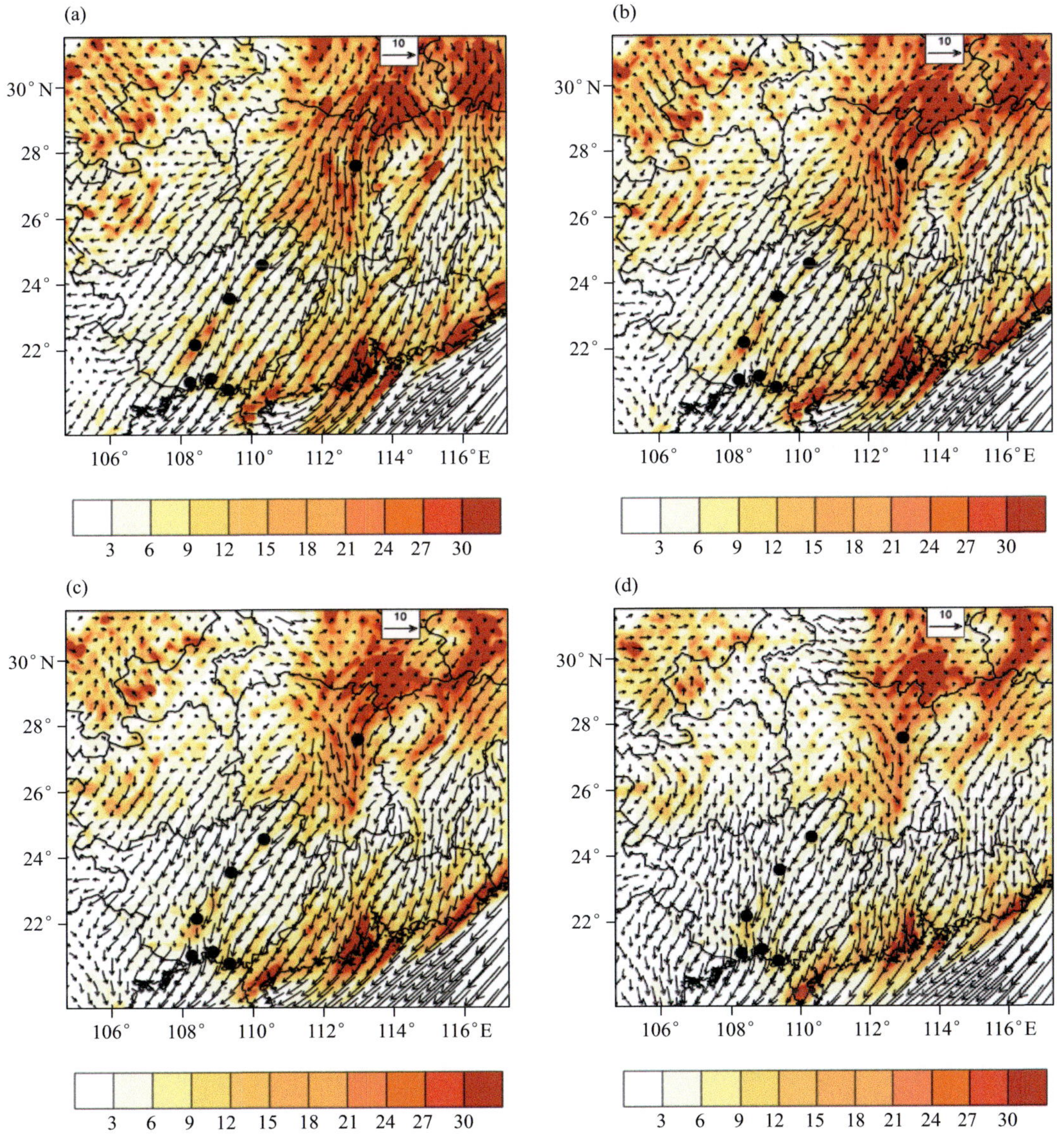

图 6.15　2010 年 11 月 8 日 NO_2 质量浓度分布（单位：$\mu g/m^3$）（图中为世界时）

（a） 12时；（b） 15时；（c） 18时；（d） 21时

局限在城市尺度内。其中在东北风场的作用下，来宾与南宁交界处的 NO_2 高值区在东北风的输送作用下对南宁地区的 NO_2 产生一定的影响，其他地区的 NO_2 基本保持在本市范围内，且由于 NO_2 的质量浓度不高，因此研究广西北部湾经济区风场对 NO_2 输送的影响没有 PM_{10} 和 SO_2 明显。

基于本次模拟的个例，在冷高压脊控制的环流背景下，广西北部湾经济区冷空气势力弱，大气层结稳定，扩散条件差是造成此次污染物积累过程的主要原因。当广西地区受到东北风影响时，桂林，柳州，南宁一线有明显的输送带，且当风向转北时，南宁作为输送带上游，其污染物对沿海三市的空气质量会有一定影响。同时污染物的输送与污染物的质量浓度和在大气中的存留时间有关，如生命期较长、质量浓度较高的 SO_2 和 PM_{10}，在模拟中均可以发现非常明显的输送特征，并且 SO_2 除了本省的贡献外，还有上风方向外省地区的贡献。此外，对于 NO_2 由于该地区质量浓度较低且本身化学性质的原因，NO_2 基本表现为一个局地的污染作用，即使在风场的影响下有一定的输送作用，但其高质量浓度的影响范围以及输送距离都存在一定的局地性。

6.3.4 改变沿海地区排放源对 SO_2 的影响

2011 年 3 月 26 日—4 月 3 日广西北部湾经济区出现了一次空气污染过程，南宁市在 3 月 29—31 日污染物质量浓度达到峰值，连续 3 d 的 API 指数超过 100，北海市 3 月 31 日、4 月 1 日连续 2 d 的 API 指数超过 75。地面天气图显示，自 3 月 26 日起，影响大陆的冷高压中心逐渐回暖并向东北方向移动，29 日晚上在长江口出海（图 6.16a），高压中心位于 120°E 以东，25°N 以北的海洋面上，是典型的春季入海高压后部型天气形势影响造成的空气污染过程。高压边缘影响广西，等压线为南北向，广西北部湾经济区受近地面为弱的偏东、偏南气流控制，风速较小，广西中部形成一个辐散下沉区（图 6.16b），广西北部湾经济区形成大范围的气流停滞区，近地层污染物逐渐累积，导致污染物质量浓度升高。

这次个例中广西北部湾经济区受偏南风影响，在南风的作用下海洋和沿海三市的污染物可能会在风场的作用下向北输送到内陆地区。近年在沿海三市（钦州、防城港和北海）建立的炼油厂等重污染设施会向大气中排放多种污染物（如 SO_2 等一次污染物），而模式使用的排放源并没有将这点考虑在内，对沿海三市排放源的估计偏低，因此接下来的工作是对沿海三市地区的工厂排放源中具有代表性的一次污染物 SO_2 进行调整，以分析在沿海三市 SO_2 排放强度增加的情况下，在风场的作用下对整个广西内陆环境的影响。

6.3.4.1 实验设计

SO_2 是工厂排放的重要一次污染物，加之其在大气中的生命期较长，可以在风场作用下输送到较远的地方，因此用 SO_2 作为实验的标记气体是具有代表性的。基于此做出如下实验设计：我们对已有的排放源进行调整，即把沿海三市地区 SO_2 的排放源强增加一倍，将得到的新排放源导入模式并就 2011 年 3 月 25 日—4 月 3 日的这次个例进行模拟计算，定义该实验为敏感性试验，而之前没有改动排放源的实验定义为控制实验。将敏感性试验得到 SO_2 质量浓度分布减去控制实验的 SO_2 质量浓度得到的差值就是改变了沿海三市的排放源给整个广西地区 SO_2 的质量浓度和分布特征所带来的影响。

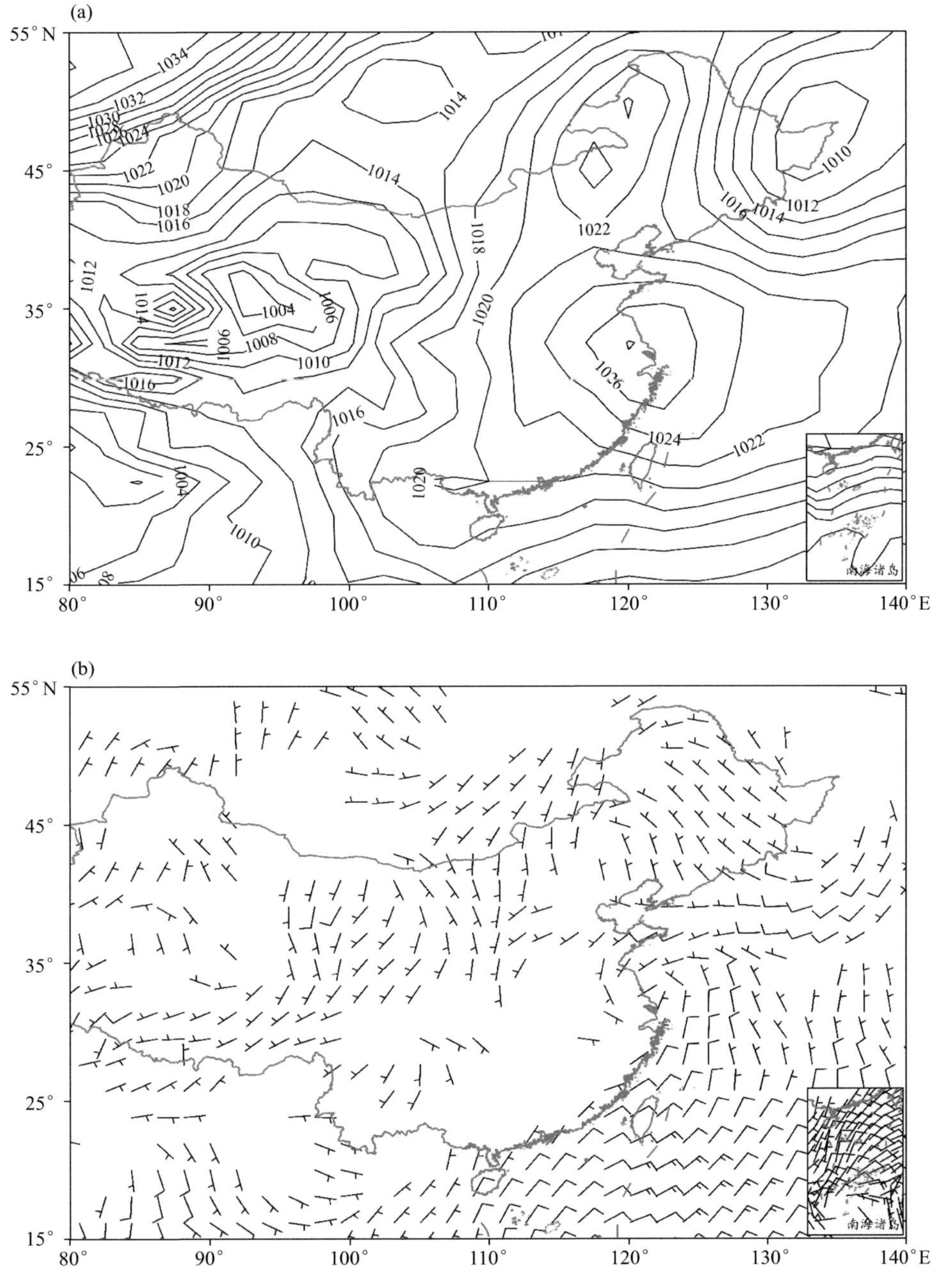

图 6.16　2011 年 3 月 29 日 12 时（世界时）海平面气压场（a）（单位：hPa）和地面风场分布（b）

修改排放源的情况如图 6.17 所示，该图表示的是广西地区 SO_2 的排放源强和分布状况，可以看到在钦州，防城港和北海三市的沿海地区都有较为集中的排放源分布。图中红色方框标示的区域为排放源改变的区域，经纬度范围为 21.0°～22.5°N，107.5°～110.0°E。由于缺乏沿海三市最新的排放源分布状况，因此我们并没有改变该地区排放源的分布情况，只是在原有基础上将排放源强增加了一倍，想以此分析在沿海地区污染加剧的情况下会对广西其他地区的大气环境带来怎样的影响。

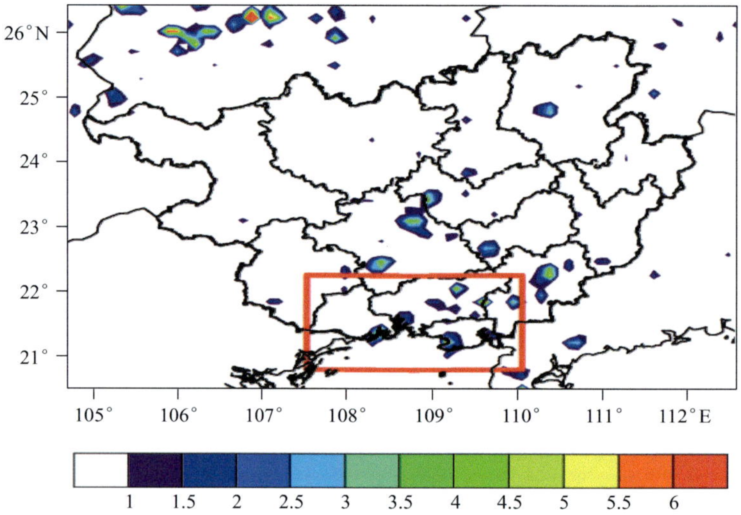

图 6.17　广西地区 SO_2 排放源及源强分布（单位：g/（s·km^2））

6.3.4.2　结果分析

上面的分析已经知道这次个例受高压脊控制而后转受入海高压后部影响，从风场分析，将会分为两段，即偏北方向大陆风控制和偏南方向海风控制两种。下面将分别就两种不同风向控制下 SO_2 质量浓度差值的分布状况来分析沿海三市排放状况加剧对其及周边地区大气环境的影响。

（1）偏北风控制

图 6.18 表示的是在偏北风的控制下 SO_2 质量浓度的分布和扩散状况，从图中可以看出在偏北风控制下沿海三市 SO_2 向西南方向输送，其中整个北海市的影响较大，而防城港和钦州的影响相对较低，只在沿海地区的部分区域有一些影响。在东北风的影响下 SO_2 继续输送从大陆输送进入海洋，随着输送距离的增加，SO_2 质量浓度的差值逐渐降低，并且扩散的范围并不是很大。这是因为 SO_2 向南输送进入海洋，在海洋上洁净空气的清洁作用下 SO_2 质量浓度迅速降低，所以排放源增加所带来的 SO_2 质量浓度差值在输送到海洋之后并没有扩散到很大的范围。在广西北部地区可以看到没有明显的 SO_2 质量浓度的分布，说明在北风的控制下，沿海三市排放源的增加并没有对北部的各个城市造成太大的影响。

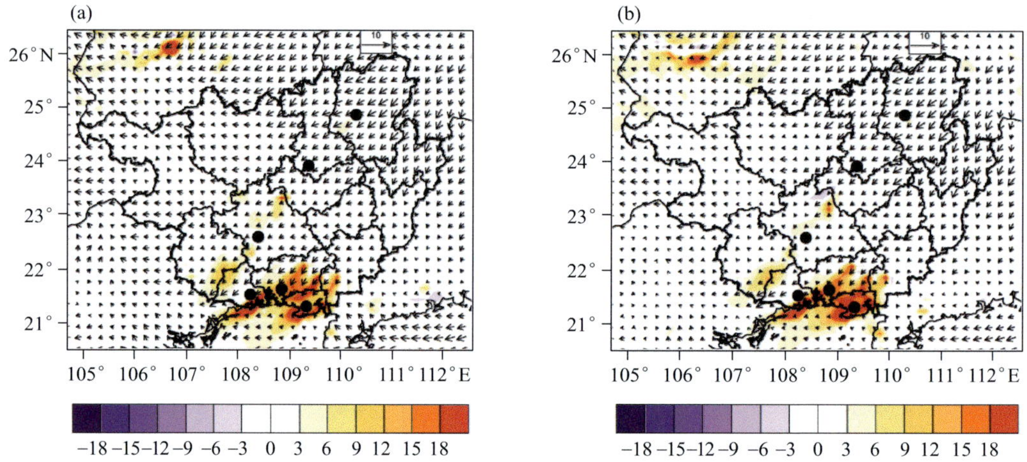

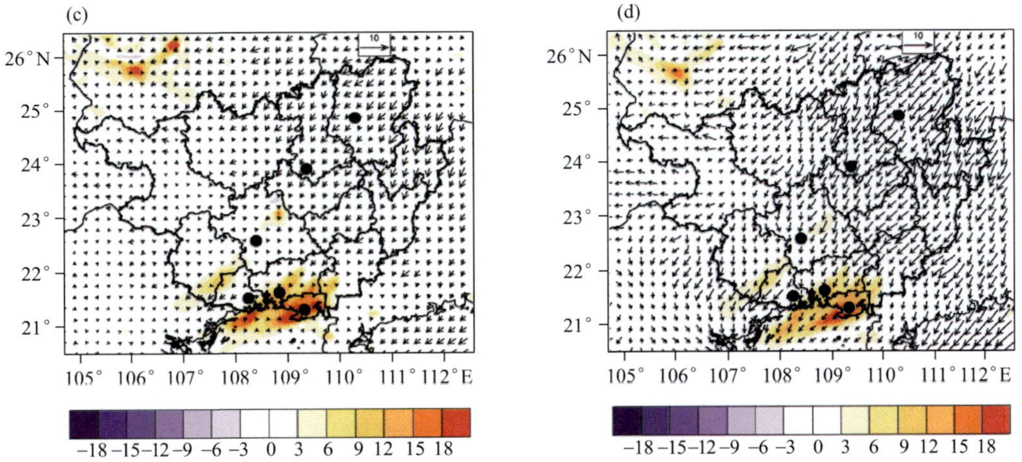

图 6.18　2011 年 3 月 28 日偏北风控制下 SO_2 质量浓度差值分布状况（单位：μg/m³）（图中为世界时）

（a） 13 时；（b） 16 时；（c） 19 时；（d） 22 时

（2）南风控制

图 6.19a—f 为在偏南风控制下 SO_2 质量浓度差值的分布状况，其中图 6.19a—d 为 3 月 31 日质量浓度随时间的演变状况，图 6.19e、图 6.19f 为其他偏南风控制的几天里 SO_2 质量浓度的分布状况。自 3 月 31 日 16 时（图 6.19a）开始 SO_2 质量浓度差值主要集中在沿海三市，而随着时间推移到 20 时（图 6.19b）SO_2 质量浓度差值除分布在沿海三市外，还向北输送到广西中部的南宁、来宾和贵港地区以及东北方向的玉林市。到 4 月 1 日 00 时（图 6.19c）SO_2 质量浓度差值进一步向北输送，除了上面所说的地方外还在崇左东部有所分布，并且在柳州和河池都有 SO_2 质量浓度差值的出现，其中在这个时段 SO_2 质量浓度差值已经覆盖到整个南宁地区。图 6.19e、图 6.19f 表示的是南风控制的两天里 SO_2 质量浓度差值的分布情况。可以看出在南风控制下，沿海三市排放源增加之后导致 SO_2 质量浓度差值自南向北影响到了整个广西中部地区，其中除沿海三市以外，南宁、贵港和来宾地区的影响范围较大，最北影响到广西北部的柳州和河池地区。与受北风控制下的扩散范围不同，南风影响的 SO_2 质量浓度差值扩散的范围较大。

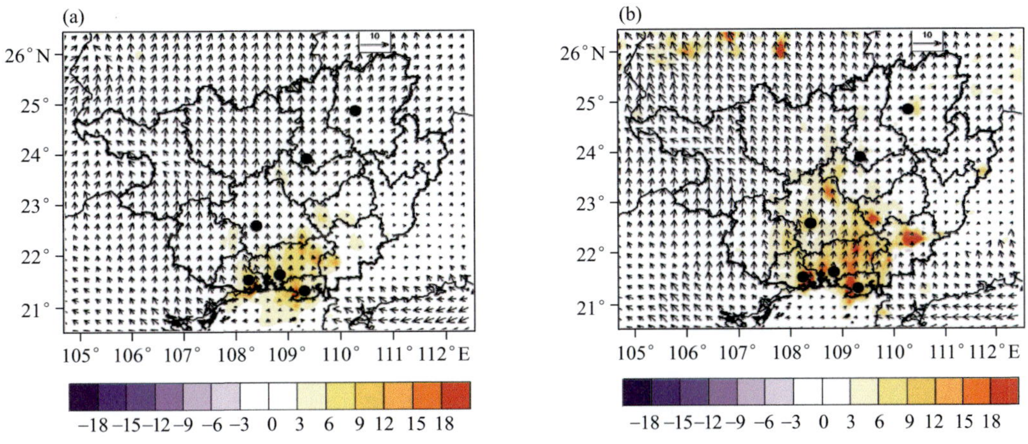

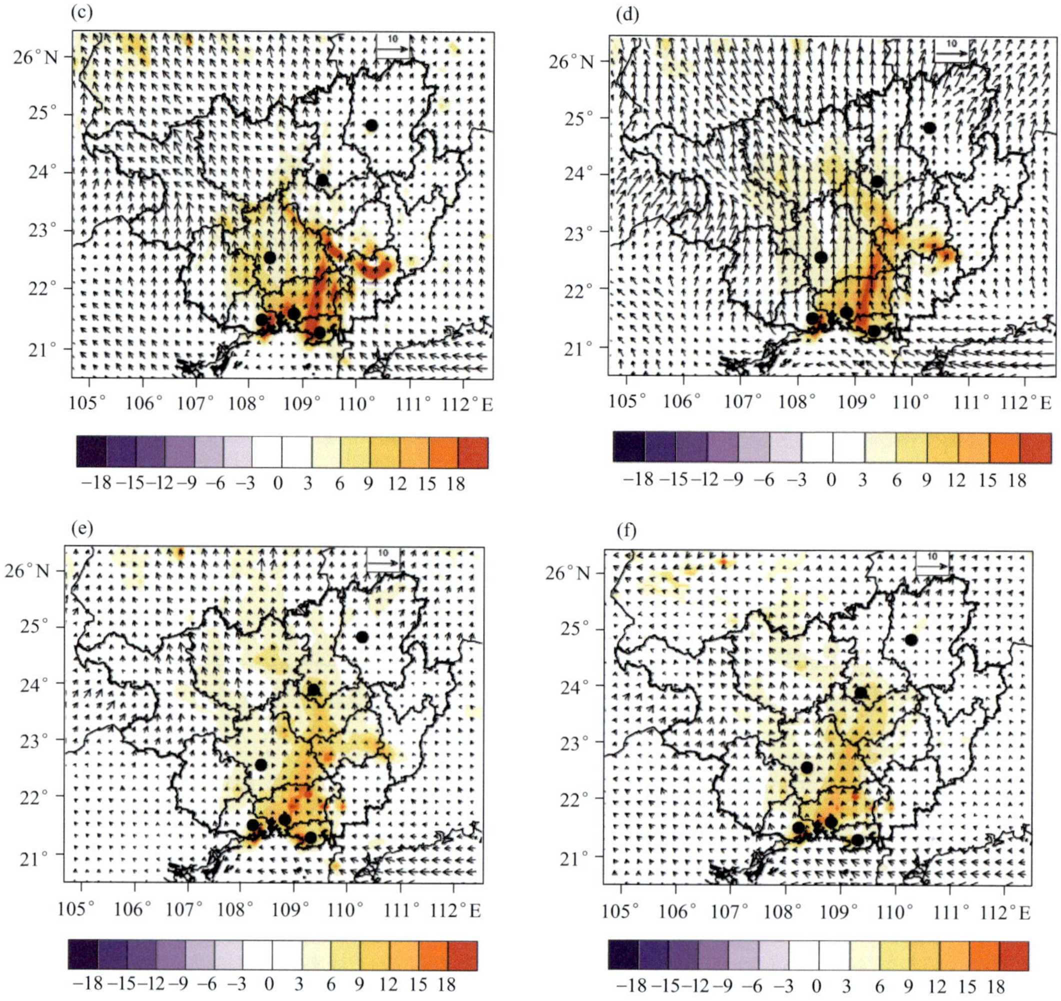

图 6.19 偏南风控制下 SO_2 质量浓度差值分布状况（单位：$\mu g/m^3$）（图中为世界时）

（a） 2011 年 3 月 31 日 08 时；（b） 2011 年 3 月 31 日 12 时；（c） 2011 年 3 月 31 日 16 时；（d） 2011 年 3 月 31 日 20 时；（e） 2011 年 4 月 1 日 00 时；（f） 2011 年 4 月 2 日 00 时

综上所述，通过敏感性试验与控制实验相减的方式得到 SO_2 质量浓度差值分布来分析增加沿海三市的排放源对广西地区大气环境影响的方式得知，在南风影响的情况下，质量浓度差值可以向北输送，最北可以输送到广西北部的柳州和河池市，其中质量浓度差值扩散在南宁、贵港和来宾的大部分地区，说明在南风的作用下沿海三市的污染物会对广西中北部地区的大气环境造成一定影响，因此沿海三市的工业排放应当引起注意，当受南风的影响沿海三市排放出来的污染物会在风场的作用下向北输送影响其他市区，对广西中部的大气环境造成一定污染且不可忽视。

6.3.5 清洁过程数值模拟分析

对 2009 年 6—7 月持续出现清洁天气的个例（2009 年 6 月 16 日—7 月 11 日）进行分析，整个过程中南宁、北海的 API 指数均处于一级空气质量标准，南宁市过程 API 指数最低值仅为 10，北海也只有 15 左右，整个过程的能见度日均值（除 7 月 4 日外）均超过 20 km，是一个典型的清洁过程。7 月 4 日南宁出现暴雨，降雨量达 66.1 mm，降雨在一定程度上影响了视程障碍，致使当天能见度仅为 15.7 km。

此次清洁过程期间，受切变线和弱冷空气的共同影响，广西各地出现了强对流天气，普降暴雨。强对流天气下，大气层结不稳定，风速比较大，非常有利于大气污染物扩散。大风及降水使污染物质量浓度迅速下降，出现了一个典型的清洁过程。可见，天气系统的变化同样对清洁过程的发生、发展、结束起着重要作用。

6.3.5.1　PM_{10} 质量浓度分布及演变状况

图 6.20 分析了 2009 年 7 月清洁过程 PM_{10} 质量浓度的变化情况，从图 6.20a 可以看出，6 月底受副热带高压加强西伸的影响，广西处在副高西侧强盛的西南气流内，带来海上的清洁空气，南宁、北海、钦州和防城港 PM_{10} 质量浓度较低，为 30 μg/m³ 左右，广西东部出现低值区，PM_{10} 质量浓度在 10 μg/m³ 以下，与污染过程相比，清洁过程风速较大，有利于污染物扩散；同时贵州、湖南境内出现了 PM_{10} 高值区，质量浓度值达到 70 μg/m³ 以上，但是没有往南输送的气象条件，对广西影响很小。直至 7 月 3 日 08 时（图 6.20b），副高东退，高空槽南移，引导弱冷空气南下，PM_{10} 高值区随着南移，但是由于在广西北部形成气流辐合区，气流辐合上升，垂直方向上气流运动强烈，扩散条件良好，并未对广西质量浓度变化造成影响，可见同样的污染源在不同的气象条件下将产生截然不同的质量浓度分布格局，从图 6.20b 还可以看出气流辐合区与质量浓度低值区十分吻合。3 日 20 时，气流辐合区进一步南移到南宁附近，PM_{10} 质量浓度低值区进一步扩大（图 6.20c）。4 日 08 时开始广西中部形成了北风与南风的切变线，风向、风速的辐合增强，切变线附近的 PM_{10} 质量浓度低至 8 μg/m³ 以下（图 6.20d），南宁、防城港处于低值区内，空气十分洁净。随后切变线南压影响整个广西南部（图 6.20e 和图 6.20f），广西北部湾经济区空气质量良好。5 日 20 时，高空槽东移出海，副热带高压加强西伸，广西受副高西侧强盛的西南或东南气流控制（图 6.20g 和图 6.20h），同时中低层风速很大，有利于污染物的扩散，空气质量良好，出现清洁过程。

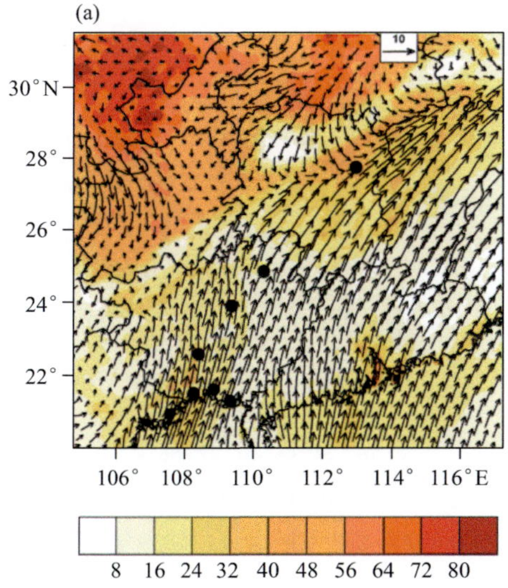

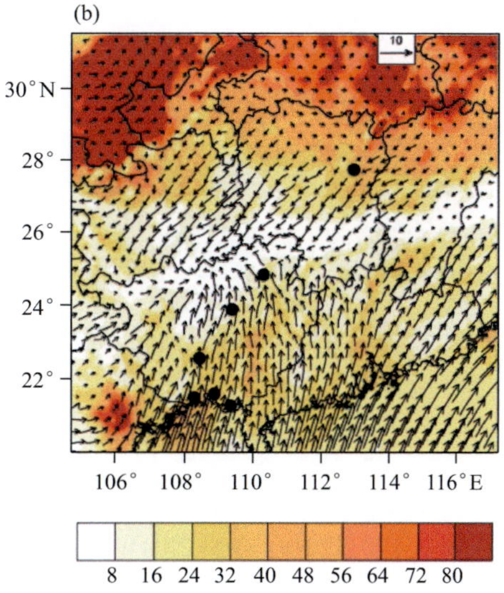

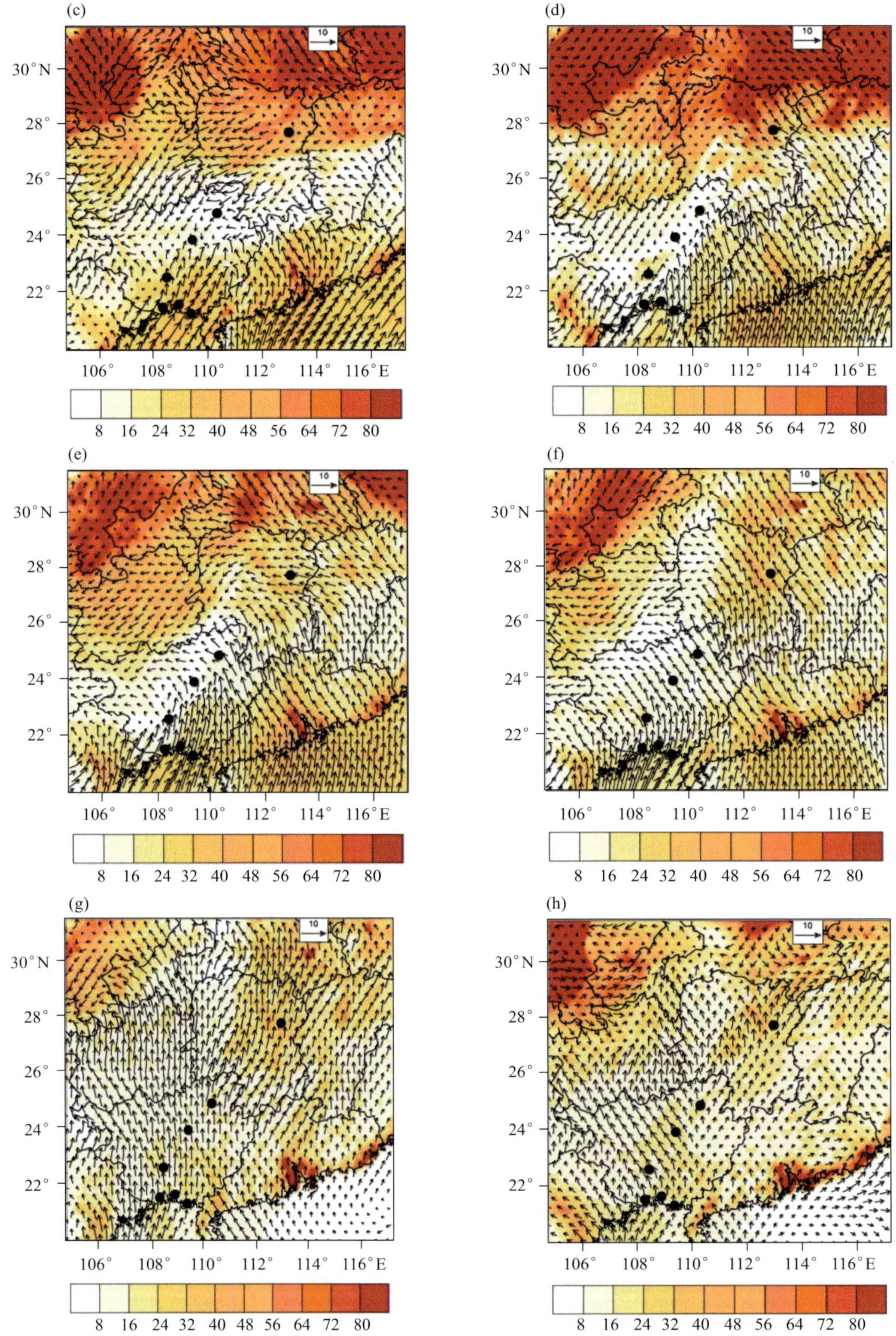

图 6.20　广西清洁过程 PM_{10} 质量浓度和风场演变情况（单位：μg/m³）（图中为世界时）

（a）2009年6月30日06时；（b）2009年7月3日00时；（c）2009年7月3日12时；（d）2009年7月4日00时；（e）2009年7月4日12时；（f）2009年7月5日12时；（g）2009年7月7日12时；（h）2009年7月9日12时

6.3.5.2　SO_2 质量浓度分布及演变状况

SO_2 的演变情况与 PM_{10} 相似，受副热带高压西侧偏南气流的影响，来自海洋的大量的干洁空气吹入陆地，使得广西北部湾经济区在偏南风的作用下 SO_2 的质量浓度保持较低的浓度值状态（图略）。

6.3.5.3　NO_2 质量浓度分布及演变状况

在清洁过程的数值模拟中整个广西的 NO_2 质量浓度很低，质量浓度分布有着很明显的日变化规律，表现为白天质量浓度比夜间质量浓度低。如图 6.21 所示，表示的是该清洁过程中广西北部湾经济区 NO_2 质量浓度的日变化特征，主要分析了夜间到日出前的 NO_2 质量浓度演变状况。可看到在夜间 NO_2 质量浓度进入高值时段，且在偏南风场的作用下向内陆有所扩散，其中沿海三市的 NO_2 也有一定的向北扩散的情况发生，但由于该地区内 NO_2 本身质量浓度很低，在扩散过程中质量浓度得到稀释，加之在大气中 NO_2 与其他物质发生反应，因此直到日出前的时间 NO_2 的扩散范围都不是很大，基本局限在城市尺度内。与污染过程相同，清洁过程中广西北部湾经济区风场对 NO_2 输送的影响没有 PM_{10} 和 SO_2 明显，日变化规律跟大陆风还是海洋风控制关系不大。

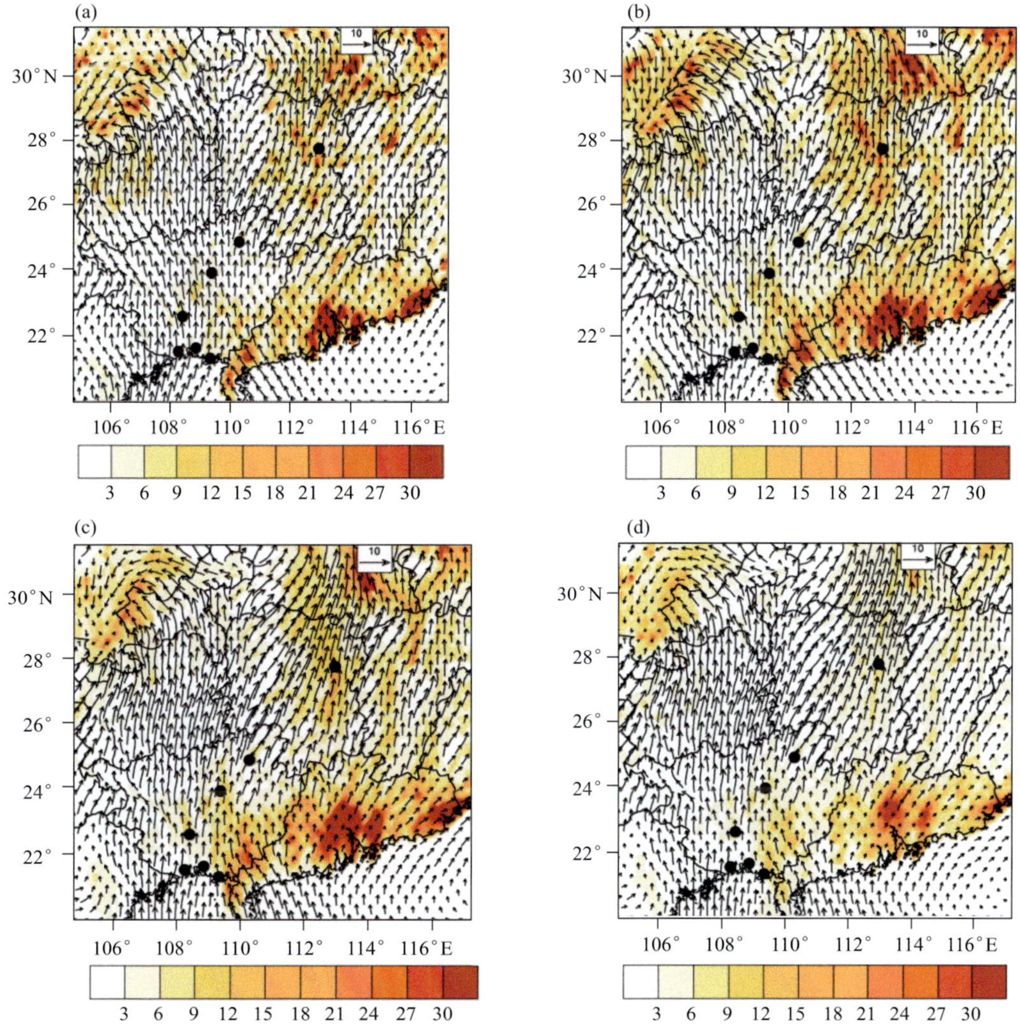

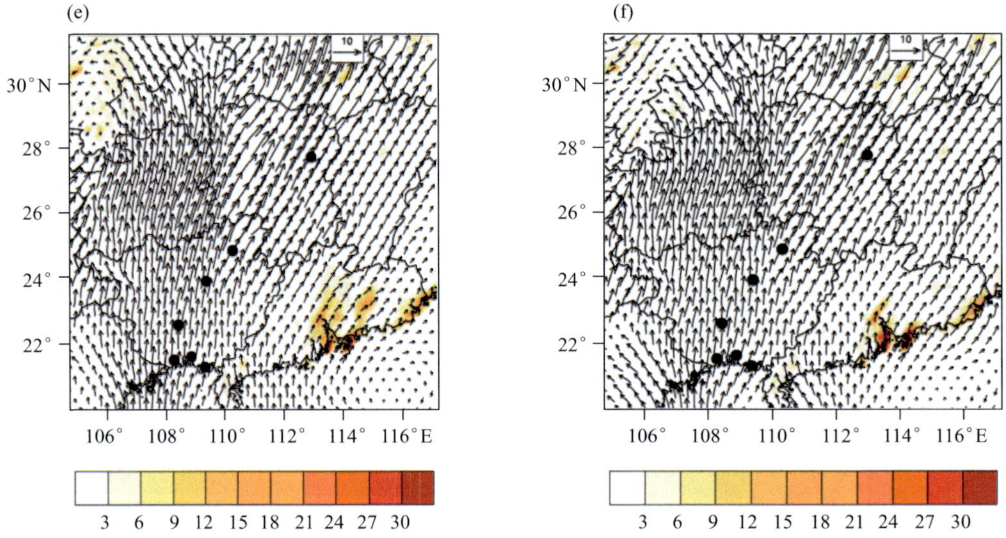

图 6.21 广西清洁过程 NO_2 质量浓度日变化情况（单位：$\mu g/m^3$）（图中为世界时）
（a） 2009 年 7 月 7 日 12 时；（b） 2009 年 7 月 7 日 16 时；（c） 2009 年 7 月 7 日 20 时；
（d） 2009 年 7 月 8 日 00 时；（e） 2009 年 7 月 8 日 04 时；（f） 2009 年 7 月 8 日 08 时

6.4 北部湾经济区空气质量统计预报模型研究

目前，在空气质量的预报研究方面，采用较多的是利用统计预报方法进行预测，如多元回归模型、偏最小二乘回归模型、灰色系统模型、神经网络模型等。然而空气污染的形成过程十分复杂，并且影响空气质量的因子之间往往存在多重相关性，因而仅依靠从预报因子中通过相关分析自动确定选其中的几个预报因子建立预报方程，往往很难准确描述这些复杂的现象。

近年来，主成分分析（PCA 方法，下同）在大气科学研究领域中的应用发现，由于 PCA 方法具有很强的系统降维和特征提取有用信息的能力，因此在各个领域得到很好的应用。PCA 方法具有以下几个特点：①能用相对少的综合变量因子描述复杂的场资料变化；②当变量值相关密切时，展开收敛速度快，很容易将变量场的信息集中在几个主要模态上；③分解出来的特征向量互相正交，时间系数也互相正交；④能过滤变量序列的随机干扰。本研究尝试利用 PCA 方法，对预报量（SO_2、NO_2 和 PM_{10}）前期的气象因素、污染特征和扩散条件等相关预报因子进行展开，达到降低维数和克服预报因子之间多重相关性的效果，而后选取与预报量相关显著、且方差贡献大的主成分作为综合预报因子。这些综合预报因子间互相正交，没有复共线性关系。以此为基础，结合非线性神经网络方法，建立南宁、北海的空气质量统计预报模型，并比较研究了神经网络预报模型与逐步回归模型的优缺点，总结出适合于广西北部湾经济区的空气质量统计预报模型，为污染防治提供决策参考。

6.4.1 预报因子的主成分分析

6.4.1.1 初选预报因子

大气污染的形成与前期的污染特征、气象因素、扩散条件以及大气环流形势场的高低空配置密切相关。在一定的污染源和大气环流背景下，影响空气质量的直接因子是地面风、降水、大气稳定度，以及高空大气环流。以南宁为例，南宁日平均 SO_2、NO_2 和 PM_{10} 质量浓度作为预报对象，样本长度为 2009—2012 年逐日资料共 1460 个，以 2009—2011 年日平均 SO_2、NO_2 和 PM_{10} 质量浓度作为建模样本，2012 年 1—6 月的逐日资料作为独立样本对预报模型进行检验。

用于预报建模的预报因子，选取了前期空气污染质量浓度监测资料，常规地面、高空观测的气象要素共 28 个要素作为预报因子。在提取地面、高空各层气象要素时，个别日期资料缺测，用同日南宁站周围三站的平均值代替。初步选取的预报因子分别是：

X_1：当日 925 hPa 主导风向，反映近地层天气系统的部位和平流输送方向；

X_2：当日 925 hPa 平均风速，反映近地层平流输送能力的强弱；

X_3：当日 925 hPa 平均温度，反映近地层所处冷暖气团的状况；

X_4：当日 925 hPa 温度露点差，与近地层水汽条件有关；

X_5：当日 925 hPa 位势高度，反映近地层所处位势场的高低；

X_6：当日 850 hPa 主导风向，反映中低层天气系统的部位和平流输送方向；

X_7：当日 850 hPa 平均风速，反映中低层平流输送能力的强弱；

X_8：当日 850 hPa 平均温度，反映中低层所处冷暖气团的状况；

X_9：当日 850 hPa 温度露点差，与中低层水汽条件有关；

X_{10}：当日 850 hPa 位势高度，反映中低层所处位势场的高低；

X_{11}：当日 500 hPa 主导风向，反映高层天气系统的部位和平流输送方向；

X_{12}：当日 500 hPa 平均风速，反映高层平流输送能力的强弱；

X_{13}：当日 500 hPa 平均温度，反映高层所处冷暖气团的状况；

X_{14}：当日 500 hPa 温度露点差，与高层水汽条件有关；

X_{15}：当日 500 hPa 位势高度，反映高层所处位势场的高低；

X_{16}：当日地面平均气压与前日的地面平均气压差，反映地面气压场的变化；

X_{17}：当日的地面平均气压，反映所处气压场的高低；

X_{18}：当日的地面最高气压，反映所处气压场的高低；

X_{19}：当日的地面最低气压，反映所处气压场的高低；

X_{20}：当日平均气温与前日的平均气温差，反映地面气温场的变化；

X_{21}：当日地面平均气温，反映气温状况；

X_{22}：当日的最高温度，反映所处冷暖气团的状况；

X_{23}：当日的最低温度，在稳定天气条件下预示是否有逆温出现的指标；

X_{24}：当日的相对湿度，与大气稳定状况有关；

X_{25}：当日的总云量，反映大气稳定状况的指标；

X_{26}：当日的降水量，反映冲洗状况；

X_{27}：当日的日平均风速，反映平流输送能力的强弱；

X_{28}：前日平均 SO_2 或 NO_2 或 PM_{10} 质量浓度（mg/m^3），反映前期的污染状况。

6.4.1.2 预报因子的多重相关性诊断

表 6.3 为自变量 X_1～X_{17} 间的相关系数。从表 6.3 可以看出，自变量 X_1 当日 925 hPa 主导风向与 X_3 当日 925 hPa 平均温度，X_4 当日 925 hPa 温度露点差与 X_{10} 当日 850 hPa 位势高度之间具有良好的相关性，由此可判断自变量间存在多重相关性。因而为了消除预报因子之间的相关性，采用主成分分析方法进行降维和提取有用信息，可使预报因子之间互相正交。

表 6.3 部分自变量间的相关系数

R	X_1	X_2	X_3	X_4	X_5	X_6	X_7	X_8	X_9	X_{10}	X_{11}	X_{12}	X_{13}	X_{14}	X_{15}	X_{16}
X_1	1.000	−0.088	0.711	0.689	−0.633	0.420	0.418	0.618	−0.354	0.532	−0.340	−0.045	−0.043	−0.161	−0.216	−0.270
X_2		1.000	0.007	−0.004	0.073	−0.340	0.213	−0.160	−0.071	0.064	0.036	−0.127	0.002	−0.141	−0.168	−0.195
X_3			1.000	0.851	−0.707	0.316	0.262	0.775	−0.446	0.535	−0.349	−0.218	0.001	−0.203	−0.262	−0.321
X_4				1.000	−0.800	0.526	0.320	0.820	−0.725	0.674	−0.464	−0.184	0.048	−0.194	−0.252	−0.309
X_5					1.000	−0.526	−0.475	−0.853	−0.585	0.970	0.404	−0.053	−0.148	0.149	0.196	0.243
X_6						1.000	0.040	0.506	−0.446	0.511	−0.218	0.021	0.086	0.042	0.027	0.012
X_7							1.000	0.371	−0.174	0.483	−0.127	0.196	0.073	0.112	0.099	0.087
X_8								1.000	−0.547	0.734	−0.407	−0.032	0.053	−0.034	−0.070	−0.107
X_9									−1.000	0.526	−0.334	−0.063	−0.059	−0.180	−0.217	−0.255
X_{10}										1.000	0.352	−0.132	−0.199	0.096	0.131	0.166
X_{11}											1.000	0.057	0.144	0.334	0.385	0.435
X_{12}												1.000	0.072	0.081	0.112	0.142
X_{13}													1.000	0.067	0.080	0.093
X_{14}														1.000	−0.156	−0.171
X_{15}															1.000	0.105
X_{16}																1.000

6.4.1.3 主成分分析

对南宁前期空气污染质量浓度，常规地面、高空气象要素共 28 个预报因子，用主成分分析方法进行处理，主要是想能够用较少的综合指标（主成分）来代替多变量的预报因子矩阵，即达到降低维数的目的。虽然多变量样本无疑会提供更丰富的信息，但在一定程度上也增加了数据收集工作量，更重要的是从表 6.3 可见，多因子变量之间存在一定的相关关系，即复共线性关系，而主成分分析后的特征向量是正交的。从统计学观点看，主成分分析不仅仅是正交函数逼近的问题，而且可以从具有随机噪声干扰的气象场中提取主要信号特征，排除随机干扰的统计分析方法。

在本研究中，为了消除各种因子由于单位量纲不同造成的影响，对初选预报因子作标准化处理，再对这些预报因子作主成分分析，得到只依赖于时间与空间的函数。假定空间函数（即特征向量）是不随时间变化的，那么初选预报因子随时间变化的信息就都集中反映在时间函数（即综合预报因子变量）以下记为 x_i（$i=1$～8）的变化上，这些综合预报因子能突出初选预报因子群的基本特征，浓缩初选预报因子的信息，而且互相正交。

北部湾经济区大气污染具有明显的季节分布特征，而且从气候概况分析南宁市的雨季主要集中在每年的 6—8 月，故将 2009—2011 年南宁空气质量的 28 个预报因子按照四个季节进行分类：春季（3 月 1 日—5 月 31 日）、夏季（6 月 1 日—8 月 31 日）、秋季（9 月 1 日—11 月 30 日）和冬季（12 月 1 日—次年 2 月 28 日），分别以 1、4、7 和 10 月作为冬季、春季、夏季、秋季的代表。然后利用主成分分析方法分别对南宁市日平均 SO_2、NO_2 和 PM_{10} 质量浓度的预报因子进行降维处理，得到只依赖于时间与空间的函数 Z 和 V。经主成分分析的南宁空气污染的预报因子场，四个季节的预报因子的前 8 个特征向量总方差贡献均达到 78%以上，前 6 个特征向量的方差贡献也达到 70%（以 PM_{10} 为例，详见表 6.4）。而秋季和冬季前 8 个特征向量总方差贡献甚至达到了 83%以上，因而可以认为，分别用南宁市的 SO_2、NO_2 和 PM_{10} 质量浓度的预报因子场作主成分分析后所得的前 8 个主成分序列作为预报因子，基本上能包括所有的预报因子信息。

表 6.4　南宁市 PM_{10} 质量浓度预报因子场的前 8 个特征向量总方差贡献（%）

季节	项目	1	2	3	4	5	6	7	8
春季	方差贡献	34.55	11.25	8.03	7.03	5.82	5.15	4.41	3.58
	累积方差贡献	34.55	45.80	53.83	60.86	66.67	71.82	76.24	79.81
夏季	方差贡献	26.24	17.09	8.45	7.01	5.87	5.20	4.81	4.04
	累积方差贡献	26.24	43.50	51.95	58.96	64.83	70.03	74.84	78.88
秋季	方差贡献	30.11	16.36	10.69	9.46	5.12	5.02	3.41	2.99
	累积方差贡献	30.11	46.47	57.16	66.62	71.74	76.76	80.17	83.16
冬季	方差贡献	30.52	13.63	10.10	9.45	5.64	4.54	3.29	2.72
	累积方差贡献	30.52	44.15	54.25	63.71	69.72	75.36	79.90	83.19

6.4.2　南宁预报模型和检验分析

6.4.2.1　主成分学习矩阵模型的建立

以主分量特征值相对较大，并考虑与预报量相关系数高作为取舍标准，确定神经网络学习矩阵的输入。采用三层前馈网络计算方法，隐节点数为 3，学习因子和动力因子分别取 0.9 和 0.7，对标准化的学习矩阵作反复的学习训练，当学习矩阵训练达 5000 次时，误差函数趋于稳定。由网络模型所确定的连接权系数及阀值可以得到相应的预报模型，并以此确定的参数和网络结构作为未来独立样本和实际预报的模型。

6.4.2.2　预报模型的拟合情况

图 6.22 是对分季节 SO_2 质量浓度预报模型的拟合效果进行比较，从图 6.22 中可以看到，各季节 SO_2 预报模型的拟合情况均与实况较为接近，达到了用于预报建模的要求，夏季预报效果最好，秋冬季差些。南宁市分季节 NO_2 预报模型的拟合效果见图 6.23，由图可见，各季节 NO_2 预报模型的拟合情况与实况吻合较好，达到了用于预报建模的要求，NO_2 预报模型的拟合情况总体比 SO_2 好，也是春夏季拟合效果好于秋冬季。图 6.24 分析了分季

节 PM_{10} 质量浓度预报模型的拟合情况，可见在三种污染物中，PM_{10} 的预报效果最差，尤其当 PM_{10} 质量浓度出现很低值或很高值时，拟合值与实测值有较大的误差但趋势是一致的。

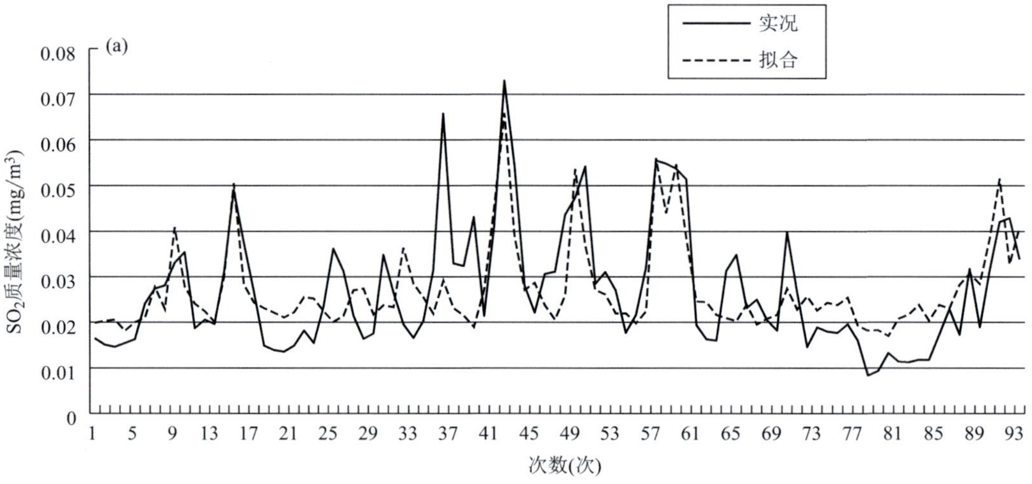

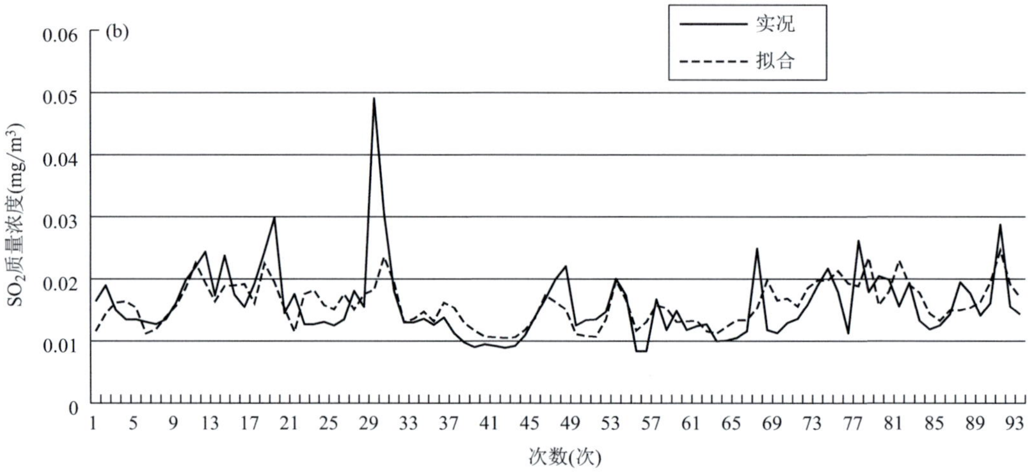

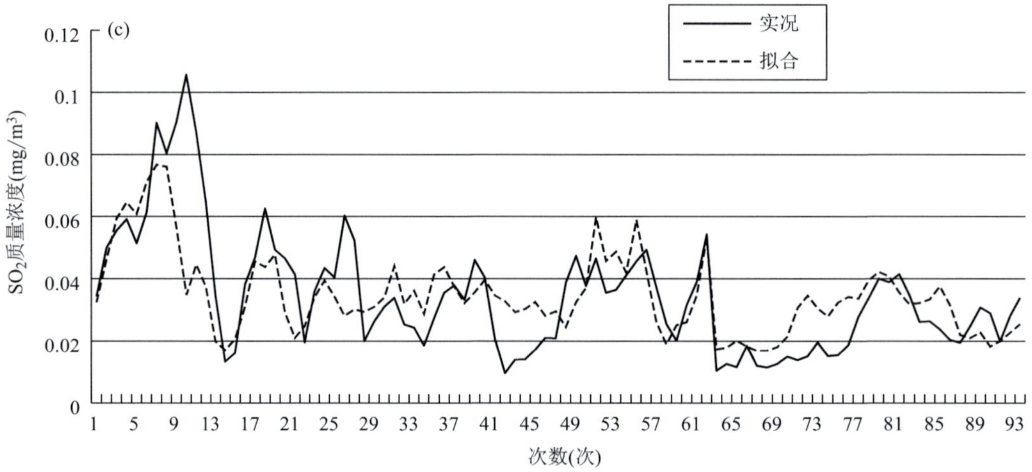

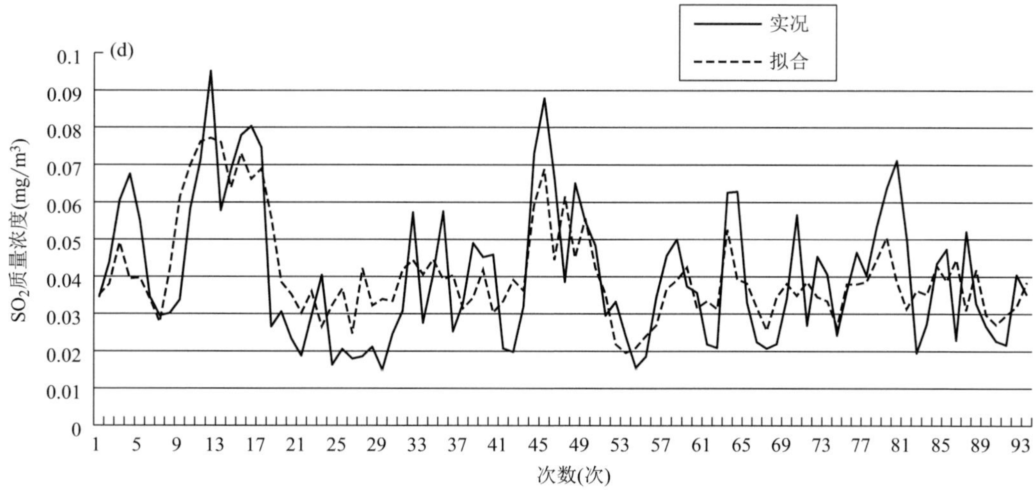

图 6.22　2009—2011 年南宁 SO_2 预报模型拟合曲线

（a）春季（4 月）；（b）夏季（7 月）；（c）秋季（10 月）；（d）冬季（1 月）

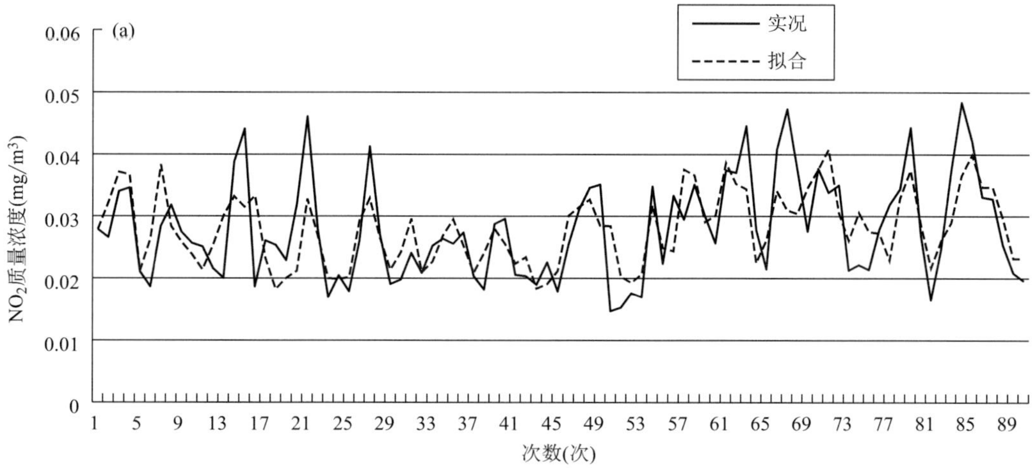

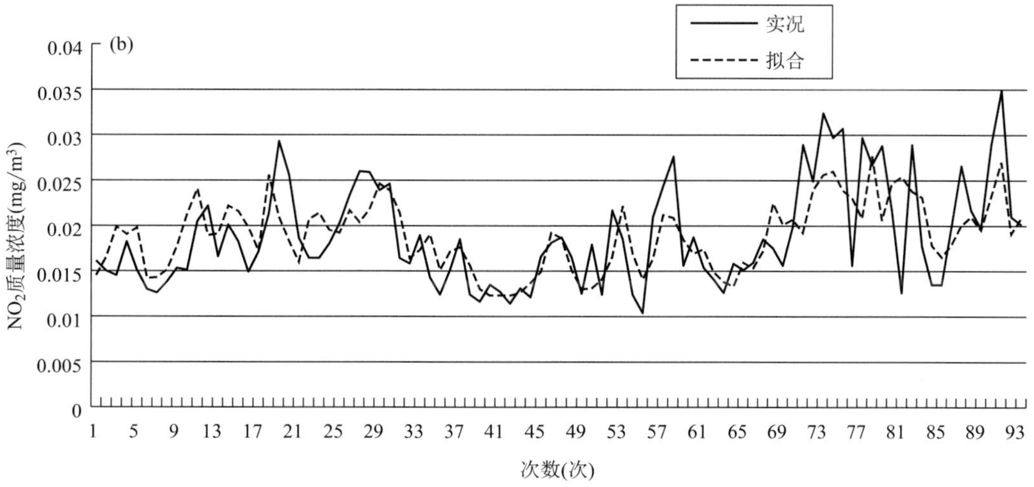

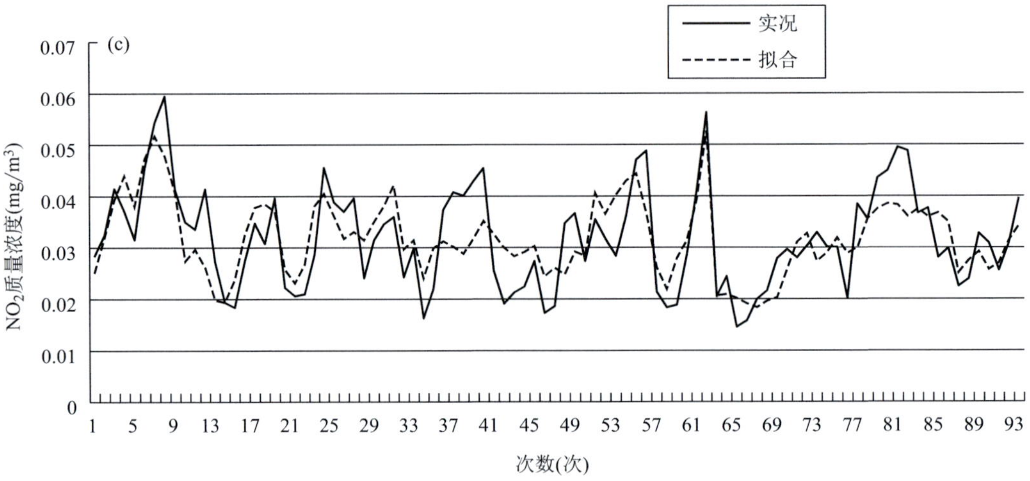

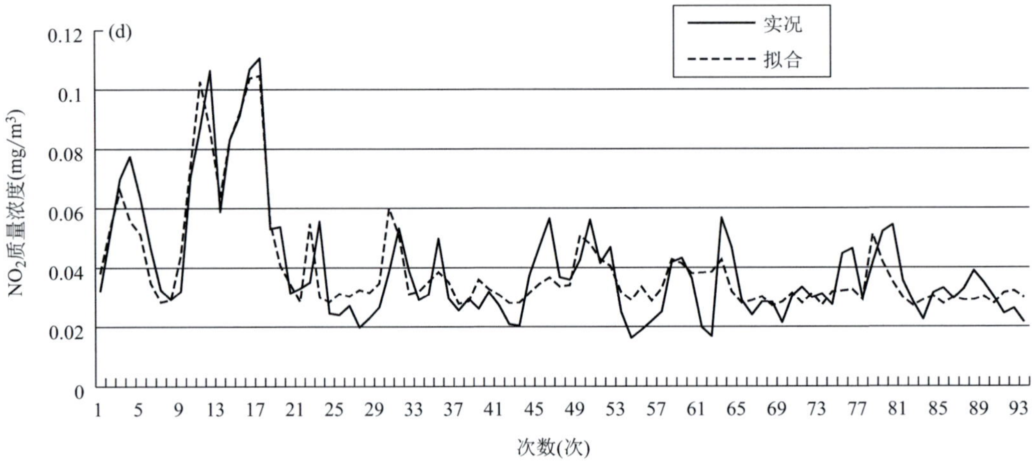

图 6.23　2009—2011 年南宁 NO_2 预报模型拟合曲线

（a）春季（4 月）；（b）夏季（7 月）；（c）秋季（10 月）；（d）冬季（1 月）

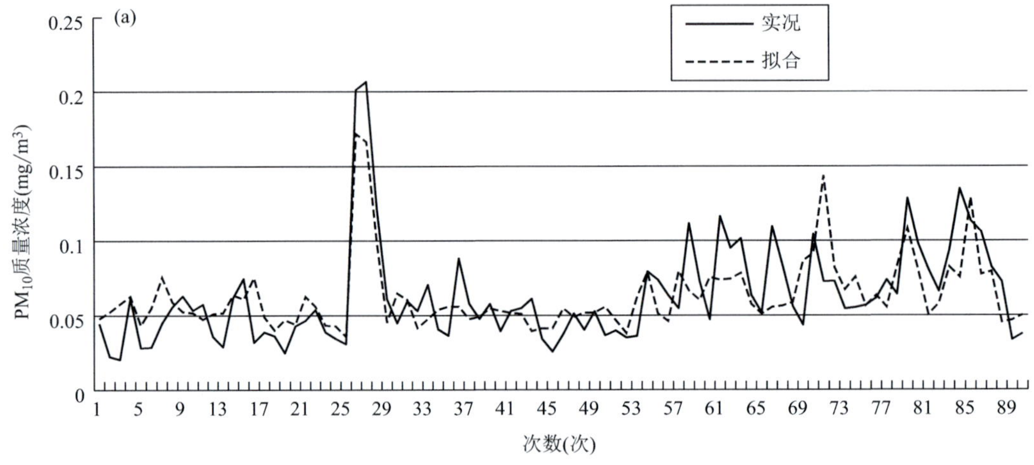

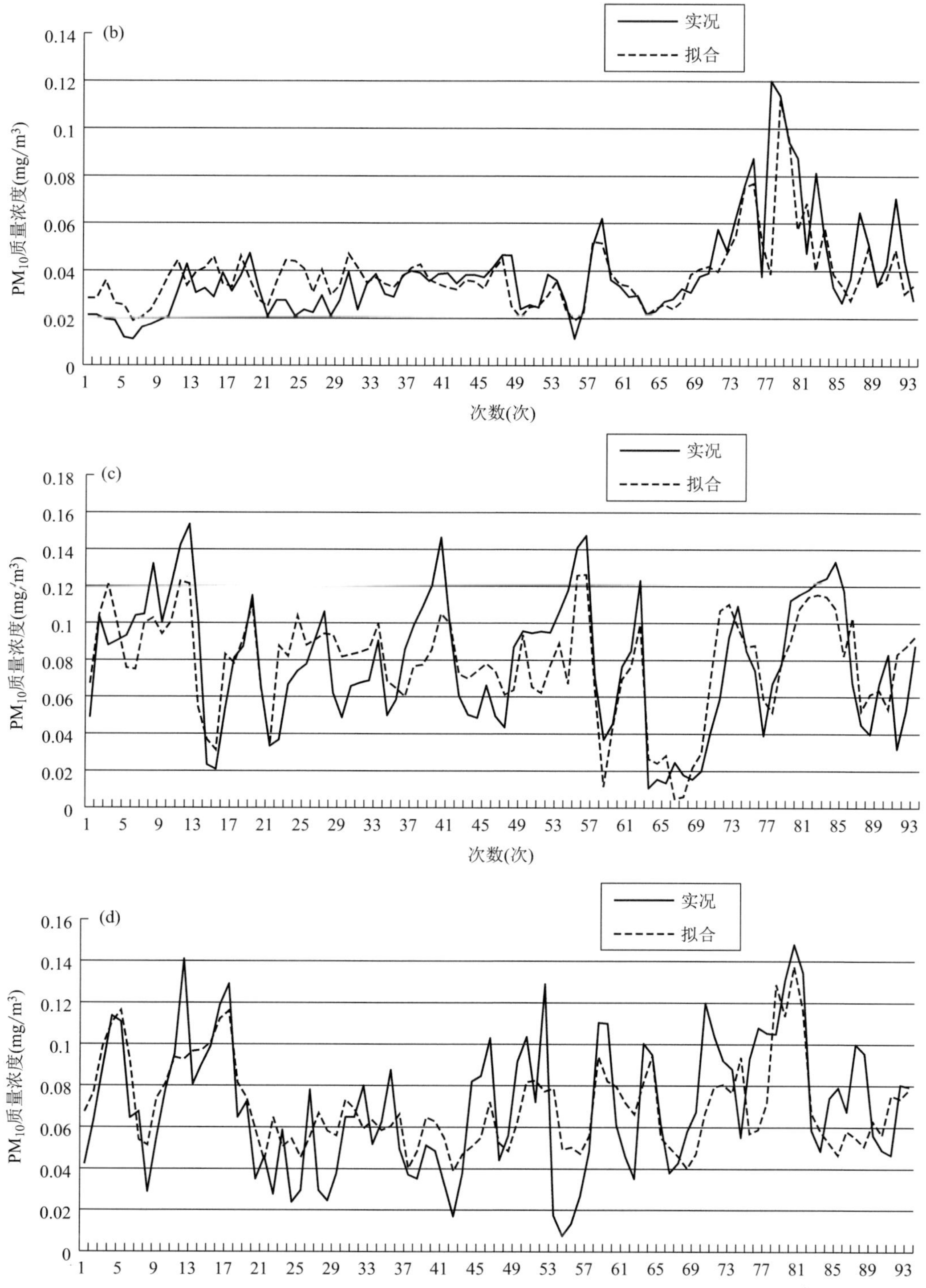

图 6.24　2009—2011 年南宁 PM_{10} 预报模型拟合曲线

（a）春季（4 月）；（b）夏季（7 月）；（c）秋季（10 月）；（d）冬季（1 月）

6.4.2.3 预报检验

一般的统计预报方法拟合效果较好，但实际预报效果往往不理想。因此为了考察神经网络预报方法的实际预报能力，本小节对独立样本进行预报检验。为了进行较客观公平的对比分析，预报模型所采用的网络结构、各种参数与在前面根据历史样本建立的预报模型是一致的。

图 6.25 分析了 2012 年 1—6 月南宁市各污染物质量浓度实测值与神经网络模型预报值的比较情况，可以看出，1—2 月中旬当 SO_2 质量浓度值很低时，预报结果与实测值有较大的误差，2 月下旬—5 月预报效果很好，预报值与实测值吻合很好，尤其是对于 3 月 25 日、5 月 17 日出现突变值时，模型均能报出变化趋势。NO_2 的预报结果在 6 月出现较大误差，其他时段的预报值与实测值较为接近。PM_{10} 的预报效果最差，尤其当 PM_{10} 质量浓度出现很低值或很高值时，预报值与实测值有较大的误差。总体而言，神经网络模型对南宁市污染物质量浓度的预报效果，表现出 3—5 月预报效果好，具有良好的参考价值。

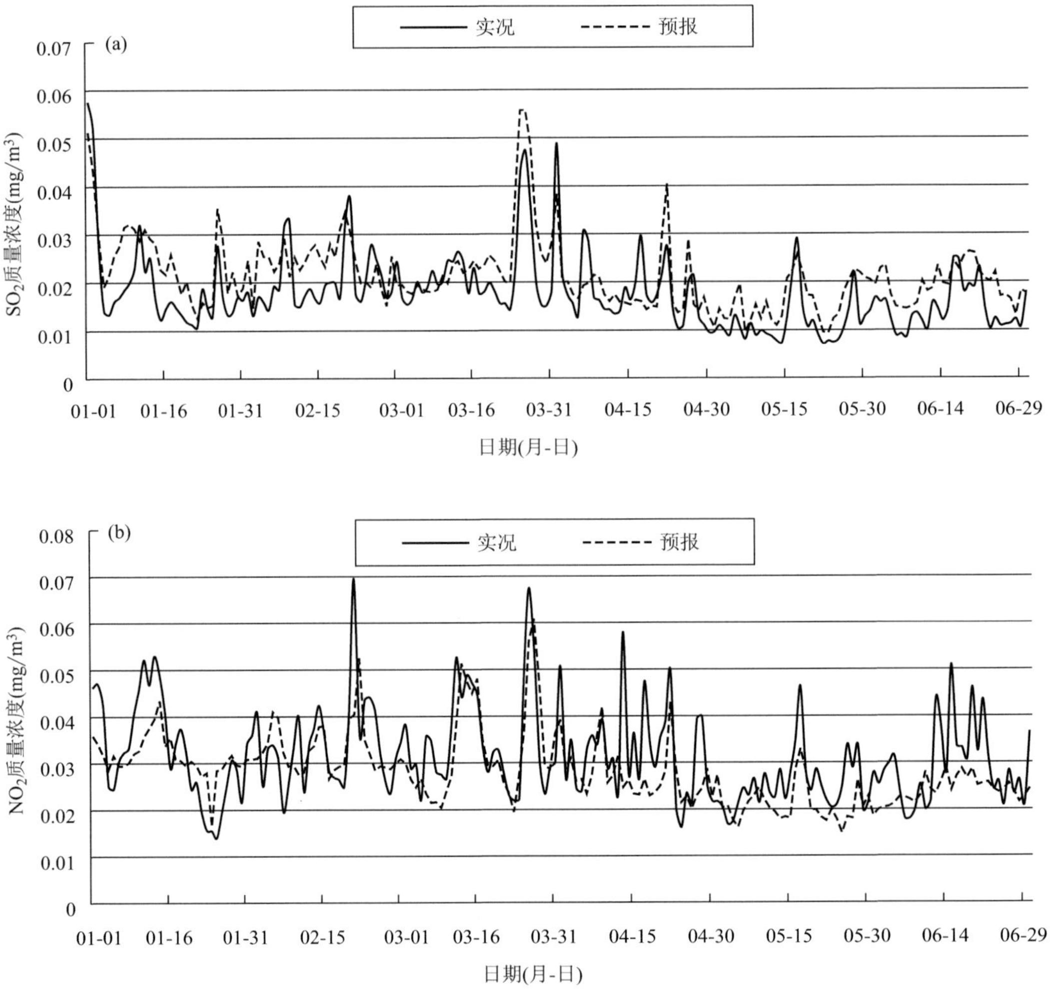

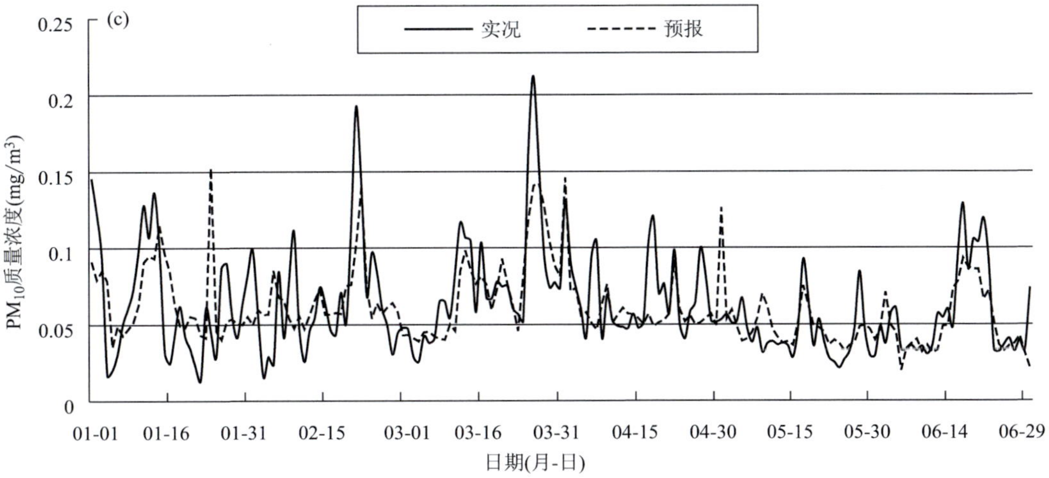

图 6.25　南宁 2012 年 1—6 月神经网络模型预报检验
（a） SO_2；（b） NO_2；（c） PM_{10}

6.4.3　北海预报模型和检验分析

同样地，选取 2009—2011 年北海空气质量的 28 个预报因子进行主成分分析，分别以 1、4、7 和 10 月作为冬季、春季、夏季、秋季的代表。利用主成分分析方法分别对北海市日平均 SO_2、NO_2 和 PM_{10} 质量浓度的预报因子进行降维处理，得到只依赖于时间与空间的函数 Z 和 V。经主成分分析的北海空气污染的预报因子场，四个季节的预报因子的前 8 个特征向量总方差贡献均达到 77%以上，前 6 个特征向量的方差贡献也达到 70%（以 PM_{10} 为例，详见表 6.5）。而冬季前 8 个特征向量总方差贡献甚至达到 84%以上，因而可以认为，分别用北海市的 SO_2、NO_2 和 PM_{10} 质量浓度的预报因子场作 EOF 展开后所得的前 8 个主成分序列作为预报因子，基本上能包括所有预报因子信息。

表 6.5　北海市 PM_{10} 质量浓度预报因子场的前 8 个特征向量总方差贡献（%）

季节	项目	1	2	3	4	5	6	7	8
春季	方差贡献	31.54	10.91	9.02	7.68	6.46	4.92	4.22	3.19
	累积方差贡献	31.54	42.45	51.47	59.15	65.61	70.53	74.75	77.94
夏季	方差贡献	29.14	15.69	10.88	8.79	5.34	4.58	3.77	3.16
	累积方差贡献	29.14	44.83	55.71	64.50	69.84	74.42	78.20	81.36
秋季	方差贡献	27.20	18.67	10.21	7.79	5.54	4.83	3.75	3.15
	累积方差贡献	27.20	45.87	56.08	63.87	69.41	74.23	77.98	81.13
冬季	方差贡献	29.24	16.31	11.85	9.08	5.86	4.60	4.03	3.27
	累积方差贡献	29.24	45.55	57.40	66.47	72.33	76.93	80.96	84.23

以主分量特征值相对较大，并考虑与预报量相关系数高作为取舍标准，确定神经网络学习矩阵的输入。采用三层前馈网络计算方法，隐节点数为 3，学习因子和动力因子分别取 0.9 和 0.7。利用神经网络方法的公式，对标准化的学习矩阵作反复的学习训练，当学习矩阵训练达 5000 次时，误差函数趋于稳定。由网络模型所确定的连接权系数及阈值可以得到相应的预报模型，并以此确定的参数和网络结构作为未来独立样本和实际预报的模型。

6.4.3.1 预报模型的拟合情况

图 6.26 主要是对北海市分季节 SO_2 质量浓度预报模型的拟合效果进行比较，从图 6.26 中可以看到，各季节 SO_2 预报模型的拟合情况均与实况较为接近，达到了用于预报建模的要求，夏季预报效果最好，秋冬季差些。北海市分季节 NO_2 预报模型的拟合效果见图 6.27，由图可见，各季节 NO_2 预报模型的拟合情况与实况吻合较好，达到了用于预报建模的要求，NO_2 预报模型的拟合情况总体比 SO_2 好，也是春夏季拟合效果好于秋冬季。图 6.28 分析了分季节 PM_{10} 质量浓度预报模型的拟合情况，可见在三种污染物中，PM_{10} 的预报效果最差，尤其当 PM_{10} 质量浓度出现很低值或很高值时，拟合值与实测值有较大的误差但趋势是一致的。

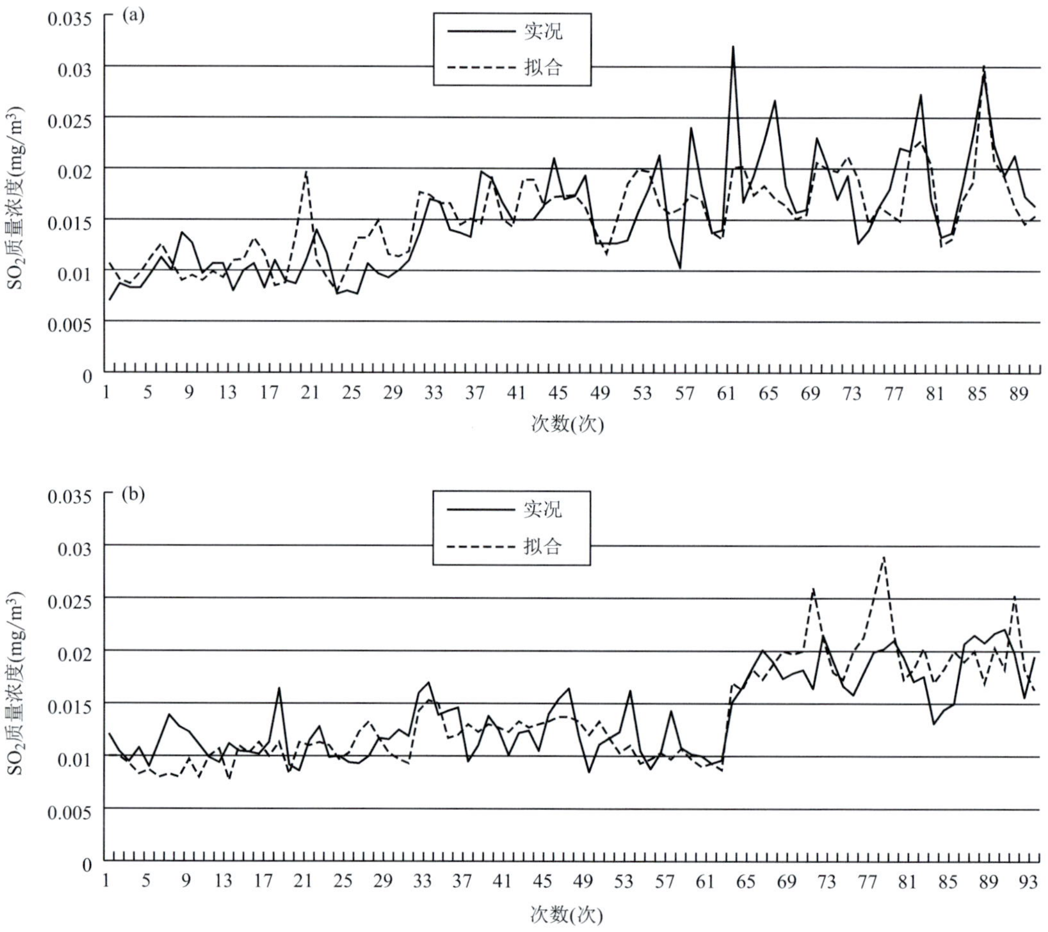

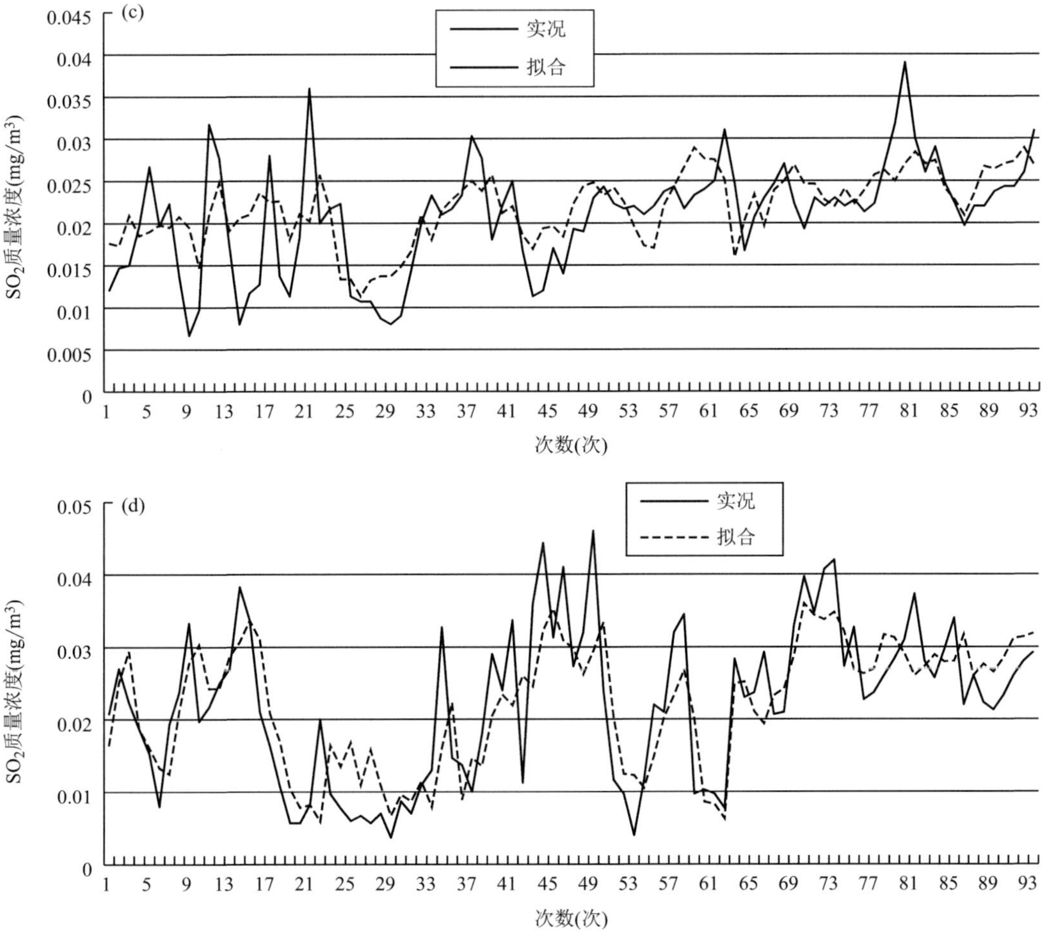

图 6.26　2009—2011 年北海市 SO_2 预报模型拟合曲线

（a）春季（4 月）；（b）夏季（7 月）；（c）秋季（10 月）；（d）冬季（1 月）

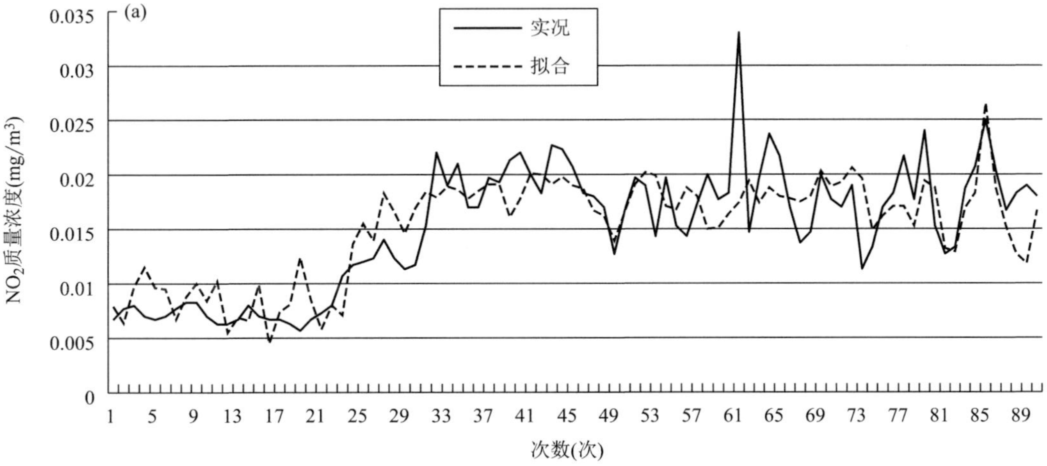

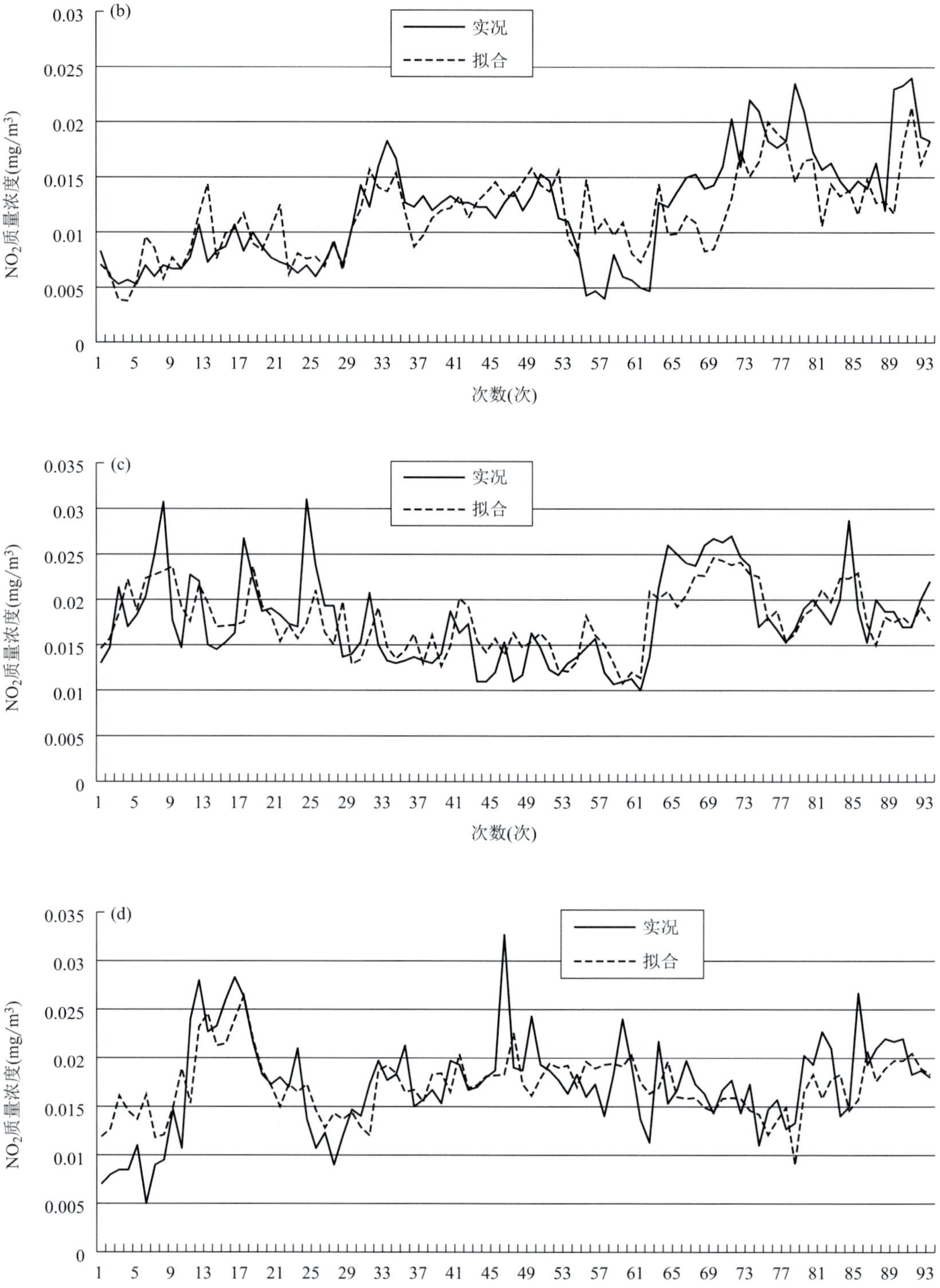

图 6.27 2009—2011 年北海市 NO_2 预报模型拟合曲线

（a）春季（4 月）；（b）夏季（7 月）；（c）秋季（10 月）；（d）冬季（1 月）

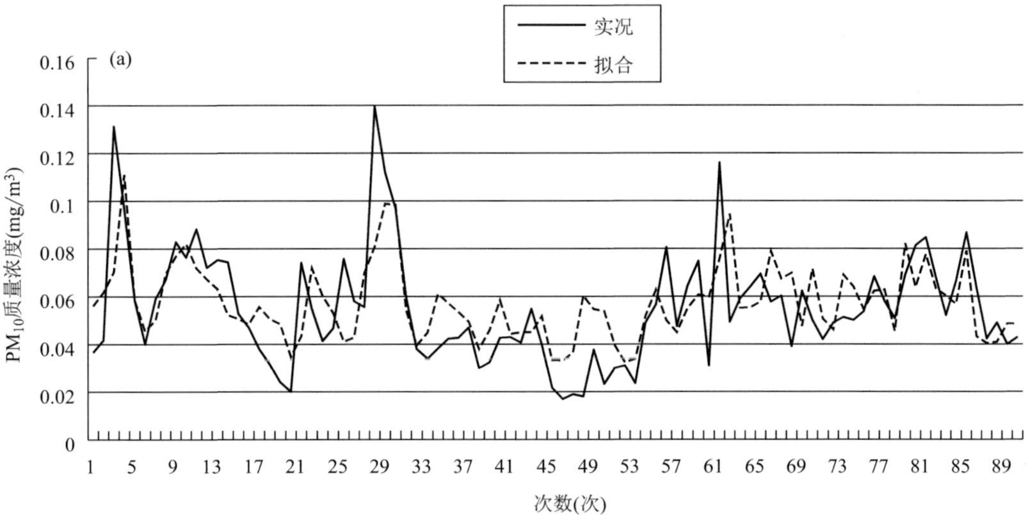
实况
拟合
(a)
PM10质量浓度(mg/m3)
次数(次)

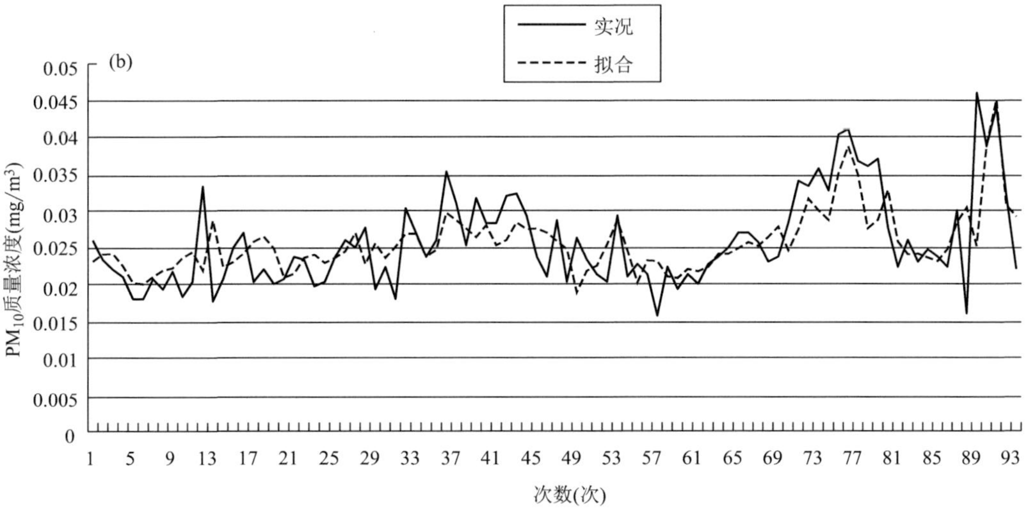
实况
拟合
(b)
PM10质量浓度(mg/m3)
次数(次)

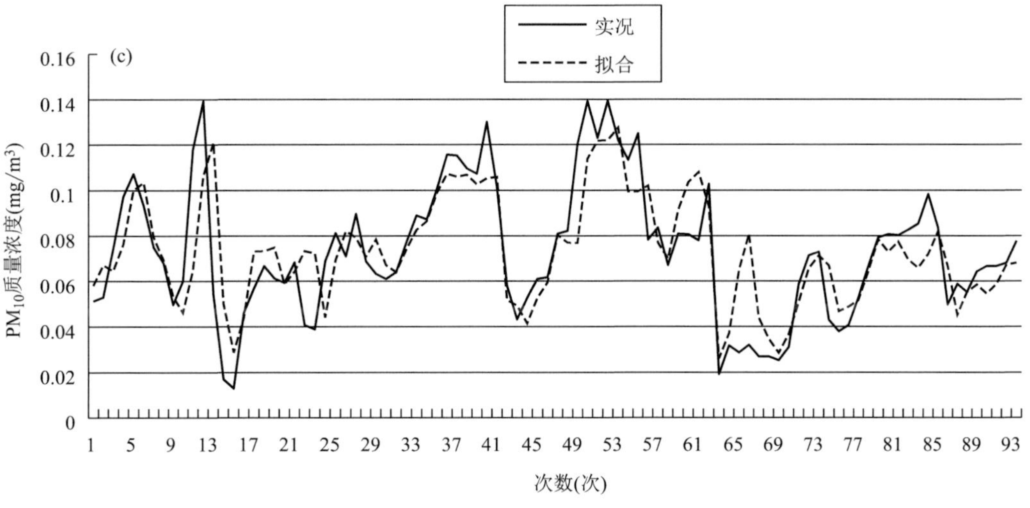
实况
拟合
(c)
PM10质量浓度(mg/m3)
次数(次)

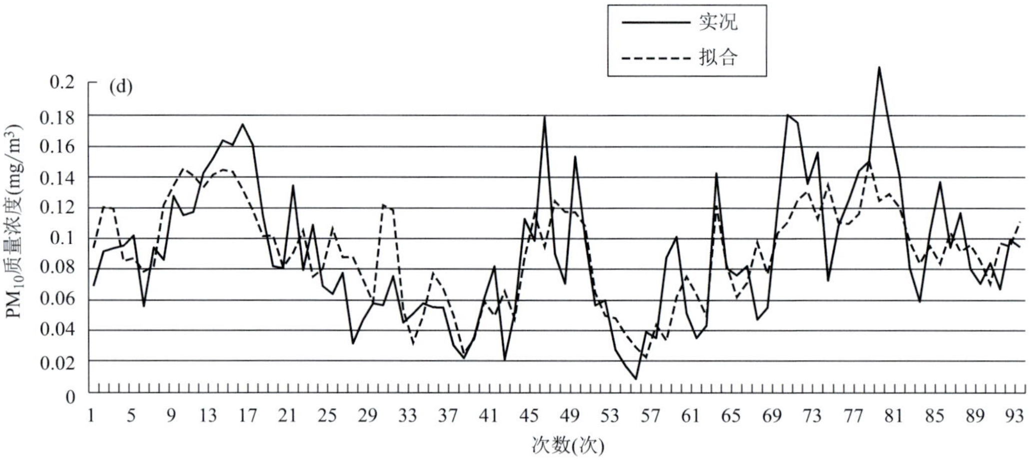

图 6.28　2009—2011 年北海市 PM_{10} 预报模型拟合曲线

（a）春季（4 月）；（b）夏季（7 月）；（c）秋季（10 月）；（d）冬季（1 月）

6.4.3.2　预报检验

为了考察神经网络预报方法对北海空气质量的实际预报能力，本小节对北海独立样本进行预报检验，预报模型所采用的网络结构、各种参数与历史样本预报模型是一致的。图 6.29 分析了 2012 年 1—6 月北海市各污染物质量浓度实测值与神经网络模型预报值的比较情况，可以看出，2 月下旬—3 月中旬当 SO_2 质量浓度变化幅度很大时，预报结果与实测值有较大的误差，4—6 月 SO_2 质量浓度预报值与实测值比较接近，有参考价值。NO_2 的预报结果在 2 月下旬、5 月出现较大误差，其他时段的预报值与实测值较为接近。PM_{10} 的预报效果最好，预报值与实测值变化趋势一致，预报误差小，但当实况出现质量浓度较高值时，预报值往往低于实测值。在实际业务中，北海 PM_{10} 的预报有很好的参考价值。

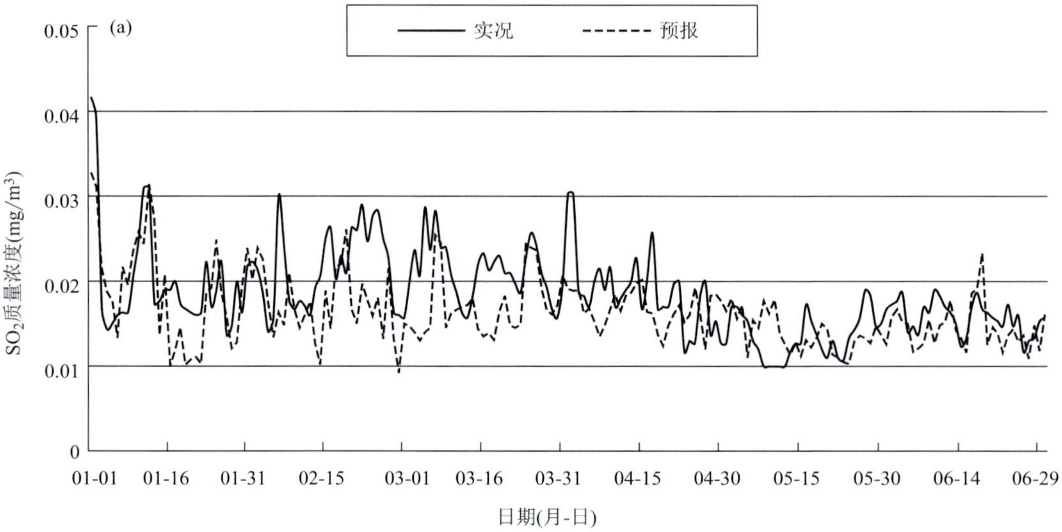

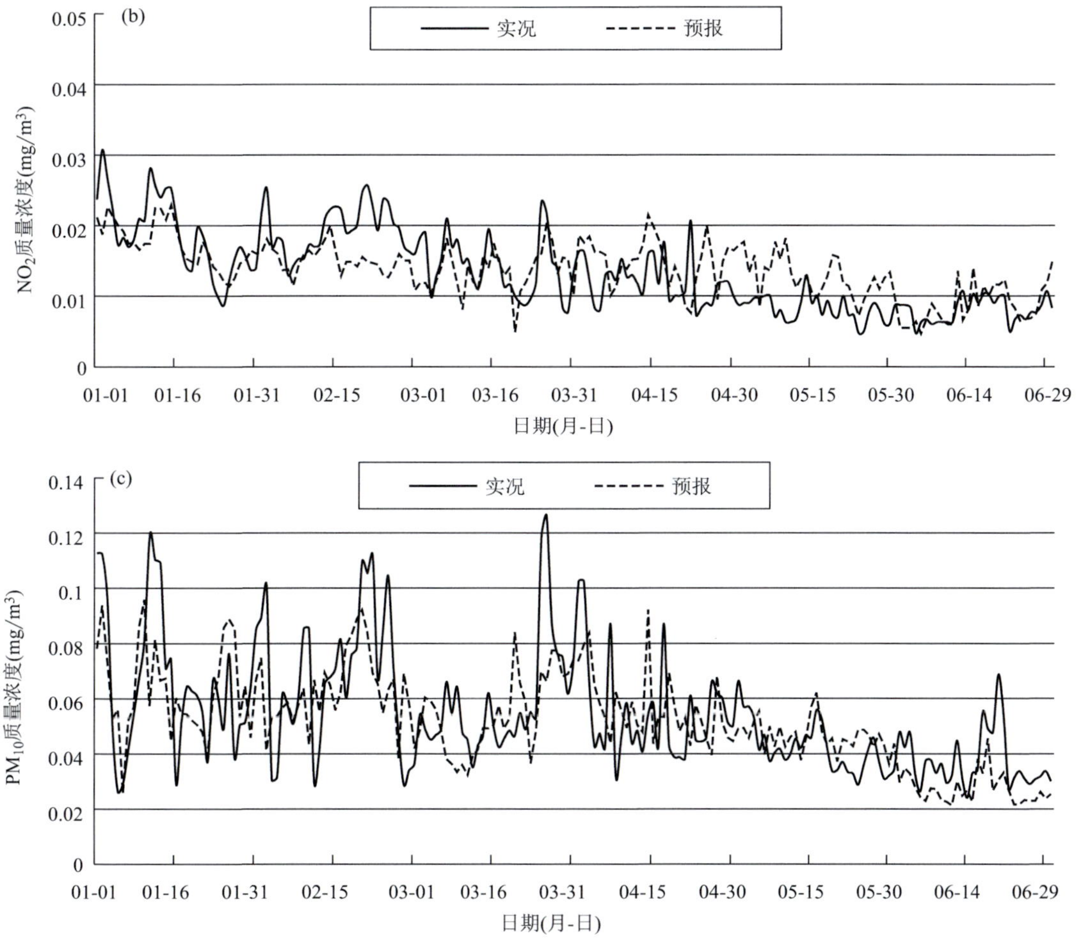

图 6.29　北海市 2012 年 1—6 月神经网络模型预报检验

（a）SO_2；（b）NO_2；（c）PM_{10}

以南宁、北海日平均 SO_2、NO_2 和 PM_{10} 质量浓度作为预报对象，采用神经网络方法进行了非线性空气质量预报方法的研究。首先利用 EOF 方法，对预报量（SO_2、NO_2 和 PM_{10} 质量浓度）前期的气象因素、污染特征和扩散条件等相关预报因子进行展开，达到降低维数和克服预报因子之间多重相关性的效果，而后选取与预报量相关显著、且方差贡献大的主成分作为综合预报因子。这些综合预报因子间互相正交，没有复共线性关系。以此为基础，利用神经网络方法建立南宁、北海非线性空气质量统计预报模型。结果表明，非线性预报模型比一般的逐步回归预报模型预报精度有所提高，尤其是当空气污染较重的天气过程中，神经网络预报方法具有较好的预报能力，具有良好的推广应用前景。

6.5 本章小结

本章分析了广西北部湾经济区大气污染物的时空分布特征，研究了影响污染传输的大气流场特征，建立了大气流场对广西北部湾经济区空气污染传输影响的概念模型，并通过数值模拟研究沿海地区污染源变化对广西北部湾经济区空气质量的影响。主要结论如下。

（1）2003—2012年广西北部湾经济区整体空气质量基本良好，其中南宁市空气质量优良率达到96.6%，北海市空气质量优良率为99.77%。大气污染物质量浓度月、季变化特征十分明显，月均质量浓度谷值出现在6—8月，这段时间正好是广西的主汛期；峰值出现在10月—次年2月，与北部湾经济区秋冬季节大气层结稳定、干旱少雨的气候特点相对应。大气污染物质量浓度值的空间分布表现出内陆高于沿海的特点。

（2）广西北部湾经济区空气污染传输影响的四种天气概念模型，分别为冷高压脊控制型、入海高压后部型、热带气旋外围型和低压槽型。秋冬季空气污染主要以冷高压脊控制型为主，集中在10月—次年1月，造成的空气污染具有持续时间长、范围广的特点；春季入海高压后部型造成的空气污染占较大比例，虽然持续时间短但往往形成的空气污染物质量浓度更高；热带气旋外围型多发生在后汛期7—9月。

（3）通过研究区域内一次高质量浓度污染过程的数值模拟研究发现，气流输送对该地区污染物质量浓度的分布有一定的影响，冷高压脊控制大气层结稳定对PM_{10}、SO_2高质量浓度的形成有利。当广西北部湾经济区受偏北气流影响时，桂林、柳州、南宁一线有明显的输送带，污染物对沿海三市的空气质量会有一定影响。同时污染物的输送与污染物质量浓度和在大气中的存留时间有关，如生命期较长、质量浓度较高的SO_2和PM_{10}，在模拟中发现除了本省的贡献外，还与上风方向外省地区的贡献有关；而NO_2基本上表现为局地污染和日变化特征。

（4）通过数值模式的敏感性试验研究表明，在偏南气流引导下，沿海地区SO_2排放源强增加对广西内陆SO_2空间分布格局有一定的影响，污染物可以向北输送影响广西中部，最北可以输送到柳州和河池；偏北气流引导时，沿海地区SO_2排放源强增加对广西内陆SO_2空间分布格局影响不大，仅局限于局地污染。

（5）通过研究区域内一次清洁过程的数值模拟研究发现，副热带高压西侧强盛的西南气流引导，高空槽东移带来降水使广西北部湾经济区空气清新，污染物质量浓度很低。

（6）北部湾非线性空气质量预报模型比一般的逐步回归预报模型预报精度有所提高，尤其是当大气污染较重的天气过程中，神经网络预报方法具有较好的预报能力。

第7章 广西环境气象业务建设

7.1 广西环境气象监测

环境气象的观测是科研业务工作的基础，广西气象部门全面贯彻落实中国气象局关于生态文明建设的要求，增强观测基础支撑。至2020年，广西气象监测网络由91个国家级地面气象观测站、超过3000个区域气象观测站、24个农业气象观测站、50个自动土壤水分观测站、10个酸雨观测站以及覆盖全广西范围的10部新一代多普勒天气雷达等组成。针对环境气象业务还建设了4个大气成分观测站，分别布设在桂林、柳州、南宁和北海，以监控影响广西污染传输最显著的湘桂走廊通道。在国家级地面气象观测站配备了自动能见度观测，为全面开展雾、霾预报预警和空气污染气象条件提供了观测基础。建成了气象卫星省级地面接收站，利用卫星遥感资料开展生态气象监测评估研究和服务。建设了3部风廓线雷达、1部太阳光度计，进行大气垂直观测，获得大气边界层的动力特征，综合开展污染物扩散、传输的影响研究。目前还在北海建设国家气候观象台，开展高空观测、近地层通量观测、基准辐射观测、地基遥感廓线观测、生态系统监测、大气成分观测，构建海陆空一体化气象观测系统，围绕广西大战向海经济战略，开展台风暴雨、海洋气象、大气环境等研究型业务。

广西生态环境部门在南宁布局了两个大气超级站，分别代表旧城区和新城区功能点位分区。其中，广西环科院大气超级站引进了单颗粒气溶胶质谱仪、空气动力学粒径谱仪、太阳光度计、自动辐射气象仪、激光雷达、挥发性有机物测定仪、自动辐射气象站、云高仪、在线离子色谱、元素测定仪等多台（套）观测仪器；配套实验室拥有ICP-MS电感耦合等离子体质谱仪、GC-MS气质联用仪、高效液相色谱仪、总有机碳分析仪、离子色谱仪、原子吸收光谱仪、原子荧光光度计、流动注射仪、大气与颗粒物组合采样器等仪器设备共计135台（套）。主要开展大气复合污染及其溯源、源解析研究、形成机理研究、控制对策研究等工作。可实现多种大气参数和气象参数在线监测，实现O_3在线监测和遥感反演等测量，基本具备颗粒物源解析能力和光化学烟雾污染研究能力，是广西首个大气超级观测站。另外，广西大气复合观测站由广西生态环境监测中心2016年9月完成建设，观测站配置有超高分辨率质子传递反应-飞行时间质谱（可测量千种挥发性有机物）、气溶胶激光雷达、风廓线激光雷达、气溶胶水溶性离子分析仪、粒径谱仪、黑碳仪、扫描电子显微镜、多轴差分吸收光谱仪、大气稳定度仪、PAN分析仪等23台（套）仪器，针对大气中的污染物开展全面、长期的综合监测，为广西大气污染治理决策提供科学依据。

7.1.1 广西雾、霾、酸雨、负离子常规观测

7.1.1.1 雾与霾的观测

广西 91 个国家级地面常规观测站都进行雾和霾的观测，系统采集能见度、湿度和降水现象数据后，经过特定算法，综合判断雾、霾等天气现象。能见度传感器主要采用华云 DNQ1 型能见度仪。

7.1.1.2 酸雨常规观测

酸雨对人类生产生活会造成很多的不利影响，因此，酸雨数据的监测显得尤为重要。广西气象部门从 1992 年 1 月开始进行酸雨监测，当时选取桂林市、南宁市、百色市、北海市作为代表站。为了进一步掌握广西酸雨的现状，又新增加了柳州市、河池市、梧州市和玉林市、南宁市郊（邕宁）和钦州市等监测点，到目前为止，广西城市酸雨的监测点共有 10 个，都设在各地气象局地面观测站内，构成了一个酸雨监测网络体系。

目前酸雨观测内容为 pH 值与电导率，人工观测与自动观测同步进行。人工观测需要人工采样，收集酸雨样本后，业务人员在实验室进行测量、分析，计算出 pH 值、电导率。酸雨自动观测采用浙江恒达仪器仪表股份有限公司生产的 TCYII 1 型酸雨自动观测系统，系统能自动采集获取降水样品，记录降水过程发生的起止时间和降水样品的温度，并自动完成对降水样品 pH 值、电导率的测定，记录和存储相关数据和信息。

7.1.1.3 负离子常规观测

大气负离子有益于人体健康，被誉为大气中的“维生素”，与环境气象学、生态气象学、旅游气象学等学科密切相关。大气负离子浓度随地理环境、天气状况、季节等变化而变化，在各种环境中大气负离子浓度会有很大差异，开展空气负离子浓度观测对评价空气质量、生态、环境和健康影响等具有十分重要的作用。

大气负离子自动观测仪主要用于测量空气中特定负离子浓度值，特别是对人体有益的迁移率≥0.4 $cm^2/(V\cdot s)$ 的小粒径负离子浓度值，可与自动气象站等配合使用。

广西壮族自治区气象局于 2018 年建成 30 个大气负离子自动观测站点，主要分布在负氧离子含量高的各大旅游景区（具体位置见图 7.1），采用北京依派伟业数码科技有限公司的大气负离子自动观测设备。

7.1.2 广西环境空气质量监测

7.1.2.1 环境空气质量监测概况

广西有 74 个国家环境空气质量监测网络站点，均按照《环境空气质量标准》（GB 3095—2012）开展环境空气质量监测，监测项目为 SO_2、NO_2、PM_{10}、CO、O_3、$PM_{2.5}$ 等 6 项。监测点位全年采用自动监测系统，监测频率为每日 24 h 连续监测。

7.1.2.2 气溶胶观测

气象部门在南宁、桂林两市各建设 1 套大气成分观测站，主要进行 PM_{10}、$PM_{2.5}$、PM_1 质量浓度及气溶胶吸收特性的观测，南宁大气成分站还进行了 AOD、气溶胶化学成分膜采

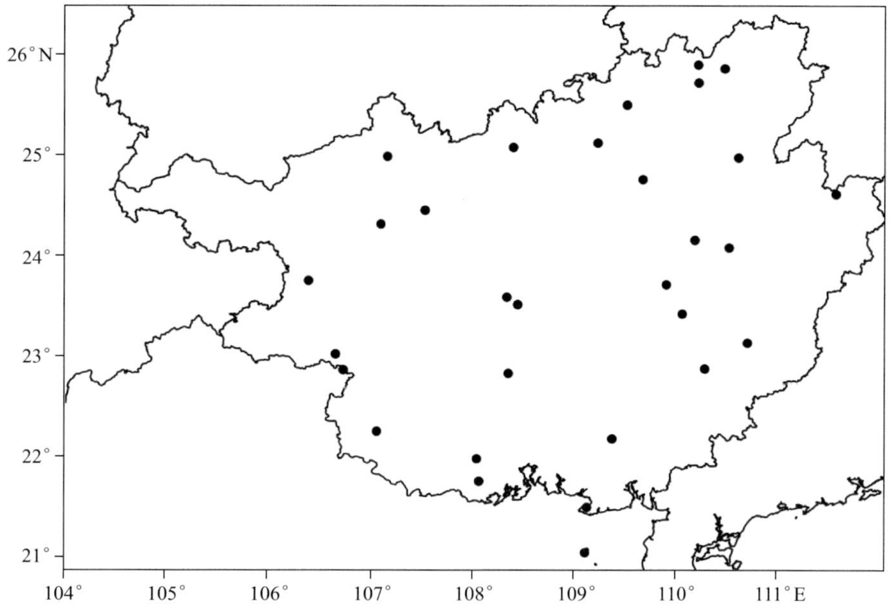

图 7.1 广西负氧离子观测站点分布图

样等项目的观测。在柳州、北海两市各建设 1 套气溶胶观测站，进行 PM_{10}、$PM_{2.5}$ 质量浓度观测。

（1）颗粒物 PM_{10}、$PM_{2.5}$、PM_1 的观测

南宁、桂林大气成分站采用激光散射法测量颗粒物 PM_{10}、$PM_{2.5}$、PM_1 的质量浓度。观测仪器采用德国 GRIMM 180，它具有精确自动控制采样流量，自动压力补偿，同时在线分析等特点。根据散射光在与激光照射方向成一定角度的散射光强只与颗粒物大小敏感的原理，通过测量粒子在这个角度上的散射光脉冲信号的数量和强弱，得到颗粒物的个数和粒径大小，再通过测量的一定时间内的采样空气体积可计算得到 PM_{10}、$PM_{2.5}$和 PM_1 质量浓度。

柳州、北海气溶胶观测站采用贝塔射线法测量颗粒物 PM_{10}、$PM_{2.5}$的质量浓度，观测仪器采用蓝盾 LGH-01E，利用碳 14 作为辐射源，同时以恒定流量抽气，大气中的悬浮颗粒被吸附在 β 源和探测器之间的滤纸表面，抽气前后探测器计数值的改变反映了滤纸上吸附灰尘的质量，由此可以得到单位体积空气中悬浮颗粒的质量浓度。

（2）气溶胶吸收特性

系统基于滤膜测量气溶胶光吸收特性，观测仪器采用 AE-31 型黑碳仪（Aethalometer），其原理是通过实时测量石英滤纸带上收集的粒子对光的吸收造成的衰减，并假定透过滤膜的光衰减是由黑碳（BC）吸收造成的，由此根据连续测量透过滤膜的光衰减的变化计算出黑碳的浓度。

仪器具体测量时，每隔一个时间周期，仪器开/关测量光源一次，并测量有光源照射和无光源照射两种条件下，透过石英滤膜的气溶胶采样区（点）和参照区（点）的光强。根据光强信号，计算每个测量周期的采样区（点）的光学衰减增量，得到该测量周期内收集的黑碳气溶胶质量，再除以这段时间的采样空气体积，即可以计算出采样空气流中的平均黑碳质量浓度。

（3）AOD

观测站使用 CE318 型太阳光度计对 AOD 进行观测，CE318 型太阳光度计是法国 CIMEL 公司制造的一种自动跟踪扫描的太阳光度计。

CE318 型太阳光度计测得的直射太阳辐射数据和天空扫描数据，主要用来计算大气透过率，反演气溶胶光学和其他特性，如粒度谱、相函数等。CE318 型太阳光度计不仅是一种大气气溶胶环境监测仪器，也可在遥感卫星传感器辐射定标时进行大气光学参数的测量。

（4）气溶胶化学成分膜采样

观测站使用 Minivol 便携气溶胶采样器，以完成气溶胶化学成分分析。采样器利用抽气泵不断地抽取空气，使之经过滤膜，滤膜过滤收集大气颗粒物样品，在实验室内进行成分的化学分析。采样过程中需要控制流速，记录采样的总时间、采样时的温度和气压，通过气体方程计算得到流经滤膜的空气的标准体积，进而计算单位标准体积内化学成分的质量浓度。选用不同的切割头，可采集 TSP、PM_{10}、$PM_{2.5}$。

7.1.2.3 反应性气体观测

反应性气体是一类重要的大气成分，它能影响天气与气候、人体健康、生态与环境，因此，监测大气反应性气体质量浓度值及其长期变化趋势十分必要。

南宁市大明山的生态站进行 SO_2、NO_x、CO、O_3、CH_4、N_2O、$PM_{2.5}$ 颗粒物等项目的观测。

（1）SO_2

测量原理基于紫外荧光光电法。锌灯发出紫外光，经滤光片过滤为波长 214 nm 的光并照射到长度为 L 的光学室中，使样气中的 SO_2 分子产生能级跃迁，进入激发态。

激发态的 SO_2 分子不稳定，瞬间回到基态，发出波长 300～400 nm 的荧光。光电倍增管接收波长为 300～400 nm 的荧光，将光信号转换为电信号。光电倍增管检测到的荧光光强正比于空气中 SO_2 的质量浓度。

（2）NO_x

测量原理基于化学发光法。利用存在强氧化性的臭氧分子的情况下，NO 会产生化学发光现象来对气体进行测量。

（3）O_3

测量原理基于紫外吸收法。用稳定的紫外灯光源产生紫外线，用光波过滤器过滤掉其他波长紫外光，只允许波长 253.7 nm 的光通过。经过样品光电传感器，再经过臭氧吸收池后，到达采样光电传感器。通过样品光电传感器和采样光电传感器电信号比较，再经过数学模型的计算，就能得出 O_3 质量浓度大小。

（4）CO

由于许多化合物分子在红外波段都有吸收带，而且因物质分子不同，吸收带所处的波长和吸收的强弱也不相同。根据吸收带分布的情况与吸收的强弱可以识别物质分子的类型，从而得出物质的组成及各组成成分的百分比。一氧化碳在近红外光谱区有一以 4.65 μm 为中心的特征吸收带，选择了这一窄带波段，基于红外吸收原理研制，并配合气体相关轮及滤光片共同使用。

（5）氧化亚氮分析仪

N_2O 在近红外光谱区有一以 4.58 μm 为中心的特征吸收带，选择了这一窄带波段，基于红外吸收原理研制，并配合气体相关轮及滤光片共同使用。

（6）甲烷/非甲烷总烃

根据气相色谱的分离原理，利用样品中组分在色谱柱中的气相和固定相间的分配系数不同，样品被载气带入色谱柱中运行时，不同组分就在固定相和载气两相间进行反复多次的分配（吸附—脱附—释放）。由于固定相对各种组分的吸附能力不同，因此各组分在色谱柱中的运行速度就不同，经过一定的柱长后，便彼此分离，顺序离开色谱柱进入检测器，产生的离子流信号经放大后，在记录器上描绘出各组分的色谱峰。

采用单柱单检测器（氢火焰离子化检测器 FID）系统，十通阀切换系统，能够基线分离甲烷与非甲烷总烃。

（7）$PM_{2.5}$

大明山生态站采用β射线法，通过测定β射线穿过滤膜和颗粒物后的衰减来测定颗粒物的重量。真空泵将样气抽入仪器主机后，颗粒物被收集在可以自动更换的滤膜上。在仪器中滤膜的两侧分别设置了β射线源和β射线检测器。随着样品采集的进行，在滤膜上收集的颗粒物越来越多，颗粒物质量也随之增加，此时β射线检测器检测到的β射线强度会相应地减弱。由于β射线检测器的输出信号能直接反应颗粒物的质量变化，仪器通过分析β射线检测器的颗粒物质量数值，结合相同时段内采集的样品体积，最终得出采样时段的颗粒物质量浓度。

7.2 广西环境气象数值模式

7.2.1　广西空气质量数值模式

广西空气质量数值模式以建设“广西环境气象业务平台”为主要目标，实现城市 6 项污染物（$PM_{2.5}$、PM_{10}、CO、O_3、SO_2、NO_2）24～72 h 质量浓度值和 AQI 预报业务与发布工作，实现城市重污染过程的精细化预报，实现天气形势到空气污染过程综合分析与展示，为开展大气重污染应急处置及保障公众健康提供长期基础数据和科技支撑。

在数据服务器搭建区域中尺度模式（广州 GRAPES 模式），实现对区域内气象要素预报、雾预报、霾预报、边界层高度、大气污染扩散条件潜势预报等重要业务数据模拟。

在数据服务器搭建 CMAQ 空气质量预报模型，接入中尺度模式输出的相关气象参数，实现对区域内空气质量 AQI 及 6 项污染物实现未来 120 h 污染质量浓度预报，以及大气污染减排效果评估。人为设定排放源（包括固定工业源、移动汽车源等）削减的量，在排放源削减的基础上预报预测雾、霾、AQI 及各要素等，实现对减排效果的预评估。

7.2.2　广西大气污染应急扩散数值模式

广西大气污染应急扩散数值模式以区域中尺度模式（广州 GRAPES 模式）为背景气象

场，基于 HYSPLIT-4 污染扩散模式，针对突发污染事件，模拟三维流场随时间和空间发生变化时污染物在大气环境中的输送、转化和清除过程，对污染扩散的路径和浓度以及地面沉降进行计算，得出污染扩散的结果。

开发了后端基于 GIS 的产品制作平台，对污染扩散模式产品进行地理信息叠加的处理。使用 B/S 构架，基于 GIS 的地图，将扩散模型的结果进行可视化，生成前向轨迹、后向轨迹，形成直观效果图，供服务产品调用。

HYSPLIT-4 模型是由美国国家海洋和大气管理局（NOAA）的空气资源实验室和澳大利亚气象局在过去 20 a 间联合研发的一种用于计算和分析大气污染物输送、扩散轨迹的专业模型。该模型具有处理多种气象要素输入场、多种物理过程和不同类型污染物排放源功能的较为完整的输送、扩散和沉降模式，已经被广泛地应用于多种污染物在各个地区的传输和扩散的研究中。

HYSPLIT 模式的运行需要特定格式（ARL）的气象数据。一个气象数据文件包含一个或多个时次的数据，每个时次的数据开始部分包含一个或多个 ASCII index records，包含了时间、格点设置、变量和层的信息。后面跟了一系列数据记录，每个数据记录有一个 50 个字节的头记录，包含了时间、变量、层等信息，后面跟的是 $X \times Y$ 字节的数据（X、Y 是水平和垂直方向的格点数）。所有数据被压缩为一个字节，压缩是根据相邻格点数据的差别，在一个时次里地面变量的数据在前，分层变量的数据在后。所有数据记录的长度是一致的。数据文件可以通过简单的 cat 或 type 命令进行合并。

7.3 广西环境气象业务发展研究

2000 年，广西壮族自治区气象局（简称广西气象局）在《气象法》明确提出气象部门发布城市环境气象预报的职责后，积极筹备，以中国气象局印发的《关于加快环境气象服务业务发展的意见》文件为指导，在自治区气象台成立环境气象预报中心，确立了广西环境气象的发展目标与服务领域。随着中国经济的高速发展，全国各地的大气污染逐渐增多。广西在大力推进环北部湾经济区开发、承接能源产业结构转移的发展过程中，资源、能源消耗和排污大幅度的增长，生态环境面临巨大压力。夏季以 O_3 为特征的光化学烟雾、冬季以 $PM_{2.5}$ 为特征的霾天气成为了影响广西最重要的环境气象灾害。社会公众均能明显感受到能见度的急剧恶化与重污染天气的频发。自治区政府对污染加剧的形势高度重视，印发了《广西壮族自治区大气污染联防联控改善区域空气质量实施方案》《广西壮族自治区大气污染防治目标责任书》等文件，对环境气象事业发展提出了新的要求。广西气象局积极响应经济发展新常态化下政府的期待，调整业务结构，集中技术力量形成研究团队，以开放合作的行动结成部门联动机制，不断完善环境气象业务体系。

7.3.1 主要发展历程

2000 年，广西气象局制订了《广西气象局拓展气象业务服务工作领域实施方案》，明确了环境气象的发展方向。广西气象台成立了环境气象预报中心，在中国气象局和广西气象局的有关规定指导下，建立了一个集资料收集、产品制作、包装服务、质量评估于一体的环境气象预报服务综合工作系统。通过电视、广播、报纸、互联网等媒体，向社会公众提供“气象与环境”“气象与生活”这类跟人们日常生活密切相关的环境预报服务。

2007 年，环境气象业务加入气候分析，开展了酸雨的监测评估、霾的历史统计分析等工作，编制了《广西霾天气预报》地方标准，开始发布广西城市的霾预报。

2009 年，环境气象业务以科技服务为导向，开始了与外部门的正式合作。在大气环境方向上，明确在大气污染影响变化、预报技术等方面与生态环境部门开展长期科研合作项目，形成不定期举办学术研讨会、进行技术交流培训等合作机制。在地质灾害气象方向上，与自然资源部门签订合作协议，每年汛期联合发布地质灾害气象风险预警。部门之间实现了政府专线互通，及时通过手机短信、电话、农村大喇叭等方式进行预警发布。部门之间共同开展灾害巡查、效果评估、科普宣传等多种合作。

2014 年，根据中国气象局《环境气象业务发展指导意见》，广西气象局重新整合环境气象业务资源，规范了环境气象业务布局，加强对市县环境气象业务的指导，建立集约化的环境气象业务体系。广西生态环境厅与气象局正式签署《开展重污染天气监测预警预报合作协议》，双方单位启动业务合作，对广西易引发污染的天气形势进行监测，并综合应用气象观测资料、卫星遥感产品、数值预报产品制作重污染天气过程专报、决策服务产品，形成重污染天气联合会商机制，共同应对秋冬季大气污染综合治理攻坚行动、蓝天保卫战，全面做好重污染天气的监测预警工作。

2018 年，广西壮族自治区生态环境厅和气象局决定进一步加强合作，双方签订了《广西壮族自治区生态环境厅 广西壮族自治区气象局总体合作框架协议》，深化扩大合作内容。在科学研究、生态环境监测、大气污染防治、应对气候变化、水污染治理、海洋生态环境保护、生态保护红线划定与管理、核与辐射安全等多方面开展全方位合作。部门之间加强了污染天气预报预警、空气质量监测预报；联合开展污染气体和遥感监测技术攻关；推进多源卫星数据融合，完善观测站网；建立健全的会商机制和污染事故应急联动响应机制，联名发布大气污染预报预警信息。广西环境保护科学研究院与广西气象台等多个单位联合组建“广西大气污染来源解析及预报预警工程技术研究中心”，针对城市大气复合污染问题，研发大数据与源清单处理应用，解析污染来源和成因。广西气象局积极参与政府主导的广西区域空间生态环境评价“三线一单”大气环境质量底线编制工作，确定大气环境优先保护区、重点管控区和一般管控区，测算广西各市大气环境容量。广西环境气象业务从此迈入多元化发展的时代。

7.3.2 广西环境气象业务体系

为了加强环境气象业务的组织管理，规范大气污染防治气象服务，增强生态文明建设气象保障服务能力，广西气象局根据中国气象局《全国空气质量预报业务实施方案》《广西壮族自治区人民政府办公厅关于印发广西壮族自治区污染天气应急预案的通知》的要求，结合自身实际，制定了《广西大气污染防治气象服务业务规范》。在广西辖区内开展霾、空气污染气象条件、空气质量指数、重污染天气、突发环境气象应急、大气污染评估检验、生活指数、紫外线、森林火险等各种环境气象预报业务。建立了以国家技术为指导、区域技术支持、省级订正预报及解释应用、市县级开展服务的环境气象业务流程。建立了广西区内环境气象预报会商机制，使环境气象业务逐步规范化和流程化。

7.3.2.1 环境气象预报业务

（1）预报产品

空气污染气象条件预报产品：为未来 7 d 的县级以上空气污染气象条件等级城市预报。产品分六个预报等级，分别为：一级，表示大气扩散条件好；二级，表示大气扩散条件较好；三级，表示大气扩散条件一般；四级，表示大气扩散条件较差；五级，表示大气扩散条件差；六级，表示大气扩散条件极差。

空气质量预报产品：为 72 h 内逐 3 h、96～168 h 内逐 24 h 的县级以上污染物质量浓度（PM_{10}、$PM_{2.5}$、SO_2、NO_2、CO、O_3 等）、空气质量指数（AQI）以及首要污染物等预报产品。

霾预报产品：为 72 h 内逐 3 h、96～168 h 内逐 24 h 的霾等级预报，空间精度要求为 5 km。霾预报分五个等级，分别为：无霾、轻微、轻度、中度、重度。

大气污染潜势预测产品：为月延伸期大气扩散气象条件趋势和大气易污染时段预测。每年 10 月—次年 3 月每月提供。

污染天气预警：不定期发布。污染天气预警产品分两类三等级，即市级预警和区域应急联动预警，黄色、橙色、红色三个等级。

环境气象日报：每日提供，主要内容为空气污染气象条件预报和空气质量预报，并加以分析、说明等。

环境气象周报：每日提供，主要内容为全区各地市未来 7 d 的 AQI 预报。

环境气象月报：为政府或相关部门提供参考的每月服务材料，主要内容包括综述、大气污染气象条件概况、空气质量影响评估、重污染过程分析。

大气污染气象效益评估：不考虑排放源的变化，针对气象要素通过扩散、传输、沉降和化学转化等方式对大气污染物造成的影响评估。

（2）预警预报

自治区级：自治区气象台负责制作广西空气污染气象条件等级预报、空气质量预报、霾预报以及环境日报等；每天按时向中国气象局上传经过订正的空气质量预报产品；每月制作环境气象月报产品。自治区气候中心负责制作大气污染潜势预测产品，协助自治区气象台制作环境气象月报产品。自治区气象信息中心按要求做好国家级、区域级的指导产品及区内产品的传输保障工作，并存储到指定目录供各业务制作单位调阅。

区域应急联动预警的发布、调整和解除由自治区气象台与自治区环境监测中心站联合会商确定。

地市级：各市气象局负责对自治区气象台空气污染气象条件等级预报和空气质量指导预报产品进行订正，制作本级的空气污染气象条件产品。

市级预警的发布、调整和解除由各市气象局与当地生态环境部门会商确定。

（3）气象服务

决策服务：自治区气象台和各市、县气象局根据服务需要制作、发布面向政府及相关部门的大气污染防治气象服务材料。主要内容包括空气污染气象条件对大气污染发生发展的预判、气象条件对大气污染防治效果影响评估及建议，以及地方政府及相关部门要求增加的内容等。

公众服务：自治区气象服务中心每日通过电视气象节目播放广西空气质量预报，并根据业务需要，在微博、微信、天气网广西站等渠道不定期开展大气污染防治气象科普宣传等。各市气象局要主动通过电视天气预报、微博、微信等渠道开展大气污染防治公众气象服务和科普宣传等。各县（区）气象局根据上级业务指导产品，按地方政府及相关部门要求开展大气污染防治公众气象服务和科普宣传等。

应急保障服务：当预报发生或者已经发生重污染天气、大气环境突发事件时，各市、县气象局应根据当地污染天气应急预案和市、县政府应急响应要求开展应急气象保障服务工作。达到《广西壮族自治区重污染天气应急预案》中自治区级突发环境事件适用标准的，启动自治区突发环境事件气象应急保障服务工作。

（4）检验评估

大气污染防治气象服务业务产品的检验评估主要包括空气质量预报产品的质量检验以及对大气污染防治气象服务的效益评估等。

检验：产品检验由自治区气象台负责。检验评估主要针对空气质量预报包含的污染物质量浓度、AQI 等级、AQI 指数和首要污染物，检验指标包括首要污染物正确性、AQI 级别正确性、AQI 数值误差、TS 评分等。

评估：产品评估由自治区气象台、各市气象局分别负责。包括大气污染防治气象服务年度效益评估，以及每次重污染天气过程、大气环境突发事件的过程效益评估。

7.3.2.2 环境气象会商

大气污染防治气象服务业务会商（表 7.1）主要由区、市两级气象部门参与，必要的时候增加县级气象部门参与会商。会商阐述依据和结论要简明扼要，重点突出。自治区气象台要综合运用多种预报技术方法和上级指导预报，概述过去空气质量实况，分析静稳天气形势，污染扩散趋势，突出分析大气污染影响时段、关键气象条件（降雨时段、风向风速、相对湿度、温度等），对污染天气发生的时间、落区、污染物质量浓度给出尽可能精细的预报结论。自治区气候中心要充分利用国家气候中心污染扩散月预测指导产品，给出未来一个月内静稳天气发生概率预测、降雨过程及污染过程预测。各市气象台如无补充和异议，重复理由则不必赘述，应以介绍本地实况、服务情况及本地预报意见为主。

（1）会商分类

业务会商包括周会商、月会商、专题会商。

周会商：每年 9 月—次年 4 月期间，周一、周五 09:30 的全区早间天气会商增加大气污染防治周会商内容。周一主要对上周大气污染预报服务效果进行点评，周五主要讨论全区未来 7 d 大气污染扩散条件及污染物质量浓度预报，确定近期服务关注重点等。

月会商：每年 9 月—次年 4 月期间，与每月第一周周一或周五会商联合举行，对上月大气污染扩散条件及预测结果进行点评，讨论当月预测意见。

专题会商：指为应对重污染天气、大气环境突发事件或根据服务需求临时组织的不定期会商，一般与 09:30 的全区早间天气会商联合举行，会商日期视服务需求确定。当专题会商恰逢周会商时，可在周会商中增加专题会商内容，不另行举行专题会商。

（2）会商要求

会商组织：自治区气象台负责组织全区视频会商，提前确定会商主持人、主题、发言单位、发言顺序等；针对临时举行的专题会商，应提前联系自治区气象信息中心确定会商时间，并尽可能提前通过办公邮箱通知相关单位、人员。

会商人员：常规会商参加人员包括自治区气象台值班首席及环境气象预报中心业务人员；自治区气候中心月预测主班；各市气象台业务人员。专题会商除上述人员外，视服务需求增加自治区气象局领导、相关职能处室领导或邀请自治区环境监测中心站专家。

会商发言：各单位发言应重点突出、思路清晰、语言简洁、避免重复。其中，自治区气象局业务单位发言时间为 5 min 左右，各市气象局发言时间为 3 min 左右。

会商保障：自治区气象信息中心负责视频会商系统的调试及维护，各市气象局负责本单位视频会商系统的调试及维护。

表 7.1　大气污染气象服务会商种类

会商种类	时间	参加人员	负责单位
常规会商	每年 9 月—次年 4 月期间，每周一、周五 09:30	① 广西区气象台值班首席，环境气象预报中心主班、副班、见习（跟班、地市交流）； ② 各市气象台业务人员	广西区气象台
专题会商	全年不定期，与 09:30 的全区早间天气会商联合举行	① 广西区气象台值班首席，环境气象预报中心主班、副班、见习（跟班、地市交流）； ② 广西区气候中心值班人员； ③ 广西区气象科学研究所值班人员； ④ 广西各市气象台业务人员； ⑤ 广西区相关职能处室人员； ⑥ 视情况可邀请自治区生态环境厅参与会商	广西区气象台
月会商	每年 9 月—次年 3 月，每月最后一个工作日 09:30	① 广西区气候中心值班首席、相关业务人员； ② 广西区气象台环境气象预报中心主班、副班、见习（跟班、地市交流）； ③ 广西区气象科学研究所值班人员； ④ 广西各市气象台业务人员。	广西区气候中心
临时会商	全年不定期	① 广西区气象台值班首席，环境气象预报中心主班、副班、见习（跟班、地市交流）； ② 广西各市气象台业务人员	广西区气象台

7.4 广西环境气象业务平台

在广西气象局重新整合环境气象业务资源、规范环境气象业务布局、建立集约化的环境气象业务体系、组建专业气象队伍之后，为了最大限度地发挥大气污染环境气象预报预警的防灾减灾作用，建立了基于网络的广西环境气象业务平台，形成对广西精细化格点预报业务的有效延伸，为做好相应的专业气象服务奠定基础。该平台的建设是广西气象业务现代化建设的重点任务之一，是专业预报分析支撑系统建设的重要组成部分。建设原则是基于网络建立集约化的区市县一体化上下联动制作预报、服务产品的系统，对环境气象业务，特别是对霾的监测预报预警、空气污染气象条件、紫外线监测、突发应急环境气象保障等业务形成相应的技术支持。

7.4.1 总体构架

根据系统的应用需求，按照系统软件工程的思想和方法，将整个系统采用结构化、模块化，按照分层构架方式进行设计系统总体架构，并遵循 SOA 架构标准，其总体架构如图 7.2 所示。

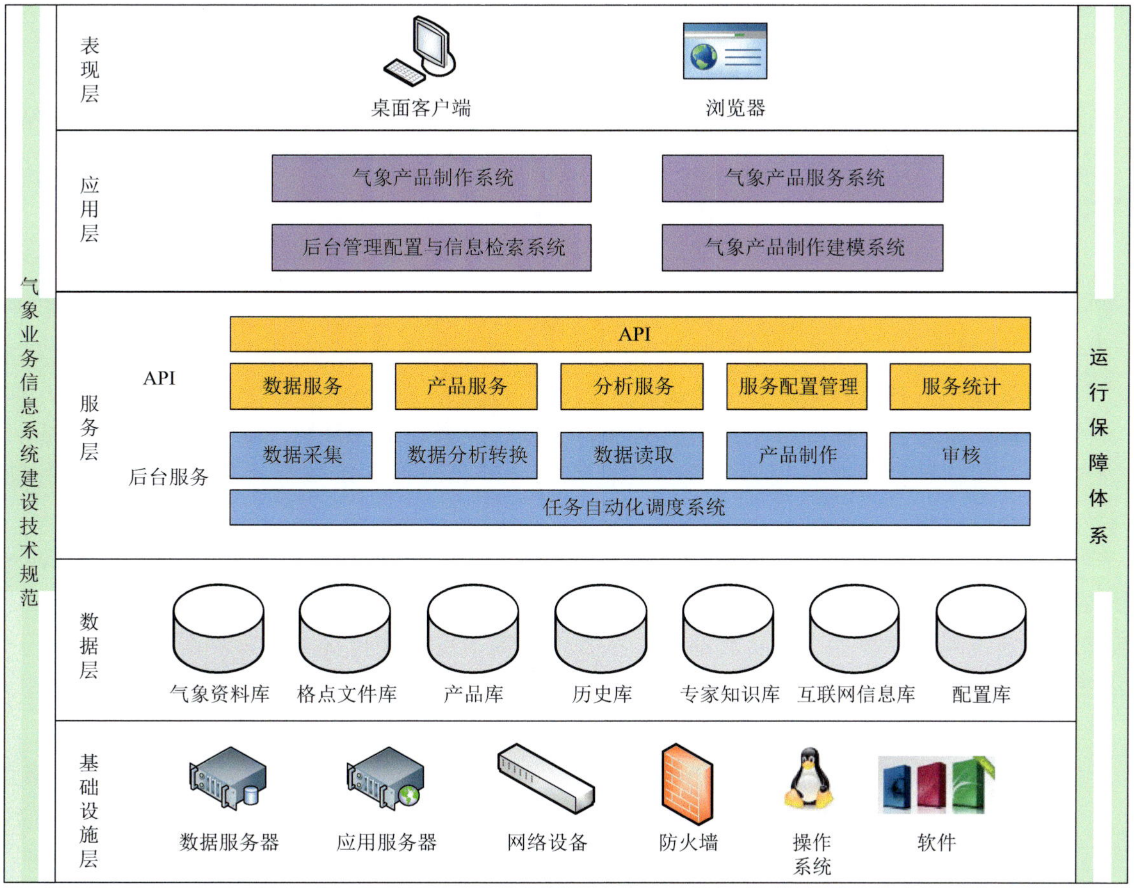

图 7.2　系统总体架构

7.4.1.1　基础设施层

基础设施层是系统高效、稳定、安全运行的重要保障。根据系统运行的实际需求，系统基础设施包括硬件设施、软件设施和网络设施。本系统将部署在广西气象台。系统将依托原有的软硬件和网络环境进行部署。

硬件设施包括：数据库服务器、应用服务器等。

数据服务器包括文件服务器、数据库服务器与数据备份服务器，文件服务器存放格点文件数据与产品文件数据，数据库服务器部署数据库管理系统与数据库数据（站点资料），应用服务器部署 Web 服务。

数据库服务器与 Web 应用服务器操作系统均采用 Windows Server 2012，为气象资料与产品提供安全稳定的运行环境。

数据库管理系统，提供海量数据存储、访问功能，采用广西气象台现有的 MySQL 数据库。

网络设备包括防火墙、路由器、交换机等。网络设施是在部署系统局域网以及为增强系统安全所必需的基础设施。

软件包括广西气象台提供的正版或开源的开发平台软件、GIS 软件和支撑系统运行的软件。

7.4.1.2 数据层

数据层包括数据存储层和数据管理层。

数据存储层主要存储系统所需要的各类数据，包括气象资料数据、格点文件数据、产品数据、历史产品数据、专家知识信息、互联网信息、GIS 数据、用户与业务配置数据等，按照数据存储形式分为关系数据库和文件存储形式。

数据管理层是基于数据存储层建立的数据库管理系统，能够保证所有相关监测数据自动入库保存，历史和实时数据方便查询，解决各种数据源的常规质量控制和规范化集成问题。

7.4.1.3 服务层

服务层包括后台运行服务和服务接口。

后台运行服务基于任务自动化调度平台，通过建模方式搭建环境气象产品制作平台基础运行服务，包括数据采集、数据转换、数据读取、产品制作、审核等过程，为平台提供数据、产品制作过程。

服务接口是本平台基于 SOA 架构的具体体现。本平台将全面采用标准的 Web Service 接口的形式，为环境气象产品制作平台提供综合数据与产品服务接口，以便获取或存储各项数据，包括观测气象数据、产品数据与支撑管理数据，以及获得所需的各种高级后台数据分析功能。

服务层分为平台外部服务与平台内部服务。

平台外部服务包括：CIMISS 服务接口，通过该服务接口获取本平台所需的气象资料数据。

平台内部服务为本平台开发的服务接口，又包含外部接口与内部接口，外部接口提供本平台外进行调用的公共服务，内部接口仅为本平台内部提供，内部服务包含气象资料服务、气象分析服务、自动化产品制作发布服务、产品审核服务与用户信息服务。

7.4.1.4 应用层

应用层包括四个子系统：环境气象产品制作系统、环境气象服务系统、后台配置与信息检索系统和环境气象产品建模系统。

系统用户通过应用层与系统进行交互，进行管理、建模、查询、统计、监测气象数据，审核订正与管理产品等操作。

7.4.1.5 表现层

表现层是系统提供用户使用的交互方式，包括 Web 页面、桌面系统等方式。

7.4.1.6 气象业务信息系统建设技术规范

在系统开发和运行的过程中，要制定统一的开发平台和技术规范，保障环境气象产品制作平台未来可持续发展的需求。在系统建设的过程中，拟建立的规范包括服务产品格式规范、格点数据交换格式规范、气象综合数据库规范、扩展开发接口规范、气象数据访问接口规范和运行管理规范等。

7.4.1.7 运行保障体系

根据本项目的需要，建立气象台各级部门的协作、沟通机制，更好地保证系统的长期高效运行。

7.4.2 平台功能设计

平台总体设计三大功能体系，五个系统，如图7.3所示。任务自动化调度系统、产品制作建模系统、后台管理配置与信息检索系统负责整个平台系统的数据采集、转换、分析、产品制作、参数管理、运维和信息检索维护等工作，为自动化运行模式，由管理员进行监控管理；产品制作系统负责提供预报员对产品进行订正、审核工作；产品服务网站负责提供产品通过API方式共享发布，能够提供产品发布平台进行对接，并提供格点数据、制作的产品通过网站形式进行查询浏览。

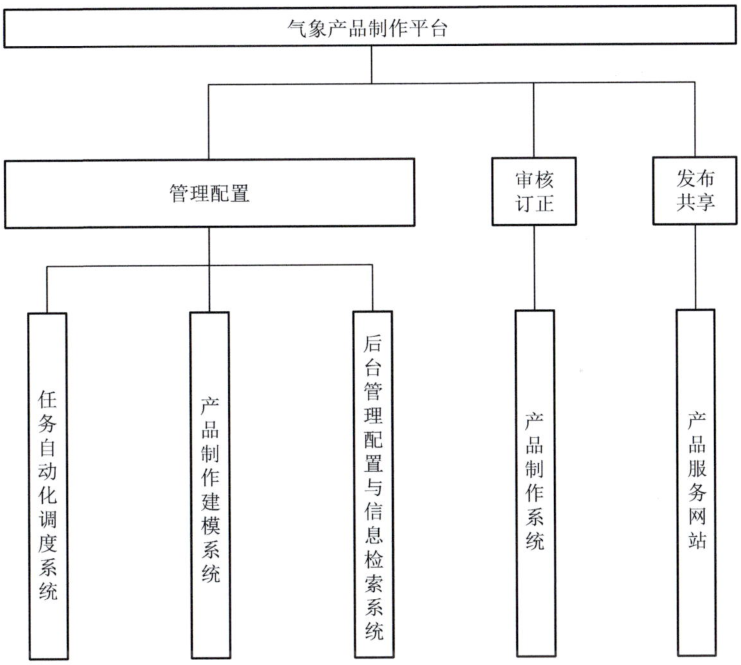

图7.3 总体功能结构

7.4.2.1 业务流程设计

环境气象产品制作平台业务流程共分为四个过程。

数据采集与转换过程：完成产品制作的基础数据采集、转换与获取工作。数据源分为站点资料与格点资料，数据来源为 CIMISS 接口、报文文件及其他来源，数据采集将数据采集至本平台建设的数据库与文件管理中。数据转换解决站点数据转换为格点数据格式，本平台制作的产品主要以格点数据为基础。数据获取提供统一数据获取配置与接口，为产品制作获取源数据。

产品制作过程：以产品释用方法（格点转文字、格点转图形）为基础，创建生成各类业务与服务产品模型，制作产品。

产品审核过程：产品制作完成后进入审核流程，根据业务需求定制各产品的审核流程，完成产品审核。

产品发布接口过程：通过审核的产品存储到待发布目录中，利用发布接口完成产品待发布过程，提供产品发布系统对接，完成产品的发布。

7.4.2.2 平台接口设计

本系统的接口关系如图 7.4 所示，分为外部接口和内部接口两个部分。

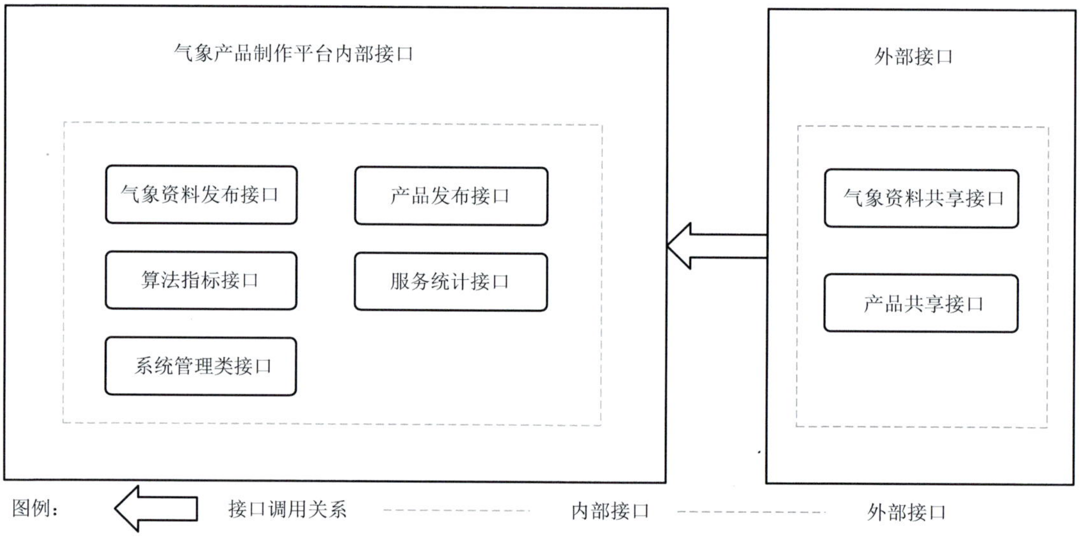

图 7.4 系统接口设计

外部接口主要是环境气象产品制作平台气象资料与产品供其他外单位和外部系统调用，特别是产品共享接口要提供发布系统调用，完成产品的发布，主要包括：气象资料共享接口、产品共享接口。

内部接口是指环境气象产品制作平台内部的接口关系，主要包括：气象资料发布接口、产品发布接口、算法指标接口、服务统计接口、系统管理类接口。

7.4.2.3 平台开发构架功能

为了做到自治区级、地市级联合开展业务，系统开发分为四层：数据层、管理层、服务层与应用层（图 7.5）。

数据层：负责数据存储，包括数据库存储与文件存储两种方式，为保持与当前广西壮族自治区气象台技术架构和数据管理一致性，数据库采用 MySQL，版本为 5.7；为文件数据安全性着想，统一存储在 Linux 系统共享目录中，通过盘符共享方式提供外部系统或程序调用。

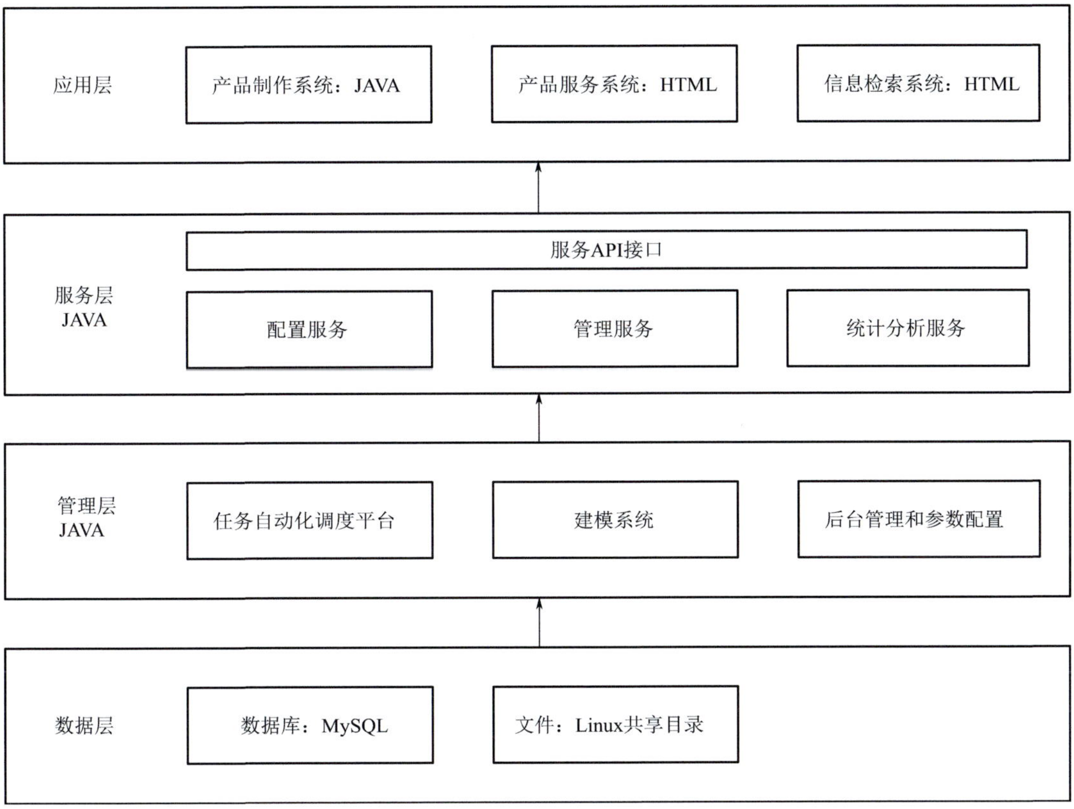

图 7.5　平台开发构架功能

管理层：负责数据采集、分析与产品制作过程，以及系统管理与参数配置，采用 JAVA 平台，主要提供管理员管理使用。

服务层：采用 JAVA 平台对数据、分析、产品提供 API 服务，并提供服务的注册配置、编辑等管理功能与服务的基础统计分析功能。

应用层：产品制作系统提供预报员使用，为便于对接市局现有系统与文档产品编辑，采用 JAVA 平台，产品服务系统与信息检索系统采用 HTML＋javascript＋CSS3.0 技术构建 Web 前端，用户可通过浏览器登录直接访问。

7.4.3　平台功能简介

7.4.3.1　数据查询

平台提供广西全区的风、温、湿、压、降水、AQI、$PM_{2.5}$、PM_{10}、O_3、SO_2、NO_2、CO 实况数据的查询与展示，展示方式有风场、站点数据、等值面、表格、饼图等方式（图 7.6），预报员可以根据需要选择展示的方式，并且有全区地区实况 AQI 的城市排名与污染天数的指标查询功能。对于广西各个地市的空气质量（AQI、$PM_{2.5}$、PM_{10}、O_3、SO_2、NO_2、CO）的历史数据的查询与展示还有曲线图、日历与表格三种方式（图 7.7—图 7.8）。

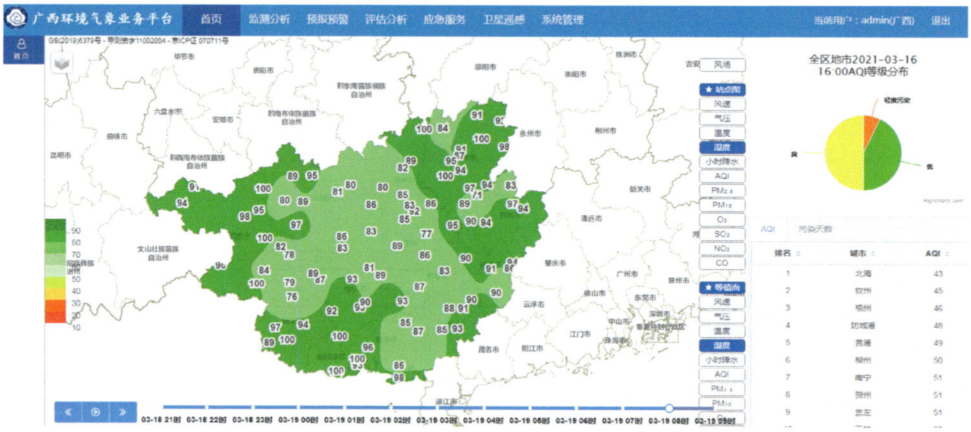

图 7.6　区域实况数据查询

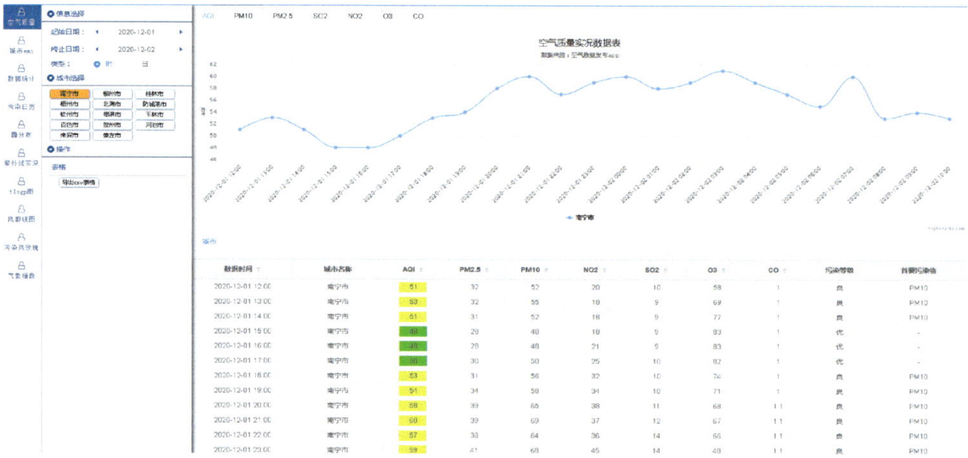

图 7.7　空气质量数据查询曲线及表格

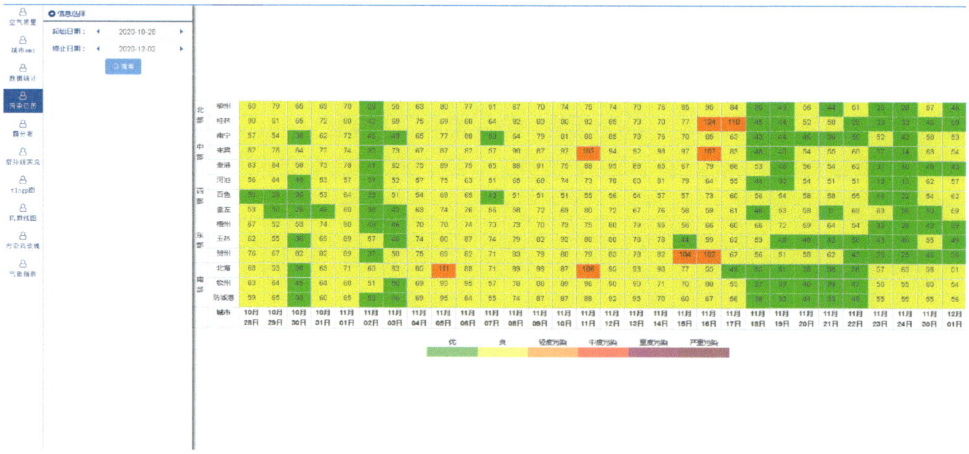

图 7.8　空气质量实况日历

平台还提供预报员查询各种高空垂直观测数据以及多种数据叠加组合的特殊图形。例如不同时间段内的指定站点的风廓线，可看到不同时刻的风速与海拔高度的关系曲线图（图 7.9）；还有将污染要素与风观测数据叠加形成的玫瑰图等（图 7.10）。

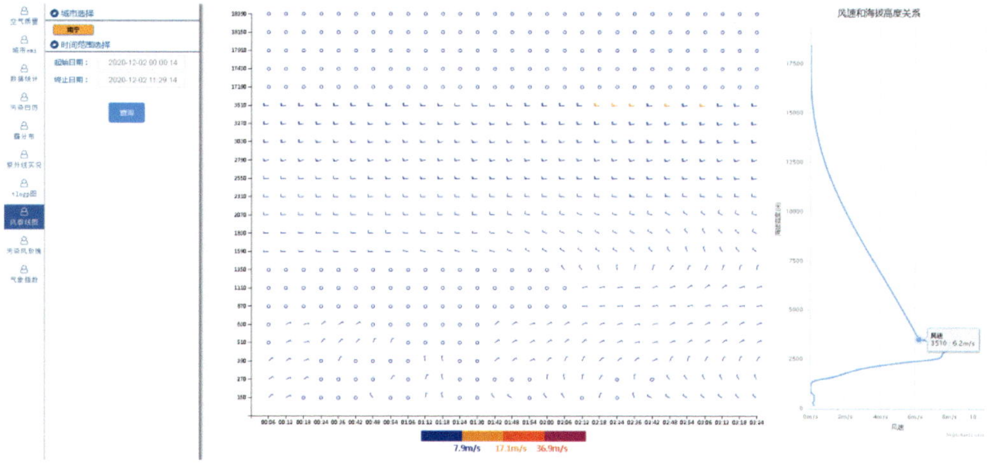

图 7.9　风廓线数据

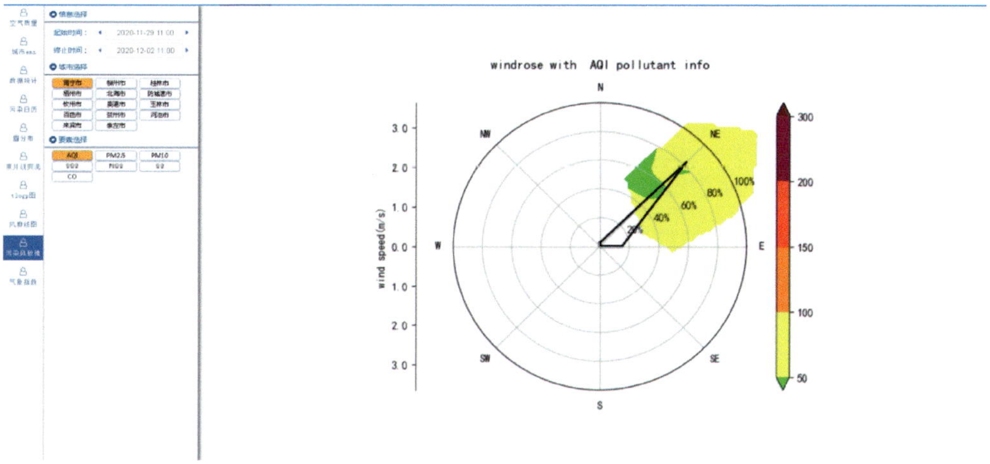

图 7.10　污染物风玫瑰图

7.4.3.2　预报制作

平台提供制作广西空气质量、污染气象条件、霾、森林火险、地质灾害风险气象等级、生活指数的格点预报制作功能（图 7.11）。预报员可以根据中国气象局下发的指导产品、华南区域气象中心提供的区域数值模式产品作为初始场进行预报制作。完成预报结果后，系统会根据不同要素，对应时效一键式生成气象报文与图片数据，并将它们发送到指定的发布地址。同时，通过预报流程的监控，还有各种定时提醒、定时发布功能。

7.4.3.3　服务产品制作

平台通过在服务器上搭建的 Office Online 服务，能根据自定义模版，自动采集所需实况数据、预报数据生成文档表格，方便制作各种服务、评估材料，同时支持预报员在线编辑报文，自定义文档所使用的图片的色标（图 7.12）。

7.4.3.4　污染扩散模拟

为支持预报员对污染物来源及突发污染扩散事件进行分析，平台通过同化数值预报初始场，驱动 HYSPLIT 模型能对污染气团的扩散路径进行模拟。能实现在地图上任意经纬度点

图 7.11　预报制作界面

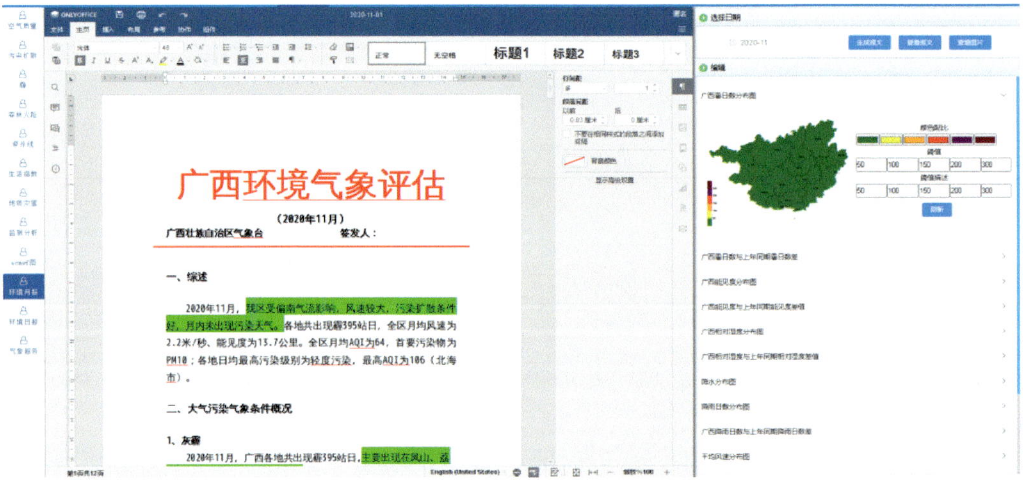

图 7.12　服务产品制作界面

进行污染气团前向轨迹、后向轨迹的输出，并可以设定污染排放点位，计算持续的时间内污染物向四周的扩散情况（图 7.13）。

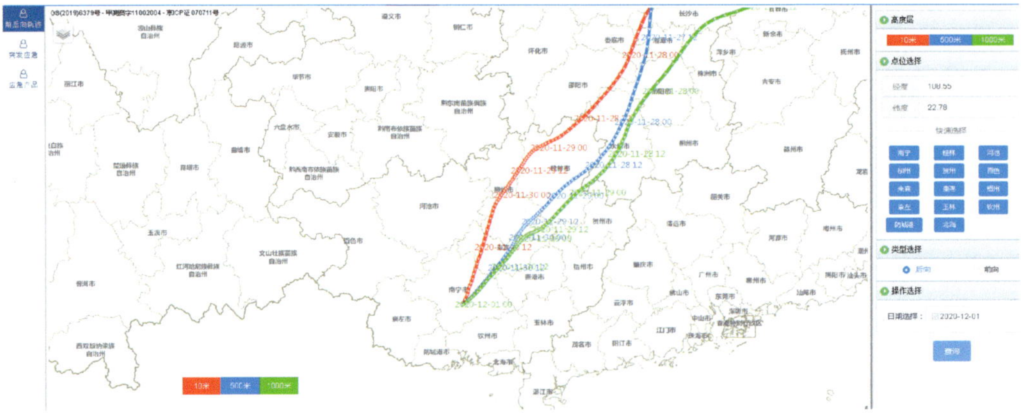

图 7.13　污染气团移动路径界面

7.5 本章小结

广西环境气象业务建设起始于 2000 年，20 多年来在气象事业的进程中不断发展。从党的十九大报告以来，更是步入一个新的台阶。为了全面贯彻落实党中央、国务院关于生态文明建设的总体部署和要求，全力打好污染防治攻坚战，建设美丽中国，广西气象和生态环境等多部门进一步加强合作，优化完善合作机制，深化拓展合作内容。通过广西气象局“加快发展气候与生态气象观测能力建设方案”“广西生态文明建设气象保障服务建设”等多个项目支持，搭建起广西环境气象监测、环境气象业务制度、数值预报模式、业务平台等业务体系。

（1）广西气象监测网络由 91 个国家级地面气象观测站、超过 3000 个区域气象观测站、24 个农业气象观测站、50 个自动土壤水分观测站、10 个酸雨观测站以及覆盖全广西范围的 10 部新一代多普勒天气雷达、3 部风廓线雷达、4 个大气成分观测站等组成。具有针对雾、霾、酸雨、负离子的常规观测。同时与生态环境部门共享有 SO_2、NO_2、PM_{10}、CO、O_3、$PM_{2.5}$ 常规空气质量要素数据。

（2）广西空气质量数值模式以区域中尺度模式（广州 GRAPES 模式）为基础，在数据服务器搭建 CMAQ 空气质量预报模型、HYSPLIT 模型，实现对区域内空气质量 AQI 及 6 项污染物未来 120 h 污染质量浓度预报，模拟三维流场随时间和空间发生变化时污染物在大气环境中的输送、转化和清除过程。

（3）广西环境气象业务主要包含霾、空气污染气象条件、空气质量指数、重污染天气、突发环境气象应急、大气污染评估检验、生活指数、紫外线、森林火险等预报预警工作。建立了以国家技术为指导、区域技术支持、省级订正预报及解释应用、市县级开展服务的环境气象业务流程。制定了广西区内环境气象预报会商机制，使环境气象业务逐步规范化和流程化。

（4）广西环境气象业务平台是广西气象业务现代化建设的重点任务之一，也是智能网格系统组成之一。平台是基于网络建立集约化的区市县上下联动制作预报、服务产品的系统，对环境气象业务，特别是对霾的监测预报预警、空气污染气象条件、紫外线监测、突发应急环境气象保障等业务形成了相应的技术支持。

参考文献

陈燕丽，黄永璘，何立，等，2016. 北部湾海雾气候特征及变化初步解释 [J]. 科学技术与工程，16（36）：127-132.

陈燕丽，郭晓薇，黄永璘，等，2017a. 基于 FY-2E 可见光波段的北部湾白天海雾监测 [J]. 科学技术与工程，19（17）：8-11.

陈燕丽，郭晓薇，黄永璘，等，2017b. 广西北部湾海雾天气形成预测研究 [J]. 科学技术与工程，17（27）：133-137.

陈业国，农孟松，2009. 2003—2006 年南宁市热岛强度变化特征 [J]. 气候变化研究进展，5（1）：35-38.

邓玉娇，王捷纯，曹静，2013. 基于 MODIS 遥感资料监测南海白天雾 [J]. 热带气象学报，29（6）：1046-1050.

葛强，胡永权，张乐，等，2017. 暗目标法从风云三号数据反演陆地气溶胶 [J]. 遥感信息，32（3）：34-38.

广西大百科全书编纂委员会，2008. 广西大百科全书（地理卷）[M]. 北京：中国大百科全书出版社.

何慧，陆虹，欧艺，2009. 1959—2008 年广西西江流域洪涝气候特征 [J]. 气候变化研究进展，5（3）：134-138.

何金梅，刘抗，王玉红，等，2017. CUACE 模式在兰州城市空气质量预报中的检验订正 [J]. 干旱气象，35（3）：495-501.

何月，张小伟，杜惠良，等，2015. 利用静止气象卫星监测浙江海上大雾 [J]. 遥感技术与应用，30（3）：599-606.

蒋芸芸，2012. 2004—2011 年广西酸雨时空变化特征及影响因素分析 [J]. 广西科学院学报，28（4）：298-301.

况雪源，苏志，涂方旭，2007. 广西气候区划 [J]. 广西科学，14（3）：278-283.

李曼，张载勇，李淑娟，等，2014. CUACE 系统在乌鲁木齐空气质量预报中的效果检验 [J]. 沙漠与绿洲气象，8（5）：63-68.

李若钝，赵绪孔，井传才，等，1982. 海雾中期天气过程分析及预报 [J]. 海洋学报，4（4）：424-430.

李维，刘良明，杜鹃，等，2012. 针对 FY-2E 影像的白天雾检测研究 [J]. 计算机工程与应用，48（8）：4-7.

李晓岚，马雁军，王扬锋，等，2016. 基于 CUACE 系统沈阳地区春季空气质量预报的校验及修正 [J]. 气象与环境学报，32（6）：10-18.

李艳兰，欧艺，唐炳莉，等，2009. 近 50 年影响广西的热带气旋变化特征 [J]. 气象研究与应用，30（2）：1-3.

廖国莲，曾鹏，郑凤琴，等，2011. 1960—2009 年广西霾日时空变化特征 [J]. 应用气象学报，22（6）：732-739.

廖国莲，曾鹏，郑凤琴，等，2012. 1980—2011 年南宁市大气稳定度和混合层厚度特征 [J]. 安徽农业科学，40（33）：16248-16250.

廖国莲，郑凤琴，莫雨淳，等，2014. 南宁典型空气污染和清洁过程的近地层流场分析 [J]. 气象研究与应用，35（1）：56-59.

廖国莲，莫雨淳，郑凤琴，等，2017. 广西北部湾经济区灰霾状况分析 [J]. 气象研究与应用，38（2）：61-63.

廖国莲，郑凤琴，曾鹏，等，2018. 广西霾天气系统分型 [J]. 气象科技，46 (1)：149-154.
林晓能，1993. 马尔科夫链原理在海雾短期预报中的应用 [J]. 海洋预报，10 (3)：71-76.
凌颖，黄海洪，2003. 南宁市城市热岛效应特征分析 [J]. 广西气象，24 (3)：25-27.
刘希，胡秀清，2008. 基于 MTSAT 卫星的我国东部沿海雾区的自动识别 [J]. 应用海洋学学报，27 (1)：112-117.
卢军治，2000. 东海平流雾的指标预报法 [J]. 军事气象 (5)：18-19.
马慧云，邓敏，2009. 利用区域特征进行云与辐射雾分离检测 [J]. 武汉大学学报（信息科学版），34 (7)：847-850.
莫雨淳，廖国莲，潘润西，2017. 广西一次大气重污染过程的气象条件分析 [J]. 气象研究与应用，38 (2)：14-17.
潘润西，陈蓓，莫雨淳，等，2018. 广西 $PM_{2.5}$ 时空分布特征及污染天气类型 [J]. 环境科学研究，31 (3)：465-474.
庞庭颐，李艳兰，1998. 西江流域中部的洪涝特征及防洪减灾对策 [J]. 灾害学，13 (1)：67-72.
庞业，潘润西，何宇，等，2019. 广西臭氧时空分布特征及污染天气类型研究 [J]. 环境监测与预警，11 (3)：44-48.
腾学崇，林滋新，1989. 利用转移概率作青岛近海海雾的短期预报 [J]. 黄渤海海洋，7 (3)：21-26.
韦亮英，2008. 南宁城市空间扩展及其生态环境效应研究 [J]. 规划师，24 (12)：31-34.
文雄飞，谭德宝，陈蓓青，等，2011. 归一化雾指数法白天陆地辐射雾检测研究 [J]. 长江科学院院报，28 (10)：210-216.
吴兑，2005. 关于霾与雾的区别和灰霾天气预警的讨论 [J]. 气象，31 (4)：3-7.
吴兑，吴晓京，李菲，等，2010. 1951—2005 年中国大陆霾的时空变化 [J]. 气象学报，68 (5)：680-688.
吴兴国，2000. 广西冬季重大霜冻天气过程分析 [J]. 广西气象，21 (1)：3-5.
相士堂，1985. 黄海北部海温海雾的关系及海雾长期预报 [J]. 海洋通报，4 (3)：13-18.
杨关盈，邓学良，吴必文，等，2017. 基于 CUACE 模式的合肥地区空气质量预报效果检验 [J]. 气象与环境学报，33 (1)：51-57.
姚棣荣，俞善贤，1992. 基于 PRESS 准则选取预报因子的逐步算法 [J]. 大气科学，16 (2)：129-135.
叶彩华，刘勇洪，刘伟东，等，2011. 城市地表热环境遥感监测指标研究及应用 [J]. 气象科技，39 (1)：95-101.
叶骏菲，文秀，林奕桐，等，2018. 基于遥感的南宁城市热岛效应时空演变分析 [J]. 气象研究与应用，39 (1)：55-58.
张春桂，蔡义勇，张加春，等，2009. MODIS 遥感数据在我国台湾海峡海雾监测中的应用 [J]. 应用气象学报，20 (1)：8-16.
张容菁，廖国莲，陈明璐，等，2020. 玉林市 2019 年秋季一次臭氧污染过程特征分析 [J]. 气象研究与应用，41 (1)：84-88.
张文刚，魏鸣，2011. FY-2 静止卫星监测雾的方法研究 [J]. 自然灾害学报，20 (5)：176-180.
赵艳霞，侯青，2008. 1993—2006 年中国区域酸雨变化特征及成因分析 [J]. 气象学报，66 (6)：1032-1042.
周红妹，汤绪，葛伟强，等，2011. 城市和沿海大雾遥感自动检测和云、雾分离技术研究 [J]. 高原气象，30 (3)：675-682.
周立佳，刘永禄，袁群哲，2005. 东南沿海海雾分布的统计与预报 [J]. 航海技术 (4)：24-25.
周永波，白洁，周著华，等，2014. FY-3A/MERSI 海上沙尘天气气溶胶光学厚度反演 [J]. 遥感学报，18 (4)：771-787.
朱云清，于世永，1991. 青岛近海海雾 FUZZY 数学预报方法 [J]. 海洋预报，8 (3)：68-71.

ALLEN DM，1971. Mean square error of prediction as a criterion for selecting variables [J]. Technometrics，13：469-475.

BENDIX J，CERMAK J，THIES B，et al，2004. New perspectives in remote sensing of fog and low stratus-TERRA /AQUA-MODIS and MSG [C]. Cape Town ZA：Proceeding 3 International Conference on Fog，Fog Collection and Dew，11-15.

CHUANG M T，LEE C T，CHOU C C K，et al，2014. Carbonaceous aerosols in the air masses transported from Indochina to Taiwan：Long-term observation at Mt. Lulin [J]. Atmospheric Environment，89：507-516.

DENG X，TIE X，ZHOU X，et al，2008. Effects of Southeast Asia biomass burning on aerosols and ozone concentrations over the Pearl River Delta (PRD) region [J]. Atmospheric Environment，42 (36)：8493-8501.

FOWER D，1978. Dry deposition of SO_2 on agricultral crops [J]. Atmospheric Environment，12：369-373.

GURKA J J，1974. Using satellite data for forecasting fog and stratus dissipation [C]. 5th Conference on Weather Forcasting and Analysis，54-57.

GURKA J J，1978. The role of inward mixing in the dissipation of fog and stratus [J]. Monthly Weather Review，106 (11)：1633-1635.

GUSTAFSON A V，WASSERMAN S E，1976. Use of satellite information in observing and forecasting fog dissipation and cloud formation [J]. Monthly Weather Review，104 (3)：75-87.

KAUFMAN Y J，TANRE D，REMER L，et al，1997. Operational remote sensing of tropospheric aerosol over land from EOS moderate resolution imaging spectroradiometer [J]. Journal of Geophysical Research Atmospheres，102 (D14)：51-67.

LIN C Y，HSU H M，LEE Y H，et al，2009. A new transport mechanism of biomass burning from Indochina as identified by modeling studies [J]. Atmospheric Chemistry and Physics，9 (20)：7901-7911.

LIU L M，WEN X F，GONZALEZ A，et al，2011. An object-oriented daytime land-fog-detection approach based on the mean-shift and full lambda-schedule algorithms using EOS/MODIS data [J]. International Journal of Remote Sensing，32 (17)：4769-4785.